MÉCHANIQUE
ANALITIQUE.

MÉCHANIQUE

ANALITIQUE;

Par M. DE LA GRANGE, de l'Académie des Sciences de Paris, de celles de Berlin, de Pétersbourg, de Turin, &c.

A PARIS,

Chez LA VEUVE DESAINT, Libraire, rue du Foin S. Jacques.

M. DCC. LXXXVIII.

AVEC APPROBATION ET PRIVILEGE DU ROI.

AVERTISSEMENT.

On a déja plusieurs Traités de Méchanique, mais le plan de celui-ci est entiérement neuf. Je me suis proposé de réduire la théorie de cette Science, & l'art de résoudre les problêmes qui s'y rapportent, à des formules générales, dont le simple développement donne toutes les équations nécessaires pour la solution de chaque problême. J'espere que la maniere dont j'ai tâché de remplir cet objet, ne laissera rien à desirer.

Cet Ouvrage aura d'ailleurs une autre utilité; il réunira & présentera sous un même point de vue, les différens Principes trouvés jusqu'ici pour faciliter la solution des questions de Méchanique, en montrera la liaison & la dépendance mutuelle, & mettra à portée de juger de leur justesse & de leur étendue.

Je le divise en deux Parties; la Statique ou la Théorie de l'Équilibre, & la Dynamique ou la Théorie du Mouvement ; & chacune de ces Parties traitera ſéparément des Corps ſolides & des fluides.

On ne trouvera point de Figures dans cet Ouvrage. Les méthodes que j'y expoſe ne demandent ni conſtructions, ni raiſonnemens géométriques ou méchaniques, mais ſeulement des opérations algébriques, aſſujetties à une marche réguliere & uniforme. Ceux qui aiment l'Analyſe, verront avec plaiſir la Méchanique en devenir une nouvelle branche, & me ſauront gré d'en avoir étendu ainſi le domaine.

TABLE.

PREMIERE PARTIE DE LA MÉCHANIQUE,

OU LA STATIQUE.

SECONDE PARTIE DE LA MÉCHANIQUE, OU LA DYNAMIQUE.

Fin de la Table.

ERRATA.

Page 16, *ligne* 11, déterminées; *lis.* indéterminées.
Page 23, *ligne* 3, s'étoient joints; *lis.* étoient joints.
Idem. *ligne* 21, par la détermination; *lis.* pour la détermination.
Page 53, *ligne* 15, équation; *lis.* équations.
Page 125, *ligne* 5, je; *lis.* se.
Page 312, *ligne* 12, $A a'$; *lis.* $A \alpha'$.
Page 324, *ligne* 20, précision; *lis.* précession.
Page 424, *lig. dern.* $1\sqrt{}$; *lis.* $1\sqrt{-1}$.
Page 434, *ligne* 25, inexactitude; *lis.* incertitude.
Page 477, *ligne* 7, intérieure; *lis.* extérieure.
Page 478, *ligne* 10, divisées; *lis.* dirigées.
Idem. *ligne* 11, $\xi = 90° =$; *lis.* $\zeta = 90°$.
Page 504, *ligne* 7 *& suiv.*; *changez* α *en* a.

EXTRAIT DES REGISTRES DE L'ACADÉMIE ROYALE DES SCIENCES.

Du vingt-sept Février mil sept cent quatre-vingt-huit.

MESSIEURS DE LA PLACE, COUSIN, LE GENDRE & moi, ayant rendu compte d'un Ouvrage intitulé : *Méchanique analitique, par M. DE LA GRANGE*, l'Académie a jugé cet Ouvrage digne de son Approbation, & d'être imprimé sous son Privilege.

Je certifie cet Extrait conforme aux registres de l'Académie. A Paris, ce 27 Février 1788.

LE MARQUIS DE CONDORCET.

PRIVILEGE DU ROI.

LOUIS, PAR LA GRACE DE DIEU, ROI DE FRANCE ET DE NAVARRE; A nos amés & féaux Conseillers, les Gens tenant nos Cours de Parlement, Maîtres des Requêtes ordinaires de notre Hôtel, Grand-Conseil, Prévôt de Paris, Baillifs, Sénéchaux, leurs Lieutenans Civils, & autres nos Justiciers qu'il appartiendra, SALUT. Nos bien-amés LES MEMBRES DE L'ACADÉMIE ROYALE DES SCIENCES de notre bonne Ville de Paris, Nous ont fait exposer qu'ils auroient besoin de nos Lettres de Privilege pour l'impression de leurs Ouvrages : A CES CAUSES, voulant favorablement traiter les Exposans, Nous leur avons permis & permettons par ces Présentes, de faire imprimer, par tel Imprimeur qu'ils voudront choisir, toutes les Recherches ou Observations journalieres, ou Relations annuelles de tout ce qui aura été fait dans les Assemblées de ladite Académie Royale des Sciences, les Ouvrages, Mémoires ou Traités de chacun des Particuliers qui la composent, & généralement tout ce que ladite Académie voudra faire paroître, après avoir fait examiner lesdits Ouvrages, & jugé qu'ils seront dignes de l'impression, en tels volumes, forme, marge, caracteres, conjointement, ou séparément, & autant de fois que bon leur semblera, & de les faire vendre & débiter par-tout notre Royaume, pendant le tems de vingt années consécutives, à compter du jour de la date des Présentes; sans toutefois qu'à l'occasion des Ouvrages ci-dessus spécifiés, il en puisse être imprimé d'autres qui ne soient pas de ladite Académie : Faisons défenses à toutes sortes de personnes, de quelque qualité & condition qu'elles soient, d'en introduire d'impreſſion étrangere dans aucun lieu de notre obéiſſance; comme auſſi à tous Libraires & Imprimeurs d'imprimer, ou faire imprimer, vendre, faire vendre & débiter leſdits Ouvrages, en tout ou en partie, & d'en faire aucunes traductions ou extraits, ſous quelque prétexte que ce puiſſe être, ſans la permiſſion expreſſe & par écrit deſdits Expoſants, ou de ceux qui auront droit d'eux; à peine de confiſcation des exemplaires contrefaits, de trois mille livres d'amende contre chacun des contrevenants, dont un tiers à Nous, un tiers à l'Hôtel-Dieu de Paris, & l'autre tiers auxdits Expoſants, ou à celui qui aura droit d'eux, & de tous dépens, dommages & intérêts; à la charge que ces Préſentes ſeront enregiſtrées tout au long ſur le Regiſtre de la Communauté des Libraires & Imprimeurs de Paris, dans trois mois de la date d'icelles; que l'impreſſion deſdits Ouvrages ſera faite dans notre Royaume & non ailleurs, en bon papier & beaux caracteres, conformément aux Réglemens de la Librairie; qu'avant de les expoſer en vente, les manuſcrits ou imprimés qui auront ſervi de copie à l'impreſſion deſdits Ouvrages, ſeront remis ès mains de notre très-cher & féal Chevalier, Garde des Sceaux de France, le ſieur HUE DE MIROMENIL, Commandeur de nos Ordres; qu'il en ſera enſuite remis deux exemplaires dans notre Bibliotheque publique, un dans celle de notre Château du Louvre, & un dans celle de notre très-cher & féal Chevalier, Chancelier de France, le ſieur DE MAUPEOU, & un dans celle dudit ſieur HUE DE MIROMENIL. Le tout à peine de nullité deſdites Préſentes; du contenu deſquelles vous mandons & enjoignons de faire jouir leſdits Expoſants & leurs ayans-cauſes, pleinement & paiſiblement, ſans ſouffrir qu'il leur ſoit fait aucun trouble ou empêchement. VOULONS que la copie des Préſentes, qui ſera imprimée tout au long, au commencement ou à la fin deſdits Ouvrages, ſoit tenue pour duement ſignifiée; & qu'aux copies collationnées par l'un de nos amés & féaux Conſeillers & Secrétaires, foi ſoit ajoutée comme à l'original. COMMANDONS au premier notre Huiſſier ou Sergent ſur ce requis, de faire pour l'exécution d'icelles, tous actes requis & néceſſaires, ſans demander autre permiſſion, & nonobſtant clameur de Haro, Charte Normande, & Lettres à ce contraires. Car tel eſt notre plaiſir. DONNÉ à Paris, le premier jour de Juillet, l'an de grace mil ſept cent ſoixante-dix-huit, & de notre Regne le cinquieme. Par le Roi en ſon Conſeil.

Signé LE BEGUE.

Regiſtré ſur le Regiſtre XX de la Chambre Royale & Syndicale des Libraires & Imprimeurs de Paris, N° 1477, folio 582, conformément au Réglement de 1723, qui fait défenſes, article IV, à toutes perſonnes, de quelque qualité & condition qu'elles ſoient, autres que les Libraires & Imprimeurs, de vendre, débiter & faire afficher aucuns Livres pour les vendre en leur nom, ſoit qu'ils s'en diſent les Auteurs ou autrement; & à la charge de fournir à la ſuſdite Chambre huit Exemplaires, preſcrits par l'art. CVIII du même Réglement. A Paris le 20 Août 1778.

Signé A. M. LOTTIN l'aîné, Syndic.

MÉCHANIQUE

MÉCHANIQUE ANALITIQUE.

PREMIERE PARTIE.

LA STATIQUE.

SECTION PREMIERE.

Sur les différens Principes de la Statique.

LA Statique est la science de l'équilibre des forces. On entend en général par *force* ou *puissance* la cause, quelle qu'elle soit, qui imprime ou tend à imprimer du mouvement au corps auquel on la suppose appliquée; & c'est aussi par la quantité du mouvement imprimé, ou prêt à imprimer, que

A

la force ou puiſſance doit s'eſtimer. Dans l'état d'équilibre la force n'a pas d'exercice actuel; elle ne produit qu'une ſimple tendance au mouvement; mais on doit toujours la meſurer par l'effet qu'elle produiroit ſi elle n'étoit pas arrêtée. En prenant une force quelconque, ou ſon effet pour l'unité, l'expreſſion de toute autre force n'eſt plus qu'un rapport, une quantité mathématique qui peut être repréſentée par des nombres ou des lignes; c'eſt ſous ce point de vue que l'on doit conſidérer les forces dans la Méchanique.

L'équilibre réſulte de la deſtruction de pluſieurs forces qui ſe combattent & qui anéantiſſent réciproquement l'action qu'elles exercent les unes ſur les autres; & le but de la Statique eſt de donner les loix ſuivant leſquelles cette deſtruction s'opere. Ces loix ſont fondées ſur des principes généraux qu'on peut réduire à trois; celui de l'*équilibre dans le levier*, celui de *la compoſition du mouvement*, & celui des *viteſſes virtu lles.*

Archimede, le ſeul parmi les Anciens qui nous ait laiſſé quelque théorie ſur la Méchanique, dans ſes deux Livres *de Æquiponderantibus*, eſt l'auteur du principe du levier, lequel conſiſte, comme tout le monde ſait, en ce que ſi un levier droit eſt chargé de deux poids quelconques placés de part & d'autre du point d'appui à des diſtances de ce point réciproquement proportionnelles aux mêmes poids, ce levier ſera en équilibre, & ſon appui ſera chargé de la ſomme des deux poids. Archimede prend ce principe, dans le cas des poids égaux placés à des diſtances égales du point d'appui, pour un axiome de Méchanique évident de ſoi-même, ou du moins pour un principe d'expérience; & il ramene à ce cas ſimple & primitif celui des poids inégaux, en imaginant ces poids lorſqu'ils ſont commenſurables, diviſés en pluſieurs parties toutes égales entr'elles, & en ſuppoſant que les parties de chaque poids ſoient ſéparées & tranſportées de part & d'autre ſur le même levier, à des diſtances égales, enſorte que tout le levier ſe trouve chargé de pluſieurs petits poids égaux & placés à diſtances égales autour du point d'appui. Enſuite il démontre la vérité du même théorême pour les poids incommenſurables à l'aide de la méthode d'exhauſtion, en faiſant voir qu'il ne ſauroit y avoir équilibre entre ces poids, à moins qu'ils ne ſoient en raiſon inverſe de leurs diſtances au point d'appui.

Quelques modernes, comme Stevin dans ſa Statique, & Galilée dans ſes Dialogues ſur le mouvement, ont rendu la démonſtration d'Archimede plus ſimple, en ſuppoſant que les poids attachés au levier ſoient deux parallélépipèdes horizontaux pendus par leur milieu, & dont les largeurs & les hauteurs ſoient égales, mais dont les longueurs ſoient doubles des bras de levier qui leur répondent inverſement. Car de cette maniere les deux parallélépipedes ſont en raiſon inverſe de leurs bras de levier, & en même tems ils ſe trouvent placés bout-à-bout, enſorte qu'ils n'en forment plus qu'un ſeul dont le point du milieu répond préciſément au point d'appui du levier.

D'autres au contraire ont cru trouver des défauts dans la démonſtration d'Archimede, & ils l'ont tournée de différentes façons pour la rendre plus rigoureuſe. Mais ſi l'on excepte Huyghens, il n'y en a aucun qui ait mérité ſur ce point la reconnoiſſance des Géometres.

La démonſtration d'Huyghens eſt fondée ſur la conſidération de l'équilibre d'un plan chargé de pluſieurs poids égaux, & appuyé ſur une ligne droite; mais cette démonſtration, quoique ingénieuſe & exempte des difficultés auxquelles celle d'Archimede eſt ſujette, ne paroît pas encore à l'abri de toute objection; voyez le premier volume des *Opera varia* d'Huyghens.

Le principe du levier droit & horizontal une fois poſé, on en peut déduire les loix de l'équilibre dans les autres machines, & en général dans quelque ſyſtême de puiſſances que ce ſoit. C'eſt ce que pluſieurs Auteurs ont fait, ſur-tout la Hire dans ſon Traité de Méchanique, imprimé dans le IXe volume des anciens Mémoires de l'Académie des Sciences de Paris. Cependant il paroît qu'on n'a pas d'abord connu la maniere de réduire à la théorie du levier celle de toutes les autres machines, & ſur-tout celle du plan incliné; car non-ſeulement on voit par les fragmens qui nous ſont parvenus du huitieme Livre de Pappus, que les Anciens ignoroient le vrai rapport de la puiſſance au poids dans le plan incliné, mais on ſait que la détermination de ce rapport a été long-tems un problême parmi les premiers Mathématiciens modernes, problême dont la premiere ſolution exacte eſt due au fameux Stevin, Mathématicien du Prince Maurice de Naſſau; encore ne l'a-t-il trouvée que par une conſidération indirecte & indépendante de la théorie du levier.

Stevin conſidere un triangle ſolide poſé ſur ſa baſe horizontale; enſorte que ſes deux côtés forment deux plans inclinés; & il imagine qu'un chapelet formé de pluſieurs poids égaux, enfilés à des diſtances égales, ou plutôt une chaîne d'égale groſſeur ſoit placée ſur les deux côtés de ce triangle, de maniere que toute la partie ſupérieure ſe trouve appliquée aux deux côtés du triangle, & que la partie inférieure pende librement au-deſſous de la baſe, comme ſi elle étoit attachée aux deux extrémités de cette baſe,

Or Stevin remarque qu'en ſuppoſant même que la chaîne

puiſſe gliſſer librement ſur le triangle, elle doit cependant demeurer en repos; car ſi elle commençoit à gliſſer d'elle-même dans un ſens, elle devroit continuer à gliſſer toujours, puiſque la même cauſe de mouvement ſubſiſteroit, la chaîne ſe trouvant, à cauſe de l'uniformité de ſes parties, placée toujours de la même maniere ſur le triangle, d'où réſulteroit un mouvement perpétuel, ce qui eſt abſurde.

Il y a donc néceſſairement équilibre entre toutes les parties de la chaîne; or il eſt évident que la portion qui pend au-deſſous de la baſe, eſt déja en équilibre d'elle-même; donc il faut que l'effort de tous les poids appuyés ſur l'un des côtés, contrebalance l'effort des poids appuyés ſur l'autre côté; mais la ſomme des uns eſt à la ſomme des autres, dans le même rapport que les longueurs des côtés ſur leſquels ils ſont appuyés. Donc il faudra toujours la même puiſſance pour ſoutenir un ou pluſieurs poids placés ſur un plan incliné, lorſque le poids total ſera proportionnel à la longueur du plan, en ſuppoſant la hauteur la même; mais quand le plan eſt vertical, la puiſſance eſt égale au poids; donc dans tout plan incliné, la puiſſance eſt au poids comme la hauteur du plan à ſa longueur.

J'ai rapporté cette démonſtration de Stevin, parce qu'elle eſt très-ingénieuſe, & qu'elle eſt d'ailleurs peu connue. Au reſte, Stevin déduit de cette théorie celle de l'équilibre entre trois puiſſances qui agiſſent ſur un même point, & il fait voir que cet équilibre a lieu lorſque les puiſſances ſont paralleles & proportionnelles aux trois côtés d'un triangle rectiligne quelconque. Voyez les Élémens de Statique & les Additions à la Statique de cet Auteur dans ſes *Hypomnemata Mathematica.*

Le ſecond Principe fondamental de l'équilibre eſt celui de

la composition des mouvemens. Il est fondé sur cette supposition, que si deux forces agissent à la fois sur un corps suivant différentes directions, ces forces équivalent alors à une force unique, capable d'imprimer au corps le même mouvement que lui donneroient les deux forces agissant séparément. Or un corps qu'on fait mouvoir uniformément, suivant deux directions différentes à la fois, parcourt nécessairement la diagonale du parallélogramme dont il eut parcouru séparément les côtés en vertu de chacun des deux mouvemens. D'où il s'ensuit que deux puissances quelconques qui agissent ensemble sur un même corps, seront équivalentes à une seule représentée dans sa quantité & sa direction, par la diagonale du parallélogramme dont les côtés représentent en particulier les quantités & les directions des deux puissances données. C'est en quoi consiste le Principe qu'on nomme *la composition des forces*.

Ce Principe suffit seul pour déterminer les loix de l'équilibre dans tous les cas; car en composant successivement toutes les forces deux à deux, on doit parvenir à une force unique, qui sera équivalente à toutes ces forces, & qui par conséquent devra être nulle dans le cas d'équilibre, s'il n'y a dans le systême aucun point fixe; mais s'il y en a un, il faudra que la direction de cette force unique passe par le point fixe. C'est ce qu'on peut voir dans tous les Livres de Statique, & particuliérement dans la nouvelle Méchanique de Varignon, où la théorie des machines est déduite uniquement du Principe dont nous venons de parler.

Il est évident que le théorême de Stevin sur l'équilibre de trois forces paralleles & proportionnelles aux trois côtés d'un triangle quelconque, est une conséquence immédiate & nécefſaire du principe de la compoſition des forces, ou plutôt qu'il n'eſt que ce même principe préſenté ſous une autre forme. Mais celui-ci a l'avantage d'être fondé ſur des notions ſimples & naturelles, au lieu que le théorême de Stevin ne l'eſt que ſur des conſidérations indirectes.

Quant à l'invention du Principe dont il s'agit, il me ſemble qu'on doit l'attribuer à Galilée, qui dans la ſeconde propoſition de la quatrieme journée de ſes Dialogues, démontre qu'un corps mu avec deux viteſſes uniformes, l'une horiſontale, l'autre verticale, doit prendre une viteſſe repréſentée par l'hypothènuſe du triangle dont les côtés repréſentent ces deux viteſſes; mais il paroît en même tems que Galilée n'a pas connu toute l'importance de ce théorême dans la théorie de l'équilibre. Car dans le Dialogue troiſième où il traite du mouvement des corps peſans ſur des plans inclinés, au lieu d'employer le Principe de la compoſition du mouvement pour déterminer directement la gravité relative d'un corps ſur un plan incliné, il déduit plutôt cette détermination de la théorie de l'équilibre ſur les plans inclinés, d'après ce qu'il avoit établi auparavant dans ſon Traité *della Scienza Mecanica*, dans lequel il rappelle le plan incliné au levier.

On trouve enſuite la théorie des mouvemens compoſés dans les écrits de Deſcartes, de Roberval, de Merſenne, de Wallis, &c : mais c'eſt à Varignon qu'on doit d'avoir montré l'uſage de cette théorie dans l'équilibre des machines.

Le projet d'une nouvelle Méchanique qu'il publia en 1687, n'a pour objet que de démontrer les régles de la Statique par la compoſition des mouvemens ou des forces; & cet objet a été rempli enſuite avec plus d'étendue dans la *nouvelle Méchanique* qui n'a paru qu'après ſa mort, en 1725; il avoit même déja donné en 1685, dans l'Hiſtoire de la République des Lettres, un Mémoire ſur les poulies, où il expliquoit la théorie de ces ſortes de machines, par celle des mouvemens compoſés.

Je viens enfin au troiſieme Principe, celui des viteſſes virtuelles. On doit entendre par *viteſſe virtuelle*, celle qu'un corps en équilibre eſt diſpoſé à recevoir, en cas que l'équilibre vienne à être rompu; c'eſt-à-dire la viteſſe que ce corps prendroit réellement dans le premier inſtant de ſon mouvement; & le Principe dont il s'agit conſiſte en ce que des puiſſances ſont en équilibre quand elles ſont en raiſon inverſe de leurs viteſſes virtuelles, eſtimées ſuivant les directions de ces puiſſances.

Pour peu qu'on examine les conditions de l'équilibre dans le levier & dans les autres machines, il eſt facile de reconnoître la vérité de ce Principe; cependant il ne paroît pas que les Géometres qui ont précédé Galilée, en aient eu connoiſſance, & je crois pouvoir en attribuer la découverte à cet Auteur, qui dans ſon Traité *della Scienza Mecanica*, & dans ſes Dialogues ſur le mouvement, le propoſe comme une propriété générale de l'équilibre des machines. Voyez la ſcholie de la ſeconde Propoſition du troiſieme Dialogue.

Galilée entend par *moment* d'un poids ou d'une puiſſance appliquée à une machine, l'effort, l'action, l'énergie, l'*impetus* de cette puiſſance pour mouvoir la machine, de maniere qu'il y ait équilibre entre deux puiſſances, lorſque leurs momens pour mouvoir la machine en ſens contraires ſont égaux; & il fait voir que le moment eſt toujours proportionnel à la puiſſance multipliée par la viteſſe virtuelle, dépendante de la maniere dont la puiſſance agit,

Cette

Cette notion des momens a aussi été adoptée par Wallis dans sa Méchanique publiée en 1669. L'Auteur y pose le principe de l'égalité des momens pour fondement de la Statique, & il en déduit au long la théorie de l'équilibre dans les principales machines.

Aujourd'hui on n'entend plus communément pour *moment*, que le produit d'une puissance par la distance de sa direction à un point ou à une ligne, c'est-à-dire par le bras de levier par lequel elle agit; mais il me semble que la notion du *moment* donnée par Galilée & par Wallis, est bien plus naturelle & plus générale, & je ne vois pas pourquoi on l'a abandonnée pour y en substituer une autre qui exprime seulement la valeur du moment dans certains cas, comme dans le levier, &c.

Descartes a réduit pareillement toute la Statique à un Principe unique, qui revient pour le fond à celui de Galilée, mais qui est présenté d'une maniere moins générale. Ce Principe est, qu'il ne faut ni plus ni moins de force pour élever un poids à une certaine hauteur, qu'il en faudroit pour élever un poids plus pesant à une hauteur d'autant moindre, ou un poids moindre à une hauteur d'autant plus grande. (Voyez la Lettre 73 de la premiere Partie, & le Traité de Méchanique imprimé dans les Ouvrages posthumes). D'où il résulte qu'il y aura équilibre entre deux poids, lorsqu'ils seront disposés de maniere que les chemins perpendiculaires qu'ils peuvent parcourir ensemble, soient en raison réciproque des poids. Mais dans l'application de ce Principe aux différentes machines, il ne faut considérer que les espaces parcourus dans le premier instant du mouvement, & qui sont proportionnels aux vitesses virtuelles; autrement on n'auroit pas les véritables loix de l'équilibre.

Au reste, soit qu'on regarde le Principe des vitesses virtuelles comme une propriété générale de l'équilibre, ainsi que l'a fait Galilée; soit qu'on veuille le prendre avec Descartes & Wallis pour la vraie cause de l'équilibre, il faut avouer qu'il a toute la simplicité qu'on peut desirer dans un principe fondamental; & nous verrons plus bas combien ce Principe est encore recommandable par sa généralité.

Torricelli, fameux disciple de Galilée, est l'auteur d'un autre Principe, qui revient cependant au même que celui de Galilée, ou qui plutôt n'en est qu'une conséquence; c'est que lorsque deux poids sont tellement liés ensemble, qu'étant placés comme l'on voudra, leur centre de gravité ne hausse ni ne baisse, ils sont en équilibre dans toutes ces situations. Torricelli ne l'applique qu'au plan incliné, mais il est facile de se convaincre qu'il n'a pas moins lieu dans les autres machines. Voyez son Traité du mouvement accéléré, qui a paru en 1644.

Le Principe de Torricelli en a fait naître un autre, dont quelques Auteurs ont fait usage pour résoudre avec plus de facilité différentes questions de Statique. C'est celui-ci: que dans un systême de corps pesans en équilibre, le centre de gravité est le plus bas qu'il est possible. En effet, on sait par la théorie *de maximis & minimis*, que le centre de gravité est le plus bas lorsque la différentielle de sa descente est nulle, ou, ce qui revient au même, lorsque ce centre ne monte ni ne descend, tandis que le systême change infiniment peu de place.

Le Principe des vitesses virtuelles peut être rendu très-général de cette maniere:

Si un systême quelconque de tant de corps ou points que

l'on veut tirés, chacun par des puiſſances quelconques, eſt en équilibre, & qu'on donne à ce ſyſtême un petit mouvement quelconque, en vertu duquel chaque point parcoure un eſpace infiniment petit qui exprimera ſa viteſſe virtuelle; la ſomme des puiſſances, multipliées chacune par l'eſpace que le point où elle eſt appliquée, parcourt ſuivant la direction de cette même puiſſance, ſera toujours égale à zero, en regardant comme poſitifs les petits eſpaces parcourus dans le ſens des puiſſances, & comme négatifs les eſpaces parcourus dans un ſens oppoſé.

Jean Bernoulli eſt le premier que je ſache, qui ait apperçu cette grande généralité du Principe des viteſſes virtuelles, & ſon utilité pour réſoudre les problêmes de Statique. C'eſt ce qu'on voit dans une de ſes Lettres à Varignon, datée de 1717, que ce dernier a placée à la tête de la ſection neuvième de ſa nouvelle Méchanique, ſection employée toute entiere à montrer par différentes applications la vérité & l'uſage du Principe dont il s'agit.

Ce même Principe a donné lieu enſuite à celui que feu M. de Maupertuis a propoſé dans les Mémoires de l'Académie des Sciences de Paris pour l'année 1740, ſous le nom de Loi de repos, & que M. Euler a développé davantage, & rendu plus général dans les Mémoires de l'Académie de Berlin pour l'année 1751. Enfin c'eſt encore le même Principe qui ſert de baſe à celui que M. le Marquis de Courtivron a donné dans les Mémoires de l'Académie des Sciences de Paris pour 1748 & 1749.

Et en général je crois pouvoir avancer que tous les principes généraux qu'on pourroit peut-être encore découvrir dans la ſcience de l'équilibre, ne feront que le même principe des vitesses virtuelles, envisagé différemment, & dont ils ne différeront que dans l'expression.

Au reste, ce Principe est non-seulement en lui-même très-simple & très-général; il a de plus l'avantage précieux & unique de pouvoir se traduire en une formule générale qui renferme tous les problêmes qu'on peut proposer sur l'équilibre des corps. Nous allons exposer cette formule dans toute son étendue; nous tâcherons même de la présenter d'une manière encore plus générale qu'on ne l'a fait jusqu'à présent, & d'en donner des applications nouvelles.

SECONDE SECTION.

Formule générale pour l'équilibre d'un systême quelconque de forces; avec la maniere de faire usage de cette formule.

1. LA loi générale de l'équilibre dans les machines, est que les forces ou puissances soient entr'elles réciproquement comme les vitesses des points où elles sont appliquées, estimées suivant la direction de ces puissances.

C'est dans cette loi que consiste ce qu'on appelle communément le *Principe des vitesses virtuelles*, Principe reconnu depuis long-tems pour le Principe fondamental de l'équilibre, ainsi que nous l'avons montré dans la Section précédente, & qu'on peut par conséquent regarder comme une espece d'axiome de Méchanique.

Pour réduire ce Principe en formule, supposons que des puissances P, Q, R, *&c.* dirigées suivant des lignes données, ſe faſſent équilibre. Concevons que des points où ces puiſſances ſont appliquées, on mene des lignes droites égales à p, q, r, &c, & placées dans les directions de ces puiſſances; & déſignons en général, par dp, dq, dr, &c, les variations, ou différences de ces lignes, en tant qu'elles peuvent réſulter d'un changement quelconque infiniment petit dans la poſition des différens corps ou points du ſyſtême.

Il eſt clair que ces différences exprimeront les eſpaces parcourus dans un même inſtant par les puiſſances P, Q, R, &c, c'eſt-à-dire, les viteſſes de ces puiſſances eſtimées ſuivant leurs directions.

Cela poſé, imaginons d'abord trois puiſſances P, Q, R en équilibre, il eſt clair qu'en ſubſtituant à la place d'une quelconque de ces puiſſances un appui fixe, capable de réſiſter à l'effort commun des deux autres, l'équilibre ſubſiſtera encore; je commencerai donc par chercher les loix de l'équilibre entre deux puiſſances P & Q, en ſuppoſant que le point ſur lequel la troiſieme puiſſance agit ſoit fixe, enſorte que la ligne r demeure la même pendant que les lignes p & q deviennent $p+dp$, $q+dq$, ou $p-dp$, $q-dq$. Par le principe général, il faudra que les puiſſances P & Q ſoient entr'elles en raiſon inverſe des différentielles dp, dq; mais il eſt aiſé de concevoir qu'il ne ſauroit y avoir équilibre entre deux puiſſances, à moins qu'elles ne ſoient diſpoſées de maniere, que quand l'une d'elles ſe meut, ſuivant ſa propre direction, l'autre ne ſoit contrainte de ſe mouvoir dans un ſens contraire à la ſienne; d'où il s'enſuit que les valeurs des différences dp & dq doivent être de ſigne contraire; donc comme les valeurs des forces P & Q ſont ſuppoſées toutes deux poſitives, on aura par l'équilibre $\frac{P}{Q} = - \frac{dq}{dp}$, ou bien $Pdp + Qdq = 0$; c'eſt la formule générale de l'équilibre de deux puiſſances.

On trouvera de la même maniere, en regardant la puiſſance Q, comme appliquée à un point fixe, l'équation $Pdp + Rdr = 0$, pour les conditions de l'équilibre entre les puiſſances P & R. Pareillement on aura pour l'équilibre des deux puiſſances Q & R l'équation $Qdq + Rdr = 0$.

On a donc pour les trois puiſſances P, Q, R, les trois équations

$$Pdp + Qdq = 0, \quad Pdp + Rdr = 0, \quad Qdq + Rdr = 0,$$

en ſuppoſant dans la premiere de ces équations r conſtante, dans la ſeconde q conſtante, & dans la troiſieme p conſtante.

D'où il s'enſuit qu'on aura en général, en faiſant varier p, q, r à la fois, l'équation $Pdp + Qdq + Rdr = 0$.

En effet, pour qu'il y ait équilibre entre les puiſſances P, Q, R, il faut que ces puiſſances ſoient diſpoſées de maniere que l'une ne puiſſe ſe mouvoir indépendamment des deux autres.

Il faut donc qu'il y ait une relation donnée entre les différences dp, dq, dr, & par conſéquent auſſi entre les quantités finies p, q, r; donc en vertu de cette relation, quelle qu'elle ſoit, la variable p pourra être regardée comme une fonction des deux autres variables q & r; & ſa différentielle dp pourra, par conſéquent, s'exprimer en général par $dp = mdq + ndr$. Or en faiſant r conſtante, on auroit ſimplement $dp = mdq$, & en faiſant q conſtante, on auroit $dp = ndr$; donc le terme Pdp qui ſe trouvera dans les deux premieres équations, pourra être repréſenté par $Pmdq$ dans la premiere de ces équations, &

par $Pndr$ dans la seconde; de sorte que la somme de ces deux termes sera $P(mdq + ndr) = Pdp$. On prouvera de la même maniere, & en regardant q comme une fonction de p & r, que la somme des deux termes Qdq qui entrent dans la premiere & dans la troisieme équation, se réduira simplement à Qdq, en regardant dans dq, p & r comme variables à la fois; & pareillement les deux termes Rdr qui se trouvent dans les deux dernieres équations, se réduiront à Rdr, (p & q étant variables à la fois dans dr). De sorte que la somme des trois équations particulieres trouvées ci-dessus, deviendra, en regardant p, q, r comme variables à la fois $Pdp + Qdq + Rdr = 0$; formule de l'équilibre de trois puissances quelconques P, Q, R.

S'il y avoit une quatrieme puissance S, dirigée suivant la la ligne s, on trouveroit par un raisonnement semblable, que l'équilibre des quatre puissances P, Q, R, S seroit renfermé dans la formule $Pdp + Qdq + Rdr + Sds = 0$.

Ainsi de suite, quel que soit le nombre des puissances en équilibre.

2. On a donc en général pour l'équilibre d'un nombre quelconque de puissances P, Q, R, &c, dirigées suivant les lignes p, q, r, &c, & appliquées à un systême quelconque de corps ou points disposés entr'eux d'une maniere quelconque, une équation de cette forme,

$$Pdp + Qdq + Rdr + \&c = 0.$$

C'est la formule générale de l'équilibre d'un systême quelconque de puissances.

Nous nommerons chaque terme de cette formule, tel que Pdp, le *moment* de la force P, en prenant le mot de moment dans le ſens que Galilée lui a donné, c'eſt-à-dire, pour le produit de la force par ſa viteſſe virtuelle. De ſorte que la formule générale de l'équilibre conſiſtera dans l'égalité à zero, de la ſomme des momens de toutes les forces.

3. Pour faire uſage de cette formule, la difficulté ſe réduira à déterminer, conformément à la nature du ſyſtême donné, les valeurs des différentielles dp, dq, dr, &c.

On conſidérera donc le ſyſtême dans deux poſitions différentes, & infiniment voiſines, & on cherchera les expreſſions les plus générales des différences dont il s'agit, en introduiſant dans ces expreſſions autant de quantités déterminées, qu'il y aura d'élémens arbitraires dans la variation de poſition du ſyſtême. On ſubſtituera enſuite ces expreſſions de dp, dq, dr, &c, dans l'équation propoſée, & il faudra que cette équation ait lieu, indépendamment de toutes les indéterminées, afin que l'équilibre du ſyſtême ſubſiſte en général & dans tous les ſens. On égalera donc ſéparément à zero, la ſomme des termes affectés de chacune des mêmes indéterminées; & l'on aura, par ce moyen, autant d'équations particulieres, qu'il y aura de ces indéterminées; or il n'eſt pas difficile de ſe convaincre que leur nombre doit toujours être égal à celui des quantités inconnues dans la poſition du ſyſtême; donc on aura par cette méthode, autant d'équations qu'il en faudra pour déterminer l'état d'équilibre du ſyſtême.

C'eſt ainſi qu'en ont uſé tous les Auteurs qui ont appliqué juſqu'ici le Principe des viteſſes virtuelles, à la ſolution des problêmes de Statique; mais cette maniere d'employer ce Principe, peut exiger des conſtructions & des conſidérations géométriques, qui rendent les ſolutions auſſi longues que ſi on les déduiſoit des principes ordinaires de la Stati-

que,

que; c'eſt peut-être la principale raiſon qui a empêché qu'on n'ait fait juſqu'ici de ce Principe tout le cas & l'uſage qu'il ſemble qu'on en auroit dû faire, vu ſa ſimplicité & ſa généralité.

4. Quelles que ſoient les forces P, Q, R, &c, qui agiſſent ſur les différens corps ou points du ſyſtême, il eſt clair qu'on peut toujours les ſuppoſer tendantes à des points placés dans les directions de ces forces, & que nous appellerons les *centres* des forces.

Ainſi pour avoir les lignes p, q, r, &c, qui repréſentent les directions des forces P, Q, R &c, il n'y aura qu'à prendre les diſtances rectilignes entre les corps ou points, ſur leſquels les forces agiſſent, & les centres de ces mêmes forces. Or ces centres peuvent être placés hors du ſyſtême, ou bien en faire partie.

Dans le premier cas il eſt viſible que les différences dp, dq, dr, &c, expriment les variations entieres des lignes p, q, r, &c, dues au changement de ſituation du ſyſtême; elles ſont par conſéquent les différentielles complettes des quantités p, q, r, &c, en y regardant comme variables toutes les quantités relatives à la ſituation du ſyſtême, & comme conſtantes celles qui ſe rapportent à la poſition des différens centres des forces.

Dans le ſecond cas, quelques-uns des corps du ſyſtême ſeront eux-mêmes les centres des forces qui agiſſent ſur d'autres corps du même ſyſtême, & à cauſe de l'égalité entre l'action & la réaction, ces derniers corps ſeront en même tems les centres des forces qui agiſſent ſur les premiers.

Conſidérons donc deux corps qui agiſſent l'un ſur l'autre avec une force quelconque P, ſoit que cette force vienne de l'attraction ou de la répulſion de ces corps, ou d'un reſſort placé entr'eux, ou d'une autre maniere quelconque, ſoit p la diſtance entre ces deux corps, & que dp' exprime la variation de cette diſtance, en tant qu'elle dépend du changement de ſituation de l'un des corps; il eſt clair qu'on aura relativement à ce corps, Pdp' pour le moment de la force P; de même ſi on déſigne par dp'' la variation de la même diſtance p, réſultante du changement de ſituation de l'autre corps, on aura relativement à ce ſecond corps, le moment $P\,dp''$ de la même force P; donc le moment total dû à cette force, ſera repréſenté par $P\,(dp' + dp'')$; mais il eſt viſible que $dp' + dp''$ eſt la différentielle complette de p que nous déſignerons par dp, puiſque la diſtance p ne peut varier que par le déplacement des deux corps; donc le moment dont il s'agit ſera exprimé ſimplement par Pdp: on peut étendre ce raiſonnement à tant de corps qu'on voudra.

5. Il ſuit de-là que pour avoir la ſomme des momens de toutes les forces d'un ſyſtême donné, il n'y aura qu'à conſidérer en particulier chacune des forces qui agiſſent ſur les différens corps ou points du ſyſtême, & prendre la ſomme des produits de ces différentes forces multipliées chacune par la différentielle de la diſtance reſpective entre les deux termes de chaque force, c'eſt-à dire entre le point ſur lequel agit cette force & celui d'où elle part, en regardant, dans ces différentielles, comme variables toutes les quantités qui dépendent de la ſituation du ſyſtême, & comme conſtantes celles qui ſe rapportent aux points ou centres extérieurs, c'eſt-à-dire en conſidérant ces points comme fixes, tandis qu'on fait varier la ſituation du ſyſtême. Cette quantité étant égalée à zéro, donnera la formule générale du principe de l'équilibre.

6. Pour exprimer analitiquement la même quantité, ce qui se présente de plus simple, est de rapporter la position de tous les points du systême donné à des coordonnées rectangles & parallèles à trois axes fixes dans l'espace.

Nous nommerons en général x, y, z, les coordonnées des points auxquels les forces sont appliquées, & nous les distinguerons ensuite par un ou plusieurs traits, relativement aux différens points du systême.

Nous désignerons de même par a, b, c, les coordonnées pour les centres des forces.

Il est visible que les distances p, q, r, &c, seront exprimées en général par la formule

$$\sqrt{((x-a)^2+(y-b)^2+(z-c)^2)}$$

dans laquelle les quantités a, b, c seront constantes ou du moins devront être regardées comme telles, pendant que x, y, z varient, dans le cas où elles se rapportent à des points fixes placés hors du systême; mais dans le cas où les forces partent de quelques-uns des corps du systême même, ces quantités a, b, c deviendront x''' &c, y'' &c, z''' &c, & seront par conséquent variables.

Ayant ainsi les expressions des quantités finies p, q, r, &c, en fonctions connues des coordonnées des différens corps du systême, il n'y aura plus qu'à différentier à l'ordinaire, en regardant ces coordonnées comme variables, pour avoir les valeurs cherchées des différences dp, dq, dr, &c, qui entrent dans la formule générale de l'équilibre.

Mais quoiqu'on puisse toujours regarder les forces P, Q, R, &c, comme tendantes à des centres donnés; cependant comme la considération de ces centres est étrangere à la question, dans laquelle on ne considere ordinairement comme données, que la quantité & la direction de chaque force; voici des manieres plus générales d'exprimer les différences dp, dq, dr, &c.

7. Et d'abord en supposant, ce qui est toujours permis, que la force P tende à un centre fixe, on a

$$p = \sqrt{(x-a)^2 + (y-b)^2 + (z-c)^2},$$

& de-là, en différentiant sans que a, b, c varient

$$dp = \frac{x-a}{p}\,dx + \frac{y-b}{p}\,dy + \frac{z-c}{p}\,dz.$$

Or il est facile de concevoir que $\frac{x-a}{p}$, $\frac{y-b}{p}$, $\frac{z-c}{p}$, ne sont autre chose que les cosinus des angles que la ligne p fait avec les coordonnées x, y, z. Donc en général si on nomme α, β, γ les angles que la direction de la force P fait avec les axes des x, y, z, ou avec des parallèles à ces axes, on aura $\frac{x-a}{p} = \text{cos}.\ \alpha$, $\frac{y-b}{p} = \text{cos}.\ \beta$, $\frac{z-c}{p} = \text{cos}.\ \gamma$; par conséquent

$$dp = \text{cos}.\ \alpha\, dx + \text{cos}.\ \beta\, dy + \text{cos}.\ \gamma\, dz;$$

& ainsi des autres différences dq, dr, &c.

On remarquera par rapport aux angles α, β, γ, premiérement que $\text{cos}.\ \alpha^2 + \text{cos}.\ \beta^2 + \text{cos}.\ \gamma^2 = 1$, ce qui est évident par les formules précédentes. En second lieu que si on nomme ϵ l'angle que la projection de la ligne p sur le plan des x & y fait avec l'axe des x, il est clair qu'on aura $\frac{x-a}{\pi} = \text{cof}.\ \epsilon$, $\frac{y-b}{\pi} = \text{fin}.\ \epsilon$, en supposant $\pi = \sqrt{(x-a)^2 + (y-b)^2}$; donc mettant pour $x - a$, $y - b$, leurs valeurs p cos. α, p cos. β, on aura aussi

$\pi = p\sqrt{(\cos.\alpha^2 + \cos.\beta^2)} = p\sqrt{(1 - \cos.\gamma^2)} = p \sin.\gamma$; donc $\frac{x-a}{p} = \sin.\gamma \cos.\epsilon$, $\frac{y-b}{p} = \sin.\gamma \sin.\epsilon$; & par conséquent, $\cos.\alpha = \sin.\gamma \cos.\epsilon$, $\cos.\beta = \sin.\gamma \sin.\epsilon$.

8. Je considere ensuite que puisque dp représente le petit espace que le corps ou point auquel est appliquée la force P peut parcourir suivant la direction de cette force, si on fait $dp = 0$, ce point ne pourra plus se mouvoir que dans des directions perpendiculaires à celle de la même force. Donc $dp = 0$ sera l'équation différentielle d'une surface à laquelle la direction de la force P sera perpendiculaire.

Supposons maintenant en général que la force P agisse perpendiculairement à une surface représentée par l'équation différentielle $du = 0$, soit que du soit une différentielle complette ou non. Comme cette équation doit être équivalente à l'équation $dp = 0$, on aura nécessairement $du = V dp$, V étant une fonction finie des coordonnées x, y, z. Et pour trouver cette fonction, il suffira de remarquer que puisqu'on a par l'article précédent $dp = \cos.\alpha dx + \cos.\beta dy + \cos.\gamma dz$, & $\cos.\alpha^2 + \cos.\beta^2 + \cos.\gamma^2 = 1$, on aura suivant la notation reçue pour les différences partielles, $\left(\frac{dp}{dx}\right)^2 + \left(\frac{dp}{dy}\right)^2 + \left(\frac{dp}{dz}\right)^2 = 1$; donc aussi $\left(\frac{du}{Vdx}\right)^2 + \left(\frac{du}{Vdy}\right)^2 + \left(\frac{du}{Vdz}\right)^2 = 1$; d'où l'on tire

$$V = \sqrt{\left(\left(\frac{du}{dx}\right)^2 + \left(\frac{du}{dy}\right)^2 + \left(\frac{du}{dz}\right)^2\right)};$$

donc

$$dp = \frac{du}{V} = \frac{du}{\sqrt{\left(\frac{du}{dx}\right)^2 + \left(\frac{du}{dy}\right)^2 + \left(\frac{du}{dz}\right)^2}}.$$

On déterminera de la même maniere les valeurs des autres différences dq, dr, &c, d'après les équations différentielles des surfaces auxquelles les directions des forces Q, R, &c, sont perpendiculaires.

9. Les valeurs des différences dp, dq, dr, &c. étant connues en fonctions différentielles des coordonnées des différens corps du systême, il n'y aura qu'à les substituer dans la formule générale

$$Pdp + Qdq + Rdr + \&c, = 0,$$

& vérifier ensuite cette équation de la maniere la plus générale, & indépendante des différentielles qu'elle renferme.

Donc si le systême est entiérement libre, ensorte qu'il n'y ait aucune relation donnée entre les coordonnées des différens corps, ni par conséquent entre leurs différentielles, il faudra satisfaire à l'équation précédente, indépendamment de ces différentielles, & pour cet effet égaler séparément à zéro la somme de tous les termes qui se trouveront multipliés par chacune d'elles; ce qui donnera autant d'équations qu'il y aura de coordonnées variables, & par conséquent autant qu'il en faudra pour déterminer toutes ces variables, & connoître par leur moyen la position de tout le systême dans l'état d'équilibre.

10. Mais si la nature du systême est telle que les corps soient assujettis dans leurs mouvemens à des conditions particulieres, il faudra commencer par exprimer ces conditions par des équations analitiques que nous nommerons *équations de condition;* ce qui est toujours facile. Par exemple, si quelques-uns des corps étoient assujettis à se mouvoir sur des

lignes ou des surfaces données, on auroit entre les coordonnées de ces corps, les équations mêmes des lignes ou des surfaces données; si deux corps s'étoient tellement joints ensemble, qu'ils dussent toujours se trouver à une même distance k l'un de l'autre, on auroit évidemment l'équation $k^2 = (x' - x'')^2 + (y' - y'')^2 + (z' - z'')^2$, & ainsi du reste.

Les équations de condition ainsi trouvées, il faudra par leur moyen éliminer autant de différentielles qu'on pourra, dans les expressions de dp, dq, dr &c, ensorte que les différentielles restantes soient absolument indépendantes les unes des autres, & n'expriment plus que ce qu'il y a d'arbitraire dans le changement de situation du systême. Alors comme la formule générale de l'équilibre doit avoir lieu, quel que puisse être ce changement, il faudra y égaler séparément à zéro, la somme de tous les termes qui se trouveront affectés de chacune des différentielles indéterminées; d'où il viendra autant d'équations particulieres qu'il y aura de ces mêmes différentielles; & ces équations étant jointes aux équations de condition données, renfermeront toutes les conditions nécessaires par la détermination de l'état d'équilibre du systême; car il est aisé de concevoir que toutes ces équations ensemble seront toujours en même nombre que les différentes variables qui servent de coordonnées à tous les corps du systême, & suffiront par conséquent toujours pour déterminer chacune de ces variables.

11. Au reste si nous avons toujours déterminé les lieux des corps par des coordonnées rectangles, c'est que cette maniere a l'avantage de la simplicité & de la facilité du calcul; mais ce n'est pas qu'on ne puisse en employer d'autres dans

l'usage de la méthode précédente ; car il est clair que rien n'oblige dans cette méthode à se servir de coordonnées rectangles, plutôt que d'autres lignes ou quantités, relatives aux lieux des corps. Ainsi au lieu des deux coordonnées x, y, on pourra employer, lorsque les circonstances paroîtront l'exiger, un rayon vecteur $\rho = \sqrt{x^2 + y^2}$, & un angle φ dont la tangente soit $\frac{y}{x}$ (ce qui donnera $x = \rho \operatorname{cos.} \varphi, y = \rho \operatorname{sin.} \varphi$), en laissant subsister la troisieme coordonnée z; ou bien on employera un rayon vecteur $\rho = \sqrt{x^2 + y^2 + z^2}$ avec deux angles φ & ψ, tels que $\operatorname{tang.} \varphi = \frac{y}{x}$, $\operatorname{tang.} \psi = \frac{z}{\sqrt{x^2 + y^2}}$, ce qui donnera $x = \rho \operatorname{cos.} \psi \operatorname{cos.} \varphi, y = \rho \operatorname{cos.} \psi \operatorname{sin.} \varphi, z = \rho \operatorname{sin.} \psi$; ou d'autres angles ou lignes quelconques.

Remarquons encore que comme il n'y a proprement que la considération des différences dx, dy, dz qui entre dans la méthode dont il s'agit, il est permis d'introduire immédiatement à la place de celles-ci, d'autres expressions différentielles quelconques, soit intégrables d'elles-mêmes ou non, & sans aucun égard aux valeurs de x, y, z.

TROISIEME

TROISIEME SECTION.

Propriétés générales de l'équilibre déduites de la formule précédente.

1. CONSIDÉRONS un fyftême ou affemblage quelconque de corps ou points, qui étant tirés par des puiffances quelconques, fe faffent mutuellement équilibre. Si dans un inftant l'action de ces puiffances ceffoit d'être détruite, le fyftême commenceroit à fe mouvoir, & quel que pût être fon mouvement, on pourroit toujours le concevoir comme compofé, 1° d'un mouvement de tranflation commun à tous les corps; 2° d'un mouvement de rotation autour d'un point quelconque; 3° des mouvemens relatifs des corps entr'eux, par lefquels ils changeroient leur pofition, & leurs diftances mutuelles. Il faut donc pour l'équilibre que les corps ne puiffent prendre aucun de ces différens mouvemens. Or il eft clair que les mouvemens relatifs dépendent de la maniere dont les corps font difpofés les uns par rapport aux autres; par conféquent les conditions néceffaires pour empêcher ces mouvemens, doivent être particulieres à chaque fyftême. Mais les mouvemens de tranflation & de rotation peuvent être indépendans de la forme du fyftême, & s'exécuter fans que la difpofition & liaifon mutuelle des corps en foit dérangée.

Ainfi la confidération de ces deux efpeces de mouvemens doit fournir des conditions ou propriétés générales de l'équilibre. C'eft ce que nous allons examiner.

2. Soient donc un nombre quelconque de corps regardés comme des points, & diſpoſés ou liés entr'eux comme l'on voudra, leſquels ſoient tirés par les puiſſances P, P', P'', &c, ſuivant les directions des lignes p, p', p'', &c. On aura (Sect. précéd.) pour l'équilibre de ces corps, la formule

$$P\,dp + P'\,dp' + P''\,dp'' + \&c = 0.$$

Soient maintenant x, y, z les coordonnées rectangles du point tiré par la puiſſance P; x', y', z' celles du point tiré par la puiſſance P', & ainſi de ſuite; ces coordonnées étant toutes parallèles à trois axes fixes, & ayant pour origine un même point.

Soient de plus α, β, γ les angles que la ligne p ou la direction de la puiſſance P fait avec les axes des x, y, z; α', β', γ', les angles que la direction de P' fait avec les mêmes axes, & ainſi de ſuite.

On aura (Sect. précéd. art. 7),

$$dp = \text{coſ.}\,\alpha\,dx + \text{coſ.}\,\beta\,dy + \text{coſ.}\,\gamma\,dz$$
$$dp' = \text{coſ.}\,\alpha'\,dx' + \text{coſ.}\,\beta'\,dy' + \text{coſ.}\,\gamma'\,dz'$$
$$dp'' = \text{coſ.}\,\alpha''\,dx'' + \text{coſ.}\,\beta''\,dy'' + \text{coſ.}\,\gamma'\,dz'',$$
&c.

Et la formule de l'équilibre deviendra,

$$0 = P\,(\text{coſ.}\,\alpha\,dx + \text{coſ.}\,\beta\,dy + \text{coſ.}\,\gamma\,dz)$$
$$+ P'\,(\text{coſ.}\,\alpha'\,dx' + \text{coſ.}\,\beta'\,dy' + \text{coſ.}\,\gamma'\,dz')$$
$$+ P''\,(\text{coſ.}\,\alpha''\,dx'' + \text{coſ.}\,\beta''\,dy'' + \text{coſ.}\,\gamma''\,dz''$$
$$+ \&c.$$

3. Faiſons, ce qui eſt permis,

$$x' = x + \xi,\ y' = y + \eta,\ z' = z + \zeta$$

$x'' = x + \xi', y'' = y + \eta', z'' = z + \zeta'$,

&c.

ſubſtituant ces valeurs dans la formule précédente, on aura cette transformée,

$$\begin{aligned} o = & (P \operatorname{coſ.} \alpha + P' \operatorname{coſ.} \alpha' + P'' \operatorname{coſ.} \alpha'' + \&c) dx. \\ & + (P \operatorname{coſ.} \beta + P' \operatorname{coſ.} \beta' + P'' \operatorname{coſ.} \beta'' + \&c) dy \\ & + (P \operatorname{coſ.} \gamma + P' \operatorname{coſ.} \gamma' + P'' \operatorname{coſ.} \gamma'' + \&c) dz \\ & + P' (\operatorname{coſ.} \alpha' d\xi + \operatorname{coſ.} \beta' d\eta + \operatorname{coſ.} \gamma' d\zeta) \\ & + P'' (\operatorname{coſ.} \alpha'' d\xi' + \operatorname{coſ.} \beta'' d\eta' + \operatorname{coſ.} \gamma'' d\zeta'), \\ & \&c. \end{aligned}$$

Or x, y, z étant les coordonnées abſolues du corps tiré par la force P, il eſt clair que ξ, η, ζ, ξ', η', ζ', &c, ne ſeront autre choſe que les coordonnées relatives des autres corps par rapport à celui-ci pris pour leur origine commune ; de ſorte que la poſition mutuelle des corps ne dépendra que de ces dernieres coordonnées, & nullement des premieres. Donc ſi on ſuppoſe le ſyſtême entièrement libre, c'eſt-à-dire, les corps ſimplement liés entr'eux d'une maniere quelconque, mais ſans qu'ils ſoient retenus ou empêchés par des appuis fixes, ou des obſtacles extérieurs quelconques, il eſt aiſé de concevoir que les conditions réſultantes de la nature du ſyſtême, ne pourront regarder que les quantités ξ, η, ζ, ξ', η', ζ', &c, & nullement les quantités x, y, z, dont les différentielles demeureront par conſéquent indépendantes & indéterminées.

Ainſi dans l'équation précédente, il faudra égaler ſéparément à zero, chacun des membres affectés de dx, dy, dz; ce qui donnera ces trois équations particulieres.

$$P \text{ cof. } \alpha + P' \text{ cof. } \alpha' + P'' \text{ cof. } \alpha'' + \&c = 0.$$

$$P \text{ cof. } \beta + P' \text{ cof. } \beta' + P'' \text{ cof. } \beta'' + \&c = 0$$

$$P \text{ cof. } \gamma + P' \text{ cof. } \gamma' + P'' \text{ cof. } \gamma'' + \&c = 0,$$

lefquelles devront néceffairement avoir lieu dans l'équilibre d'un fyftême libre. Ce font les équations néceffaires pour empêcher le mouvement de tranflation.

4. Si les puiffances P, P', P'', &c, étoient parallèles, on auroit $\alpha = \alpha' = \alpha''$ &c, $\beta = \beta' = \beta''$ &c, $\gamma = \gamma' = \gamma''$, &c, & les trois équations précédentes fe réduiroient à celle-ci,

$$P + P' + P'' + \&c. = 0.$$

laquelle montre que la fomme des forces parallèles doit être nulle.

En général il eft facile de concevoir que P repréfentant l'action totale de la puiffance P fuivant fa propre direction, P cof. α repréfentera fon action relative, eftimée fuivant la direction de l'axe des x, laquelle fait avec la direction de la force l'angle α; de même P cof. β & P cof. γ, feront les actions relatives de la même force, eftimées fuivant les directions des axes des y & z, & ainfi du refte.

Et de-là réfulte ce théorême, que *la fomme des puiffances eftimées fuivant la direction de trois axes perpendiculaires entr'eux, doit être nulle par rapport à chacun de ces axes, dans l'équilibre d'un fyftême libre.*

5. Prenons maintenant, ce qui eft permis, à la place des coordonnées x, y, x', y', x'', y'', &c, des rayons vecteurs ρ, ρ', ρ'', &c, avec les angles φ, φ', φ'', &c, que ces rayons font avec l'axe des x; on aura, comme l'on fait, $x = \rho$ cof. φ, $y = \rho$ fin. φ, & de même $x' = \rho'$ cof. φ', $y' = \rho'$ fin. φ', &c. Donc $dx =$ cof. $\varphi d\rho - y d\varphi$, $dy =$ fin. $\varphi d\rho + x d\varphi$, $dx' =$

cof. $\varphi' d\rho' - y' d\varphi'$, $dy' =$ fin. $\varphi' d\rho' + x' d\rho'$, &c. Et l'équation de l'art. 2 deviendra par ces fubftitutions,

$$\begin{aligned} 0 = {} & P(x \operatorname{cof.} \beta - y \operatorname{cof.} \alpha)\, d\varphi + P'(x' \operatorname{cof.} \beta' - y' \operatorname{cof.} \alpha')\, d\varphi' \\ & + P''(x'' \operatorname{cof.} \beta'' - y'' \operatorname{cof.} \alpha'')\, d\varphi'' + \&c. \\ & + P(\operatorname{cof.} \varphi \operatorname{cof.} \alpha + \operatorname{fin.} \varphi \operatorname{cof.} \beta)\, d\rho + P'(\operatorname{cof.} \varphi' \operatorname{cof.} \alpha' + \operatorname{fin.} \varphi' \operatorname{cof.} \beta)\, d\rho' \\ & + P''(\operatorname{cof.} \varphi'' \operatorname{cof.} \alpha'' + \operatorname{fin.} \varphi'' \operatorname{cof.} \beta'')\, d\rho'' + \&c. \\ & + P \operatorname{cof.} \gamma\, dz + P' \operatorname{cof.} \gamma'\, dz' + P'' \operatorname{cof.} \gamma''\, dz'' + \&c. \end{aligned}$$

Or fi l'on fait $\varphi' = \varphi + \sigma$, $\varphi'' = \varphi + \sigma'$, &c. il eft vifible que σ, σ', &c. feront les angles que les rayons ρ, ρ', ρ'', &c. forment avec le rayon ρ; par conféquent les diftances des corps, tant entr'eux, que par rapport au plan des x, y, & au point qui eft l'origine des coordonnées, dépendront fimplement des quantités ρ, ρ', ρ'', &c, σ, σ', &c, z, z', z'', &c. Donc fi le fyftême a la liberté de tourner autour de ce point, parallélement au plan des x, y, c'eft-à-dire, autour de l'axe des z, qui eft perpendiculaire à ce plan, l'angle φ fera indéterminé, & la différence $d\varphi$ arbitraire. D'où il fuit que le membre affecté de $d\varphi$ dans l'équation précédente, devra être en particulier égal à zéro.

6. On aura donc ainfi l'équation,

$$\begin{aligned} & P(x \operatorname{cof.} \beta - y \operatorname{cof.} \alpha) + P'(x' \operatorname{cof.} \beta' - y' \operatorname{cof.} \alpha') \\ & + P'(x'' \operatorname{cof.} \beta'' - y'' \operatorname{cof.} \alpha'') + \&c = 0; \end{aligned}$$

laquelle devra avoir lieu dans l'équilibre de tout fyftême qui a la liberté de tourner autour de l'axe des z.

On trouvera de la même maniere, par rapport à l'axe des y, fi le fyftême a la liberté de tourner autour de cet axe, l'équation

$$P(x \operatorname{cof.} \gamma - z \operatorname{cof.} \alpha) + P'(x' \operatorname{cof.} \gamma' - z' \operatorname{cof.} \alpha') + P''(x'' \operatorname{cof.} \gamma'' - z'' \operatorname{cof.} \alpha'') + \&c = 0.$$

Et pareillement on aura par rapport à l'axe des x, si le syſtême eſt libre de tourner autour de cet axe, l'équation

$$P(y \operatorname{cof.} \gamma - z \operatorname{cof.} \beta) + P'(y' \operatorname{cof.} \gamma' - z' \operatorname{cof.} \beta') + P''(y'' \operatorname{cof.} \gamma'' - z'' \operatorname{cof.} \beta'') + \&c = 0.$$

De ſorte que lorſque le ſyſtême aura la liberté de ſe mouvoir autour de chacun de ces trois axes, il faudra pour l'équilibre, que ces trois équations aient lieu à la fois.

Si dans la quantité $x \operatorname{cof.} \beta - y \operatorname{cof.} \alpha$, qui multiplie la force P dans la premiere équation, on met pour $\operatorname{cof} \alpha$, $\operatorname{cof.} \beta$ les valeurs $\operatorname{fin.} \gamma \operatorname{cof.} \epsilon$, $\operatorname{fin.} \gamma \operatorname{fin.} \epsilon$ (art. 7, Sect. 2), on a $\operatorname{fin.} \gamma (x \operatorname{fin.} \epsilon - y \operatorname{cof.} \epsilon)$; & cette quantité deviendra $\rho \operatorname{fin.} \gamma \operatorname{fin.} (\epsilon - \varphi)$, en ſubſtituant pour x & y leurs valeurs $\rho \operatorname{cof.} \varphi$, $\rho \operatorname{fin.} \varphi$.

Or ϵ eſt l'angle que la projection de la direction de la force P ſur le plan des x & y fait avec l'axe des x, & φ eſt l'angle que le rayon vecteur ρ fait avec le même axe. Donc $\epsilon - \varphi$ ſera l'angle que la projection dont il s'agit fait avec ce rayon ; par conſéquent $\rho \operatorname{fin.} (\epsilon - \varphi)$ ſera la perpendiculaire menée du centre des rayons ρ à la direction de la force P projettée ſur le plan des x, y ; c'eſt-à-dire en général la perpendiculaire menée de l'axe des z (lequel eſt lui-même perpendiculaire au rayon ρ), à la direction de cette force. Ainſi nommant π cette perpendiculaire, on aura $x \operatorname{cof.} \beta - y \operatorname{cof.} \alpha = \pi \operatorname{fin.} \gamma$; & on pourra auſſi réduire à une forme ſemblable les quantités analogues, qui multiplient les forces P, P', P'', &c, dans les trois équations précédentes.

7. Quand le ſyſtême a la liberté de tourner ou pirouetter

en tout sens autour d'un point, on pourroit douter s'il suffit de considérer séparément les rotations autour de trois axes perpendiculaires passant par ce point, & si ces trois rotations étant empêchées, toute autre rotation autour du même point le sera aussi.

Pour éclaircir ce doute, je considere qu'en supposant, comme plus haut, $x = \rho \operatorname{cos}. \varphi$, $y = \rho \operatorname{sin}. \varphi$, $x' = \rho' \operatorname{cos}. \varphi'$, $y' = \rho' \operatorname{sin}. \varphi'$ &c; & faisant varier simplement les angles φ, φ', &c, de la même différence $d\varphi$, on aura,

$$dx = -y\,d\varphi,\ dy = x\,d\varphi,\ dx' = -y'\,d\varphi,\ dy' = x'\,d\varphi, \text{\&c.}$$

Ce sont les variations de x, y, x', y', &c, dues à la rotation élémentaire $d\varphi$ du système autour de l'axe des z.

On aura de même les variations de y, z, y', z', &c. dues à une rotation élémentaire $d\psi$ autour de l'axe des x, en changeant simplement dans les formules précédentes, x, y, x', y', &c, en y, z, y', z', &c : & $d\varphi$ en $d\psi$; ce qui donnera,

$$dy = -z\,d\psi,\ dz = y\,d\psi, dy' = -z'\,d\psi,\ dz' = y'\,d\psi, \text{\&c.}$$

Enfin en changeant dans ces dernieres formules y, z, y', z', &c, respectivement en z, x, z', x', &c, & $d\psi$ en $d\omega$, on aura les variations provenantes de la rotation élémentaire $d\omega$ autour de l'axe des y, lesquelles seront

$$dz = -x\,d\omega,\ dx = z\,d\omega,\ dz' = -x'\,d\omega,\ dx' = z'\,d\omega, \text{\&c.}$$

Si donc on suppose que les trois rotations élémentaires $d\varphi$, $d\psi$, $d\omega$ aient lieu à la fois, les variations totales des coordonnées x, y, z, x', y', z' &c, seront, d'après les principes du calcul différentiel, égales aux sommes des variations partielles dues à chacune de ces rotations ; de ſorte qu'on aura alors

$$dx = z\,d\omega - y\,d\varphi,\ dy = x\,d\varphi - z\,d\psi,\ dz = y\,d\psi - x\,d\omega,$$

$$dx' = z'd\omega - y'd\varphi,\ dy' = x'd\varphi - z'd\psi,\ dz = y'd\psi - x'd\omega,$$

&c.

8. Je remarque maintenant que ſi les coordonnées x, y, z d'un point quelconque du ſyſtême étoient reſpectivement proportionnelles à $d\psi$, $d\omega$, $d\varphi$, les variations dx, dy, dz ſeroient nulles, comme on le voit par les formules qu'on vient de trouver. Donc tous les points qui répondroient à ces coordonnées, ſeroient immobiles pendant l'inſtant que le ſyſtême décriroit les trois angles $d\psi$, $d\omega$, $d\varphi$, en tournant autour des axes des x, y, z.

Or il eſt viſible que tous ces points ſont dans une ligne droite qui paſſe par l'origine des coordonnées ; & il n'eſt pas difficile de concevoir que cette droite ſera reſpectivement avec les axes des x, y, z des angles dont les coſinus ſeront

$$\frac{d\psi}{\sqrt{(d\psi^2 + d\omega^2 + d\varphi^2)}},\ \frac{d\omega}{\sqrt{(d\psi^2 + d\omega^2 + d\varphi^2)}},\ \frac{d\varphi}{\sqrt{(d\psi^2 + d\omega^2 + d\varphi^2)}};$$

ainſi cette droite ſera immobile pendant le même inſtant, & le mouvement du ſyſtême ne pourra être qu'un ſimple mouvement de rotation autour de cette même droite, qu'on nommera à cauſe de cela, *l'axe inſtantané de rotation.*

Pour avoir l'angle décrit en vertu de cette rotation, on conſidérera que $\sqrt{(dx^2 + dy^2 + dz^2)}$ eſt en général l'élément de l'eſpace décrit par un point quelconque qui répond aux coordonnées x, y, z.

Or en ſubſtituant les valeurs de dx, dy, dz trouvées plus haut, on a $dx^2 + dy^2 + dz^2 = (z\,d\omega - y\,d\varphi)^2 + (x\,d\varphi - z\,d\psi)^2$

+

$+ (y d\psi - x d\omega)^2 = (x^2 + y^2 + z^2)(d\psi^2 + d\omega^2 + d\varphi^2) - (x d\psi + y d\omega + z d\varphi)^2$.

D'un autre côté il eſt facile de prouver par la Géométrie, que $x d\psi + y d\omega + z d\varphi = 0$, eſt l'équation d'un plan paſſant par l'origine des coordonnées, & perpendiculaire à la droite, pour laquelle les coordonnées ſeroient proportionnelles aux quantités données $d\psi$, $d\omega$, $d\varphi$, c'eſt-à-dire, l'axe inſtantané de rotation, en déſignant toujours les coordonnées par x, y, z. Donc l'eſpace élémentaire décrit par un point quelconque de ce même plan, ſera exprimé ſimplement par $\sqrt{(x^2 + y^2 + z^2)} \times \sqrt{(d\psi^2 + d\omega^2 + d\varphi^2)}$; & comme $\sqrt{(x^2 + y^2 + z^2)}$ eſt la diſtance de ce point à l'origine des coordonnées, où le plan & l'axe inſtantané de rotation, ſe coupent à angles droits, il s'enſuit que $\sqrt{(d\psi^2 + d\omega^2 + d\varphi^2)}$ ſera l'angle élémentaire de rotation autour de cet axe, en vertu des rotations partielles $d\psi$, $d\omega$, $d\varphi$ autour des axes des coordonnées x, y, z.

9. On doit conclure de-là en général, que des rotations quelconques $d\psi$, $d\omega$, $d\varphi$ autour de trois axes qui ſe coupent perpendiculairement dans un point, ſe compoſent en une ſeule, $d\theta = \sqrt{(d\psi^2 + d\omega^2 + d\varphi^2)}$, autour d'un axe paſſant par le même point d'interſection, & faiſant avec ceux-là des angles λ, μ, ν, tels que $\text{coſ.}\,\lambda = \frac{d\psi}{d\theta}$, $\text{coſ.}\,\mu = \frac{d\omega}{d\theta}$, $\text{coſ}\,\nu = \frac{d\varphi}{d\theta}$, & réciproquement qu'une rotation quelconque $d\theta$ autour d'un axe donné, peut ſe décompoſer en trois rotations partielles exprimées par $d\theta\,\text{coſ}\,\lambda$, $d\theta\,\text{coſ.}\,\mu$, $d\theta\,\text{coſ.}\,\nu$, autour de trois axes qui ſe coupent perpendiculairement dans un point de l'axe donné, & qui faſſent avec lui les angles λ, μ, ν;

ce qui fournit, comme l'on voit, un moyen bien ſimple de composer & de décomposer les mouvemens de rotation.

10. Donc quelque rotation que le ſyſtême puiſſe avoir autour du point qui eſt l'origine des coordonnées, on pourra toujours la réduire à trois $d\psi$, $d\omega$, $d\varphi$ autour des trois axes des coordonnées x, y, z; & les variations de toutes les coordonnées x, y, z, x', y', z', &c, des différens corps du ſyſtême, provenantes uniquement de ces rotations, ſeront exprimées généralement par les formules trouvées dans l'article 7.

Subſtituant donc ſimplement ces valeurs de dx, dy, dz, dx', dy', &c, dans la formule générale de l'équilibre (art. 2), on aura les termes dûs aux rotations $d\psi$, $d\omega$, $d\varphi$ du ſyſtême, & comme ces rotations ſont tout-à-fait arbitraires lorſque le ſyſtême a la liberté de tourner en tout ſens, il faudra dans ce cas que chacun des membres affectés de $d\psi$, $d\omega$, $d\varphi$ ſoit nul en particulier; ce qui donnera les mêmes trois équations déja trouvées dans l'article 6, leſquelles ſeront donc ſuffiſantes pour empêcher toute rotation du ſyſtême autour du point qui eſt l'origine des coordonnées.

11. Si toutes les forces P, P', P'', &c, étoient paralleles entr'elles, on auroit $\alpha = \alpha' = \alpha''$, &c; $\beta = \beta' = \beta''$, &c; $\gamma = \gamma' = \gamma''$, &c, & les trois équations dont nous venons de parler, deviendroient

$$(Px + P'x' + P''x'' + \&c)\,\text{coſ.}\,\beta - (Py + P'y' + P''y'' + \&c)\,\text{coſ.}\,\alpha = 0$$
$$(Px + P'x' + P''x'' + \&c)\,\text{coſ.}\,\gamma - (Pz + P'z' + P''z'' + \&c)\,\text{coſ.}\,\alpha = 0$$
$$(Py + P'y' + P''y'' + \&c)\,\text{coſ.}\,\gamma - (Pz + P'z' + P''z'' + \&c)\,\text{coſ.}\,\beta = 0,$$

dont la troiſieme eſt déja une ſuite des deux premieres. Mais comme on a $\text{coſ.}\,\alpha^2 + \text{coſ.}\,\beta^2 + \text{coſ.}\,\gamma^2 = 1$ (Sect. 2, art. 7), on pourra déterminer par ces équations, les angles α, β, γ, & faisant pour abréger

$$P x + P' x' + P'' x'' + \&c = L$$

$$P y + P' y' + P'' y'' + \&c = M$$

$$P z + P' z' + P'' z'' + \&c = N,$$

on trouvera $\text{cos.}\, \alpha = \frac{L}{\sqrt{(L^2 + M^2 + N^2)}}$, $\text{cos.}\, \beta = \frac{M}{\sqrt{(L^2 + M^2 + N^2)}}$, $\text{cos.}\, \gamma = \frac{N}{\sqrt{(L^2 + M^2 + N^2)}}$.

Donc la position des corps étant donnée par rapport à trois axes, il faudra pour que tout mouvement de rotation du systême soit détruit, que le systême soit placé relativement à la direction des forces, de maniere que cette direction fasse avec les mêmes axes les angles α, β, γ qu'on vient de déterminer.

12. Si les quantités L, M, N étoient nulles, les angles α, β, γ demeureroient indéterminés, & la position du systême, relativement à la direction des forces, pourroit être quelconque; d'où résulte ce théorême, *que si la somme des produits des forces paralleles, par leurs distances à trois plans perpendiculaires entr'eux, est nulle par rapport à chacun de ces trois plans, l'effet des forces pour faire tourner le systême autour du point commun d'intersection des mêmes plans, se trouvera détruit.*

On sait que la gravité agit verticalement & proportionnellement à la masse; ainsi dans un systême de corps pesants, si on cherche un point tel que la somme de chaque masse par sa distance à un plan passant par ce point, soit nulle relativement à trois plans perpendiculaires, ce point aura la propriété que la gravité ne pourra imprimer au systême aucun mouvement de rotation autour du même point. C'est ce point qu'on appelle *centre de gravité*, & qui eſt d'un uſage ſi étendu dans toute la Méchanique.

Pour le déterminer, il n'y a qu'à chercher ſa diſtance à trois plans perpendiculaires donnés. Or, puiſque la ſomme des produits des maſſes par leurs diſtances à un plan paſſant par le centre de gravité eſt nulle, la ſomme des produits des mêmes maſſes par leurs diſtances à un autre plan parallele à celui-ci, ſera néceſſairement égale au produit de toutes les maſſes par la diſtance du centre de gravité au même plan; de ſorte qu'on aura cette diſtance en diviſant la ſomme des produits des maſſes, & de leurs diſtances par la ſomme même des maſſes. Et de-là réſultent les formules connues pour les centres de gravité des lignes, des ſurfaces & des ſolides.

13. Nous allons conſidérer maintenant les *maxima & minima* qui peuvent avoir lieu dans l'équilibre; & pour cela nous reprendrons la formule générale.

$$P\,dp + Q\,dq + R\,dr + \&c, = 0,$$

de l'équilibre entre les forces P, Q, R, &c, dirigées ſuivant les lignes p, q, r, &c. (Sect. 2, art. 2).

On peut ſuppoſer que ces forces ſoient exprimées de maniere que la quantité $P\,dp + Q\,dq + R\,dr + \&c$, ſoit une différentielle exacte d'une fonction de p, q, r, &c, laquelle ſoit repréſentée par Φ, enſorte que l'on ait

$$d\Phi = P\,dp + Q\,dq + R\,dr + \&c.$$

Alors on aura pour l'équilibre cette équation $d\Phi = 0$, laquelle fait voir que le ſyſtême doit être diſpoſé de maniere que la fonction Φ y ſoit généralement parlant un *maximum* ou un *minimum*.

Je dis *généralement parlant*; car on ſait que l'égalité d'une différentielle à zéro, n'indique pas toujours un *maximum* ou un *minimum*, comme on le voit par la théorie des courbes.

La ſuppoſition précédente a lieu en général lorſque les forces P, Q, R, &c, tendent réellement ou à des points fixes ou à des corps du même ſyſtême, & ſont proportionnelles à des fonctions quelconques des diſtances (Sect. 2, art. 4); ce qui eſt proprement le cas de la nature.

Ainſi dans cette hypothèſe de forces le ſyſtême ſera en équilibre lorſque la fonction Φ ſera un *maximum* ou un *minimum*; c'eſt en quoi conſiſte le principe que M. de Maupertuis avoit propoſé ſous le nom de *loi de repos*.

14. Si on conſidere un ſyſtême de corps peſants en équilibre, les forces P, Q, R, &c, provenantes de la gravité, ſeront, comme l'on ſait, proportionnelles aux maſſes des corps, & par conſéquent conſtantes, & les diſtances p, q, r, &c, concourront au centre de la terre. On aura donc dans ce cas $\Phi = Pp + Qq + Rr +$ &c; par conſéquent, puiſque les lignes p, q, r, &c, ſont cenſées paralleles, la quantité $\frac{\Phi}{P + Q + R + \&c.}$, exprimera la diſtance du centre de gravité de tout le ſyſtême au centre de la terre; laquelle ſera donc un *minimum* ou un *maximum*, lorſque le ſyſtême ſera en équilibre; elle ſera, par exemple, un *minimum* dans le cas de la chaînette, & un *maximum* dans le cas de pluſieurs globules qui ſe ſoutiendroient en forme de voûte. Ce principe eſt connu depuis long-tems.

15. Si dans l'hypothèſe de l'article 13, on conſidere le ſyſtême en mouvement, & que u', u'', u''', &c, ſoient les viteſſes, & m', m'', m''', &c, les maſſes reſpectives des différens corps qui compoſent le ſyſtême; le Principe ſi connu de

la conſervation des forces vives, dont nous donnerons une démonſtration directe & générale dans la ſeconde Partie, fournira cette équation,

$$m' u'^2 + m'' u''^2 + m''' u'''^2 + \&c = \text{conſt.} - 2\,\Phi.$$

Donc, puiſque dans l'état d'équilibre la quantité Φ eſt un *minimum* ou un *maximum*, il s'enſuit que la quantité $m' u'^2 + m'' u''^2 + m''' u'''^2 + \&c$, qui exprime la force vive de tout le ſyſtême, ſera en même tems un *maximum* ou un *minimum*; c'eſt en quoi conſiſte le principe de Statique propoſé par M. de Courtivron, *que de toutes les ſituations que prend ſucceſſivement le ſyſtême, celle où il a la plus grande ou la plus petite force vive, eſt la même que celle où il le faudroit placer en premier lieu pour qu'il reſtât en équilibre.*

16. On vient de voir que la fonction Φ eſt un *minimum* ou un *maximum*, lorſque la poſition du ſyſtême eſt celle de l'équilibre; nous allons maintenant démontrer que ſi cette fonction eſt un *minimum*, l'équilibre aura de la ſtabilité; enſorte que le ſyſtême étant d'abord ſuppoſé dans l'état d'équilibre, & venant enſuite à être tant ſoit peu déplacé de cet état, il tendra de lui-même à s'y remettre, en faiſant des oſcillations infiniment petites; qu'au contraire, dans le cas où la même fonction ſera un *maximum*, l'équilibre n'aura pas de ſtabilité, & qu'étant une fois troublé, le ſyſtême pourra faire des oſcillations qui ne ſeront pas très-petites, & qui pourront l'écarter de plus en plus de ſon premier état.

17. Pour démontrer cette propoſition d'une maniere générale, je conſidere que, quelle que puiſſe être la forme du ſyſtême, ſa poſition, c'eſt-à-dire celle des différens corps qui le compoſent, ſera toujours déterminée par un certain

nombre de variables, &c. que la quantité Φ sera une fonction donnée de ces mêmes variables. Or supposons que dans la situation d'équilibre les variables dont il s'agit soient égales à a, b, c, &c, & que dans une situation très-proche de celle-ci, elles soient $a+x$, $b+y$, $c+z$, &c, les quantités x, y, z, &c, étant très-petites; substituant ces dernieres valeurs dans la fonction Φ, & réduisant en série, suivant les dimensions des quantités très-petites x, y, z, &c, la fonction Φ deviendra de cette forme,

$$\Phi = A + Bx + Cy + Dz + \&c.$$
$$+ Fx^2 + Gxy + Hy^2 + Kxz + Lyz + Mz^2 + \&c,$$

les quantités, A, B, C, &c, étant données en a, b, c, &c. Mais dans l'état d'équilibre la valeur de $d\Phi$ doit être nulle, de quelque maniere qu'on fasse varier la position du systême; donc il faudra que la différentielle de Φ soit nulle en général, lorsque x, y, z, &c, sont $=0$; donc $B=0$, $C=0$, $D=0$, &c.

On aura donc pour une situation quelconque très-proche de celle de l'équilibre, cette expression de Φ.

$$\Phi = A + Fx^2 + Gxy + Hy^2 + Kxz + Lyz + Mz^2 + \&c.$$

dans laquelle tant que les variables x, y, z, &c, sont très-petites, il suffira de tenir compte des secondes dimensions de ces variables.

18. Maintenant il est clair que pour que la quantité Φ soit toujours un *minimum*, lorsque x, y, z, &c, sont nulles, il faut que la fonction

$$Fx^2 + Gxy + Hy^2 + Kxz + Lyz + Mz^2 + \&c.$$

que je nommerai X, soit constamment positive, quelles que soient les valeurs des variables x, y, z, &c.

Supposons d'abord y, z, &c, nuls, on aura $X = Fx^2$, quantité qui sera toujours positive, si F est positif; ainsi on aura, pour premiere condition du *minimum*, $F > 0$.

Or puisque la quantité X est toujours positive, lorsque y, z, &c sont nuls, il est clair que pour qu'elle demeure constamment positive, en donnant à ces variables des valeurs quelconques, il faut qu'elle ne puisse jamais devenir nulle. Donc si on fait l'équation $X = 0$, & qu'on en tire la valeur de x, il faudra que cette valeur soit imaginaire; mais l'équation $X = 0$, donne

$$x + \frac{Gy + Kz + \&c}{2F} = \sqrt{-\frac{Hy^2 + Lyz + Mz^2 + \&c}{F} + \left(\frac{Gy + Kz + \&c}{2F}\right)^2},$$

donc il faudra que la quantité

$$\frac{Hy^2 + Lyz + Mz^2 + \&c.}{F} - \left(\frac{Gy + Kz + \&c}{2F}\right)^2$$

que j'appellerai Y soit toujours positive. Or cette quantité se réduit à la forme

$$Py^2 + Qyz + Rz^2 + \&c,$$

en faisant pour abréger

$$P = \frac{H}{F} - \frac{G^2}{4F^2},\ Q = \frac{L}{F} - \frac{GK}{2F^2},\ R = \frac{M}{F} - \frac{K^2}{4F^2},\ \&c.$$

Donc par un raisonnement semblable au précédent, on aura premiérement la condition $P > 0$; & il faudra ensuite que la valeur de y tirée de l'équation $Y = 0$ soit imaginaire; or cette équation donne

$$y + \frac{Qz + \&c}{2P} = \sqrt{-\frac{Rz^2 + \&c}{P} + \left(\frac{Qz + \&c}{2P}\right)^2}$$

donc

donc la quantité

$$\frac{Rz^2 + \&c.}{P} - \left(\frac{Qz + \&c.}{2P}\right)^2,$$

que je nommerai Z, & qui se réduit à la forme $Tz^2 + \&c$, en faisant pour abréger

$$T = \frac{R}{P} - \frac{Q^2}{4P^2}, \&c.$$

devra être toujours positive. Donc il faudra de nouveau que l'on ait $T > 0$; & ainsi de suite.

Si la fonction X ne contient que trois variables x, y, z, il est visible que les trois conditions $F > 0$, $P > 0$, $T > 0$, suffiront pour la rendre toujours positive; & par conséquent pour le *minimum* de la quantité Φ; s'il y avoit une quatrieme variable, on trouveroit une condition de plus; & en général le nombre des conditions sera toujours égal à celui des variables.

Si au contraire la quantité Φ devoit être toujours un *maximum* lorsque x, y, z, &c sont nuls, il faudroit que la fonction X fût constamment négative. Par conséquent il faudroit d'abord que F fût une quantité négative, & ensuite que l'équation $X = 0$ ne donnât aucune racine réelle pour x; ce qui fournira les mêmes conditions qu'on a trouvées dans le cas précédent, savoir $P > 0$, $T > 0$, &c.

D'où il s'ensuit que les conditions du *maximum* sont les mêmes que celles du *minimum*, à l'exception de la premiere qui, pour le *minimum* est $F > 0$, & pour le *maximum* $F < 0$.

19. Je remarque maintenant que les quantités X, Y, Z, &c, peuvent se mettre sous la forme

$$X = F\left(\left(x + \frac{Gy + Kz + \&c}{2F}\right)^2 + Y\right)$$

$$Y = P\left(\left(y + \frac{Qz + \&c}{2P}\right)^2 + Z\right)$$

$$Z = T(z + \&c)^2 + \&c),$$

&c.

Donc ſubſtituant ſucceſſivement, on aura

$$X = F\left(x + \frac{Gy + Kz + \&c}{2F}\right)^2$$

$$+ FP\left(y + \frac{Qz + \&c}{2P}\right)^2$$

$$+ FPT(z + \&c)^2,$$

&c.

d'où l'on voit clairement que la valeur de X ſera toujours poſitive, ſi F, P, T, &c > 0, & qu'au contraire elle ſera toujours négative, ſi $F < 0$ & P, T, &c > 0.

De-là il ſuit qu'en prenant, pour plus de ſimplicité, à la place des variables x, y, z, &c, d'autres variables ξ, η, ζ, &c, telles que $\xi = x + \frac{Gy + Kz + \&c}{2F}$, $\eta = y + \frac{Qz + \&c}{2P}$, &c, on pourra toujours donner à la fonction X cette forme très-ſimple,

$$X = f\xi^2 + g\eta^2 + h\zeta^2 + \&c,$$

enſorte que la quantité Φ ſera

$$\Phi = A + f\xi^2 + g\eta^2 + h\zeta^2 + \&c.$$

& que les coëfficiens f, g, h, &c, ſeront néceſſairement tous poſitifs, dans le cas du *minimum* de Φ, & négatifs dans celui du *maximum*.

20. Cela poſé, pour démontrer le théorême de l'article

16, il ne faudra que substituer l'expression précédente de Φ dans l'équation de la *conservation des forces vives* (art. 15), ce qui donnera celle-ci,

$$M'u'^2 + M''u''^2 + M'''u'''^2 + \&c. = \text{const.} - 2A - 2f\xi^2 - 2g\eta^2 - 2h\zeta^2, \&c.$$

Or dans l'état d'équilibre on a (hyp.) $x = 0, y = 0, z = 0$, &c; donc aussi $\xi = 0$, $\eta = 0$, $\zeta = 0$, &c (art. 19); donc, si on suppose qu'on dérange le systême de cet état, en imprimant aux corps M', M'', M''', &c, les vitesses très-petites V', V'', V''', &c, il faudra que l'on ait $u' = V'$, $u'' = V''$, $u''' = V'''$, &c, lorsque $\xi = 0$, $\eta = 0$, $\zeta = 0$, &c. On aura donc $M'V'^2 + M''V''^2 + M'''V'''^2 + \&c. = \text{const.} - 2A$; ce qui servira à déterminer la constante arbitraire.

Ainsi l'équation précédente deviendra

$$M'u'^2 + M''u''^2 + M'''u'''^2 + \&c = M'V'^2 + M''V''^2 + M'''V'''^2 + \&c. - 2f\xi^2 - 2g\eta^2 - 2h\zeta^2, \&c,$$

d'où il est aisé de tirer ces deux conclusions.

1°. Que dans le cas du *minimum* de Φ, dans lequel les coëfficiens f, g, h, &c, sont tous positifs, la quantité toujours positive, $2f\xi^2 + 2g\eta^2 + 2h\zeta^2 + \&c$, devra nécessairement être moindre, ou du moins ne pourra pas être plus grande que la quantité donnée $M'V'^2 + M''V''^2 + M'''V'''^2 + \&c$, qui est elle-même très-petite; par conséquent si on nomme cette quantité T, on aura pour chacune des variables ξ, η, ζ, &c, ces limites $\pm\sqrt{\frac{T}{2f}}, \pm\sqrt{\frac{T}{2g}}, \pm\sqrt{\frac{T}{2h}}$, &c, entre lesquelles elles seront nécessairement renfermées; d'où il suit que dans ce cas le systême ne pourra que s'écarter très-peu de son état d'équilibre, & ne pourra faire que des oscillations très-petites, & d'une étendue déterminée.

2°. Que dans le cas du *maximum* de Φ dans lequel les coëfficiens f, g, h, &c, sont tous négatifs, la quantité toujours positive $-2f\xi^2 - 2g\eta^2 - 2h\zeta^2$, &c, pourra croître à l'infini, & qu'ainsi le systême pourra s'écarter de plus en plus de son état d'équilibre. Du moins l'équation ci-dessus fait voir que dans ce cas rien n'empêche que les variables ξ, η, ζ, &c, n'aillent toujours en augmentant; mais il ne s'ensuit pas encore qu'elles doivent aller en effet en augmentant; nous démontrerons cette derniere Proposition dans la Section cinquieme de la Dynamique.

QUATRIEME SECTION.

Méthode très-simple de trouver les équations nécessaires pour l'équilibre d'un systême quelconque de corps regardés comme des points, ou comme des masses finies, & tirés par des puissances données.

1. CEUX qui jusqu'à présent ont écrit sur le Principe des vitesses virtuelles, se sont plutôt attachés à démontrer la vérité de ce principe par la conformité de ses résultats avec ceux des principes ordinaires de la Statique, qu'à montrer l'usage qu'on en peut faire pour résoudre directement les problêmes de cette Science. Nous nous sommes proposé de remplir ce dernier objet avec toute la généralité dont il est susceptible, & de déduire du Principe dont il s'agit, des formules analitiques qui renferment la solution de tous les problêmes sur l'équilibre des corps, à-peu-près de la même ma-

niere que les formules des ſoutangentes, des rayons oſculateurs, &c, renferment la détermination de ces lignes dans toutes les courbes.

2. La méthode expoſée dans la premiere Section, peut être employée dans tous les cas, & ne demande, comme on l'a vu, que des opérations purement analitiques; mais comme l'élimination immédiate de ces variables ou de leurs différences, par le moyen des équations de condition, peut être ſouvent embarraſſante, & conduire à des calculs trop compliqués, nous allons préſenter la même méthode ſous une forme plus ſimple, en réduiſant en quelque maniere tous les cas à celui d'un ſyſtême entiérement libre.

3. Soient $L=0$, $M=0$, $N=0$, &c. les différentes équations de condition données par la nature du ſyſtême, les quantités L, M, N, &c, étant des fonctions finies des variables x, y, z, x', y', z', &c; en différentiant ces équations on aura celles-ci, $dL=0$, $dM=0$, $dN=0$, &c, leſquelles donneront la relation qu'il doit y avoir entre les différentielles des mêmes variables. En général nous repréſenterons par $dL=0$, $dM=0$, $dN=0$, &c, les équations de condition entre ces différentielles, ſoit que ces équations ſoient elles-mêmes des différences exactes ou non, pourvu que les différentielles n'y ſoient que linéaires.

Maintenant comme ces équations ne doivent ſervir qu'à éliminer un pareil nombre de différentielles dans l'équation des viteſſes virtuelles, après quoi les coëfficiens des différentielles reſtantes, doivent être égalés chacun à zéro, il n'eſt pas difficile de prouver par la théorie de l'élimination des équations linéaires, qu'on aura les mêmes réſultats ſi on ajoute ſimplement à l'équation des viteſſes virtuelles, les différentes équations de condition $dL = 0$, $dM = 0$, $dN = 0$, &c, multipliées chacune par un coëfficient indéterminé, qu'enſuite on égale à zéro la ſomme de tous les termes qui ſe trouvent multipliés par une même différentielle; ce qui donnera autant d'équations particulieres qu'il y a de différentielles; qu'enfin on élimine de ces dernieres équations les coëfficiens indéterminés par leſquels on a multiplié les équations de condition.

4. De-là réſulte donc cette regle extrêmement ſimple pour trouver les conditions de l'équilibre d'un ſyſtême quelconque propoſé.

On prendra la ſomme des *momens* de toutes les puiſſances qui doivent être en équilibre (Sect. 1, art. 5), & on y ajoutera les différentes fonctions différentielles qui doivent être nulles par les conditions du problême, après avoir multiplié chacune de ces fonctions par un coëfficient indéterminé; on égalera le tout à zéro, & l'on aura ainſi une équation différentielle qu'on traitera comme une équation ordinaire *de maximis & minimis*, & d'où l'on tirera autant d'équations particulieres finies qu'il y aura de variables; ces équations étant enſuite débarraſſées, par l'élimination, des coëfficiens indéterminés donneront toutes les conditions néceſſaires pour l'équilibre.

5. L'équation différentielle dont il s'agit, ſera donc de cette forme,

$$Pdp + Qdq + Rdr + \&c + \lambda dL + \mu dM + \nu dN + \&c = 0,$$

dans laquelle λ, μ, ν, &c, ſont des quantités indéterminées; nous la nommerons dans la ſuite, *équation générale de l'équilibre*.

Cette équation donnera relativement à chaque coordonnée, telle que x, de chacun des corps du fyftême, une équation de la forme fuivante,

$$P\frac{dp}{dx}+Q\frac{dq}{dx}+R\frac{dr}{dx}+\&c+\lambda\frac{dL}{dx}+\mu\frac{dM}{dx}+\nu\frac{dN}{dx}+\&c=0;$$

enforte que le nombre de ces équations fera égal à celui de toutes les coordonnées des corps. Nous les appellerons *équations particulieres de l'équilibre.*

6. Toute la difficulté confiftera donc à éliminer de ces dernieres équations, les indéterminées λ, μ, ν, &c; or c'eft ce qu'on pourra toujours exécuter par les moyens connus; mais il conviendra dans chaque cas de choifir ceux qui pourront conduire aux réfultats les plus fimples. Les équations finales renfermeront toutes les conditions néceffaires pour l'équilibre propofé; & comme le nombre de ces équations fera égal à celui de toutes les coordonnées des corps du fyftême moins celui des indéterminées λ, μ, ν, &c, qu'il a fallu éliminer, que d'ailleurs ces mêmes indéterminées font en même nombre que les équations de condition finies $L=0$, $M=0$, $N=0$, &c, il s'enfuit que les équations dont il s'agit, jointes à ces dernieres, feront toujours en même nombre que les coordonnées de tous les corps; par conféquent elles fuffiront pour déterminer ces coordonnées, & faire connoître la pofition que chaque corps doit prendre pour être en équilibre.

7. Je remarque maintenant que les termes λdL, μdM, &c, de l'équation générale de l'équilibre, peuvent être auffi regardés comme repréfentants les momens de différentes forces appliquées au même fyftême.

En effet, puifque dL eft une fonction différentielle des variables x', y', z', x'', y'', &c, qui fervent de coordonnées aux différens corps du systême, cette fonction sera composée de différentes parties que je désignerai par dL', dL'', &c, ensorte que $dL = dL' + dL'' + \&c$; dL' ne renfermant que les termes affectés de dx', dy', dz', dL'' ne renfermant que ceux qui contiennent dx'', dy'', dz'', & ainsi de suite.

De cette maniere le terme λdL, de l'équation générale sera composé des termes $\lambda dL'$, $\lambda dL''$, &c. Or si on donne au terme $\lambda dL'$ la forme suivante,

$$\lambda\sqrt{\left(\left(\frac{dL'}{dx'}\right)^2+\left(\frac{dL'}{dy'}\right)^2+\left(\frac{dL'}{dz'}\right)^2\right)}\times\frac{dL'}{\sqrt{\left(\left(\frac{dL'}{dx'}\right)^2+\left(\frac{dL'}{dy'}\right)^2+\left(\frac{dL'}{dz'}\right)^2\right)}}.$$

Il est clair par ce qu'on a dit dans l'article 8 de la seconde Section, que cette quantité peut représenter le moment d'une force $=\lambda\sqrt{\left(\left(\frac{dL'}{dx'}\right)^2+\left(\frac{dL'}{dy'}\right)^2+\left(\frac{dL'}{dz'}\right)^2\right)}$, appliquée au corps dont les coordonnées sont x', y', z', & dirigée perpendiculairement à la surface qui aura pour équation $dL' = 0$, en n'y regardant que x', y', z', comme variables. De même le terme $\lambda dL''$, pourra représenter le moment d'une force $=\sqrt{\left(\left(\frac{dL''}{dx''}\right)^2+\left(\frac{dL''}{dy''}\right)^2+\left(\frac{dL''}{dz''}\right)^2\right)}$, appliquée au corps qui a pour coordonnées x'', y'', z'', & dirigée perpendiculairement à la surface courbe, dont l'équation sera $dL'' = 0$, en n'y regardant que x'', y'', z'', comme variables, & ainsi de suite.

Donc en général le terme λdL sera équivalent à l'effet de différentes forces exprimées par $\lambda\sqrt{\left(\left(\frac{dL}{dx'}\right)^2+\left(\frac{dL}{dy'}\right)^2+\left(\frac{dL}{dz'}\right)^2\right)}$, $\lambda\sqrt{\left(\left(\frac{dL}{dx''}\right)^2+\left(\frac{dL}{dy''}\right)^2+\left(\frac{dL}{dz''}\right)^2\right)}$, &c, & appliquées respectivement aux corps qui répondent aux

coordonnées

coordonnées x', y', z', x'', y'', z'', &c, ſuivant des directions perpendiculaires aux différentes ſurfaces courbes repréſentées par l'équation $dL = 0$, en y faiſant varier premierement x', y', z', enſuite x'', y'', z'', & ainſi du reſte.

8. Il réſulte de-là que chaque équation de condition eſt équivalente à une ou pluſieurs forces appliquées au ſyſtême ſuivant des directions données; enſorte que l'état d'équilibre du ſyſtême ſera le même, ſoit qu'on emploie la conſidération de ces forces, ou qu'on ait égard aux équations de condition.

Réciproquement ces forces peuvent tenir lieu des équations de condition réſultantes de la nature du ſyſtême donné; de maniere qu'en employant ces forces, on pourra regarder les corps comme entiérement libres & ſans aucune liaiſon. Et de-là on voit la raiſon métaphyſique, pourquoi l'introduction des termes $\lambda dL + \mu dM +$ &c, dans l'équation générale de l'équilibre, fait qu'on peut enſuite traiter cette équation comme ſi tous les corps du ſyſtême étoient entiérement libres; c'eſt en quoi conſiſte l'eſprit de la méthode de cette Section.

A proprement parler, les forces en queſtion tiennent lieu des réſiſtances que les corps devroient éprouver en vertu de leur liaiſon mutuelle, ou de la part des obſtacles qui, par la nature du ſyſtême, pourroient s'oppoſer à leur mouvement, ou plutôt ces forces ne ſont que les forces mêmes de ces réſiſtances, leſquelles doivent être égales & directement oppoſées aux preſſions exercées par les corps. Notre méthode donne, comme l'on voit, le moyen de déterminer ces forces & ces réſiſtances; ce qui n'eſt pas un des moindres avantages de cette méthode.

9. Jusqu'ici nous avons considéré les corps comme des points; & nous avons vu comment on détermine les loix de l'équilibre de ces points, en quelque nombre qu'ils soient, & quelques forces qui agissent sur eux. Or un corps d'un volume & d'une figure quelconque, n'étant que l'assemblage d'une infinité de parties ou points matériels, il s'ensuit qu'on peut déterminer aussi les loix de l'équilibre des corps de figure quelconque, par l'application des principes précédens.

En effet, la maniere ordinaire de résoudre les questions de Méchanique qui concernent les corps de masse finie, consiste à ne considérer d'abord qu'un certain nombre de points placés à des distances finies les uns des autres, & à chercher les loix de leur équilibre ou de leur mouvement; à étendre ensuite cette recherche à un nombre indéfini de points; enfin à supposer que le nombre des points devienne infini, & qu'en même tems leurs distances deviennent infiniment petites, & à faire aux formules trouvées pour un nombre fini de points, les réductions & les modifications que demande le passage du fini à l'infini.

Ce procédé est, comme l'on voit, analogue aux méthodes géométriques & analitiques qui ont précédé le calcul infinitésimal; & si ce calcul a l'avantage de faciliter & de simplifier d'une maniere surprenante, les solutions des questions qui ont rapport aux courbes, il ne le doit qu'à ce qu'il considere ces lignes en elles-mêmes, & comme courbes, sans avoir besoin de les regarder, premierement comme polygones, & ensuite comme courbes. Il y aura donc à peu-près le même avantage à traiter les problêmes de Méchanique dont il est question par des voies directes, & en considérant immédiatement les corps de masses finies comme des assemblages d'une infinité de points ou corpuſcules, animés chacun par des forces données. Or rien n'eſt plus facile que de modifier & ſimplifier par cette conſidération, la méthode générale que nous venons de donner.

10. Mais il eſt néceſſaire de remarquer, avant tout, que dans l'application de cette méthode aux corps d'une maſſe finie, dont tous les points ſont animés par des forces quelconques, il ſe préſente naturellement deux ſortes de différentielles qu'il faut bien diſtinguer. Les unes ſe rapportent aux différens points qui compoſent le corps; les autres ſont indépendantes de la poſition mutuelle de ces points, & repréſentent ſeulement les eſpaces infiniment petits que chaque point peut parcourir, en ſuppoſant que la ſituation du corps varie infiniment peu. Comme juſqu'ici nous n'avons eu que des différences de cette derniere eſpece à conſidérer, nous les avons déſignées par la caractériſtique ordinaire d; mais puiſque nous devons maintenant avoir égard aux deux eſpeces de différences à la fois, & qu'il eſt par conſéquent néceſſaire d'introduire une nouvelle caractériſtique, il nous paroît à propos d'employer l'ancienne caractériſtique d pour déſigner les différences de la premiere eſpece qui ſont analogues à celles que l'on conſidere communément en Géométrie, & de dénoter les différences de la ſeconde eſpece qui ſont particulieres à la matiere que nous traitons par la caractériſtique δ, que nous avons employée autrefois dans le *calcul des variations*, avec lequel celui dont il s'agit ici a une liaiſon intime & néceſſaire.

Nous nommerons même, par cette raiſon, *variations* les différences affectées de δ, & nous conſerverons le nom de *différentielles*, à celles qui ſeront affectées de d. Du reſte les mêmes formules qui donnent les différentielles ordinaires, donneront aussi les variations, en substituant δ à la place de d.

11. Je remarque ensuite qu'au lieu de considérer la masse donnée comme un assemblage d'une infinité de points contigus, il faudra, suivant l'esprit du calcul infinitésimal, la considérer plutôt comme composée d'élémens infiniment petits, qui soient du même ordre de dimension que la masse entiere; qu'ainsi pour avoir les forces qui animent chacun de ces élémens, il faudra multiplier par ces mêmes élémens, les forces P, Q, R, &c. qu'on suppose appliquées à chaque point de ces élémens, & qu'on regardera comme analogues à celles qui proviennent de l'action de la gravité.

12. Si donc on nomme m la masse totale, & dm un de ses élémens quelconque, on aura Pdm, Qdm, Rdm, &c, pour les forces qui tirent l'élément dm, suivant les directions des lignes p, q, r, &c. Donc multipliant respectivement ces forces par les variations δp, δq, δr, &c, on aura leurs momens, dont la somme pour chaque élément dm, sera représentée par la formule $(P\delta p + Q\delta q + R\delta r + \&c)\, dm$; & pour avoir la somme des momens de toutes les forces du systême, il n'y aura qu'à prendre l'intégrale de cette formule par rapport à toute la masse donnée.

Nous dénoterons ces intégrales totales, c'est-à-dire, relatives à l'étendue de toute la masse, par la caractéristique majuscule S, en conservant la caractéristique ordinaire $\int$ pour désigner les intégrales partielles ou indéfinies.

13. On aura ainsi pour la somme des momens de toutes les forces du systême, la formule intégrale

$$S(P\delta p + Q\delta q + R\delta r + \&c)\, dm;$$

& cette quantité devra être nulle en général dans l'état d'équilibre du syſtême.

Or, comme par la nature du ſyſtême il y a néceſſairement des rapports donnés entre les différentes variations, δp, δq, δr, &c, relatives à chaque point de la maſſe, il faudra les réduire à un certain nombre de variations indépendantes & indéterminées; & les termes multipliés par ces dernieres variations, étant égalés à zéro, donneront les équations particulieres de l'équilibre. Mais comme ces réductions peuvent être embarraſſantes, il conviendra de les éviter, par le moyen de la méthode que nous venons de donner dans cette Section.

14. Pour appliquer cette méthode au cas dont il s'agit ici, nous ſuppoſerons que $L = 0$, $M = 0$, &c, ſoient les équations de condition qui doivent avoir lieu par la nature du problême, par rapport à chaque point de la maſſe; & nous les nommerons *équation de condition indéterminées.*

Ces équations étant différentiées ſuivant δ, on aura celles-ci, $\delta L = 0$, $\delta M = 0$, &c. On multipliera les quantités δL, δM, &c, par des quantités indéterminées λ, μ, &c: on en prendra l'intégrale totale, qui ſera par conſéquent repréſentée par la formule $S(\lambda \delta L + \mu \delta M + \&c)$, & ajoutant cette intégrale à celle de l'article précédent, on aura l'équation générale de l'équilibre.

Au reſte, on obſervera qu'il n'eſt pas néceſſaire que δL, δM, &c, ſoient les variations exactes de fonctions de x, y, z, dx, dy, &c, mais qu'il ſuffit que $\delta L = 0$, $\delta M = 0$, &c, ſoient les équations de condition indéterminées entre les variations de x, y, z, dx, dy, &c, (art. 3).

15. Mais pour embraſſer à la fois toute la généralité

poſſible, il faut remarquer qu'il peut ſe faire qu'outre les forces qui agiſſent en général ſur tous les points de la maſſe, il y en ait qui n'agiſſent que ſur des points déterminés de cette maſſe, leſquels points ſont ordinairement ceux qui répondent aux extrémités de la maſſe donnée, c'eſt-à-dire, au commencement & à la fin de l'intégrale déſignée par S.

De même il pourra y avoir des équations de condition particulieres à ces points, & que nous nommerons équations de condition *déterminées*, pour les diſtinguer de celles qui ont lieu en général dans toute l'étendue de la maſſe, & nous les repréſenterons par $A = 0$, $B = 0$, $C = 0$, &c, ou plutôt par $\delta A = 0$, $\delta B = 0$, $\delta C = 0$, &c.

Nous marquerons d'un trait, de deux, de trois, &c, toutes les quantités qui ſe rapportent à des points déterminés de la maſſe, & en particulier nous marquerons d'un ſeul trait celles qui ſe rapportent au commencement de l'intégrale déſignée par S, de deux traits celles qui ſe rapportent à la fin de cette intégrale, de trois ou davantage, celles qui ſe rapportent à des points intermédiaires quelconques.

Ainſi il faudra ajouter à l'intégrale $S(P\delta p + Q\delta q + R\delta r + \&c)\,dm$, la quantité $P'\delta p' + Q'\delta q' + R'\delta r' + \&c + P''\delta p'' + Q''\delta q'' + R''\delta r'' + \&c$; & à l'intégrale $S(\lambda\delta L + \mu\delta M + \&c)$, la quantité $\alpha\delta A + \beta\delta B + \gamma\delta C + \&c$.

De ſorte que l'équation générale de l'équilibre ſera de cette forme,

$$S(P\delta p + Q\delta q + R\delta r + \&c)\,dm + S(\lambda\delta L + \mu\delta M + \&c)$$
$$+ P'\delta p' + Q'\delta q' + R'\delta r' + \&c + P''\delta p'' + Q''\delta q'' + R''\delta r'' + \&c$$
$$+ \alpha\delta A + \beta\delta B + \gamma\delta C + \&c = 0.$$

16. Cette équation, lorſqu'on y aura ſubſtitué les valeurs

de $\delta p, \delta q, \delta r$, &c; $\delta L, \delta M$, &c, en $\delta x, \delta y, \delta z, \delta dx, \delta dy$, &c; ainsi que celles de $\delta p', \delta p''$, &c; $\delta q', \delta q''$, &c, δA, δB, &c, en x', x'', &c, $\delta x', \delta x''$, &c, $\delta dx'$, &c, déduites des circonstances particulieres de chaque problême, aura toujours une forme analogue à celles que *le calcul des variations* fournit pour la détermination des *maxima* & *minima* des formules intégrales; ainsi il n'y aura qu'à y appliquer les régles connues de ce calcul.

On considérera donc que, comme les caractéristiques d & δ marquent deux especes de différences entièrement indépendantes entr'elles, quand ces caractéristiques se trouvent ensemble, il doit être indifférent dans quel ordre elles soient placées, parce qu'en supposant qu'une quantité varie de deux manieres différentes, on a toujours le même résultat, quel que soit l'ordre dans lequel se font ces variations. Ainsi δdx sera la même chose que $d\delta x$, & pareillement $d^2\delta x$ sera la même chose que $d^2\delta x$; & ainsi de suite. On pourra donc toujours changer à volonté l'ordre des caractéristiques, sans altérer la valeur des différences; & pour notre objet il sera à propos de transporter la caractéristique d avant la δ, afin que l'équation proposée ne contienne que les variations des coordonnées, & les différentielles de ces mêmes variations. C'est en quoi consiste le premier principe fondamental du *calcul des variations*.

17. Or les différentielles $d\delta x$, $d\delta y$, $d\delta z$, $d^2\delta x$, &c, qui se trouvent sous le signe S, peuvent être éliminées par l'opération connue des intégrations par parties. Car en général $\int \Omega d\delta x = \Omega \delta x - \int \delta x d\Omega$, $\int \Omega d^2\delta x = \Omega d\delta x - d\Omega\delta x + \int \delta x d^2\Omega$, & ainsi des autres, où il faut observer que les quantités hors du signe $\int$ se rapportent naturellement aux der-

niers points des intégrales, mais que pour rendre ces intégrales complettes, il faut néceſſairement en retrancher les valeurs des mêmes quantités hors du ſigne, leſquelles répondent aux premiers points des intégrales, afin que tout s'évanouiſſe dans ces points ; ce qui eſt évident par la théorie des intégrations.

Ainſi en marquant par un trait les quantités qui ſe rapportent au commencement des intégrales totales déſignées par S, & par deux traits celles qui ſe rapportent à la fin de ces intégrales, on aura les réductions ſuivantes,

$$S\,\Omega\, d\delta x = \Omega''\delta x'' - \Omega'\delta x' - S\,\delta x\, d\Omega$$

$$S\,\Omega\, d^2\delta x = \Omega''\, d\delta x'' - d\Omega''\delta x'' - \Omega'\, d\delta x' + d\Omega'\,\delta x' + S\,\delta x\, d^2\Omega,$$

&c.

leſquelles ſerviront à faire diſparoître toutes les différentielles des variations qui pourront ſe trouver ſous le ſigne S. Ces réductions conſtituent le ſecond principe fondamental du *calcul des variations.*

18. De cette maniere donc l'équation générale de l'équilibre ſe réduira à la forme ſuivante,

$$S(\Pi\,\delta x + \Sigma\,\delta y + \Psi\,\delta z) + \Delta = 0,$$

dans laquelle Π, Σ, Ψ ſeront des fonctions de x, y, z, & de leurs différentielles, & Δ contiendra les termes affectés des variations $\delta x'$, $\delta y'$, $\delta z'$, $\delta x''$, $\delta y''$, &c, & de leurs différentielles.

Donc pour que cette équation ait lieu, indépendamment des variations des différentes coordonnées, il faudra que l'on ait, 1°. Π, Σ, Ψ, nuls dans toute l'étendue de l'intégrale S,

c'eſt-à-dire,

c'eſt-à-dire, dans chaque point de la maſſe, 2°. chaque terme de Δ auſſi égal à zéro.

Les équations indéfinies $\Pi = 0$, $\Sigma = 0$, $\Psi = 0$, donneront en général la relation qui doit ſe trouver entre les variables x, y, z; mais il faudra pour cela en éliminer les variables indéterminées λ, μ, &c, leſquelles ſont en même nombre que les équations de condition indéterminées $L = 0$, $M = 0$, &c. (art. 14).

Or je remarque que ces équations ne ſauroient être au-delà de trois; car puiſque ce ſont des équations indéfinies entre les trois variables x, y, z, & leurs différentielles, il eſt clair que s'il y en avoit plus de trois, on auroit plus d'équations que de variables; enſorte qu'il faudroit que la quatrieme fût une ſuite néceſſaire des trois premieres, & ainſi des autres. Donc il n'y aura jamais plus de trois indéterminées, λ, μ, ν à éliminer; enſorte qu'on pourra toujours trouver les valeurs de ces indéterminées en fonctions de x, y, z. Au reſte les équations qui diſparoîtront par ces éliminations, ſeront remplacées par les équations mêmes de condition, moyennant quoi on pourra toujours connoître les valeurs de x, y, z, qui doivent avoir lieu dans l'état d'équilibre de tout le ſyſtême.

A l'égard des autres équations réſultantes des différens termes de la quantité Δ, ce ne ſeront que des équations particulieres qui ne devront avoir lieu que par rapport à des points déterminés de la maſſe, & qui ſerviront principalement à déterminer les conſtantes arbitraires que les expreſſions de x, y, z, déduites des équations précédentes, pourront contenir. Pour faire uſage de ces équations, on y ſubſtituera donc les valeurs déja trouvées de λ, μ, &c, enſuite on en éliminera les indéterminées α, β, &c, & on y joindra les équations de condition $A = 0$, $B = 0$, &c, qui serviront à remplacer celles que l'élimination dont il s'agit fera disparoître.

19. Enfin on fera ici par rapport aux coordonnées rectangles, la même remarque qu'on a déja faite à la fin de la seconde Section, en appliquant aux variations δx, δy, δz, ce que nous y avons dit relativement aux différences dx, dy, dz; mais pour ce qui regarde les différentielles dx, dy, dz, de la méthode de la Section présente, il ne sera pas permis d'employer à leur place d'autres différentielles, à moins qu'elles ne résultent de la différentiation des expressions finies de x, y, z.

CINQUIEME SECTION.

Solution de différens problêmes de Statique.

NOUS allons présentement montrer l'usage de nos méthodes dans différens problêmes sur l'équilibre des corps; on verra par l'uniformité & la rapidité des solutions, combien ces méthodes sont supérieures à celles que l'on avoit employées jusqu'ici dans la Statique.

PARAGRAPHE PREMIER.

De l'équilibre de plusieurs forces appliquées à un même point; & de la composition & de la décomposition des forces.

1. Qu'il s'agisse de trouver les loix de l'équilibre d'autant de forces qu'on voudra, P, Q, R, &c, toutes appliquées à un même point, & dirigées à des points donnés.

Nommant p, q, r, &c, les diſtances rectilignes entre le point commun d'application de ces forces, & leurs points de tendance, on aura la formule

$$Pdp + Qdq + Rdr + \&c.$$

pour la ſomme des momens de toutes les forces, laquelle doit être nulle dans l'état d'équilibre.

2. Soient x, y, z les trois coordonnées rectangles du point auquel toutes les forces ſont appliquées; & ſoient de même a, b, c les coordonnées rectangles pour le point auquel tend la force P; f, g, h, celles du point auquel tend la force Q; l, m, n celles du point auquel tend la force R, & ainſi des autres; ces coordonnées étant toutes rapportées aux mêmes axes fixes dans l'eſpace. On aura évidemment

$$p = \sqrt{(x - a)^2 + (y - b)^2 + (z - c)^2}$$

$$q = \sqrt{(x - f)^2 + (y - g)^2 + (z - h)^2}$$

$$r = \sqrt{(x - l)^2 + (y - m)^2 + (z - n)^2}$$

&c.

Et la quantité $Pdp + Qdq + Rdr + \&c$, ſe transformera en celle-ci,

$$Xdx + Ydy + Zdz,$$

dans laquelle on aura

$$X = \frac{x - a}{p} P + \frac{x - f}{q} Q + \frac{x - l}{r} R + \&c$$

$$Y = \frac{y - b}{p} P + \frac{y - g}{q} Q + \frac{y - m}{r} R + \&c$$

$$Z = \frac{z - c}{p} P + \frac{z - h}{q} Q + \frac{z - n}{r} R + \&c.$$

Il n'eſt pas inutile de remarquer dans ces expreſſions que

les quantités $\frac{x-a}{p}$, $\frac{y-b}{p}$, $\frac{z-c}{p}$ sont égales aux cosinus des angles que la ligne p, c'est-à-dire la direction de la force P, fait avec les axes des x, y, z; que de même $\frac{x-f}{q}$, $\frac{y-g}{q}$, $\frac{z-h}{q}$ sont les cosinus des angles que la direction de la force Q fait avec les mêmes axes; & ainsi de suite (Sect. 2, art. 7).

3. Cela posé, supposons en premier lieu que le corps ou point auquel les forces P, Q, R, &c, sont appliquées, soit entierement libre; il n'y aura alors aucune équation de condition entre les coordonnées x, y, z; & la quantité $Xdx + Ydy + Zdz$ devra être nulle, indépendamment des valeurs de dx, dy, dz (Sect. 2, art. 9); ce qui donnera sur le champ ces trois équations particulieres,

$$X=0,\ Y=0,\ Z=0.$$

Ce sont les équations qui renferment les loix de l'équilibre de tant de forces qu'on voudra concourantes à un même point.

4. Si dans les expressions de X, Y, Z, on fait $P=p$, $Q=q$, $R=r$, &c, (ce qui est permis, puisqu'il est indifférent à quels points pris dans les directions des forces, elles soient supposées tendre) on aura ces équations,

$$x-a+x-f+x-l+\&c=0,$$
$$y-b+y-g+y-m+\&c=0,$$
$$z-c+z-h+z-n+\&c=0;$$

d'où l'on tire, en supposant que le nombre des forces P, Q, R, &c, soit μ,

$$x = \frac{a+f+l+\&c}{\mu}$$

$$y = \frac{b+g+m+\&c}{\mu}$$

$$z = \frac{c+h+n+\&c.}{\mu},$$

& ces expreſſions de x, y, z, font voir que le point auquel ſont appliquées les forces, eſt dans le centre de gravité des points auxquels ces forces tendent.

De-là réſulte le théorême de Leibnitz, que ſi tant de puiſſances qu'on voudra ſont en équilibre ſur un point, & qu'on tire de ce point des droites qui repréſentent tant la quantité que la direction de chaque puiſſance, le point dont il s'agit ſera le centre de gravité de tous les points auxquels ces lignes ſeront terminées.

Si donc il n'y a que quatre puiſſances, & qu'on imagine une pyramide dont les quatre angles ſoient aux extrémités des droites qui repréſentent les puiſſances; il y aura équilibre entre ces quatre puiſſances, lorſque le point ſur lequel elles agiſſent, ſera dans le centre de gravité de la pyramide; car on ſait par la Géométrie, que le centre de gravité de toute la pyramide, eſt le même que celui de quatre corps égaux qui ſeroient placés aux quatre coins de la pyramide. Ce dernier théorême eſt dû à Roberval.

5. Si on conſidere l'équation

$$Pdq + Qdq + Rdr + \&c - Xdx - Ydy - Zdz = 0,$$

laquelle étant identique (art. 2), doit par conſéquent avoir lieu en général, quelles que ſoient les différences dx, dy, dz, il eſt clair qu'on pourra la regarder comme l'équation de l'équilibre entre les puiſſances P, Q, R, &c, dirigées ſuivant les lignes p, q, r, &c, & les puiſſances X, Y, Z, dirigées ſuivant les lignes $-x$, $-y$, $-z$, toutes ces puiſſances étant appliquées à un même point. Donc les trois puiſſances X, Y, Z font équilibre aux puiſſances P, Q, R, &c; mais il eſt viſible que les puiſſances X, Y, Z, étant appliquées ſuivant les directions des lignes x, y, z, feroient auſſi équilibre aux mêmes puiſſances X, Y, Z, mais dirigées ſuivant $-x$, $-y$, $-z$; donc elles ſeront équivalentes aux puiſſances P, Q, R, &c. D'où il s'enſuit que les quantités X, Y, Z, ne ſont autre choſe que les valeurs des puiſſances P, Q, R, &c, réduites aux directions des trois coordonnées rectangles x, y, z, & tendantes à diminuer ces coordonnées, & les formules de l'article 2 donnent par conſéquent un moyen fort ſimple de faire cette réduction, c'eſt-à-dire, de trouver les réſultantes de tant de forces qu'on voudra qui concourent dans un même point, & qui aient des directions quelconques.

6. En général ſi des forces quelconques P, Q, R, &c, dirigées ſuivant les lignes p, q, r, &c, agiſſent ſur un même point, & qu'on veuille réduire toutes ces forces à trois autres, Ξ, Π, Σ, dirigées ſuivant les lignes ξ, π, σ, il n'y aura qu'à conſidérer l'équilibre des forces P, Q, R, &c, & Ξ, Π, Σ, appliquées à ce même point, & dirigées reſpectivement ſuivant les lignes p, q, r, &c, $-\xi$, $-\pi$, $-\sigma$, & former en conſéquence l'équation

$$Pdp + Qdq + Rdr + \&c - \Xi d\xi - \Pi d\pi - \Sigma d\sigma = 0,$$

laquelle doit être vraie de quelque maniere qu'on faſſe varier la poſition du point de concours de toutes les forces. Or quelles que ſoient les lignes ξ, π, σ, il eſt clair, que pourvu qu'elles ne ſoient pas toutes dans un même plan, elles ſuffiſent pour déterminer la poſition de ce point; par conſéquent on pourra toujours exprimer les lignes p, q, r, &c, par des fonctions de ξ, ϖ, σ, & l'équation précédente devra alors avoir lieu, par rapport aux variations de chacune de ces trois quantités en particulier; d'où il s'enſuit qu'on aura

$$\Xi = P\frac{dp}{d\xi} + Q\frac{dq}{d\xi} + R\frac{dr}{d\xi} + \&c$$

$$\Pi = P\frac{dp}{d\varpi} + Q\frac{dq}{d\pi} + R\frac{dr}{d\pi} + \&c$$

$$\Sigma = P\frac{dp}{d\sigma} + R\frac{dq}{d\sigma} + R\frac{dr}{d\sigma} + \&c.$$

Ces formules peuvent être d'une grande utilité dans pluſieurs occaſions, & ſur-tout lorſqu'il s'agit de trouver les réſultantes d'une infinité de forces qui agiſſent ſur un même point, comme l'attraction d'un corps de figure quelconque, &c.

7. Si l'on veut que les directions des forces réſultantes paſſent par des points donnés; alors nommant α, β, γ les coordonnées rectangles du point auquel doit tendre la force Ξ, & de même ϵ, ζ, η, & λ, μ, ν, les coordonnées rectangles des points de tendance des forces Π & Σ, on fera

$$\xi = \sqrt{(x-\alpha)^2 + (y-\beta)^2 + (z-\gamma)^2}$$

$$\pi = \sqrt{(x-\epsilon)^2 + (y-\zeta)^2 + (z-\eta)^2}$$

$$\sigma = \sqrt{(x-\lambda)^2 + (y-\mu)^2 + (z-\nu)^2},$$

& l'on tirera de ces équations les valeurs de x, y, z, en ξ, π, σ, qu'on ſubſtituera enſuite dans les expreſſions de p, q, r, &c, de l'article 2.

On pourroit encore considérer directement les quantités p, q, r, &c, ξ, π, σ, comme des fonctions de x, y, z, & faisant varier chacune de ces trois quantités à part, on auroit ces équations,

$$\Xi \frac{d\xi}{dx} + \Pi \frac{d\pi}{dx} + \Sigma \frac{d\sigma}{dx} = P \frac{dp}{dx} + Q \frac{dq}{dx} + R \frac{dr}{dx} + \&c$$

$$\Xi \frac{d\xi}{dy} + \Pi \frac{d\pi}{dy} + \Sigma \frac{d\sigma}{dy} = P \frac{dp}{dy} + Q \frac{dq}{dy} + R \frac{dr}{dy} + \&c$$

$$\Xi \frac{d\xi}{dz} + \Pi \frac{d\pi}{dz} + \Sigma \frac{d\sigma}{dz} = P \frac{dp}{dz} + Q \frac{dq}{dz} + R \frac{dr}{dz} + \&c,$$

par lesquelles on connoîtra les trois forces Ξ, Π, Σ.

Si la force Ξ devoit être dirigée comme auparavant à un point fixe, mais que les deux autres forces Π & Σ dussent être perpendiculaires à celle-là dans des plans donnés; alors on prendroit pour π & σ les arcs de cercle décrits du rayon ξ dans les plans dont il s'agit; pour cela on regardera la droite ξ comme un rayon vecteur, & nommant ψ, φ les angles que ce rayon fait avec des plans perpendiculaires aux plans donnés, il est clair qu'on aura $d\pi = \xi d\psi$, $d\sigma = \xi d\varphi$; d'ailleurs on pourra toujours, par les trois variables ξ, ψ & φ, déterminer la position du point auquel les forces sont appliquées; par conséquent on pourra exprimer les lignes p, q, r, &c, par des fonctions de ces mêmes variables; car il n'y aura pour cela qu'à exprimer d'abord les coordonnées rectangles x, y, z, en ξ, ψ, φ, & substituer ensuite ces expressions dans celles de p, q, r, &c. Considérant donc la variabilité de ξ, ψ, & φ, on aura les trois équations,

$$\Xi = P \frac{dp}{d\xi} + Q \frac{dq}{d\xi} + R \frac{dr}{d\xi} + \&c.$$

$$\Pi = P \frac{dp}{\xi d\psi} + Q \frac{dq}{\xi d\psi} + R \frac{dr}{\xi d\psi} + \&c$$

=P

$$z = P \frac{dp}{\xi d\varphi} + Q \frac{dq}{\xi d\varphi} + R \frac{dr}{\xi d\varphi} + \&c.$$

On voit par-là comment on doit s'y prendre dans tous les cas ſemblables, & combien la méthode précédente eſt utile pour trouver les réſultantes de tant de forces qu'on voudra, & les réduire à des directions données.

8. Reprenons les formules de l'article 2, & ſuppoſons en ſecond lieu que le corps ou point ſur lequel agiſſent les forces P, Q, R, &c, ne ſoit pas tout-à-fait libre, mais qu'il ſoit contraint de ſe mouvoir ſur une ſurface, ou ſur une ligne donnée; on aura alors entre les coordonnées x, y, z, une ou deux équations de condition, qui ne ſeront autre choſe que les équations mêmes de la ſurface ou de la ligne dont il s'agit.

Soit donc $L = 0$ l'équation de la ſurface ſur laquelle le corps ne peut que gliſſer, on ajoutera à la ſomme des momens des forces $X dx + Y dy + Z dz$ le terme λdL (Sect. quatrieme, art. 4, 5) & l'on aura pour l'équation générale de l'équilibre

$$X dx + Y dy + Z dz + \lambda dL = 0,$$

λ étant une quantité indéterminée.

Or L étant une fonction connue de x, y, z, on aura par la différentiation,

$$dL = \frac{dL}{dx} dx + \frac{dL}{dy} dy + \frac{dL}{dz} dz;$$

donc ſubſtituant & égalant enſuite ſéparément à zéro la ſomme des termes multipliés par chacune des différences dx, dy, dz, on aura ces trois équations particulieres de l'équilibre

$$X + \lambda \frac{dL}{dx} = 0$$

$$Y + \lambda \frac{dL}{dy} = 0$$

$$Z + \lambda \frac{dL}{dz} = 0,$$

d'où chaſſant l'indéterminée λ, on aura ces deux-ci,

$$Y \frac{dL}{dx} - X \frac{dL}{dy} = 0,$$

$$Z \frac{dL}{dx} - X \frac{dL}{dz} = 0,$$

leſquelles renferment par conſéquent les conditions cherchées de l'équilibre du corps ſur la ſurface propoſée.

9. Si on applique maintenant ici la théorie donnée dans l'article 7 de la Section quatrième, on en conclura que la ſurface doit oppoſer au corps une réſiſtance égale à

$$\lambda \sqrt{\left(\left(\frac{dL}{dx}\right)^2 + \left(\frac{dL}{dy}\right)^2 + \left(\frac{dL}{dz}\right)^2\right)},$$

& dirigée ſuivant la perpendiculaire à la ſurface qui auroit pour équation $dL = 0$, c'eſt-à-dire, perpendiculairement à la même ſurface ſur laquelle le corps eſt poſé; & comme on a

$$\lambda \frac{dL}{dx} = -X, \lambda \frac{dL}{dy} = -Y, \lambda \frac{dL}{dz} = -Z,$$

il s'enſuit que la preſſion du corps ſur la ſurface (preſſion qui doit être égale & directement contraire à la réſiſtance de la ſurface) ſera exprimée par $\sqrt{(X^2 + Y^2 + Z^2)}$, & agira perpendiculairement à la même ſurface; & c'eſt uniquement à cette condition que ſe réduiſent les deux équations trouvées ci-deſſus pour l'équilibre du corps, comme on peut s'en aſſurer par la méthode de la compoſition des forces.

10. Au reſte dans le cas d'un ſeul corps tiré par des puiſſances données, on peut trouver encore plus ſimplement

les conditions de l'équilibre, en ſubſtituant immédiatement dans l'équation $X dx + Y dy + Z dz = 0$, à la place de la différentielle dz, ſa valeur $-\frac{\frac{dL}{dx}dx + \frac{dL}{dy}dy}{\frac{dL}{dz}}$, tirée de l'équation différentielle de la ſurface donnée ſur laquelle le corps peut gliſſer, & égalant enſuite ſéparément à zéro les coëfficiens des différentielles dx & dy qui demeurent indéterminées, ſuivant la méthode générale de l'article 10 de la ſeconde Section.

On aura ainſi ſur le champ les deux équations

$$X - Z\frac{\frac{dL}{dx}}{\frac{dL}{dz}} = 0$$

$$Y - Z\frac{\frac{dL}{dy}}{\frac{dL}{dz}} = 0,$$

qui reviennent au même que celles qu'on a trouvées plus haut.

Pareillement ſi le corps étoit aſſujetti à ſe mouvoir ſur une ligne de figure donnée, & déterminée par les deux équations différentielles $dy = p\,dx$, $dz = q\,dx$, il n'y auroit qu'à ſubſtituer ces valeurs de dy & dz dans $X dx + Y dy + Z dz = 0$, & l'on auroit, en diviſant par dx

$$X + Yp + Zq = 0,$$

pour la condition de l'équilibre.

Mais dans tous les cas où il y aura pluſieurs corps en équilibre, la méthode des coëfficiens indéterminés expoſée dans la Section précédente, aura toujours l'avantage tant du côté de la facilité, que de celui de la ſimplicité & de l'uniformité du calcul.

§. II.

De l'équilibre de pluſieurs forces appliquées à un ſyſtême de corps conſidérés comme des points, & liés entr'eux par des fils ou par des verges.

11. Quelles que ſoient les forces qui agiſſent ſur chaque corps, nous avons vu ci-deſſus, (art. 2, 5), comment on peut toujours les réduire à trois, X, Y, Z, dirigées ſuivant les trois coordonnées rectangles x, y, z du même corps, & tendantes à diminuer ces coordonnées.

Nous ſuppoſerons donc pour plus de ſimplicité, ici & dans la ſuite, que toutes les forces extérieures qui agiſſent ſur un même point, ſoient réduites à ces trois X, Y, Z. Ainſi la ſomme des momens de ces forces ſera exprimée par la formule $Xdx + Ydy + Zdz$; par conſéquent la ſomme totale des momens de toutes les forces du ſyſtême, ſera exprimée par la ſomme d'autant de formules ſemblables, qu'il y aura de corps ou points mobiles, en marquant par un, deux, trois, &c traits, les quantités qui ſe rapportent aux différens corps que nous nommerons premier, ſecond, troiſieme, &c.

De cette maniere on aura donc pour la ſomme des momens des forces qui agiſſent ſur trois ou ſur un plus grand nombre de corps, la quantité

$$X'dx' + Y'dy' + Z'dz' + X''dx'' + Y''dy'' + Z''dz'' + X'''dx''' + Y'''dy''' + Z'''dz''' + \&c.$$

Et il ne s'agira plus que de chercher les équations de condition $L=0$, $M=0$, $N=0$, &c, résultantes de la nature du problême.

Ayant L, M, N, &c, ou seulement leurs différentielles en fonctions de x', y', z', x'', &c, & prenant des coëfficiens indéterminés λ, μ, ν, &c, on ajoutera à la quantité précédente les termes $\lambda dL + \mu dM + \nu dN +$ &c, & on égalera ensuite séparément à zéro les membres affectés de chacune des différences dx', dy', dz', dx'', &c, (Sect. précéd. art. 5).

12. Considérons premiérement trois corps attachés fixement à un fil inextensible; les conditions du problême sont que les distances entre le premier & le second corps, & entre le second & le troisieme soient invariables, ces distances étant les longueurs des portions de fil interceptées entre les corps. Nommant f la premiere de ces deux distances, & g la seconde, on aura $df=0$, $dg=0$ pour les équations de condition; donc $dL = df$, $dM = dg$, & l'équation générale de l'équilibre des trois corps sera

$$X'dx' + Y'dy' + Z'dz' + X''dx'' + Y''dy'' + Z''dz'' + X'''dx''' + Y'''dy''' + Z'''dz''' + \lambda df + \mu dg = 0.$$

Or il est visible qu'on aura

$$f = \sqrt{(x''-x')^2 + (y''-y')^2 + (z''-z')^2},$$

$$g = \sqrt{(x'''-x'')^2 + (y'''-y'')^2 + (z'''-z'')^2};$$

donc en différentiant

$$df = \frac{(x''-x')(dx''-dx') + (y''-y')(dy''-dy') + (z''-z')(dz''-dz')}{f},$$

$$dg = \frac{(x'''-x'')(dx'''-dx'') + (y'''-y'')(dy'''-dy'') + (z'''-z'')(dz'''-dz'')}{g},$$

ces valeurs étant ſubſtituées, on aura les neuf équations ſuivantes pour les conditions de l'équilibre du fil,

$$X' - \lambda \frac{x'' - x'}{f} = 0$$

$$Y' - \lambda \frac{y'' - y'}{f} = 0$$

$$Z' - \lambda \frac{z'' - z'}{f} = 0$$

$$X'' + \lambda \frac{x'' - x'}{f} - \mu \frac{x''' - x''}{g} = 0$$

$$Y'' + \lambda \frac{y'' - y'}{f} - \mu \frac{y''' - y''}{g} = 0$$

$$Z'' + \lambda \frac{z'' - z'}{f} - \mu \frac{z''' - z''}{g} = 0$$

$$X''' + \mu \frac{x''' - x''}{g} = 0$$

$$Y''' + \mu \frac{y''' - y''}{g} = 0$$

$$Z''' + \mu \frac{z''' - z''}{g} = 0,$$

& il n'y aura plus qu'à éliminer de ces équations les deux inconnues λ & μ; ce qui peut ſe faire de pluſieurs manieres, leſquelles fourniront auſſi des équations différentes, ou préſentées différemment pour l'équilibre des trois corps attachés au fil; nous choiſirons celle qui paroîtra la plus ſimple.

Il eſt d'abord viſible que ſi on ajoute reſpectivement les trois premieres équations aux trois ſuivantes, & aux trois dernieres, on obtient ces trois-ci délivrées des inconnues λ & μ.

$$X' + X'' + X''' = 0$$

$$Y' + Y'' + Y''' = 0$$

$$Z' + Z'' + Z''' = 0,$$

lesquelles montrent que la somme de toutes les forces paralleles à chacun des trois axes des coordonnées doit être nulle.

Il ne reste donc plus qu'à trouver quatre autres équations; pour cela faisant abstraction des trois premieres, j'ajoute respectivement les trois du milieu aux trois dernieres, j'ai celles-ci où μ ne se trouve plus;

$$X'' + X''' + \frac{\lambda}{f}(x'' - x') = 0$$

$$Y'' + Y''' + \frac{\lambda}{f}(y'' - y') = 0$$

$$Z'' + Z''' + \frac{\lambda}{f}(z'' - z') = 0;$$

& qui par l'élimination de λ donnent les deux suivantes,

$$Y'' + Y''' - \frac{y'' - y'}{x'' - x'}(X'' + X''') = 0$$

$$Z'' + Z''' - \frac{z'' - z'}{x'' - x'}(X'' + X''') = 0.$$

Enfin considérant séparément les trois dernieres équations qui contiennent μ seul & éliminant μ, on aura ces deux autres-ci,

$$Y''' - \frac{y''' - y''}{x''' - x''} X''' = 0$$

$$Z''' - \frac{z''' - z''}{x''' - x''} X''' = 0.$$

Ces sept équations renferment les conditions nécessaires pour l'équilibre des trois corps.

13. Si le fil supposé toujours inextensible, étoit chargé de quatre corps, animés respectivement par les forces X', Y', Z'; X'', Y'', Z''; X''', &c, suivant les directions des trois axes des coordonnées rectangles, on trouveroit par

des procédés semblables, qu'il me paroît inutile de répéter, les neuf équations suivantes pour l'équilibre de ces quatre corps,

$$X' + X'' + X''' + X^{IV} = 0$$

$$Y' + Y'' + Y''' + Y^{IV} = 0$$

$$Z' + Z'' + Z''' + Z^{IV} = 0$$

$$Y'' + Y''' + Y^{IV} - \frac{y'' - y'}{x'' - x'} (X'' + X''' + X^{IV}) = 0$$

$$Z'' + Z''' + Z^{IV} - \frac{z'' - z'}{x'' - x'} (X'' + X''' + X^{IV}) = 0$$

$$Y''' + Y^{IV} - \frac{y''' - y''}{x''' - x''} (X''' + X^{IV}) = 0$$

$$Z''' + Z^{IV} - \frac{z''' - z''}{x''' - x''} (X''' + X^{IV}) = 0$$

$$Y^{IV} - \frac{y^{IV} - y'''}{x^{IV} - x'''} X^{IV} = 0$$

$$Z^{IV} - \frac{z^{IV} - z'''}{x^{IV} - x'''} X^{IV} = 0.$$

Il est facile maintenant d'étendre cette solution à tel nombre de corps qu'on voudra, & même au cas de la funiculaire ou chaînette; mais nous traiterons ce cas en particulier, par la méthode exposée à la fin de la Section précédente.

14. Si on vouloit que le premier corps fût fixe, alors les différences dx', dy', dz' seroient nulles, & les termes affectés de ces différences disparoîtroient d'eux-mêmes dans l'équation générale de l'équilibre. Ainsi les trois premieres équations, savoir, $X' - \frac{\lambda}{f}(x'' - x') = 0$, $Y'' - \frac{\lambda}{f}(y'' - y') = 0$, $Z'' - \frac{\lambda}{f}(z'' - z') = 0$, n'auroient point lieu; donc les équations

tions $X' + X'' + X''' + \&c = 0$, $Y' + Y'' + Y''' + \&c = 0$, $Z' + Z'' + Z''' + \&c = 0$, n'auroient pas lieu non plus, mais toutes les autres demeureroient les mêmes. Ce cas eſt, comme l'on voit, celui où le fil ſeroit attaché fixement par une de ſes extrémités.

Et ſi le fil étoit attaché par ſes deux extrémités, alors on auroit non-ſeulement $dx' = 0$, $dy' = 0$, $dz' = 0$, mais auſſi $dx^{\prime\prime\prime\,\&c} = 0$, $dy^{\prime\prime\prime\,\&c} = 0$, $dz^{\prime\prime\prime\,\&c} = 0$; & les termes affectés de ces ſix différences dans l'équation générale de l'équilibre, diſparoîtroient, & feroient par conſéquent diſparoître auſſi les ſix équations particulieres qui en dépendent.

15. En général ſi les deux extrémités du fil n'étoient pas tout-à-fait libres, mais qu'elles fuſſent attachées à des points mobiles ſuivant une loi donnée; cette loi exprimée analitiquement, donneroit une ou pluſieurs équations entre les différences dx', dy', dz' qui ſe rapportent au premier corps, & les différences $dx^{\prime\prime\prime\,\&c}$, $dy^{\prime\prime\prime\,\&c}$, $dz^{\prime\prime\prime\,\&c}$, qui ſe rapportent au dernier; & il faudroit ajouter ces équations multipliées chacune par un nouveau coëfficient indéterminé, à l'équation générale de l'équilibre trouvée plus haut; ou bien on ſubſtitueroit dans cette équation générale, la valeur d'une ou de pluſieurs de ces différences, tirée des équations dont il s'agit, & on égaleroit enſuite à zéro le coëfficient de chacune de celles qui reſtent, ainſi qu'on a fait ci-deſſus (art. 9). Comme cela n'a aucune difficulté, nous ne nous y arrêterons pas.

16. Si on vouloit connoître les forces qui proviennent de la réaction du fil ſur les différens corps, il n'y auroit qu'à faire uſage de la méthode donnée pour cet objet dans la Sect. précédente (art. 7).

On considérera donc que l'on a dans le cas présent,

$$dL = df = \frac{(x''-x')(dx''-dx')+(y''-y')(dy''-dy')+(z''-z')(dz''-dz')}{f}$$

$$dM = dg = \frac{(x'''-x'')(dx'''-dx'')+(y'''-y'')(dy'''-dy'')+(z'''-z'')(dz'''-dz'')}{g}$$

&c.

Donc 1°, on aura par rapport au premier corps dont les coordonnées sont x', y', z', $\frac{dL}{dx'} = -\frac{x''-x'}{f}$, $\frac{dL}{dy'} = -\frac{y''-y'}{f}$, $\frac{dL}{dz'} = -\frac{z''-z'}{f}$; donc

$$\sqrt{\left(\left(\frac{dL}{dx'}\right)^2 + \left(\frac{dL}{dy'}\right)^2 + \left(\frac{dL}{dz'}\right)^2\right)} = \frac{\sqrt{((x''-x')^2+(y''-y')^2+(z''-z')^2)}}{f} = 1.$$

Ainsi le premier corps recevra par l'action des autres une force $= \lambda$, & dont la direction sera perpendiculaire à la surface représentée par l'équation $dL = df = 0$, en y faisant varier simplement x', y', z'; or il est visible que cette surface n'est autre chose qu'une sphere dont le rayon est f, & dont le centre répond aux coordonnées x'', y'', z''; par conséquent la force λ sera dirigée suivant ce même rayon, c'est-à-dire, le long du fil qui joint le premier & le second corps.

2°. On aura de même par rapport au second corps, dont les coordonnées sont x'', y'', z''; $\frac{dL}{dx''} = \frac{x''-x'}{df}$, $\frac{dL}{dy''} = \frac{y''-y'}{f}$, $\frac{dL}{dz''} = \frac{z''-z'}{f}$; donc

$$\sqrt{\left(\left(\frac{dL}{dx''}\right)^2 + \left(\frac{dL}{dy''}\right)^2 + \left(\frac{dL}{dz''}\right)^2\right)} = \frac{\sqrt{((x''-x')^2+(y''-y')^2+(z''-z')^2)}}{f} = 1;$$

d'où il s'ensuit que le second corps recevra aussi une force λ, dirigée perpendiculairement à la surface dont l'équation est $dL = df = o$, en faisant varier x'', y'', z''; mais cette surface est de nouveau une sphere dont le rayon est f, mais dont le centre répondra aux coordonnées x', y', z' du premier corps; par conséquent la force λ qui agit sur le second corps, sera aussi dirigée suivant le fil f qui joint ce corps au premier.

3°. On aura de plus, par rapport au second corps, $\frac{dM}{dx''} = -\frac{x''' - x''}{g}$, $\frac{dM}{dy''} = -\frac{y''' - y''}{g}$, $\frac{dM}{dz''} = -\frac{z''' - z''}{g}$; donc

$$\sqrt{\left(\left(\frac{dM}{dx''}\right)^2 + \left(\frac{dM}{dy''}\right)^2 + \left(\frac{dM}{dz''}\right)^2\right)} = 1.$$

De sorte que le second corps sera poussé de plus par une force $= \mu$, dont la direction sera perpendiculaire à la surface représentée par l'équation $dg = o$, en faisant varier x'', y'', z''; cette surface n'étant autre chose qu'une sphere dont le rayon est g, il s'ensuit que la direction de la force μ sera, suivant ce rayon, c'est-à-dire, suivant le fil qui joint le second corps au troisième.

On fera le même raisonnement par rapport aux autres corps, & on en tirera des conclusions semblables.

17. Il est évident que la force λ produite dans le premier corps, suivant la direction du fil qui joint ce corps au suivant, & la force égale λ, mais directement contraire, qui agit sur le second corps, suivant la direction du même fil, ne peuvent être que les forces qui résultent de la réaction de ce fil sur les deux corps, c'est-à-dire, de la tension que

ſouffre la portion du fil interceptée entre le premier & le ſecond corps; de ſorte que le coëfficient λ exprimera la quantité de cette tenſion. De même le coëfficient μ exprimera la tenſion de la portion du fil interceptée entre le ſecond & le troiſieme corps, & ainſi de ſuite.

Au reſte, on a ſuppoſé tacitement dans la ſolution du problême dont il s'agit, que chaque portion du fil étoit, non-ſeulement inextenſible, mais auſſi roide, enſorte qu'elle conſervoit toujours la même longueur; par conſéquent les forces λ, μ, &c, n'exprimeront les tenſions qu'autant qu'elles tendront à rapprocher les corps; mais ſi elles tendoient à les éloigner l'un de l'autre, alors elles exprimeroient plutôt les réſiſtances que le fil doit oppoſer au corps par le moyen de ſa roideur, ou incompreſſibilité.

18. Pour confirmer ce que nous venons de démontrer, & pour donner en même-tems une nouvelle application de nos méthodes, nous ſuppoſerons que le fil auquel les corps ſont attachés, ſoit élaſtique & ſuſceptible d'extenſion & de contraction; & que F, G, &c, ſoient les forces de contraction des portions du fil f, g, &c, interceptées entre le premier & le ſecond corps, entre le ſecond & le troiſieme, &c.

Il eſt clair par ce qu'on a dit dans l'article 5 de la Section ſeconde, que les forces F, G, &c, donneront les momens $Fdf + Gdg$, &c.

Il faudra donc ajouter ces momens à ceux qui viennent de l'action des forces étrangeres, & que nous avons vu plus haut, être repréſentés par la formule $X'dx' + Y'dy' + Z'dz' + X''dx'' + Y''dy'' + Z''dz'' + X'''dx''' + Y'''dy''' + Z'''dz''' +$ &c (art. 10), pour avoir la ſomme totale des momens du syftême; & comme il n'y a d'ailleurs aucune condition particuliere à remplir, relativement à la difpofition des corps, on aura l'équation générale de l'équilibre en égalant fimplement à zéro la fomme dont il s'agit, donc

$$X'dx' + Y'dy' + Z'dz' + X''dx'' + Y''dy'' + Z''dz'' + X'''dx''' + Y'''dy''' + Z'''dz''' + \&c + Fdf + Gdg + \&c = 0.$$

Subftituant les valeurs de df, dg, &c, trouvées ci-deffus (art. 11), & égalant à zéro la fomme des termes affectés de chacune des différences dx', dy', &c, on aura les équations fuivantes pour l'équilibre du fil, dans le cas dont il s'agit.

$$X' - \frac{F(x''-x')}{f} = 0$$

$$Y' - \frac{F(y''-y')}{f} = 0$$

$$Z' - \frac{F(z''-z')}{f} = 0$$

$$X'' + \frac{F(x''-x')}{f} - \frac{G(x'''-x'')}{g} = 0$$

$$Y'' + \frac{F(y''-y')}{f} - \frac{G(y'''-y'')}{g} = 0$$

$$Z'' + \frac{F(z''-z')}{f} - \frac{G(z'''-z'')}{g} = 0$$

$$X''' + \frac{G(x'''-x'')}{g} = 0$$

$$Y''' + \frac{G(y'''-y'')}{g} = 0$$

$$Z''' + \frac{G(z'''-z'')}{g} = 0.$$

lefquelles font, comme l'on voit, analogues à celles du même article, pour le cas où le fil eft inextenfible, en fuppofant $\lambda = F$, $\mu = G$, &c.

D'où l'on voit que les quantités F, G, &c, qui expriment ici les forces des fils ſuppoſés élaſtiques, ſont les mêmes que celles que nous avons trouvées ci-deſſus (art. 16), pour exprimer les forces des mêmes fils, dans la ſuppoſition qu'ils ſoient inextenſibles.

19. Reprenons encore le cas d'un fil inextenſible chargé de trois corps, mais ſuppoſons en même tems que le corps du milieu puiſſe couler le long du fil; dans ce cas la condition du problême ſera que la ſomme des diſtances entre le premier & le ſecond corps, & entre le ſecond & le troiſieme ſoit conſtante, ainſi nommant comme ci-deſſus f & g ces diſtances, on aura $f+g=$ conſt, & par conſéquent $df+dg=0$.

On multipliera donc la quantité différentielle $df+dg$ par un coëfficient indéterminé λ, & on l'ajoutera à la ſomme des momens des différentes forces qu'on ſuppoſe agir ſur les corps, ce qui donnera cette équation générale de l'équilibre,

$$X'dx'+Y'dy'+Z'dz'+X''dx''+Y''dy''+Z''dz''$$
$$+X'''dx'''+Y'''dy'''+Z'''dz'''+\lambda(df+dg)=0;$$

d'où (en ſubſtituant les valeurs de df & dg, & égalant à zéro la ſomme des termes affectés de chacune des différences dx', dy' &c), on tirera les équations ſuivantes pour l'équilibre du fil,

$$X'-\lambda\frac{x''-x'}{f}=0$$
$$Y'-\lambda\frac{y''-y'}{f}=0$$

$$Z' - \lambda \frac{z''-z'}{f} = 0$$

$$X''+\lambda\left(\frac{x''-x'}{f} - \frac{x'''-x''}{g}\right) = 0$$

$$Y''+\lambda\left(\frac{y''-y'}{f} - \frac{y'''-y''}{g}\right) = 0$$

$$Z''+\lambda\left(\frac{z''-z'}{f} - \frac{z'''-z''}{g}\right) = 0$$

$$X'''+\lambda \frac{x'''-x''}{g} = 0$$

$$Y'''+\lambda \frac{y'''-y''}{g} = 0$$

$$Z'''+\lambda \frac{z'''-z''}{g} = 0,$$

dans lesquelles il n'y aura plus qu'à éliminer l'inconnue λ.

On voit par-là comment il faudroit s'y prendre, s'il y avoit un plus grand nombre de corps dont les uns fussent attachés fixement au fil, & dont les autres y pussent couler librement.

20. Supposons maintenant que les trois corps soient unis par une verge inflexible, ensorte qu'ils soient obligés de garder toujours entr'eux les mêmes distances ; il faudra dans ce cas que l'on ait non-seulement $df = 0$ & $dg = 0$, mais que la différentielle de la distance entre le premier & le troisieme corps que nous désignerons par h, soit aussi nulle ; par conséquent en prenant trois coëfficiens indéterminés, λ, μ, ν, on aura cette équation générale de l'équilibre,

$$X'dx' + Y'dy' + Z'dz' + X''dx'' + Y''dy'' + Z''dz'' + X'''dx''' + Y'''dy''' + Z'''dz''' + \lambda df + \mu dg + \nu dh = 0,$$

Les valeurs de df & dg ont déja été données ci-dessus ; à l'égard de celle de dh, il est clair qu'on aura

$$h = \sqrt{(x''' - x')^2 + (y''' - y')^2 + (z''' - z')^2},$$

& par conféquent

$$dh = \frac{(x''' - x')(dx''' - dx') + (y''' - y')(dy''' - dy') + (z''' - z')(dz''' - dz')}{h}.$$

Faifant ces fubftitutions, & égalant à zéro la fomme des termes affectés de chacune des différences dx', dy', &c, on aura ces neuf équations particulieres

$$X' - \lambda \frac{x'' - x'}{f} - \nu \frac{x''' - x'}{h} = 0$$

$$Y' - \frac{y'' - y'}{f} - \nu \frac{y''' - y'}{h} = 0$$

$$Z' - \lambda \frac{z'' - z'}{f} - \nu \frac{z''' - z'}{h} = 0$$

$$X'' + \lambda \frac{x'' - x'}{f} - \mu \frac{x''' - x''}{g} = 0$$

$$Y'' + \lambda \frac{y'' - y'}{f} - \mu \frac{y''' - y''}{g} = 0$$

$$Z'' + \lambda \frac{z'' - z'}{f} - \mu \frac{z''' - z''}{g} = 0$$

$$X''' + \mu \frac{x''' - x''}{g} + \nu \frac{x''' - x'}{h} = 0$$

$$Y''' + \mu \frac{y''' - y''}{g} + \nu \frac{y''' - y'}{h} = 0$$

$$Z''' + \mu \frac{z''' - z''}{g} + \nu \frac{z''' - z'}{h} = 0,$$

d'où il faudra éliminer les trois inconnues indéterminées λ, μ, ν, enforte qu'il ne reftera que fix équations pour les conditions de l'équilibre.

21. D'abord il eft clair par la forme même de ces équations, qu'en ajoutant refpectivement les trois premieres aux trois fuivantes & enfuite aux trois dernieres, on obtient fur le champ trois équations délivrées de λ, μ, ν, lefquelles feront

$X' +$

$$X' + X'' + X''' = 0$$
$$Y' + Y'' + Y''' = 0$$
$$Z' + Z'' + Z''' = 0.$$

Rien n'eſt plus facile que de trouver encore trois autres équations par l'élimination de λ, μ, ν; mais pour y parvenir de la maniere la plus ſimple & la plus générale, je commence par déduire des équations ci-deſſus, ces neuf transformées,

$$X'y' - Y'x' - \lambda\,\frac{y'x'' - x'y''}{f} - \nu\,\frac{y'x''' - x'y'''}{h} = 0$$
$$X'\zeta' - Z'x' - \lambda\,\frac{\zeta'x'' - x'\zeta''}{f} - \frac{\zeta'x''' - x'\zeta'''}{h} = 0$$
$$Y'\zeta' - Z'y' - \lambda\,\frac{\zeta'y'' - y'\zeta''}{f} - \nu\,\frac{\zeta'y'' - y'\zeta'''}{h} = 0$$
$$X''y'' - Y''x'' + \lambda\,\frac{y'x'' - x'y''}{f} - \mu\,\frac{y''x''' - y''}{g} = 0$$
$$X''\zeta'' - Z''x'' + \lambda\,\frac{\zeta'x'' - x'\zeta''}{f} - \mu\,\frac{\zeta''x''' - x''\zeta'''}{g} = 0$$
$$Y''\zeta'' - Z''y' + \lambda\,\frac{y'y'' - y'x''}{f} - \mu\,\frac{\zeta''y''' - y''\zeta'''}{g} = 0$$
$$X'''y''' - Y'''x''' + \mu\,\frac{y''x''' - x''y'''}{g} + \nu\,\frac{y'x''' - x'y'''}{h} = 0$$
$$X'''\zeta''' - Z'''x''' + \mu\,\frac{\zeta''x''' - x''\zeta'''}{g} + \nu\,\frac{\zeta'x''' - x'\zeta'''}{h} = 0$$
$$Y'''\zeta''' - Z'''y''' + \mu\,\frac{\zeta''y''' - y'\zeta'''}{g} + \nu\,\frac{\zeta'y''' - y'\zeta'''}{h} = 0,$$

leſquelles étant, comme l'on voit, analogues aux équations primitives, donneront de la même maniere, par la ſimple addition, ces trois-ci,

$$X'y' - Y'x' + X''y'' - Y''x'' + X'''y''' - Y'''x''' = 0$$
$$X'z' - Z'x' + X''z'' - Z''x'' + X'''z''' - Z'''x''' = 0$$
$$Y'z' - Z'y' + Y''z'' - Z''y'' + Y'''z''' - Z'''y''' = 0.$$

Les trois premieres équations montrent que la ſomme des forces paralleles à chacun des trois axes des coordonnées, doit être nulle; & les trois dernieres renferment le principe connu des momens (en entendant par moment le produit de la puiſſance par ſon bras de levier) par lequel il faut que la ſomme des momens de toutes les forces, pour faire tourner le ſyſtême autour de chacun des trois axes, ſoit auſſi nulle.

22. Si le premier corps étoit fixe, alors les différences dx', dy', dz' ſeroient nulles, & les trois premieres des neuf équations de l'article 20 n'exiſteroient pas; il n'y auroit donc alors que ſix équations, qui par l'élimination des trois inconnues λ, μ, ν, ſe réduiroient à trois.

Pour arriver à ces trois équations, on peut s'y prendre d'une maniere analogue à celle dont on s'eſt ſervi pour trouver les trois dernieres équations de l'article 21, pourvu qu'on ait ſoin de faire enſorte que les transformées ne renferment point les indéterminées λ & ν qui entrent dans les trois premieres dont il faut faire maintenant abſtraction; or c'eſt ce que l'on obtiendra par ces combinaiſons,

$$X''(y''-y') - Y''(x''-x') - \mu\,\frac{(y''-y')(x'''-x'') - (x''-x')(y'''-y'')}{g} = 0$$
$$X''(z''-z') - Z''(x''-x') - \mu\,\frac{(z''-z')(x'''-x'') - (x''-x')(z'''-z')}{g} = 0$$
$$Y''(z''-z') - Z''(y''-y') - \mu\,\frac{(z''-z')(y'''-y'') - (y''-y')(z'''-z')}{} = 0$$

$$X''' (y''-y') - Y''' (x'''-x') + \mu \frac{(y'''-y')(x'''-x'') - (x'''-x')(y'''-y'')}{g} = 0$$

$$X''' (z'''-z') - Z''' (x'''-x') + \mu \frac{(z'''-z')(x'''-x'') - (x'''-x')(z'''-z'')}{g} = 0$$

$$Y''' (z'''-z') - Z''' (y'''-y') + \mu \frac{(z'''-z')(y'''-y'') - (y'''-y')(z'''-z'')}{g} = 0;$$

& si l'on ajoute maintenant les trois premieres de ces transformées aux trois dernieres, on aura sur le champ ces trois-ci,

$$X''(y''-y') - Y''(x''-x') + X'''(y'''-y') - Y'''(x'''-x') = 0$$
$$X''(z''-z') - Z''(x''-x') + X'''(z'''-z') - Z'''(x'''-x') = 0$$
$$Y''(z''-z') - Z''(y''-y') + Y'''(z'''-z') - Z'''(y'''-y') = 0,$$

lesquelles auront toujours lieu, quel que soit l'état du premier corps, puisqu'elles sont indépendantes des équations relatives à ce corps. Ces équations renferment, comme l'on voit, le même principe des momens, mais par rapport à des axes qui passeroient par le premier corps.

23. Supposons qu'il y ait un quatrieme corps attaché à la même verge inflexible, pour lequel les coordonnées rectangles soient x^{IV}, y^{IV}, z^{IV}, & les forces paralleles à ces coordonnées X^{IV}, Y^{IV}, Z^{IV}.

Il faudra donc ajouter à la somme des momens des forces, la quantité $X^{IV}dx^{IV} + Y^{IV}dy^{IV} + Z^{IV}dz^{IV}$; ensuite, comme les distances entre tous les corps doivent demeurer constantes, on aura par les conditions du problême, non-seulement $df = 0$, $dg = 0$, $dh = 0$, comme dans le cas précédent; mais aussi $dl = 0$, $dm = 0$, $dn = 0$, en nommant l, m, n les distances du quatrieme corps aux trois précédens. Ainsi l'équation générale de l'équilibre sera dans ce cas

$$X'dx' + Y'dy' + Z'dz' + X''dx'' + Y''dy'' + Z''dz'' + X'''dx''' + Y'''dy''' + Z'''dz''' + X^{IV}dx^{IV} + Y^{IV}dy^{IV} + Z^{IV}dz^{IV} + \lambda df + \mu dg + \nu dh + \pi dl + \rho dm + \sigma dn = 0.$$

Les valeurs de df, dg, dh sont les mêmes que ci-dessus; quant à celles de dl, dm, dn, il est visible qu'on aura

$$l = \sqrt{(x^{IV} - x')^2 + (y^{IV} - y')^2 + (z^{IV} - z')^2}$$

$$m = \sqrt{(x^{IV} - x'')^2 + (y^{IV} - y'')^2 + (z^{IV} - z'')^2}$$

$$n = \sqrt{(x^{IV} - x''')^2 + (y^{IV} - y''')^2 + (z^{IV} - z''')^2},$$

& par conséquent,

$$dl = \frac{(x^{IV} - x')(dx^{IV} - dx') + (y^{IV} - y')(dy^{IV} - dy') + (z^{IV} - z')(dz^{IV} - dz')}{l}$$

$$dm = \frac{(x^{IV} - x'')(dx^{IV} - dx'') + (y^{IV} - y'')(dy^{IV} - dy'') + (z^{IV} - z'')(dz^{IV} - dz'')}{m}.$$

$$dn = \frac{(x^{IV} - x''')(dx^{IV} - dx''') + (y^{IV} - y''')(dy^{IV} - dy''') + (z^{IV} - z''')(dz^{IV} - dz''')}{n}$$

Faisant ces substitutions, & égalant à zéro la somme des termes affectés de chacune des différences dx', dy', &c, on trouvera douze équations particulieres, dont les neuf premieres seront les mêmes que celles de l'article 20, en ajoutant respectivement à leurs premiers membres les quantités suivantes,

$$-\pi\frac{x^{IV} - x'}{l},\ -\pi\frac{y^{IV} - y'}{l},\ -\pi\frac{z^{IV} - z'}{l},$$

$$-\rho\frac{x^{IV} - x''}{m},\ -\rho\frac{y^{IV} - y''}{m},\ -\rho\frac{z^{IV} - z''}{m},$$

$$-\sigma\frac{x^{IV} - x'''}{n},\ -\sigma\frac{y^{IV} - y'''}{n},\ -\sigma\frac{z^{IV} - z'''}{n};$$

& dont les trois dernieres seront

$$X^{IV} + \pi \frac{x^{IV} - x'}{l} + \rho \frac{x^{IV} - x''}{m} + \sigma \frac{x^{IV} - x'''}{n} = 0$$

$$Y^{IV} + \pi \frac{y^{IV} - y'}{l} + \rho \frac{y^{IV} - y''}{m} + \sigma \frac{y^{IV} - y'''}{n} = 0$$

$$Z^{IV} + \pi \frac{z^{IV} - z'}{l} + \rho \frac{z^{IV} - z''}{m} + \sigma \frac{z^{IV} - z'''}{n} = 0.$$

24. Comme il y a en tout douze équations, & qu'il y y a six indéterminées, λ, μ, ν, π, ρ, σ à éliminer, il ne restera pour les conditions de l'équilibre, que six équations finales comme dans le cas de trois corps; & on trouvera par une méthode semblable à celle de l'article 21, ces six équations analogues à celles de cet article,

$$X' + X'' + X''' + X^{IV} = 0$$

$$Y' + Y'' + Y''' + Y^{IV} = 0$$

$$Z' + Z'' + Z''' + Z^{IV} = 0$$

$$X'y' - Y'x' + X''y'' - Y''x'' + X'''y''' - Y'''x''' + X^{IV}y^{IV} - Y^{IV}x^{IV} = 0$$

$$X'z' - Z'x' + X''z'' - Z''x'' + X'''z''' - Z'''x''' + X^{IV}z^{IV} - Z^{IV}x^{IV} = 0$$

$$Y'z' - Z'y' + Y''z'' - Z''y'' + Y'''z''' - Z'''y''' + Y^{IV}z^{IV} - Z^{IV}y^{IV} = 0.$$

Au lieu des trois dernieres, on pourra aussi substituer les trois suivantes, qu'on trouvera par la méthode de l'article 22, & qui étant indépendantes des équations relatives au premier corps, ont l'avantage d'avoir toujours lieu, quel que soit l'état de ce corps,

$$X''(y'' - y') - Y''(x'' - x') + X'''(y''' - y') - Y'''(x''' - x')$$
$$+ X^{IV}(y^{IV} - y') - Y^{IV}(x^{IV} - x') = 0,$$

$$X''(z'' - z') - Z''(x'' - x') + X'''(z''' - z') - Z'''(x''' - x')$$
$$+ X^{IV}(z^{IV} - z') - Z^{IV}(x^{IV} - x') = 0,$$

$$Y''(z''-z')-Z''(y''-y')+Y'''(z'''-z')-Z'''(y'''-y')$$
$$+Y^{IV}(z^{IV}-z')-Z^{IV}(y^{IV}-y')=0.$$

25. On voit maintenant comment il faudroit s'y prendre pour trouver les conditions de l'équilibre d'un nombre quelconque de corps attachés à une verge ou à un levier inflexible. En général il eſt viſible que pour que la poſition reſpective des corps demeure la même, il ſuffit que les diſtances des trois premiers corps entr'eux ſoient conſtantes, & que les diſtances de chacun des autres corps à ces trois-ci le ſoient auſſi, puiſque la poſition d'un point quelconque eſt toujours déterminée par les diſtances de ce point à trois points donnés; on fera donc pour chaque nouveau corps qu'on ajoutera au levier, les mêmes raiſonnemens & les mêmes opérations qu'on a faites dans l'article 23, relativement au quatrieme corps; & chacun d'eux fournira trois nouvelles équations particulieres, avec trois nouvelles indéterminées à éliminer; enſorte que les équations finales ſeront toujours en même nombre que dans le cas de trois corps; & elles ſeront de la même forme que celles que nous venons de trouver dans l'article précédent.

Au reſte, il eſt viſible que ces équations rentrent dans celles que nous avons trouvées en général pour l'équilibre d'un ſyſtême quelconque libre, dans les articles 3 & 6 de la Section troiſieme. En effet, puiſque, à cauſe de l'inflexibilité de la verge, les diſtances des corps entr'eux ſont inaltérables, il s'enſuit que l'équilibre doit avoir lieu, pourvu que les mouvemens de tranſlation & de rotation ſoient détruits; & l'on auroit pu par cette ſeule conſidération, réſoudre le problême précédent, d'après les formules des articles cités; mais nous avons cru qu'il n'étoit pas inutile d'en donner une solution directe, & tirée des conditions particulieres de la question.

26. Considérons de nouveau le cas de trois corps joints par une verge; & supposons de plus que la verge soit élastique dans le point où est le second corps, ensorte que les distances de celui-ci au premier & au dernier soient constantes, mais que l'angle formé par les lignes de ces distances soit variable, & que l'effet de l'élasticité consiste à augmenter cet angle, & par conséquent à diminuer l'angle extérieur formé par un des côtés, & par le prolongement de l'autre.

Nommons la force de l'élasticité E, & l'angle extérieur suivant lequel elle s'exerce e; il est facile de conclure de ce que nous avons établi dans la seconde Section, que le moment de la force E devra être représenté par $E\,de$; de sorte que la somme des momens de toutes les forces du systême sera $X'dx' + Y'dy' + Z'dz' + X''dx'' + Y''dy'' + Z''dz'' + X'''dx''' + Y'''dy''' + Z'''dz''' + E\,de$.

Or les conditions du problême sont les mêmes ici que dans l'article 11, c'est-à-dire, $df = 0$ & $dg = 0$. Donc on aura cette équation générale de l'équilibre

$$X'dx' + Y'dy' + Z'dz' + X''dx'' + Y''dy'' + Z''dz'' + X'''dx''' + Y'''dy''' + Z'''dz''' + E\,de + \lambda df + \mu dg = 0;$$

& il ne s'agira que d'y substituer les valeurs de de, df, dg; celles de df & dg sont les mêmes que dans l'article cité; & pour trouver la valeur de de, on remarquera que dans le triangle dont les trois côtés sont f, g, h, (art. 20), $180° - e$ est l'angle opposé au côté h; ensorte que par le théorême connu, on aura cof. $e = \frac{f^2 + g^2 - h^2}{2fg}$; d'où l'on tirera par la différenciation la valeur de de; & comme par les conditions du problême on a $df = 0$ & $dg = 0$, il fuffira de faire varier e & h, ce qui donnera $de = \frac{hdh}{fg \text{ fin } e}$; cette valeur étant fubftituée dans l'équation précédente, il eft clair qu'elle deviendra de la même forme que l'équation générale de l'équilibre dans le cas de l'article 20, en fuppofant dans celle-ci $\nu = \frac{Eh}{fg \text{ fin } e}$; par conféquent les équations particulieres feront encore les mêmes dans les deux cas, avec cette feule différence, que dans celui de l'article cité, la quantité ν eft indéterminée, & doit par conféquent être éliminée; au lieu que dans le cas préfent, cette quantité eft toute connue, & qu'il n'y a que les deux indéterminées λ, μ à éliminer; enforte qu'il doit refter une équation finale de plus que dans le cas cité, c'eft-à-dire, fept équations finales au lieu de fix. Or comme, foit que la quantité ν foit connue ou non, rien n'empêche de l'éliminer avec les deux autres λ, μ, il eft clair qu'on aura auffi dans le cas préfent les mêmes équations qu'on a trouvées dans les articles 21 & 22; & pour trouver la feptieme équation, il n'y aura qu'à éliminer λ dans les trois premieres, ou μ dans les trois dernieres des neuf équations particulieres de l'article 21, & fubftituer pour ν fa valeur $\frac{Eh}{fg \text{ fin } e}$.

27. Au refte, fi dans la valeur de de on n'avoit pas voulu fuppofer df & dg nuls, on auroit eu une expreffion de cette forme $de = \frac{hdh}{fg \text{ fin } e} + Adf + Bdg$, A & B étant

des

des fonctions de f, g, h, ſin e; alors les trois termes $E\,de + \lambda\,df + \mu\,dg$ de l'équation générale, ſeroient devenus $\frac{Eh}{fg \text{ ſin } e}\,dh + (FA + \lambda)\,df + (EB + \mu)\,dg$; mais λ & μ étant deux quantités indéterminées, il eſt viſible qu'on peut mettre à leur place $\lambda - EA$, $\mu - EB$; moyennant quoi la quantité dont il s'agit deviendra $\frac{Eh}{fg \text{ ſin } e}\,dh + \lambda\,df + \mu\,dg$ comme ſi f & g n'euſſent point varié dans l'expreſſion de de.

28. Si pluſieurs corps étoient joints enſemble par des verges élaſtiques, on trouveroit de la même maniere les équations néceſſaires pour l'équilibre de ces corps, & en général notre méthode donnera toujours, avec la même facilité, les conditions de l'équilibre d'un ſyſtême de corps liés entr'eux d'une maniere quelconque, & animés de telles forces extérieures qu'on voudra. La marche du calcul eſt, comme l'on voit, toujours uniforme, ce qu'on doit regarder comme un des principaux avantages de cette méthode.

§. III.

De l'équilibre d'un fil dont tous les points ſont tirés par des forces quelconques, & qui eſt ſuppoſé parfaitement flexible ou inflexible, ou élaſtique, & en même-tems extenſible ou non.

29. C'eſt ici le lieu d'employer la méthode que nous avons expoſée dans les articles 9 & ſuiv. de la Section quatrieme.

Nous supposerons toujours, pour plus de simplicité, que toutes les forces extérieures qui agissent sur chaque point du fil soient réduites à trois, X, Y, Z, dirigées suivant les coordonnées rectangles x, y, z de ce point. Ainsi en nommant dm l'élément du fil, on aura pour la somme des momens de toutes ces forces, relativement à la longueur totale du fil, cette formule intégrale (Art. 13, Sect. 4),

$$S(X\delta x + Y\delta y + Z\delta z)\,dm.$$

30. Considérons le cas d'un fil parfaitement flexible & inextensible; nommant ds l'élément de la courbe de ce fil, lequel est exprimé par $\sqrt{dx^2 + dy^2 + dz^2}$; il faudra par la condition de l'inextensibilité, que ds soit une quantité invariable, & qu'ainsi l'on ait par rapport à chaque élément du fil, cette équation de condition indéfinie $\delta ds = 0$. Multipliant donc δds par une quantité indéterminée λ, & prenant l'intégrale totale, on aura $S\lambda\delta ds$; & si l'on n'a point d'autre équation de condition, on aura l'équation générale de l'équilibre, en égalant à zéro la somme des deux intégrales qu'on vient de trouver.

Or ayant $ds = \sqrt{dx^2 + dy^2 + dz^2}$, on aura en différentiant suivant δ,

$$\delta ds = \frac{dx\,\delta dx + dy\,\delta dy + dz\,\delta dz}{ds};$$

donc $S\lambda\delta ds = S\frac{\lambda dx}{dx}\delta dx + S\frac{\lambda dy}{ds}\delta dy + S\frac{\lambda dz}{ds}\delta dz$;

changeant δd en $d\delta$, & intégrant par parties pour faire disparoître le d avant δ, suivant les régles données dans l'article 17 de la Section quatrieme, on aura ces transformées,

$$S\, \frac{\lambda dx}{ds}\, \delta dx = \frac{\lambda'' dx''}{ds''}\, \delta x'' - \frac{\lambda' dx'}{ds'}\, \delta x' - S d.\, \frac{\lambda dx}{ds} \times \delta x$$

$$S\, \frac{\lambda dy}{ds}\, \delta dy = \frac{\lambda'' dy''}{ds''}\, \delta y'' - \frac{\lambda' dy'}{ds'}\, \delta y' - S d.\, \frac{\lambda dy}{ds} \times \delta y$$

$$S\, \frac{\lambda dz}{ds}\, \delta dz = \frac{\lambda'' dz''}{ds''}\, \delta z'' - \frac{\lambda' dz''}{ds'}\, \delta z' - S d.\, \frac{\lambda dz}{ds} \times \delta z.$$

Ainsi l'équation générale de l'équilibre deviendra

$$S\left(\left(Xdm - d.\, \frac{\lambda dx}{ds}\right) \delta x + \left(Ydm - d.\, \frac{\lambda dy}{ds}\right) \delta y + \left(Zdm - d.\frac{\lambda dz}{ds}\right) \delta z\right) + \frac{\lambda'' dx''}{ds''}\, \delta x'' + \frac{\lambda'' dy''}{ds''}\, \delta y'' + \frac{\lambda'' dx''}{ds''}\, \delta z'' - \frac{\lambda' dx'}{ds'}\, \delta x' - \frac{\lambda' dy'}{ds'}\, \delta y' - \frac{\lambda' dz'}{dz'}\, \delta z' = 0.$$

31. On égalera d'abord à zéro (art. 18, Sect. citée), les coëfficiens de δx, δy, δz sous le signe S, & l'on aura ces trois équations particulieres & indéfinies,

$$Xdm - d.\, \frac{\lambda dx}{ds} = 0$$

$$Ydm - d.\, \frac{\lambda dy}{ds} = 0$$

$$Zdm - d.\, \frac{\lambda dz}{ds} = 0,$$

d'où éliminant l'indéterminée λ, il restera deux équations qui serviront à déterminer la courbe du fil.

Cette élimination est très-facile, car on n'a qu'à intégrer les équations précédentes, ce qui donnera celles-ci,

$$\frac{\lambda dx}{ds} = A + \int Xdm$$

$$\frac{\lambda dy}{ds} = B + \int Ydm$$

$$\frac{\lambda dz}{ds} = C + \int Zdm,$$

A, B, C étant des conſtantes arbitraires; enſuite on aura en chaſſant λ,

$$\frac{dy}{dx} = \frac{B + \int Y dm}{A + \int X dm}$$

$$\frac{dz}{dx} = \frac{C + \int Z dm}{A + \int X dm}$$

équations qui s'accordent avec les formules connues de la chaînette.

32. Si on veut parvenir directement à des équations purement différentielles & ſans ſigne $\int$, on mettra les équations trouvées ſous cette forme,

$$X dm - \lambda d. \frac{dx}{ds} - d\lambda \frac{dx}{ds} = 0$$

$$Y dm - \lambda d. \frac{dy}{ds} - d\lambda \frac{dy}{ds} = 0$$

$$Z dm - \lambda d. \frac{dz}{ds} - d\lambda \frac{dz}{ds} = 0$$

d'où éliminant $d\lambda$, on aura d'abord ces deux-ci;

$$\frac{X dy - Y dx}{ds} dm = \lambda \left(\frac{dy}{ds} d. \frac{dx}{ds} - \frac{dx}{ds} d. \frac{dy}{ds} \right)$$

$$\frac{X dz - Z dx}{ds} dm = \lambda \left(\frac{dz}{ds} d. \frac{dx}{ds} - \frac{dx}{ds} d. \frac{dz}{ds} \right);$$

enſuite ſi on multiplie les mêmes équations reſpectivement par $\frac{dx}{ds}$, $\frac{dy}{ds}$, $\frac{dz}{ds}$, on aura, à cauſe de $\frac{dx}{ds} d. \frac{dx}{ds} + \frac{dy}{ds} d. \frac{dy}{ds} + \frac{dz}{ds} d. \frac{dz}{ds} = \frac{1}{2} d. \left(\frac{dx^2 + dy^2 + dz^2}{ds^2} \right) = 0$, $\frac{X dx + Y dy + Z dz}{ds} dm = d\lambda$; & il n'y aura plus qu'à ſubſtituer dans cette derniere les valeurs de λ tirées des précédentes.

33. Considérons maintenant les termes de l'équation générale qui sont hors du signe S; & supposons premiérement que le fil soit entiérement libre; dans ce cas les variations $\delta x'$, $\delta y'$, $\delta z'$, & $\delta z''$, $\delta y''$, $\delta z''$ qui répondent aux deux points extrêmes du fil, seront toutes indéterminées & arbitraires; par conséquent il faudra que chaque terme affecté de ces variations soit nul de lui-même. Donc il faudra que l'on ait $\lambda' = 0$ & $\lambda'' = 0$, c'est-à-dire que la valeur de λ devra être nulle au commencement & à la fin du fil. On remplira cette condition par le moyen des constantes. Ainsi, comme les trois premieres équations intégrales de l'article 32, donnent pour le premier point du fil où les quantités affectées de $\int$ deviennent nulles,

$\frac{\lambda' dx'}{ds'} = A$, $\frac{\lambda' dy'}{ds'} = B$, $\frac{\lambda' dz'}{ds'} = C$, & pour le dernier point du fil où $\int$ se change en S,

$$\frac{\lambda'' dx''}{ds''} = A + SXdm,\ \frac{\lambda'' dy''}{ds'} = B + SYdm,\ \frac{\lambda'' dz''}{ds''} = C + SZdm,$$

on aura dans le cas dont il s'agit, $A = 0$, $B = 0$, $C = 0$, & $SXdm = 0$, $SYdm = 0$, $SZdm = 0$. Ces trois dernieres équations répondent, comme l'on voit, aux trois premieres de l'article 12 de la Section présente.

34. Supposons en second lieu que le fil soit attaché par un de ses bouts, ou par tous les deux; & si c'est le premier bout qui est fixe, les variations $\delta x'$, $\delta y'$, $\delta z'$ seront nulles, & il suffira d'égaler à zéro les coëfficiens de $\delta x''$, $\delta y''$, $\delta z''$, c'est à-dire, de faire $\lambda'' = 0$.

Par la même raison, lorsque le second bout sera fixe, il suffira de faire $\lambda' = 0$. Mais si les deux bouts étoient fixes à la fois, alors il n'y auroit aucune condition particuliere à remplir, puisque les variations $\delta x'$, $\delta y'$, $\delta z'$, $\delta x''$, $\delta y''$, $\delta z''$ seroient toutes nulles.

35. Supposons en troisieme lieu que les extrémités du fil soient attachées à des lignes ou surfaces courbes, le long desquelles elles puissent glisser librement; & soient, par exemple, $dz' = a' dx' + b' dy'$, $dz'' = a'' dx'' + b'' dy''$ les équations différentielles des surfaces auxquelles le premier & le dernier point du fil sont attachés; on aura pareillement en changeant d en δ, $\delta z' = a' \delta x' + b' \delta y'$, $\delta z'' = a'' \delta x'' + b'' \delta y''$; on substituera donc ces valeurs dans les termes dont il s'agit, on égalera ensuite à zéro les coëfficiens de $\delta x'$, $\delta y'$, $\delta x''$, $\delta y''$.

En général on traitera la partie qui est hors du signe dans l'équation générale de l'équilibre, comme si elle étoit seule, & qu'elle représentât l'équation de l'équilibre de deux corps séparés & placés aux extrémités du fil.

36. Supposons, par exemple, que le fil soit attaché par ses deux bouts aux extrémités d'un levier mobile autour d'un point fixe. Soient a, b, c les trois coordonnées rectangles qui déterminent dans l'espace la position de ce point fixe, c'est-à-dire, du point d'appui du levier, & soient de plus f la distance entre ce point d'appui & l'extrémité du levier, à laquelle est attaché le premier bout du fil, g la distance entre le même point d'appui & l'autre extrémité du levier à laquelle est attaché le second bout du fil, h la distance entre les deux extrémités du levier, & par conséquent aussi entre les deux bouts du fil; il est clair que ces six quantités a, b, c, f, g, h sont données par la nature du problême, &

il est visible en même-tems que x', y', z' étant les coordonnées pour le commencement de la courbe du fil, & x'', y'', z'' les coordonnées pour la fin de la même courbe, on aura

$$f = \sqrt{(a-x')^2 + (b-y')^2 + (c-z')^2},$$

$$g = \sqrt{(a-x'')^2 + (b-y'')^2 + (c-z'')^2},$$

$$h = \sqrt{(x''-x')^2 + (y''-y')^2 + (z''-z')^2}.$$

Or ces quantités f, g, h étant invariables, on aura donc en différentiant par δ ces trois équations de condition déterminées,

$$(a-x')\delta x' + (b-y')\delta y' + (c-z')\delta z' = 0$$

$$(a-x'')\delta x'' + (b-y'')\delta y'' + (c-z'')\delta z'' = 0$$

$$(x''-x')(\delta x''-\delta x') + (y''-y')(\delta y''-\delta y') + (z''-z')(\delta z''-\delta z') = 0,$$

qui étant multipliées chacune par un coëfficient indéterminé, devront être aussi ajoutées à l'équation générale de l'équilibre. Ainsi prenant α, β, γ pour les trois coëfficiens dont il s'agit, & égalant à zéro les coëfficiens des six variations $\delta x'$, $\delta y'$, $\delta z'$, $\delta x''$, $\delta y''$, $\delta z''$, on aura autant d'équations particulieres déterminées, qui seront

$$\alpha(a-x') - \gamma(x''-x') - \frac{\lambda' dx'}{ds'} = 0$$

$$\alpha(b-y') - \gamma(y''-y') - \frac{\lambda' dy'}{ds'} = 0$$

$$\alpha(c-z') - \gamma(z''-z') - \frac{\lambda' dz'}{ds'} = 0$$

$$\beta(a-x'') + \gamma(x''-x') + \frac{\lambda'' dx''}{ds''} = 0$$

$$\beta(b-y'')+\gamma(y''-y')+\frac{\lambda''dy''}{ds''}=0$$

$$\beta(c-z'')+\gamma(z''-z')+\frac{\lambda''dz''}{ds''}=0,$$

& qui, par l'élimination de α, β, γ, se réduiront à trois.

Ces trois étant ensuite combinées avec les trois équations de condition ci-dessus, serviront à déterminer la position du levier.

On voit par-là comment il faudra s'y prendre dans d'autres cas semblables.

37. Enfin, si outre les forces qui animent chaque point du fil, il y en avoit de particulieres appliquées aux deux extrémités du fil, & représentées par X', Y', Z' pour le premier bout du fil, & par X'', Y'', Z'' pour le dernier bout, ces forces donneroient les momens

$$X'\delta x'+Y'\delta y'+Z'\delta z'+X''\delta x''+Y''\delta y''+Z''\delta z'',$$

& il faudroit ajouter encore cette quantité au premier membre de l'équation générale de l'équilibre, c'est-à-dire, à la partie qui est hors du signe, laquelle deviendroit alors

$$\left(X''+\frac{\lambda''dx''}{ds''}\right)\delta x''+\left(Y''+\frac{\lambda''dy''}{ds''}\right)\delta y''+\left(Z''+\frac{\lambda''dz''}{ds''}\right)\delta z''$$

$$+\left(X'-\frac{\lambda'dx'}{ds'}\right)\delta x'+\left(Y'-\frac{\lambda'dy'}{ds'}\right)\delta y'+\left(Z'-\frac{\lambda'dz'}{ds'}\right)\delta z',$$

& sur laquelle on opéreroit dans les différens cas, comme on vient de le voir dans les articles précédens.

38. Supposons maintenant que le fil animé dans tous ses points par les mêmes forces X, Y, Z, & tiré de plus dans ses deux extrémités par les forces X', Y', Z', X'', Y'', Z'', doive être couché sur une surface courbe donnée, dont l'équation

l'équation ſoit $dz = p\,dx + q\,dy$, & que l'on demande la figure & la poſition de ce fil ſur la même ſurface pour qu'il ſoit en équilibre.

Ce problême qui ſeroit peut-être aſſez difficile à traiter par les principes ordinaires de la Méchanique, ſe réſout très-facilement par notre méthode & par nos formules; en effet, l'équation de la ſurface donnée, donne en changeant d en δ, $\delta z = p\,\delta x + q\,\delta y$; ainſi il n'y aura qu'à ſubſtituer cette valeur de δz dans les termes ſous le ſigne de l'équation générale de l'équilibre du fil (art. 30) & enſuite égaler ſéparément à zéro les quantités affectées de δx, & de δy. On aura par ce moyen ces deux équations indéfinies,

$$X\,dm - d.\frac{\lambda\,dx}{ds} + p\left(Z\,dm - d.\frac{\lambda\,dz}{ds}\right) = 0$$

$$Y\,dm - d.\frac{\lambda\,dy}{ds} + q\left(Z\,dm - d.\frac{\lambda\,dz}{ds}\right) = 0,$$

leſquelles ſerviront à déterminer la courbe du fil, étant combinées avec l'équation $dz = p\,dx + q\,dy$ de la ſurface, & étant débarraſſées, par l'élimination, de l'indéterminée λ.

39. De plus, comme on ſuppoſe que le fil ſoit appliqué dans toute ſa longueur à la même ſurface, on aura auſſi pour ſes deux points extrêmes, $\delta z' = p'\,\delta x' + q'\,\delta y'$, & $\delta z'' = p''\,\delta x'' + q''\,\delta y''$. On fera donc encore ces ſubſtitutions dans les termes hors du ſigne de l'équation générale (art. 30), ou plutôt dans la formule donnée dans l'article 37, & dans laquelle on a eu égard aux forces X', Y', &c; on égalera enſuite ſéparément à zéro les quantités affectées de chacune des quatre variations reſtantes $\delta x'$, $\delta y'$, $\delta x''$, $\delta y''$; l'on aura ces quatre nouvelles équations déterminées,

$$X' - \frac{\lambda' dx'}{ds'} + p'\left(Z' - \frac{\lambda' dz'}{ds'}\right) = 0$$

$$Y' - \frac{\lambda' dy'}{ds'} + q'\left(Z' - \frac{\lambda' dz'}{ds'}\right) = 0$$

$$X'' + \frac{\lambda'' dx''}{ds''} + p''\left(Z'' + \frac{\lambda'' dz''}{ds''}\right) = 0$$

$$Y'' + \frac{\lambda'' dy''}{ds''} + q''\left(Z'' + \frac{\lambda'' dz''}{ds''}\right) = 0,$$

auxquelles il faudra ſatisfaire par le moyen des conſtantes.

40. Mais au lieu de ſubſtituer, ainſi que nous venons de le faire, la valeur de δz en δx & δy tirée de l'équation $\delta z - p\delta x - q\delta y = 0$, on pourroit regarder cette même équation comme une nouvelle équation de condition indéterminée; il faudroit alors multiplier cette équation par un autre coëfficient indéterminé μ, en prendre l'intégrale totale, & l'ajouter à l'équation générale de l'équilibre (art. 30). De cette maniere la partie ſous le ſigne deviendroit

$$S\left[\left(Xdm - d.\frac{\lambda dx}{ds} - \mu p\right)\delta x + \left(Ydm - d.\frac{\lambda dy}{ds} - \mu q\right)\delta y + \left(Zdm - d.\frac{\lambda dz}{ds} + \mu\right)\delta z\right],$$

& l'on auroit immédiatement ces trois équations indéfinies,

$$Xdm - d.\frac{\lambda dx}{ds} - \mu p = 0$$

$$Ydm - d.\frac{\lambda dy}{ds} - \mu q = 0$$

$$Zdm - d.\frac{\lambda dz}{ds} - \mu = 0,$$

leſquelles par l'élimination de μ redonneront les mêmes équations déja trouvées (art. 38). Mais ces dernieres ont de plus l'avantage de faire connoître en même-tems la preſſion que chaque élément du fil exerce ſur la ſurface d'après la théorie donnée dans l'article 7 de la Section quatrieme.

41. En effet, il eſt facile de déduire de cette théorie que les termes $\mu(\delta z - p\delta x - q\delta y)$ provenants de l'équation de condition $\delta z - p\delta x - q\delta y = 0$, peuvent repréſenter l'effet d'une force égale à $\mu\sqrt{(1+p^2+q^2)}$, & appliquée à chaque élément dm du fil dans une direction perpendiculaire à la ſurface qui a pour équation $\delta z - p\delta x - q\delta y = 0$, ou bien $dz - pdx - qdy = 0$, c'eſt à la ſurface même ſur laquelle le fil eſt ſuppoſé couché. Cette ſurface fait donc l'effet de la force en queſtion, laquelle ſera par conſéquent égale & directement contraire à la preſſion exercée par le fil ſur la même ſurface (art. 8, Sect. 4). De ſorte que la preſſion de chaque point du fil ſera $= \frac{\mu\sqrt{(1+p^2+q^2)}}{dm}$, ou bien en ſubſtituant les valeurs de μ, μp, μq tirées des équations ci-deſſus,

$$\sqrt{\left(\left(X - \frac{1}{dm}\times d.\frac{\lambda dx}{ds}\right)^2 + \left(Y - \frac{1}{dm}\times d.\frac{\lambda dy}{ds}\right)^2 + \left(Z - \frac{1}{dm}\times d.\frac{\lambda dz}{ds}\right)^2\right)}$$

On appliquera enſuite les mêmes raiſonnemens à la partie de l'équation générale qui eſt hors du ſigne S, & l'on en tirera des concluſions analogues.

42. Juſqu'ici nous avons ſuppoſé que le fil étoit inextenſible; regardons-le maintenant comme un reſſort capable d'extenſion & de contraction; & ſoit F la force avec laquelle chaque élément ds de la courbe du fil tend à ſe contracter, on aura, comme dans l'art. 18 (en mettant ds à la place de f, & en changeant d en δ), $F\delta ds$ pour le moment de cette force, & $SF\delta ds$ pour la ſomme des momens de

toutes les forces de contraction qui agissent sur toute la longueur du fil. On ajoutera donc cette intégrale $SF\delta ds$ à l'intégrale $S(X\delta x + Y\delta y + Z\delta z)$ qui exprime la somme des momens de toutes les forces extérieures qui agissent sur le fil (art. 29), & égalant le tout à zéro, on aura l'équation générale de l'équilibre du fil à ressort.

Or il est visible que cette équation sera de la même forme que celle de l'art. 30 pour le cas d'un fil inextensible, & qu'en y changeant F en λ, les deux équations deviendront même identiques. On aura donc dans le cas présent les mêmes équations particulieres pour l'équilibre du fil qu'on a trouvées dans le cas de l'article 31, en mettant seulement dans celle-ci F à la place de λ. Or comme la quantité F est supposée connue, on n'aura pas besoin de l'éliminer; c'est pourquoi on aura ici une équation de plus pour l'équilibre du fil que dans le cas cité; mais comme d'ailleurs l'élimination est toujours permise, il s'ensuit que les équations résultantes de cette élimination, auront également lieu pour un fil inextensible, comme pour un fil extensible & à ressort.

On peut conclure de-là que la quantité indéterminée λ de la solution de l'article 31, n'exprime proprement autre chose que la force avec laquelle chaque élément du fil résiste à être allongé par l'action des forces extérieures; c'est-à-dire, ce qu'on nomme communément la tension du fil. C'est aussi ce qu'on auroit pu trouver directement par la théorie de l'article 7 de la Section précédente, ainsi que nous l'avons fait à l'égard de la pression exercée par le fil sur une surface (art. précéd.).

43. Supposons de nouveau le fil inextensible, mais au lieu

de le ſuppoſer en même-tems parfaitement flexible, comme on l'a fait juſqu'ici, ſuppoſons-le élaſtique, enſorte qu'il y ait dans chaque point une force que j'appellerai E, qui s'oppoſe à l'inflexion du fil, & qui tende par conſéquent à diminuer l'angle de contingence. Nommant cet angle e, on aura, comme dans l'article 26 (en changeant ſeulement d en δ), $E\delta e$ pour le moment de chaque force E; donc $SE\delta e$ ſera la ſomme des momens de toutes les forces d'élaſticité qui agiſſent dans toute la longueur du fil, laquelle devra donc être ajoutée au premier membre de l'équation générale de l'équilibre dans le cas d'un fil inextenſible & parfaitement flexible (art. 30).

Toute la difficulté conſiſte donc à ramener l'intégrale $SE\delta e$ à la forme convenable; pour cela il faut commencer par chercher la valeur de e; or nous avons trouvé plus haut

(art. 26), cof. $e = \frac{f^2 + g^2 - h^2}{2fg}$, d'où l'on tire

$$\text{ſin}\, e^2 = \frac{4f^2 g^2 - (f^2 + g^2 - h^2)^2}{4f^2 g^2};$$

pour appliquer cette formule au cas préſent, il ſuffit de remarquer que les coordonnées $x', y', z', x'', y'', z'', x''', y''', z'''$ par leſquelles nous avons exprimé les quantités f, g, h (art. 11 & 20), deviennent ici $x, y, z; x + dx, y + dy, z + dz; x + 2dx + d^2x, y + 2dy + d^2y, z + 2dz + d^2z$; enſorte qu'on aura $f^2 = dx^2 + dy^2 + dz^2 = ds^2$, $g^2 = (dx + d^2x)^2 + (dy + d^2y)^2 + (dz + d^2z)^2 = dx^2 + dy^2 + dz^2 + 2(dx d^2x + dy d^2y + dz d^2z) + d^2x^2 + d^2y^2 + d^2z^2 = ds^2 + 2 ds d^2s + d^2x^2 + d^2y^2 + d^2z^2$, $h^2 = (2dx + d^2x)^2 + (2dy + d^2y)^2 + (2dz + d^2z)^2$

$= 4ds^2 + 4dsd^2s + d^2x^2 + d^2y^2 + d^2z^2$; donc $f^2 + g^2 - h^2 = -2ds^2 - 2dsd^2s$; & $4f^2g^2 - (f^2 + g^2 - h^2)^2 = 4ds^4 + 8ds^3d^2s + 4ds^2(d^2x^2 + d^2y^2 + d^2z^2) - 4(ds^2 + dsd^2s)^2 = 4ds^2(d^2x^2 + d^2y^2 + d^2z^2 - d^2s^2)$. Donc enfin on aura

$$\sin e^2 = \frac{d^2x^2 + d^2y^2 + d^2z^2 - d^2s^2}{ds^2}.$$

Comme cette valeur de $\sin e^2$ eſt infiniment petite du ſecond ordre, il s'enſuit que $\sin e$, & par conſéquent auſſi l'angle e ſera infiniment petit du premier ordre; de ſorte qu'on aura

$$e = \frac{\sqrt{(d^2x^2 + d^2y^2 + d^2z^2 - d^2s^2)}}{ds};$$

c'eſt l'expreſſion de l'angle de contingence e dans une courbe quelconque à double courbure.

44. On différenciera maintenant ſuivant δ, pour avoir la valeur de δe, & comme par la condition de l'inextenſibilité du fil on a déja $\delta ds = 0$ (art. 21), & par conſéquent auſſi $d\delta ds = \delta d^2s = 0$, on pourra traiter dans la différenciation dont il s'agit, ds & d^2s comme conſtantes, ainſi l'on aura

$$\delta e = \frac{d^2x\,\delta d^2x + d^2y\,\delta d^2y + d^2z\,\delta d^2z}{ds\sqrt{(d^2x^2 + d^2y^2 + d^2z^2 - d^2s^2)}};$$

ſubſtituant dans $SE\delta e$, & faiſant pour abréger

$$I = \frac{E}{ds\sqrt{(d^2x^2 + d^2y^2 + d^2z^2 - d^2s^2)}},$$

on aura donc

$$SE\delta e = SId^2x\,\delta d^2x + SId^2y\,\delta d^2y + SId^2z\,\delta d^2z.$$

Ces expressions étant traitées suivant les regles données dans l'article 17 de la Section quatrieme, en y changeant d'abord δd en $d\delta$, & intégrant ensuite par parties pour faire disparoître le d avant δ, on aura les transformées suivantes,

$$SId^2x\delta d^2x = I''d^2x''d\delta x'' - d.(I''d^2x'')\delta x''$$
$$- I'd^2x'd\delta x' + d.(I'd^2x')\delta x' + Sd^2.(Id^2x)\delta x,$$
$$SId^2y\delta d^2y = I''d^2y''d\delta y'' - d.(I''d^2y'')\delta y''$$
$$- I'd^2y'd\delta y' + d.(I'd^2y')\delta y' + Sd^2.(Id^2y)\delta y,$$
$$SId^2z\delta d^2z = I''d^2z''d\delta z'' - d.(I''d^2z'')\delta z''$$
$$- I'd^2z'd\delta z' + d.(I'd^2z')\delta z' + Sd^2.(Id^2z)\delta z.$$

On ajoutera donc ces différens termes à ceux qui forment le premier membre de l'équation générale de l'équilibre de l'article 30, & l'on aura l'équation de l'équilibre d'un fil inextensible & élastique.

45. Égalant d'abord à zéro les coëfficients des variations δx, δy, δz qui se trouvent sous le signe S, on aura ces trois équations indéfinies

$$Xdm - d.\frac{\lambda dx}{ds} + d^2.(Id^2x) = 0$$
$$Ydm - d.\frac{\lambda dy}{ds} + d^2.(Id^2y) = 0$$
$$Zdm - d.\frac{\lambda dz}{ds} + d^2.(Id^2z) = 0,$$

d'où il faudra éliminer l'indéterminée λ, ce qui les réduira à deux, qui suffiront pour déterminer la courbe du fil.

Une premiere intégration donne

$$\frac{\lambda dx}{ds} - d.(Id^2x) = A + \int X dm$$

$$\frac{\lambda dy}{ds} - d.(Id^2y) = B + \int Y dm$$

$$\frac{\lambda dz}{ds} - d.(Id^2z) = C + \int Z dm;$$

A, B, C étant des constantes arbitraires, & l'élimination de λ donnera

$$dx\,d.(Id^2y) - dy\,d.(Id^2x) = (A + \int X dm)dy - (B + \int Y dm)dx$$

$$dx\,d.(Id^2z) - dz\,d.(Id^2x) = (A + \int X dm)dz - (C + \int Z dm)dx$$

$$dy\,d.(Id^2z) - dz\,d.(Id^2y) = (B + \int Y dm)dz - (C + \int Z dm)dy,$$

dont la derniere est déja contenue dans les deux autres.

Ces équations sont de nouveau intégrables, & l'on aura

$$I(dx\,d^2y - dy\,d^2x) = F + \int (A + \int X dm)dy - \int (B + \int Y dm)dx,$$

$$I(dx\,d^2z - dz\,d^2x) = G + \int (A + \int X dm)dz - \int (C + \int Z dm)dx,$$

$$I(dy\,d^2z - dz\,d^2y) = H + \int (B + \int Y dm)dz - \int (C + \int Z dm)dy,$$

F, G, H étant de nouvelles constantes.

Or nous avons supposé plus haut (article 44), $I = \frac{E}{ds\sqrt{d^2x^2 + d^2y^2 + d^2z^2 - d^2s^2}}$; le carré du dénominateur de cette quantité est $ds^2(d^2x^2 + d^2y^2 + d^2z^2) - ds^2d^2s^2 = (dx^2 + dy^2 + dz^2)(d^2x^2 + d^2y^2 + d^2z^2) - (dx\,d^2x + dy\,d^2y + dz\,d^2z)^2 = (dx\,d^2y - dy\,d^2x)^2 + (dx\,d^2z - dz\,d^2x)^2 + (dy\,d^2z - dz\,d^2y)^2$. Donc si on ajoute ensemble les carrés des trois équations précédentes, on aura celle-ci, sans différentielles,

$$\begin{aligned} E^2 = &(F + \int (A + \int X dm)dy - \int (B + \int Y dm)dx)^2 \\ &+ (G + \int (A + \int X dm)dz - \int (C + \int Z dm)dx)^2 \\ &+ (H + \int (B + \int Y dm)dz - \int (C + \int Z dm)dy)^2, \end{aligned}$$

&

& si on divise ensemble deux des mêmes équations, on aura celle-ci où l'élasticité n'entre pas,

$$\frac{dx\,d^2z - dz\,d^2x}{dx\,d^2y - dy\,d^2x} = \frac{G + \int(A + \int X\,dm)\,dz - \int(C + \int Z\,dm)\,dx}{F + \int(A + \int X\,dm)\,dy - \int(B + \int Y\,dm)\,dx}.$$

Ces deux équations sont ce qu'il y a de plus simple pour déterminer la courbe élastique, en ayant égard à la double courbure.

46. Considérons maintenant les termes de l'équation générale qui sont hors du signe S; ces termes sont

$$\left(\frac{\lambda'' dx''}{ds''} - d.(I'' d^2 x'')\right) \delta x'' + I'' d^2 x'' d\delta x''$$

$$+ \left(\frac{\lambda'' dy''}{ds''} - d.(I'' d^2 y'')\right) \delta y'' + I'' d^2 y'' d\delta y''$$

$$+ \left(\frac{\lambda'' dz''}{ds''} - d.(I'' d^2 z'')\right) \delta z'' + I'' d^2 z'' d\delta z''$$

$$- \left(\frac{\lambda' dx'}{ds'} - d.(I' d^2 x')\right) \delta x' - I' d^2 x' d\delta x'$$

$$- \left(\frac{\lambda' dy'}{ds'} - d.(I' d^2 y')\right) \delta y' - I' d^2 y' d\delta y'$$

$$- \left(\frac{\lambda' dz'}{ds'} - d.(I' d^2 z')\right) \delta z' - I' d^2 z' d\delta z';$$

& il faudra les faire disparoître indépendamment des valeurs de $\delta x''$, $\delta y''$, &c.

Donc, 1°, si le fil est entiérement libre, il faudra que les coëfficiens des douze quantités $\delta x''$, $\delta y''$, $\delta z''$, $d\delta x''$, $d\delta y''$, $d\delta z''$, $\delta x'$, $\delta y'$, $\delta z'$, $d\delta x'$, $d\delta y'$, $d\delta z'$ soient chacun nul en particulier.

Or d'après les premieres équations intégrales de l'article 45, on voit qu'en faisant commencer les intégrations au premier point du fil, les coëfficiens de $\delta x'$, $\delta y'$, $\delta z'$, sont égaux à A, B, C, & ceux de $\delta x''$, $\delta y''$, $\delta z''$ deviennent $A + SXdm$, $B + SYdm$, $C + SZdm$. Ainsi il faudra que l'on ait dans le cas dont il s'agit $A = 0$, $B = 0$, $C = 0$, & $SXdm = 0$, $SYdm = 0$, $SZdm = 0$.

Ensuite il faudra que l'on ait aussi $I''d^2x'' = 0$, $I''d^2y'' = 0$, $I''d^2z'' = 0$, & $I'd^2x' = 0$, $I'd^2y' = 0$, $I'd^2z' = 0$, pour faire disparoître les termes affectés de $d\delta x''$, $d\delta y''$, &c; & il est clair que les secondes équations intégrales du même article donneront $F = 0$, $G = 0$, $H = 0$; & $S(\int Xdm.dy - \int Ydm.dx) = 0$, $S(\int Xdm.dz - \int Zdm.dx) = 0$, $S(\int Ydm.dz - \int Zdm.dy) = 0$.

2°. Si la premiere extrémité du fil est fixe, alors $\delta x' = 0$, $\delta y' = 0$, $\delta z' = 0$; par conséquent A, B, C ne seront pas nuls; mais la condition que les coëfficiens de $\delta x''$, $\delta y''$, $\delta z''$ soient nuls, donnera $A = -SXdm$, $B = -SYdm$, $C = -SZdm$; & si la position de la tangente à cette extrémité étoit donnée aussi, on auroit de plus $d\delta x' = 0$, $d\delta y' = 0$, $d\delta z' = 0$, par conséquent F, G, H ne seroient pas nuls, mais la nullité des coëfficiens de $d\delta x''$, $d\delta y''$, $d\delta z''$ donneroit $F = S((B + \int Ydm)dx - (A + \int Xdm)dy)$ $G = S((C + \int Zdm)dx - (A + \int Xdm)dz)$, $H = S((C + \int Zdm)dy - (B + \int Ydm)dz)$, On raisonnera de la même maniere par rapport à l'état de la seconde extrémité du fil.

3°. Enfin, si outre les forces qui agissent sur tous les points du fil, il y en avoit de particulieres X', Y', Z', X'', Y'', Z'', appliquées à l'une & à l'autre extrémité, il n'y auroit qu'à ajouter aux termes ci-dessus les suivans,

$$X'\delta x' + Y'\delta y' + Z'\delta z' + X''\delta x'' + Y''\delta y'' + Z''\delta z'',$$

& s'il y avoit de plus d'autres conditions relatives à l'état de ces extrémités, on opéreroit toujours de la même façon & d'après les mêmes principes.

47. Si on vouloit que le fil fût doublement élastique, tant à l'égard de l'extensibilité, qu'à l'égard de la flexibilité, alors on auroit dans l'équation générale de l'équilibre, à la place du terme $S\lambda d\delta s$, celui-ci $SFd\delta s$, c'est-à-dire, simplement F à la place de λ, en nommant F la force d'élasticité qui résiste à l'extension du fil (art. 42). Mais il faudroit de plus, dans ce cas, regarder ds comme variable dans l'expression de δe; par conséquent il faudroit ajouter à la valeur de δe de l'article 44, ces deux termes, dans lesquels je fais, pour abréger, $\sqrt{(d^2x^2+d^2y^2+d^2z^2-d^2s^2)}=\sigma$, $-\frac{\sigma\delta ds}{ds^2}-\frac{de^2\delta d^2 s}{\sigma ds}$; donc on ajouteroit à la valeur de $SE\delta e$ du même article les termes $-S\frac{E\sigma}{ds^2}\delta ds-S\frac{Ed^2s}{\sigma ds}\delta d^2 s$; ce dernier se réduit d'abord (article 17, Section 4) à $-\frac{E''d^2s''}{\sigma''ds''}d\delta s''+\frac{E'd^2s'}{\sigma'ds'}d\delta s'+Sd.\frac{Ed^2s}{\sigma ds}.\delta ds$; donc il faudra ajouter à la valeur de $SE\delta e$ les termes $-\frac{E''d^2s''}{\sigma''ds''}d\delta s''$ $+\frac{E'd^2s'}{\sigma'ds'}d\delta s'+S\left(d.\frac{Ed^2s}{\sigma ds}-\frac{E\sigma}{ds^2}\right)\delta ds$. Le dernier terme de cette expression étant analogue au terme $SF\delta ds$ sera susceptible de réductions semblables; à l'égard des deux autres il n'y aura qu'à y substituer pour $d\delta s$ sa valeur $\frac{dx\,d\delta x+dy\,d\delta y+dz\,d\delta z}{ds}$, en marquant toutes les lettres d'un trait ou de deux.

De-là il est facile de conclure qu'on aura pour la solution du cas présent, les mêmes formules que dans les articles

31 & 32, en y mettant seulement $F + d.\frac{E d^2 s}{\sigma d s} - \frac{E \sigma}{d s^2}$ à la place de λ; & ajoutant aux coëfficiens de $d\delta x''$, $d\delta y''$, $d\delta z''$, $d\delta x'$, $d\delta y'$, $d\delta z'$, les quantités $\omega'' dx''$, $\omega'' dy''$, $\omega'' dz''$, $\omega' dx'$, $\omega' dy'$, $\omega' dz'$, ω étant $= - \frac{E d^2 s}{\sigma d s^2}$.

48. Venons enfin au cas d'un fil inextensible & inflexible; on aura ici pour la somme des momens des forces la même formule intégrale que dans le cas de l'article 30, c'est-à-dire, $S(X\delta x + Y\delta y + Z\delta z)\, dm$; ensuite la condition de l'inextensibilité du fil donnera comme dans le même article, $\delta ds = 0$; & celle de l'inflexibilité donnera $\delta e = 0$, puisque l'angle de contingence doit être invariable; mais ces deux conditions ne suffisent pas encore dans le cas où la courbe est à double courbure, comme on va le voir.

49. Pour traiter la question de la maniere la plus simple & la plus directe, je remarque que tout consiste à faire ensorte que les différens points de la courbe du fil conservent toujours entr'eux les mêmes distances: or en considérant plusieurs points successifs, dont les coordonnées soient x, y, z, $x + dx, y + dy, z + dz, x + 2dx + d^2 x, y + 2dy + d^2 y, z + 2dz + d^2 z$, &c. Il est clair que les carrés des distances entre le premier de ces points & les suivans seront exprimés par les quantités $dx^2 + dy^2 + dz^2$, $(2dx + d^2 x)^2 + (2dy + d^2 y)^2 + (2dz + d^2 z)^2$, $(3dx + 3d^2 x + d^3 x)^2 + (3dy + 3d^2 y + d^3 y)^2 + (3dz + 3d^2 z + d^3 z)^2$; &c.

Supposons, pour abréger, $dx^2 + dy^2 + dz^2 = \alpha$, $d^2 x^2 + d^2 y^2 + d^2 z^2 = \beta$, $d^3 x^2 + d^3 y^2 + d^4 z^2 = \gamma$, &c, les quantités précédentes étant développées, deviendront α, $4\alpha + 2d\alpha + \beta$,

$9\alpha + 9d\alpha + 9\beta + 3(d^2\alpha - 2\beta) + 3d\beta + \gamma$, &c.

Il faudra donc que les variations de ces quantités soient nulles dans toute l'étendue de la courbe, ce qui donnera ces équations indéfinies,

$\delta\alpha = 0$, $4\delta\alpha + 2\delta d\alpha + \delta\beta = 0$, $9\delta\alpha + 9\delta d\alpha + 3\delta\beta + 3\delta d^2\alpha + 3\delta\beta + \delta\gamma = 0$, &c; mais $\delta\alpha$ étant $= 0$, on a aussi $d\delta\alpha = \delta d\alpha = 0$; donc $\delta\beta = 0$; de-là on aura de plus $d^2\delta\alpha = \delta d^2\alpha = 0$, $d\delta\beta = \delta d\beta = 0$; donc $\delta\gamma = 0$; & ainsi de suite. De sorte que les équations de condition pour l'inextensibilité & l'inflexibilité du fil seront $\delta\alpha = 0$, $\delta\beta = 0$, $\delta\gamma = 0$, &c, c'est-à-dire, en différentiant & changeant δd en $d\delta$,

$$dx\,d\delta x + dy\,d\delta y + dz\,d\delta z = 0$$
$$d^2x\,d^2\delta x + d^2y\,d^2\delta y + d^2z\,d^2\delta z = 0$$
$$d^3x\,d^3\delta x + d^3y\,d^3\delta y + d^3z\,d^3\delta z = 0,$$

&c.

Il est clair qu'il suffit de trois de ces équations pour déterminer les trois variations δx, δy, δz, d'où l'on peut d'abord conclure que dès qu'on aura satisfait aux trois premieres, toutes les autres qu'on pourroit trouver à l'infini, auront lieu d'elles-mêmes; c'est aussi de quoi on peut se convaincre par le calcul même, comme on le verra plus bas (art. 55).

50. On aura donc par notre méthode cette équation générale de l'équilibre,

$$0 = S(X\delta x + Y\delta y + Z\delta z)dm + S\lambda(dx\,d\delta x + dy\,d\delta y + dz\,d\delta z)$$
$$+ S\mu(d^2x\,d^2\delta x + d^2y\,d^2\delta y + d^2z\,d^2\delta z) + S\nu(d^3x\,d^3\delta x + d^3y\,d^3\delta y + d^3z\,d^3\delta z)$$

laquelle par les transformations enseignées se réduira à la forme suivante,

$$
\begin{aligned}
0 = & S(X dm - d.(\lambda dx) + d^2.(\mu d^2 x) - d^3.(\nu d^3 x))\,\delta x \\
& + S(Y dm - d.(\lambda dy) + d^2.(\mu d^2 y) - d^3.(\nu d^3 y))\,\delta y \\
& + S(Z dm - d.(\lambda dz) + d^2.(\mu d^2 z) - d^3.(\nu d^3 z))\,\delta z \\
& + (\lambda'' dx'' - d.(\mu'' d^2 x'') + d^2.(\nu'' d^3 x''))\,\delta x'' \\
& + (\mu'' d^2 x'' - d.(\nu'' d^3 x''))\,d\delta x'' + \nu'' d^3 x'' d^2 \delta x'' \\
& + (\lambda'' dy'' - d.(\mu'' d^2 y'') + d^2 (\nu'' d^3 y''))\,\delta y'' \\
& + (\mu'' d^2 y'' - d.(\nu'' d^3 y''))\,d\delta y'' + \nu'' d^3 y'' d^2 \delta y'' \\
& + (\lambda'' dz'' - d.(\mu'' d^2 z'') + d^2 (\nu'' d^3 z''))\,\delta z'' \\
& + (\mu'' d^2 z'' - d.(\nu'' d^3 z''))\,d\delta z'' + \nu'' d^3 z'' d^2 \delta z'' \\
& - (\lambda' dx' - d.(\mu' d^2 x') + d^2.(\nu' d^3 x'))\,\delta x' \\
& - (\mu' d^2 x' - d.(\nu' d^3 x'))\,d\delta x' - \nu' d^3 x' d^2 \delta x' \\
& - (\lambda' dy' - d.(\mu' d^2 y') + d^2.(\nu' d^3 y'))\,\delta y' \\
& - (\mu' d^2 y' - d.(\nu' d^3 y'))\,d\delta y' - \nu' d^3 y' d^2 \delta y' \\
& - (\lambda' dz' - d.(\mu' d^2 z') + d^2.(\nu' d^3 z'))\,\delta z' \\
& - (\mu' d^2 z' - d.(\nu' d^3 z'))\,d\delta z' - \nu' d^3 z' d^2 \delta z'.
\end{aligned}
$$

51. Egalant d'abord à zéro les coëfficiens de δx, δy, δz sous le signe S, on aura ces trois équations indéfinies,

$$
\begin{aligned}
& X dm - d.(\lambda dx) + d^2.(\mu d^2 x) - d^3.(\nu d^3 x) = 0 \\
& Y dm - d.(\lambda dy) + d^2.(\mu d^2 y) - d^3.(\nu d^3 y) = 0 \\
& Z dm - d.(\lambda dz) + d^2.(\mu d^2 z) - d^3.(\nu d^3 z) = 0,
\end{aligned}
$$

lesquelles renfermant trois variables indéterminées, λ, μ, ν, ne serviront qu'à déterminer ces trois quantités; ensorte qu'il n'y aura aucune équation indéfinie entre les différentes forces X, Y, Z qu'on ſuppoſe appliquées à tous les points de la verge.

Pour déterminer les quantités dont il s'agit, il eſt clair qu'il faut intégrer les équations précédentes; or c'eſt ce qui eſt facile, & l'on aura ces trois-ci,

$$\int X dm - \lambda dx + d.(\mu d^2 x) - d^2.(\nu d^3 x) = A$$
$$\int Y dm - \lambda dy + d.(\mu d^2 y) - d^2.(\nu d^3 y) = B$$
$$\int Z dm - \lambda dz + d.(\mu d^2 z) - d^2.(\nu d^3 z) = C,$$

A, B, C étant trois conſtantes arbitraires.

Je remarque de plus, que ſi on multiplie la premiere par dy ou dz, & qu'on en retranche la ſeconde ou la troiſieme multipliée par dx, pour éliminer λ de ces trois équations, on aura celles-ci,

$$dy\int X dm - dx\int Y dm + dy\, d.(\mu d^2 x) - dx\, d.(\mu d^2 y)$$
$$- dy\, d^2.(\nu d^3 x) + dx\, d^2.(\nu d^3 y) = A dy - B dx,$$
$$dz\int X dm - dx\int Z dm + dz\, d.(\mu d^2 x) - dx\, d.(\mu d^2 z)$$
$$- dz\, d^2.(\nu d^3 x) + dx\, d^2.(\nu d^3 z) = A dz - C dx,$$
$$dz\int Y dm - dy\int Z dm + dz\, d.(\mu d^2 y) - dy\, d.(\mu d^2 z)$$
$$- dz\, d^2.(\nu d^3 y) + dy\, d^2.(\nu d^3 z) = B dz - C dy,$$

leſquelles ſont auſſi intégrables, & dont les intégrales ſont

$$y\int X dm - x\int Y dm - \int (Xy - Yx)\, dm$$
$$+ \mu (dy\, d^2 x - dx\, d^2 y) - dy\, d.(\nu d^3 x) + dx\, d.(\nu d^3 y)$$
$$+ \nu (d^2 y\, d^3 x - d^2 x\, d^3 y) = Ay - Bx + F,$$
$$z\int X dm - x\int Z dm - \int (Xz - Zx)\, dm$$
$$+ \mu (dz\, d^2 x - dx\, d^2 z) - dz\, d.(\nu d^3 x) + dx\, d.(\nu d^3 z)$$

$$+\nu(d^2 z\, d^3 x - d^2 x\, d^3 z) = Az - Cx + G,$$

$$z\int Y dm - y\int Z dm - \int(Yz - Zy)dm$$
$$+\mu(dz\, d^2 y - dy\, d^2 z) - dz\, d.(\nu\, d^3 y) + dy\, d.(\nu\, d^3 z)$$
$$+\nu(d^2 z\, d^3 y - d^2 y\, d^3 z) = Bz - Cy + H,$$

F, G, H étant de nouvelles conſtantes arbitraires.

Ces trois dernieres équations ſerviront à déterminer les trois quantités μ, ν & $d\nu$; & les trois premieres équations intégrales donneront les valeurs de λ, $d\mu$, $d^2\nu$. Ainſi on aura toutes les inconnues qui entrent dans les termes de l'équation générale (art. préc.) qui ſont hors du ſigne S; il ſuffira pour cela de marquer dans les ſix équations qu'on vient de trouver, toutes les lettres d'un trait, ou de deux, à l'exception des conſtantes arbitraires, en ſuppoſant nulles dans le premier cas les quantités affectées du ſigne $\int$, leſquelles ſont cenſées commencer au premier point du fil, & changeant dans le ſecond cas, $\int$ en S dans les mêmes quantités, pour les rapporter au dernier point du fil.

52. Cela poſé, voyons maintenant les conditions qui peuvent réſulter de l'anéantiſſement des termes hors du ſigne S dans l'équation générale de l'équilibre (art. 50).

Et d'abord ſi on ſuppoſe la verge entiérement libre, les variations $\delta x'$, $\delta y'$, $\delta z'$, $d\delta x'$, $d\delta y'$, $d\delta z'$, $d^2\delta x'$, $d^2\delta y'$, $d^2\delta z'$, & $\delta x''$, $\delta y''$, $\delta z''$, $d\delta x''$, &c, ſeront toutes indéterminées; par conſéquent il faudra égaler à zéro chacun de leurs coëfficiens; & il eſt viſible qu'il faudra pour cela que les quantités λ', μ', ν', $d\mu'$, $d\nu'$, $d^2\nu'$, ainſi que λ'', μ'', ν'', $d\mu''$, $d\nu''$, $d^2\nu''$ ſoient toutes nulles.

Donc les trois premieres équations intégrales de l'article précédent,

précédent, donneront ces six conditions, $o = A$, $o = B$, $o = C$, $SXdm = A$, $SYdm$, $SZdm = C$.

Et les trois dernieres donneront celles-ci,

$$o = Ay' - Bx' + F,\ o = Az' - Cx' + G,\ o = Bz' - Cy' + H,\ y''SXdm - x''SYdm - S(Xy - Yx)dm = Ay'' - Bx'' + F,\ z''SXdm - x''SZdm - S(Xz - Zx)dm = Az'' - Cx'' + G,\ z''SYdm - y''SZdm - S(Yz - Zy)dm = Bz'' - Cy'' + H.$$

Donc $A = o$, $B = o$, $C = o$, $F = o$, $G = o$, $H - o$; & par conséquent

$$SXdm = o,\ SYdm = o,\ SZdm = o,$$
$$S(Xy - Yx)dm = o,\ S(Xz - Zx)dm = o,\ S(Yz - Zy)dm = o.$$

Ces six conditions sont donc les seules qui soient nécessaires pour l'équilibre d'une verge inflexible lorsqu'il n'y a pas de point fixe; c'est ce qui s'accorde avec ce que nous avons dit plus haut (art. 25), & c'est aussi ce qu'on auroit pu déduire immédiatement de la théorie donnée dans la Section troisieme, ainsi que nous l'avons remarqué dans l'article cité.

53. Supposons maintenant qu'il y ait dans la verge un point fixe, & que ce point soit la premiere extrémité de la verge; dans ce cas on aura $\delta x' = o$, $\delta y' = o$, $\delta z' = o$; ensorte que les termes affectés de ces variations disparoîtront d'eux-mêmes; il suffira donc d'égaler à zéro les coëfficiens de $d\delta x'$, $d\delta y'$, $d\delta z'$, $d^2\delta x'$, $d^2\delta y'$, $d^2\delta z'$, ainsi que les coëfficiens de $\delta x''$, $\delta y''$, $\delta z''$, $d\delta x''$, $d\delta y''$, &c.

Or il est aisé de voir que pour cela il suffira que l'on

ait $\mu' = 0$, $\nu' = 0$, $d\nu' = 0$; & enſuite $\lambda'' = 0$, $\mu'' = 0$, $\nu'' = 0$, $d\mu'' = 0$, $d\nu'' = 0$, $d^2\nu'' = 0$, comme dans le cas précédent; & l'on trouvera les mêmes conditions que dans l'article précédent, à l'exception de ce que A, B, C ne ſeront pas nulles.

On aura donc $A = SXdm$, $B = SYdm$, $C = SZdm$, enſuite $F = Bx' - Ay'$, $G = Cx' - Az'$, $H = Cy' - Bz'$, & les trois dernieres équations ſe réduiront à celles-ci, $-S(Xy - Yx)dm = Bx' - Ay'$, $-S(Xz - Zx)dm = Cx' - Az'$, $-S(Yz - Zy)dm = Cy' - Bz'$; c'eſt-à-dire, à $S(Xy - Yx)dm + x'SYdm - y'SXdm = 0$, $S(Xz - Zx)dm + x'SZdm - z'SXdm = 0$, $S(Yz - Zy)dm + y'SZdm - z'SYdm = 0$; ou ce qui eſt la même choſe, à

$$S(X(y - y') - Y(x - x'))dm = 0,$$
$$S(X(z - z') - Z(x - x'))dm = 0,$$
$$S(Y(z - z') - Z(y - y'))dm = 0.$$

Ce ſont les ſeules conditions néceſſaires pour l'équilibre, & il eſt clair qu'elles répondent à celles que l'on a trouvées dans l'article 24.

54. Si la verge étoit fixement attachée par ſa premiere extrémité, enſorte que non-ſeulement le premier point de la courbe fût fixe, mais auſſi la tangente à ce premier point, alors on auroit non-ſeulement $\delta x' = 0$, $\delta y' = 0$, $\delta z' = 0$, mais auſſi $\delta dx' = d\delta x' = 0$, $\delta dy' = d\delta y' = 0$, $\delta dz' = d\delta z' = 0$; par conſéquent tous les termes affectés de ces quantités diſparoîtroient d'eux-mêmes, & il ne reſteroit qu'à faire

évanouir les termes affectés de $d^2 \delta x'$, $d^2 \delta y'$, $d^2 \delta z'$, & de $\delta x''$, $\delta y''$, $\delta z''$, $d\delta x''$, $d\delta y''$, &c.

On n'aura donc dans ce cas que ces conditions

$$' = 0, \lambda'' = 0, \mu'' = 0, \nu' = 0, d\mu'' = 0, d\nu'' = 0, d^2\nu'' = 0.$$

Donc les constantes A, B, C auront encore les valeurs $A = SXdm$, $B = SYdm$, $C = SZdm$; ensuite les trois dernieres équations de l'art. 51 étant appliquées au dernier point de la verge, donneront $F = S(Yx - Xy)dm$, $G = S(Zx - Xz)dm$, $H = S(Zy - Yz)dm$. Et si on applique ces mêmes équations au premier point, on aura

$$\mu'(dy'ddx' - dx'ddy') - d\nu'(dy'd^3x' - dx'd^3y') = Ay' - Bx' + F$$
$$\mu'(dz'ddx' - dx'ddz') - d\nu'(dz'd^3x' - dx'd^3z') = Az' - Cx' + G$$
$$\mu'(dz'ddy' - dy'ddz') - d\nu'(dz'd^3y' - dy'd^3z') = Bz' - Cy' + H,$$

d'où éliminant μ' & $d\nu'$, résulte cette condition de l'équilibre

$$A(y'dz' - z'dy') + B(z'dx' - x'dz') + C(x'dy' - y'dx')$$
$$+ Fdz' - Gdy' + Hdx' = 0.$$

Voyez ci-dessous un cas semblable, art. 59.

On pourroit résoudre de la même maniere tous les autres cas, & particuliérement celui d'un corps de figure quelconque. Mais cette derniere question mérite d'être examinée avec plus de soin, & par une méthode plus simple que la précédente.

§. IV.

De l'équilibre d'un corps ſolide de grandeur ſenſible & de figure quelconque, dont tous les points ſont tirés par des forces quelconques.

55. Puiſque la condition de la ſolidité du corps conſiſte en ce que tous ſes points conſervent conſtamment entr'eux la même poſition & les mêmes diſtances, on aura entre les variations δx, δy, δz, les mêmes équations de condition qu'on a trouvées dans l'article 49 ; ainſi on pourra, par leur moyen, déterminer immédiatement les valeurs de ces variations. Pour cela je remarque que comme en paſſant aux différences ſecondes, il eſt toujours permis de prendre une des différences premieres pour conſtante, on peut ſuppoſer dx conſtante, & par conſéquent $d^2 x = 0$, $d^3 x = 0$, &c ; moyennant quoi la ſeconde & la troiſieme équation de l'article cité, deviendront

$$d^2 y d^2 \delta y + d^2 z d^2 \delta z = 0, \text{ \& } d^3 y d^3 \delta y + d^3 z d^3 \delta z = 0.$$

La premiere de ces équations donne d'abord

$$d^2 \delta y = -\frac{d^2 z}{d^2 y} d^2 \delta z, \text{ \& différentiant}$$

$$d^3 \delta y = -\frac{d^2 z}{d^2 y} d^3 \delta z - \left(\frac{d^3 z}{d^2 y} - \frac{d^2 z d^3 y}{d^2 y^2}\right) d^2 \delta z ;$$

cette valeur étant ſubſtituée dans la ſeconde équation, elle ſe trouvera toute diviſible par $d^3 z - \frac{d^3 y d^2 z}{d^2 y}$, & on aura après la diviſion $d^3 \delta z - \frac{d^3 y}{d^2 y} d^2 \delta z = 0$; d'où l'on tire, en intégrant $d^2 \delta z = \delta L d^2 y$, δL étant une conſtante. Ayant

$d^2\delta z$ on trouvera $d^2\delta y = -\delta L d^2 z$; donc intégrant de nouveau, & ajoutant les conſtantes $-\delta M dx$, $\delta N dx$, on aura $d\delta z = \delta L dy - \delta M dx$, $d\delta y = -\delta L dz + \delta N dx$; & ces valeurs étant enſuite ſubſtituées dans la premiere équation de condition, ſavoir $dx d\delta x + dy d\delta y + dz d\delta z = 0$, il viendra $d\delta x = -\delta N dy + \delta M dz$.

Enfin on aura par une troiſieme intégration, & par l'addition des nouvelles conſtantes $\delta\lambda$, $\delta\mu$, $\delta\nu$,

$$\delta x = \delta\lambda - y\delta N + z\delta M$$
$$\delta y = \delta\mu + x\delta N - z\delta L$$
$$\delta z = \delta\nu - x\delta M + y\delta L.$$

Et il eſt facile de ſe convaincre que ces expreſſions ne ſatisfont pas ſeulement aux trois premieres équations de condition de l'article 49, mais auſſi à toutes les autres qu'on pourroit trouver à l'infini, & qui ſont toutes renfermées dans cette équation générale $d^n x d^n \delta x + d^n y\, d^n \delta y + d^n z\, d^n \delta z = 0$.

Telles ſont donc les valeurs de δx, δy, δz pour un ſyſtême quelconque de points unis enſemble, de maniere qu'ils conſervent toujours entr'eux les mêmes diſtances; ainſi ces valeurs ſerviront non-ſeulement pour le cas d'une courbe quelconque mobile & invariable dans ſa figure, mais auſſi pour le cas d'un corps ſolide de figure quelconque.

56. Puis donc que les valeurs précédentes de δx, δy, δz ſatisfont déja aux équations de condition du problême, il eſt clair qu'il ſuffira de les ſubſtituer dans la formule $S(X\delta x + Y\delta y + Z\delta z)dm$, & faire enſorte qu'elle devienne nulle, indépendamment des quantités $\delta\lambda$, $\delta\mu$, $\delta\nu$,

δL, δM, δN qui sont les seules indéterminées qui restent.

Or comme ces quantités sont les mêmes pour tous les points du corps, il faudra dans la substitution les faire sortir hors du signe S; & l'on aura conséquemment cette équation générale de l'équilibre d'un corps solide de figure quelconque.

$$\begin{aligned}&\delta\lambda\, S X dm + \delta\mu\, S Y dm + \delta\nu\, S Z dm\\&+ \delta N S(Yx - Xy)dm + \delta M S(Xz - Zx)dm\\&+ \delta L\, S(Zy - Yz)\, dm = 0,\end{aligned}$$

d'où l'on tirera les équations particulieres de l'équilibre, en ayant égard aux conditions du problême.

57. Et d'abord si le corps est supposé entiérement libre, les six variations $\delta\lambda$, $\delta\mu$, $\delta\nu$, δL, δM, δN, seront toutes indéterminées, & il faudra égaler séparément à zéro les quantités par où elles se trouvent multipliées; ce qui donnera ces six équations déja connues,

$$S X dm = 0,\ S Y dm = 0,\ S Z dm = 0$$

$$S(Yx - Xy)\, dm = 0,\ S(Xz - Zx)\, dm = 0,\ S(Zy - Yz)\, dm = 0.$$

58. En second lieu, s'il y a dans le corps un point fixe autour duquel il ait simplement la liberté de pouvoir pirouetter en tout sens, & qu'on nomme a, b, c les valeurs des coordonnées x, y, z pour ce point; il faudra que l'on ait $\delta a = 0$, $\delta b = 0$, $\delta c = 0$; donc $\delta\lambda - b\delta N + c\delta M = 0$, $\delta\mu + a\delta N - c\delta L = 0$, $\delta\nu - a\delta M + b\delta L = 0$; d'où l'on tire

$$\delta\lambda = b\delta N - c\delta M,$$
$$\delta\mu = c\delta L - a\delta N,$$
$$\delta\nu = a\delta M - b\delta L.$$

Qu'on ſubſtitue ces valeurs dans l'équation générale de l'article précédent, & mettant ſous le ſigne S les quantités a, b, c qui ſont conſtantes par rapport aux différens points du corps, on aura cette transformée,

$$\delta N S(Y(x-a) - X(y-b))dm +$$
$$\delta M S(X(z-c) - Z(x-a))dm +$$
$$\delta L S(Z(y-b) - Y(z-c))dm = 0,$$

laquelle ne fournira donc plus que trois équations, ſavoir,

$$S(Y(x-a) - X(y-b))dm = 0$$
$$S(X(z-c) - Z(x-a))dm = 0$$
$$S(Z(y-b) - Y(z-c))dm = 0.$$

59. En troiſieme lieu s'il y a dans le corps deux points fixes, & que f, g, h ſoient les valeurs de x, y, z pour le ſecond de ces points, on aura de plus

$$\delta\lambda = g\delta N - h\delta M$$
$$\delta\mu = h\delta L - f\delta N$$
$$\delta\nu = f\delta M - g\delta L;$$

donc, comparant ces valeurs de $\delta\lambda$, $\delta\mu$, $\delta\nu$ avec celles de l'article précédent, on aura

$$(g-b)\delta N - (h-c)\delta M = 0$$
$$(f-a)\delta N - (h-c)\delta L = 0$$
$$(f-a)\delta M - (g-b)\delta L = 0.$$

Les deux premieres de ces équations donnent

$$\delta L = \frac{f-a}{h-c}\,\delta N,\ \delta M = \frac{g-b}{h-c}\,\delta N,$$

& comme ces valeurs satisfont aussi à la troisieme équation, il s'ensuit que la variation δN demeure indéterminée.

Faisant donc ces substitutions dans la transformée de l'article précédent, on aura

$$\begin{aligned}\delta N[(h-c)S(Y(x-a)-X(y-b))\,dm &+\\ (g-b)S(X(z-c)-Z(x-a))\,dm &+\\ (f-a)S(Z(y-b)-Y(z-c))\,dm] &= 0;\end{aligned}$$

ainsi les conditions de l'équilibre seront renfermées dans cette seule équation,

$$\begin{aligned}(h-c)S(Y(x-a)-X(y-b))\,dm &+\\ (g-b)S(X(z-c)-Z(x-a))\,dm &+\\ (f-a)S(Z(y-b)-Y(z-c))\,dm &= 0.\end{aligned}$$

60. En général si les deux points du corps que nous venons de supposer fixes ne l'étoient pas, mais qu'ils fussent mobiles sur des lignes ou des surfaces données, ou même joints entr'eux d'une maniere quelconque, on auroit alors une ou plusieurs équations différentielles entre les variations des coordonnées a, b, c, f, g, h qui répondent à ces points; & substituant à la place de ces variations leurs valeurs en $\delta\lambda$, $\delta\mu$, $\delta\nu$, δL, δM, δN, d'après les formules générales de l'article 55, on auroit autant d'équations entre ces dernieres variations, au moyen desquelles on détermineroit quelques-unes de ces variations par les autres, & substituant ensuite ces valeurs dans l'équation générale, on égaleroit à zéro chacun des coëfficiens des variations restantes; ce

ce qui fournira toutes les équations nécessaires pour l'équilibre.

La marche du calcul est, comme l'on voit, toujours la même; & c'est ce qu'on doit regarder comme un des principaux avantages de cette méthode.

61. Au reste, les expressions trouvées plus haut (art. 55), pour les variations δx, δy, δz font voir que ces variations ne sont que les résultats des mouvemens de translation & de rotation, que nous avons considérés en général dans la Section troisieme.

En effet, il est visible que les termes $\delta\lambda$, $\delta\mu$, $\delta\nu$ qui sont communs à tous les points du corps, représentent les petits espaces parcourus par le corps, suivant les directions des coordonnées x, y, z, en vertu d'un mouvement quelconque de translation; & on voit par les formules de l'article 3 de la même Section, que les termes $z\delta M - y\delta N$, $x\delta N - z\delta L$, $y\delta L - x\delta M$ représentent les petits espaces parcourus par chaque point du corps, suivant les mêmes directions, en vertu de trois mouvemens de rotation δL, δM, δN autour des trois axes des x, y, z; ces quantités δL, δM, δN répondant aux quantités $d\psi$, $d\omega$, $d\varphi$ de l'article cité. Ainsi on auroit pu déduire immédiatement les expressions dont il s'agit de la seule considération de ces mouvemens, ce qui auroit été plus simple, mais non pas si direct. L'analyse précédente conduit naturellement à ces expressions, & prouve par-là d'une maniere directe & générale, que lorsque les différens points d'un systême conservent leur position respective; le systême ne peut avoir à chaque instant que des mouvemens de translation dans l'espace, & de rotation autour de trois axes perpendiculaires entr'eux.

SIXIEME SECTION.

Sur les Principes de l'Hydroſtatique.

Quoique nous ignorions la conſtitution intérieure des fluides, nous ne pouvons douter que les particules qui les compoſent ne ſoient matérielles, & que par cette raiſon les loix générales de l'équilibre ne leur conviennent comme aux corps ſolides. En effet, la propriété principale des fluides & la ſeule qui les diſtingue des corps ſolides, conſiſte en ce que toutes leurs parties cédent à la moindre force, & peuvent ſe mouvoir entr'elles avec toute la facilité poſſible, quelle que ſoit d'ailleurs la liaiſon & l'action mutuelle de ces parties. Or cette propriété pouvant aiſément être traduite en calcul, il s'enſuit que les loix de l'équilibre des fluides ne demandent pas une théorie particuliere, mais qu'elles ne doivent être qu'un cas particulier de la théorie générale de la Statique. C'eſt ſous ce point de vue que nous allons les conſidérer; mais nous croyons devoir commencer par expoſer en peu de mots les différens principes qui ont été employés juſqu'ici dans cette partie de la Statique, qu'on nomme communément Hydroſtatique.

Archimede eſt le plus ancien Auteur qui nous ait laiſſé quelques principes ſur l'équilibre des fluides. Son Traité *de Inſidentibus humido* n'a jamais été retrouvé en grec ; il y en avoit ſeulement une traduction latine aſſez défectueuſe, lorſque Commendin entreprit de le reſtituer & de l'éclaircir par des notes; il parut par les soins de ce savant Commentateur en 1565, sous le titre *de Iis quæ vehuntur in aquâ.*

Cet Ouvrage qu'on peut regarder comme un des plus précieux restes de l'antiquité, est divisé en deux Livres. Dans le premier Archimede pose ces deux principes, qu'il regarde comme des principes d'expérience, & sur lesquels il fonde toute sa théorie. 1°. Que la nature des fluides est telle que les parties moins pressées sont chassées par celles qui le sont davantage, & que chaque partie est toujours pressée par le poids de la colonne qui lui répond verticalement. 2°. Que tout ce qui est poussé en haut par un fluide, est toujours poussé suivant la perpendiculaire qui passe par son centre de gravité.

Du premier principe Archimede conclut d'abord que la surface d'un fluide dont toutes les parties sont supposées peser vers le centre de la terre, doit être sphérique pour que le fluide soit en équilibre. Ensuite il démontre qu'un corps aussi pesant qu'un égal volume de fluide doit s'y enfoncer tout-à fait, parce qu'en considérant deux pyramides égales du fluide supposé en équilibre autour du centre de la terre, celle où le corps ne seroit plongé qu'en partie, exerceroit une moindre pression que l'autre sur le centre de la terre, ou en général sur une surface sphérique quelconque qu'on imagineroit autour de ce centre. Il prouve de la même maniere que les corps plus légers qu'un égal volume du fluide ne peuvent s'y enfoncer que jusqu'à ce que la partie submergée occupe la place d'un volume de fluide aussi pesant que le corps entier; d'où il déduit ces deux théorêmes Hydrostatiques, que les corps plus légers que des volumes égaux d'un fluide y étant plongés, en sont repoussés de bas en haut avec une force égale à l'excès du poids du fluide déplacé sur celui du corps plongé, & que les corps plus pesans y perdent une partie de leur poids égale à celui du fluide déplacé.

Archimede se sert ensuite de son second principe pour établir les loix de l'équilibre des corps qui flottent sur un fluide; il démontre que toute Section de sphere plus légere qu'un égal volume du fluide, y étant plongée, doit nécessairement se disposer de maniere que la base en soit horisontale; & sa démonstration consiste à faire voir que si la base étoit inclinée, le poids total du corps considéré comme concentré dans son centre de gravité, & la poussée verticale du fluide considérée aussi comme concentrée dans le centre de gravité de la partie submergée, tendroient toujours à faire tourner le corps jusqu'à ce que sa base fût redevenue horisontale.

Tels sont les objets du premier Livre. Dans le second, Archimede donne, d'après les mêmes principes, les loix de l'équilibre de différens solides formés par la révolution des Sections coniques, & plongés dans des fluides plus pesans que ces corps; il examine les cas où ces conoïdes peuvent y demeurer inclinés, ceux où ils doivent s'y tenir debout, & ceux où ils doivent culbuter ou se redresser. Ce Livre est un des plus beaux monumens du génie d'Archimede, & renferme une théorie de la stabilité des corps flottans, à laquelle les modernes ont peu ajouté.

Quoique d'après ce qu'Archimede avoit démontré, il ne fût pas difficile de déterminer la pression d'un fluide sur le fond ou sur les parois du vase dans lequel il est renfermé, Stevin est néanmoins le premier qui ait entrepris cette recherche, & qui ait découvert le paradoxe Hydrostatique, qu'un fluide peut exercer une pression beaucoup plus grande que son propre poids. C'est dans le tome troisieme des *Hypomnemata Mathematica*, traduits de l'Hollandois par Snellius, & publiés à Leyde en 1608, que je trouve la théorie Hydrostatique de Stevin. Après avoir prouvé qu'un corps solide de figure quelconque, & de même gravité que l'eau peut y rester dans une situation quelconque, par la raison qu'il occupe la même place, & pese autant que si c'étoit de l'eau, Stevin imagine un vase rectangulaire rempli d'eau, & il fait voir aisément que son fond doit supporter tout le poids de l'eau qui remplit le vase. Il suppose ensuite qu'on plonge dans ce vase un solide de figure quelconque, & de même gravité que l'eau; il est clair que la pression restera la même; de sorte que si on donne au solide plongé une figure telle qu'il ne reste plus qu'un canal de fluide d'une figure quelconque, la pression de ce canal sur la base sera encore la même, & par conséquent égale au poids d'une colonne verticale d'eau qui auroit cette même base. Or Stevin observe qu'en supposant ce solide fixement arrêté à sa place, il n'en peut résulter aucun changement dans l'action de l'eau sur le fond du vase; donc la pression sur ce fond sera toujours égale au poids de la même colonne d'eau, quelle que soit la figure du vase.

Stevin passe de-là à déterminer la pression de l'eau sur les parois verticales ou inclinées; il divise leur surface en plusieurs petites parties par des lignes horisontales, & il fait voir que chaque partie est plus pressée que si elle étoit horisontale & à la hauteur de son bord supérieur, mais qu'en même tems elle est moins pressée que si elle étoit placée horisontalement à la hauteur de son bord inférieur. D'où en diminuant la largeur des parties, & augmentant leur nombre à l'infini, il prouve par la méthode des limites, que la pression sur une paroi plane inclinée, est égale au poids d'une colonne dont cette paroi seroit la base, & dont la hauteur seroit la moitié de la hauteur du vase.

Il détermine ensuite la pression sur une partie quelconque d'une paroi plane inclinée, & il la trouve égale au poids d'une colonne d'eau qui seroit formée en appliquant perpendiculairement à chaque point de cette partie des droites égales à la profondeur de ce point sous l'eau. Ce théorême étant ainsi démontré pour des surfaces planes quelconques, situées comme l'on voudra, il est facile de l'étendre à des surfaces courbes quelconques, & d'en conclure que la pression exercée par un fluide pesant contre une surface quelconque, a pour mesure le poids d'une colonne de ce même fluide, laquelle auroit pour base cette même surface, convertie en une surface plane, s'il est nécessaire, & dont les hauteurs répondantes aux différens points de la base, seroient les mêmes que les distances des points correspondans de la surface à la ligne de niveau du fluide, ou ce qui revient au même, cette pression sera mesurée par le poids d'une colonne qui auroit pour base la surface pressée, & pour hauteur la distance verticale du centre de gravité de cette même surface, à la surface supérieure du fluide.

Les théories précédentes de l'équilibre & de la pression des fluides sont, comme l'on voit, entiérement indépendantes des principes généraux de la Statique, n'étant fondées que sur des principes d'expérience, particuliers aux fluides; & cette maniere de démontrer les loix de l'Hydrostatique, en déduiſant de la connoiſſance expérimentale de quelques-unes de ces loix, celle de toutes les autres a été adoptée depuis par la plupart des Auteurs modernes, & a fait de l'Hydroſtatique une ſcience tout-à-fait différente, & indépendante de la Statique.

Cependant il étoit important de lier ces deux ſciences enſemble, & de les faire dépendre d'un ſeul & même principe. Or parmi les différens Principes qui peuvent ſervir de baſe à la Statique, & dont nous avons donné une expoſition ſuccinte dans la premiere Section, il eſt viſible qu'il n'y a que celui des vîteſſes virtuelles qui s'applique naturellement à l'équilibre des fluides. Auſſi Galilée, Auteur de ce Principe, s'en eſt ſervi également pour démontrer les principaux théorêmes de Statique & d'Hydroſtatique.

Dans ſon Diſcours *intórne alle coſe che ſtanno in ſu l'aqua, o che in quelle ſi mouvono;* il déduit immédiatement de ce principe l'équilibre de l'eau dans un ſyphon, en faiſant voir que ſi on ſuppoſe le fluide à la même hauteur dans les deux branches, il ne ſauroit deſcendre dans l'une, & monter dans l'autre, ſans que les momens ne ſoient égaux dans la partie du fluide qui deſcend, & dans celle qui monte. Galilée démontre d'une maniere ſemblable l'équilibre des fluides avec les ſolides qui y ſont plongés; & quoique ſes démonſtrations paroiſſent n'avoir pas toute la rigueur qu'on y pourroit déſirer, il eſt cependant facile de l'y mettre en enviſageant le Principe dont il s'agit dans une plus grande généralité, ainſi que l'a fait depuis l'Abbé Grandi dans ſes notes, au même Traité de Galilée. Deſcartes & Paſcal ont également employé le principe des vîteſſes virtuelles dans l'Hydroſtatique; ce dernier ſur-tout en a fait le plus grand uſage dans ſon

Traité *de l'équilibre des liqueurs*, & s'en eſt ſervi pour démontrer la propriété principale des fluides; ſavoir qu'une preſſion quelconque appliquée à un point de leur ſurface, ſe répand également dans tous les autres points.

Néanmoins, quoique ce Principe ait l'avantage d'être ſimple & général, ſoit pour l'équilibre des fluides, ſoit pour celui des corps ſolides, il a été abandonné par la plupart des Auteurs modernes qui ont traité de l'Hydroſtatique, & ſur-tout par ceux qui ont entrepris de reculer les limites de cette Science, en cherchant les loix de l'équilibre des fluides hétérogenes, dont toutes les parties ſont animées par des forces quelconques; recherche très-importante par le rapport qu'elle a avec la fameuſe queſtion de la figure de la Terre.

Huyghens a pris dans cette recherche, pour principe d'équilibre, la perpendicularité de la peſanteur à la ſurface. Newton eſt parti du principe de l'égalité des poids des colonnes centrales. Bouguer a remarqué enſuite que ſouvent ces deux principes ne donnoient pas le même réſultat, & en a conclu que pour qu'il y eût équilibre dans une maſſe fluide, il falloit que les deux principes y euſſent lieu à la fois, & s'accordaſſent à donner la même figure à la ſurface du fluide. Mais feu M. Clairaut a démontré de plus qu'il peut y avoir des cas où cet accord ait lieu, & où cependant il n'y auroit point d'équilibre. Maclaurin a généraliſé le principe de Newton, en établiſſant que dans une maſſe fluide en équilibre, chaque particule doit être comprimée également par toutes les colonnes rectilignes du fluide, leſquelles appuient ſur cette particule, & ſe terminent à la ſurface; & M. Clairaut l'a rendu plus général encore, en faiſant voir que l'équilibre

libre d'une maſſe fluide, demande que les efforts de toutes les parties du fluide, renfermées dans un canal quelconque, aboutiſſant à la ſurface, ou rentrant en lui-même, ſe détruiſent mutuellement. Enfin il a déduit le premier de ce Principe, les vraies loix fondamentales de l'équilibre d'une maſſe fluide dont toutes les parties ſont animées par des forces quelconques, & il a trouvé les équations aux différences partielles, par leſquelles on peut exprimer ces loix. Découverte qui a changé la face de l'Hydroſtatique, & en a fait comme une ſcience nouvelle.

Le Principe de M. Clairaut n'eſt qu'une conſéquence naturelle du Principe de l'égalité de preſſion en tout ſens. Auſſi M. d'Alembert a-t-il déduit immédiatement de ce dernier principe, les mêmes équations différentielles que M. Clairaut avoit trouvées par le ſien; & il faut avouer que ce Principe renferme en effet la propriété la plus ſimple & la plus générale que l'expérience ait fait découvrir dans l'équilibre des fluides. Mais la connoiſſance de cette propriété eſt-elle indiſpenſable dans la recherche des loix de l'équilibre des fluides? Et ne peut-on pas dériver ces loix directement de la nature même des fluides conſidérés comme des amas de molécules très-déliées, indépendantes les unes des autres, & parfaitement mobiles en tout ſens? C'eſt ce que je vais tâcher de faire dans les Sections ſuivantes, en n'employant que le Principe général de l'équilibre dont j'ai fait uſage juſqu'ici pour les corps ſolides; & cette partie de mon travail fournira, non-ſeulement une des plus belles applications du Principe dont il s'agit, mais ſervira auſſi à ſimplifier à quelques égards la théorie même de l'Hydroſtatique.

On ſait que les fluides en général ſe diviſent en deux

especes; en fluides incompressibles dont les parties peuvent changer de figure, mais sans changer de volume; & en fluides compressibles & élastiques dont les parties peuvent changer à la fois de figure & de volume, & tendent toujours à se dilater avec une force connue qu'on suppose ordinairement proportionnelle à une fonction de la densité.

L'eau, le mercure, &c, appartiennent à la premiere espece; & l'air, la vapeur de l'eau bouillante, &c, appartiennent à la seconde.

Nous traiterons d'abord de l'équilibre des fluides incompressibles; & ensuite de celui des fluides compressibles & élastiques.

SEPTIEME SECTION.

De l'équilibre des fluides incompressibles.

1. Soit une masse fluide m, dont tous les points soient animés par des pesanteurs ou forces quelconques P, Q, R, &c, dirigées suivant les lignes p, q, r, &c, on aura, suivant les dénominations de l'article 12 de la Section 4, pour la somme des momens de toutes ces forces, la formule intégrale

$$S(P\delta p + Q\delta q + R\delta r + \&c)\,dm,$$

laquelle devra être nulle en général, pour qu'il y ait équilibre dans le fluide.

2. Supposons d'abord le fluide renfermé dans un canal ou tuyau infiniment étroit, & de figure donnée; & imaginons ce fluide divisé en tranches ou portions infiniment

petites, dont la hauteur ſoit ds, & la largeur ω, on pourra prendre $dm = \omega ds$, à cauſe que la largeur ω du tuyau eſt ſuppoſée infiniment petite, ds étant l'élément de la courbe du tuyau. Or en imaginant que le fluide reçoive un petit mouvement, & change infiniment peu de place dans le tuyau, ſoit δs le petit eſpace que la tranche ou particule dm parcourt dans le tuyau; il eſt clair que $\omega\delta s$ ſera la quantité de fluide qui paſſera en même-tems par chacune des Sections ω du canal. Donc à cauſe de l'incompreſſibilité du fluide, il faudra que cette quantité ſoit par-tout la même; de ſorte que faiſant $\omega\delta s = \alpha$, la quantité α ſera conſtante par rapport à la courbe du tuyau. On aura ainſi $\omega = \frac{\alpha}{\delta s}$, & par conſéquent $dm = \frac{\alpha ds}{\delta s}$; de ſorte que la formule qui exprime la ſomme des momens des forces, deviendra (en faiſant ſortir hors du ſigne intégral S la quantité conſtante α)

$$\alpha S(P\delta p + Q\delta q + R\delta r + \&c)\frac{ds}{\delta s}.$$

Maintenant il eſt viſible que puiſque δp, δq, δr, &c, ſont les variations des lignes p, q, r, &c, réſultantes de la variation δs, ces variations doivent avoir entr'elles les mêmes rapports que les différentielles dp, dq, dr, &c, ds, à cauſe de la figure du canal donnée; ainſi on aura $\frac{\delta p}{\delta s} = \frac{dp}{ds}$, $\frac{\delta q}{\delta s} = \frac{dq}{ds}$, $\frac{\delta r}{\delta s} = \frac{dr}{ds}$, &c; ce qui réduira la formule précédente à cette forme,

$$\alpha S(Pdp + Qdq + Rdr + \&c),$$

où les différentielles dp, dq, dr, &c, ſe rapportent à la courbe du canal, & le ſigne S indique une intégrale priſe par toute l'étendue du canal.

Faiſant donc cette quantité $= 0$, on aura l'équation

$$S\,(P\,dp + Q\,dq + R\,dr + \&c) = 0,$$

laquelle contient la loi générale de l'équilibre d'un fluide renfermé dans un canal de figure quelconque.

3. Si outre les forces P, Q, R, &c, qui animent chaque point du fluide, il y avoit de plus à l'une des extrémités du canal une force extérieure Π' qui agît par le moyen d'un piston sur la surface du fluide, & perpendiculairement aux parois du canal; alors dénotant par $\delta s'$ le petit espace parcouru par la tranche de fluide qu'on suppose pressée par la force Π', tandis que les autres tranches parcourent les différens espaces δs, il faudra ajouter à la somme des momens des forces P, Q, R, &c, le moment de la force Π', lequel sera représenté par $\Pi'\delta s'$. Or si on nomme ω' la section du canal à l'endroit où agit la force Π', on aura $\omega'\delta s'$ pour la quantité de fluide qui passe par la section ω', tandis que par une autre section quelconque ω, il passe la quantité de fluide $\omega\,\delta s$.

Mais l'incompressibilité du fluide demande que ces quantités soient par-tout les mêmes; donc ayant déja supposé $\omega\,\delta s = \alpha$, on aura aussi $\omega'\,\delta s' = \alpha$; par conséquent $\delta s' = \frac{\alpha}{\omega'}$. Donc la somme totale des momens des forces qui agissent sur le fluide, sera représentée par la formule

$$\alpha\left(\frac{\Pi'}{\omega'} + S\,(P\,dp + Q\,dq + R\,dr + \&c)\right);$$

de sorte que l'équation de l'équilibre sera

$$\frac{\Pi'}{\omega'} + S\,(P\,dp + Q\,dq + R\,dr + \&c) = 0.$$

4. Il est évident que dans l'état d'équilibre, la force Π' doit être contrebalancée par la pression du fluide sur le

piston dont la largeur est ω'; d'où il s'ensuit que cette pression sera égale à $-\Pi'$, & par conséquent,

$$= \omega' S(Pdp + Qdq + Rdr + \&c).$$

Donc en général la pression du fluide sur chaque point du piston, sera exprimée par la formule intégrale

$$S(Pdp + Qdq + Rdr + \&c),$$

en prenant cette intégrale par toute la longueur du canal. Et cette pression sera aussi la même, si au lieu d'un piston mobile on suppose un fond immobile qui ferme le canal d'un côté.

5. Si à l'autre extrémité du canal il y avoit une autre force Π'' agissante de même par le moyen d'un piston, on trouveroit pareillement, en nommant ω'' la section du canal dans cet endroit, l'équation

$$\frac{\Pi'}{\omega'} + \frac{\Pi''}{\omega''} + S(Pdp + Qdq + Rdr + \&c) = 0$$

pour l'équilibre du fluide.

6. Donc si le fluide n'est pressé que par les deux forces extérieures Π' & Π'' appliquées aux surfaces ω' & ω'', il faudra pour l'équilibre que l'on ait $\frac{\Pi'}{\omega'} + \frac{\Pi''}{\omega''} = 0$; d'où l'on voit que les deux forces Π' & Π'' doivent être de directions contraires, & en même tems réciproquement proportionnelles aux surfaces ω', ω'' sur lesquelles ces forces agissent. Proposition qu'on regarde communément comme un principe d'expérience, ou du moins comme une suite du principe de l'égalité de pression en tout sens, dans lequel la plupart des Auteurs d'Hydrostatique font consister la nature des fluides.

7. Connoissant les loix de l'équilibre d'un fluide renfermé dans un canal très-étroit & de figure quelconque, il n'est pas difficile d'en déduire celles de l'équilibre d'une masse quelconque de fluide renfermée dans un vase ou non.

Car il est évident que si une masse fluide est en équilibre, & qu'on imagine un canal quelconque qui la traverse, le fluide contenu dans ce canal sera aussi en équilibre de lui-même, c'est-à-dire, indépendamment de tout le reste du fluide. On aura donc pour l'équilibre de ce canal, en faisant abstraction des forces extérieures (art. 1), $S(Pdp + Qdq + Rdr + \&c) = 0$, & comme la figure du canal doit être indéterminée, l'équation précédente devra toujours avoir lieu, en faisant varier cette figure d'une maniere quelconque.

Dénotons en général par Φ la valeur de l'intégrale $S(Pdp + Qdq + Rdr + \&c)$ prise par toute la longueur du canal, ensorte que l'équation de l'équilibre du canal soit $\Phi = 0$; & représentant les variations par la caractéristique δ, comme c'est l'usage, il faudra que l'on ait aussi en général $\delta\Phi = 0$.

Or $\delta\Phi = \delta . S(Pdp + Qdq + Rdr + \&c)$
$= S\delta(Pdp + Qdq + Rdr + \&c) =$
$S(P\delta dp + Q\delta dq + R\delta dr + \&c + \delta P dp$
$+ \delta Q dq + \delta R dr + \&c)$. Changeant δd en $d\delta$, & faisant ensuite disparoître le double signe $d\delta$ par des intégrations par parties, suivant les principes connus du calcul des variations, on aura

$$\delta\Phi = P\delta p + Q\delta q + R\delta r + \&c.$$
$$+ S(\delta P dp - dP\delta p + \delta Q dq - dQ\delta q$$
$$+ \delta R dr - dR\delta r + \&c),$$

où les termes qui sont hors du signe S se rapportent aux extrémités de l'intégrale représentée par ce signe, & répondent par conséquent à la surface du fluide.

Maintenant comme les quantités P, Q, R, &c, qui représentent les forces, sont, ou peuvent toujours être supposées des fonctions de p, q, r, &c, il est clair que la partie de $\delta\Phi$ qui est affectée du signe S, n'est plus susceptible de réduction; donc pour que l'on ait en général $\delta\Phi = 0$, il faudra 1° que cette partie soit nulle d'elle-même, & que par conséquent on ait pour chaque point de la masse fluide, l'équation identique

$$\delta P dp - dP \delta p + \delta Q dq - dQ \delta q + \delta R dr - dR \delta r + \&c = 0;$$

2°. que l'on ait pour la surface extérieure du fluide,

$$P \delta p + Q \delta q + R \delta r + \&c = 0,$$

en supposant que les différences δp, δq, δr, &c, se rapportent à cette surface.

La premiere condition servira à déterminer la nature des forces P, Q, R, &c, par lesquelles le fluide pourra être en équilibre, & la seconde donnera la figure même que le fluide doit prendre en vertu de ces forces.

8. Supposons que les quantités P, Q, R, &c. soient telles que la premiere condition ait lieu, on aura dans ce cas simplement

$$\delta\Phi = P \delta p + Q \delta q + R \delta r + \&c.$$

Or $\delta\Phi$ est évidemment une différentielle exacte prise par rapport à la variable δ; ainsi $P \delta p + Q \delta q + R \delta r + \&c$, sera aussi une différentielle exacte; donc changeant δ en

d, on aura la différentielle exacte $P\,dp + Q\,dq + R\,dr +$ &c, dont Φ sera l'intégrale.

Réciproquement si $P\,dp + Q\,dq + R\,dr +$ &c, est une différentielle exacte, la premiere condition ci-dessus aura nécessairement lieu. Car alors l'intégrale Φ de cette quantité sera une fonction de p, q, r, &c; de sorte qu'en différentiant

$$d\Phi = P\,dp + Q\,dq + R\,dr + \&c, \text{ \& de même}$$
$$\delta\Phi = P\,\delta p + Q\,\delta q + R\,\delta r + \&c, \text{ donc}$$
$$\delta d\Phi = \delta P\,dp + \delta Q\,dq + \delta R\,dr + \&c$$
$$+ P\,\delta dp + Q\,\delta dq + R\,\delta dr + \&c, \text{ \&}$$
$$d\delta\Phi = dP\,\delta p + dQ\,\delta q + dR\,\delta r + \&c$$
$$+ P\,d\delta p + Q\,d\delta q + R\,d\delta r + \&c.$$

Mais par les principes du calcul des variations, δd est la même chose que $d\delta$; donc on aura

$$\delta d\Phi - d\delta\Phi = \delta P\,dp + \delta Q\,dq + \delta R\,dr + \&c$$
$$- dP\,\delta p - dQ\,\delta q - dR\,\delta r - \&c = 0;$$

ce qui est la condition dont il s'agit. D'où il s'ensuit que cette condition se réduit à ce que les forces P, Q, R, &c, soient telles que $P\,dp + Q\,dq + R\,dr +$ &c, soit une quantité intégrable.

Nommant donc Φ l'intégrale de cette quantité, la seconde condition de l'équilibre sera $\delta\Phi = 0$, ou bien $d\Phi = 0$ pour la surface extérieure du fluide; de sorte qu'en intégrant on aura $\Phi =$ const. pour l'équation de cette surface.

9. Si on considere l'équation même

$$\delta P\,dp - dP\,\delta p + \delta Q\,dq - dQ\,\delta q + \delta R\,dr - dR\,\delta r + \&c = 0,$$

trouvée

trouvée dans l'article 7, on en pourra déduire les conditions analitiques qui doivent avoir lieu entre les expressions des forces P, Q, R, &c; car en regardant ces expressions comme des fonctions quelconques de p, q, r, &c, on aura, suivant la notation reçue, $dP = \frac{dP}{dp}\, dp + \frac{dP}{dq}\, dq + \frac{dP}{dr}\, dr +$ &c; de même

$$\delta P = \frac{dP}{dp}\,\delta p + \frac{dP}{dq}\,\delta q + \frac{dP}{dr}\,\delta r + \&c,$$

& ainsi des autres différences; substituant ces valeurs dans l'équation précédente, & ordonnant les termes, elle deviendra de cette forme,

$$\left(\frac{dP}{dq} - \frac{dQ}{dp}\right)(\delta q\, dp - dq\, \delta p) +$$
$$\left(\frac{dP}{dr} - \frac{dR}{dp}\right)(\delta r\, dp - dr\, \delta p) +$$
$$\left(\frac{dQ}{dr} - \frac{dR}{dq}\right)(\delta r\, dq - dr\, \delta q) + \&c = 0,$$

& devra avoir lieu indépendamment des différences dp, dq, dr, &c; δp, δq, δr, &c.

10. Donc s'il n'y a aucune relation donnée entre les variables p, q, r, &c, il faudra faire séparément

$$\frac{dP}{dq} - \frac{dQ}{dp} = 0$$
$$\frac{dP}{dr} - \frac{dR}{dp} = 0$$
$$\frac{dQ}{dr} - \frac{dR}{dq} = 0,$$

&c.

Ce sont les équations de condition connues pour l'intégrabilité de la formule $P\,dp + Q\,dq + R\,dr +$ &c.

Mais si la variable r dépendoit, par exemple, des deux variables p & q, ensorte que $dr = A\,dp + B\,dq$, on auroit également $\delta r = A\,\delta p + B\,\delta q$; donc $\delta r\,dp - dp\,\delta r = B(\delta q\,dp - dq\,\delta p)$, $\delta r\,dq - dr\,\delta q = A(\delta p\,dq - dp\,\delta q)$; substituant ces valeurs dans l'équation générale, & égalant à zéro le coëfficient de $\delta q\,dp - dq\,\delta p$, on auroit l'équation

$$\frac{dP}{dq} - \frac{dQ}{dp} + B\left(\frac{dP}{dr} - \frac{dR}{dp}\right) - A\left(\frac{dQ}{dr} - \frac{dR}{dq}\right) = 0,$$

laquelle tiendra lieu des trois premieres équations de condition, & ainsi du reste.

11. Lorsque la masse fluide n'a que deux dimensions, la position de chacun de ses points ne dépend que de deux variables; ainsi les différentes variables p, q, r, &c, pourront toujours se réduire à deux seulement; & il n'y aura alors qu'une seule équation de condition. Mais quand la masse fluide a trois dimensions, la position de ses points dépend en général de trois variables; par conséquent on pourra toujours réduire à trois toutes les différentes variables p, q, r, &c, & l'on aura aussi trois équations de condition.

12. Au reste, on a fait abstraction jusqu'ici de la densité du fluide, ou plutôt on l'a regardée comme constante & égale à l'unité; mais si on vouloit la supposer variable, alors en nommant Δ la densité d'une particule quelconque dm, on auroit (art. 2) $dm = \Delta\,\omega\,ds$; moyennant quoi les quantités P, Q, R, &c, se trouveroient toutes multipliées par Δ. Ainsi l'on aura pour l'équilibre des fluides de densité variable, les mêmes loix que pour l'équilibre des fluides

de densité uniforme, en multipliant seulement les différentes forces par la densité du point sur lequel elles agissent; c'est-à-dire, en écrivant simplement ΔP, ΔQ, ΔR, &c. à la place de P, Q, R, &c.

13. Nous avons commencé par chercher les loix de l'équilibre d'un fluide renfermé dans un tuyau infiniment étroit, & nous en avons déduit ensuite les loix générales de l'équilibre d'une masse fluide quelconque. On peut néanmoins parvenir immédiatement à ces dernieres loix, en considérant d'abord la question dans toute sa généralité, & faisant usage de la méthode de la Section quatrieme.

Supposons, pour plus de simplicité, que toutes les forces qui agissent sur les particules du fluide soient réduites à trois, représentées par X, Y, Z, & dirigées suivant les coordonnées rectangles x, y, z, c'est-à-dire, tendantes à diminuer ces coordonnées. Nous avons donné dans l'article 5 de la Section cinquieme, les formules générales de cette réduction. Nommant dm la masse d'une particule quelconque, on aura pour la somme des momens des forces X, Y, Z, la formule intégrale

$$S(X\delta x + Y\delta y + Z\delta z)\,dm:$$

or le volume de la particule dm peut être représenté par $dx\,dy\,dz$; ainsi en exprimant par Δ la densité, il est clair qu'on aura $dm = \Delta\,dx\,dy\,dz$; & le signe d'intégration S appartiendra à la fois aux trois variables x, y, z.

Il faudra de plus avoir égard à l'équation de condition résultante de l'incompressibilité du fluide, laquelle étant supposée représentée par $L = 0$, on aura (en différentiant ſelon δ, multipliant par un coëfficient indéterminé λ, & intégrant) la formule $S\lambda\delta L$ à ajouter à la précédente.

S'il n'y a point de forces accélératrices qui agiſſent ſur la ſurface du fluide, ni de conditions particulieres à cette ſurface, on aura ſimplement pour l'équilibre cette équation (Sect. 4, art. 14),

$$S(X\delta x + Y\delta y + Z\delta z)\,dm + S\lambda\delta L = 0,$$

dans laquelle il faudra prendre les intégrales relativement à toute la maſſe du fluide.

14. Cherchons maintenant les valeurs de L & de ſa variation δL. Il eſt viſible que la condition de l'incompreſſibilité conſiſte en ce que le volume de chaque particule ſoit conſtant; ainſi ayant exprimé ce volume par $dx\,dy\,dz$, on aura $dx\,dy\,dz =$ conſt. pour l'équation de condition; par conſéquent L ſera $= dx\,dy\,dz -$ conſt; & $\delta L = \delta.(dx\,dy\,dz)$.

Pour avoir la variation $\delta.(dx\,dy\,dz)$, il ſemble qu'il n'y auroit qu'à différentier ſimplement $dx\,dy\,dz$ ſelon δ; mais il y a ici une conſidération particuliere à faire, & ſans laquelle le calcul ne ſeroit pas rigoureux. La quantité $dx\,dy\,dz$ n'exprime le volume d'une particule qu'autant qu'on ſuppoſe la figure de cette particule, un parallélepipede rectangulaire dont les côtés ſont paralleles aux axes des x, y, z; cette ſuppoſition eſt très-permiſe, puiſqu'on peut imaginer le fluide partagé en élémens infiniment petits d'une figure quelconque. Or $\delta.(dx\,dy\,dz)$ doit exprimer la variation que ſouffre ce volume lorſque la particule change infiniment peu de ſituation, ſes coordonnées x, y, z devenant $x+\delta x$, $y+\delta y$, $z+\delta z$; & il eſt clair que ſi dans ce changement de lieu la particule changeoit auſſi de figure & de poſition relativement aux axes des x, y, z, on ne pourroit plus meſurer ſon volume par le produit des différences $d(x+\delta x)$, $d(y+\delta y)$, $d(z+\delta z)$, de ſes coordonnées ; ainſi pour avoir la variation exacte du volume, il faut avoir égard à la fois au changement de poſition & de figure de la particule.

Pour cela il faut conſidérer les coordonnées qui répondent aux angles du parallélepipede $dx\,dy\,dz$ dans ſon état primitif, & dans l'état changé. Dans le premier état il eſt viſible que ces coordonnées ſont x, y, z; $x+dx, y, z$; $x, y+dy, z$; $x, y, z+dz$; $x+dx, y+dy, z$; $x+dx, y, z+dz$; $x, y+dy, z+dz$; $x+dx, y+dy, z+dz$; & de-là, en prenant les racines de la ſomme des carrés des différences des coordonnées pour deux angles quelconques, on aura la droite qui joint ces angles, & qui ſera ou un côté ou une diagonale du parallélépipede ; on trouve ainſi dx, dy, dz pour les côtés, & $\sqrt{(dx^2+dy^2)}$, $\sqrt{(dx^2+dz^2)}$, $\sqrt{(dy^2+dz^2)}$, $\sqrt{(dx^2+dy^2+dz^2)}$ pour les diagonales.

Suppoſons maintenant que les coordonnées x, y, z deviennent $x+\delta x$, $y+\delta y$, $z+\delta z$, & regardons δx, δy, δz comme des fonctions quelconques de x, y, z ; en faiſant varier ſucceſſivement les x, y, z de dx, dy, dz, on trouvera ce que doivent devenir les autres coordonnées $x+dx, y, z$; $x, y+dy, z$, &c.

Ainſi en faiſant varier ſimplement x de dx, on aura $x+dx+\delta x+\frac{d\delta x}{dx}dx$, $y+\delta y+\frac{d\delta y}{dx}dx$, $z+\delta z+\frac{d\delta z}{dx}dx$ pour ce que deviennent les coordonnées $x+dx, y: z$; faiſant varier y de dy, on aura $x+\delta x$

$+ \frac{d\delta x}{dy} dy$, $y + dy + \delta y + \frac{d\delta y}{dy} dy$, $z + \delta z + \frac{d\delta z}{dy} dy$ pour ce que deviennent x, $y + dy$, z; & faisant varier z de dz on aura $x + \delta x + \frac{d\delta x}{dz} dz$, $y + \delta y + \frac{d\delta y}{dz} dz$, $z + dz + \delta z + \frac{d\delta z}{dz} dz$ pour ce que deviennent $x, y, z + dz$, de même en faisant varier à la fois x de dx & y de dy, on aura $x + dx + \delta x + \frac{d\delta x}{dx} dx + \frac{d\delta x}{dy} dy$, $y + dy + \delta y + \frac{d\delta y}{dx} dx + \frac{d\delta y}{dy} dy$, $z + \delta z + \frac{d\delta z}{dx} dx + \frac{d\delta z}{dy} dy$, pour ce que deviennent $x + dx$, $y + dy$, z; & ainsi des autres.

De-là en prenant la racine de la somme des carrés des différences de ces nouvelles coordonnées pour deux angles quelconques du rhomboïde dans lequel s'est changé le parallélepipede $dxdydz$, on trouvera aux quantités infiniment petites du troisieme ordre près, ces expressions pour les côtés $dx + \frac{d\delta x}{dx} dx$, $dy + \frac{d\delta y}{dy} dy$, $dz + \frac{d\delta z}{dz} dz$, & celles-ci pour les diagonales

$$\sqrt{\left[\left(dx + \frac{d\delta x}{dx} dx\right)^2 + \left(dy + \frac{d\delta y}{dy} dy\right)^2\right]},$$

$$\sqrt{\left[\left(dx + \frac{d\delta x}{dx} dx\right)^2 + \left(dz + \frac{d\delta z}{dz} dz\right)^2\right]},$$

$$\sqrt{\left[\left(dy + \frac{d\delta y}{dy} dy\right)^2 + \left(dz + \frac{d\delta z}{dz} dz\right)^2\right]},$$

$$\sqrt{\left[\left(dx + \frac{d\delta x}{dx} dx\right)^2 + \left(dy + \frac{d\delta y}{dy} dy\right)^2 + \left(dz + \frac{d\delta z}{dz} dz\right)^2\right]};$$

d'où il est aisé de conclure que le rhomboïde dont il s'agit est de nouveau un parallélepipede rectangle, & que par conféquent fon contenu peut être exprimé par le produit des côtés $dx\left(1+\frac{d\delta x}{dx}\right)$, $dy\left(1+\frac{d\delta y}{dy}\right)$, $dz\left(1+\frac{d\delta z}{dz}\right)$. Donc la variation du volume du premier parallélepipede, c'eft-à-dire, la valeur de $\delta.(dx\,dy\,dz)$ fera exprimée par

$$dx\,dy\,dz\left(1+\frac{d\delta x}{dx}\right)\left(1+\frac{d\delta y}{dy}\right)\left(1+\frac{d\delta z}{dz}\right)-dx\,dy\,dz;$$

par conféquent développant les termes, & négligeant les infiniment petits des ordres fupérieurs, on aura

$$\delta.(dx\,dy\,dz)=dx\,dy\,dz\left(\frac{d\delta x}{dx}+\frac{d\delta y}{dy}+\frac{d\delta z}{dz}\right);$$

c'eft la valeur de δL qu'il faudra fubftituer dans l'équation de l'article précédent.

15. Cette équation deviendra donc de cette forme, en y mettant pour dm fa valeur $\Delta\,dx\,dy\,dz$,

$$S\left(\Delta X\delta x+\Delta Y\delta y+\Delta Z\delta z+\lambda\frac{d\delta x}{dx}+\lambda\frac{d\delta y}{dy}+\lambda\frac{d\delta z}{dz}\right)dx\,dy\,dz=0;$$ & il ne s'agira plus que d'y faire difparoître les doubles fignes $d\delta$ par la méthode expofée dans l'article 17 de la quatrieme Section.

Confidérons d'abord la quantité $S\lambda\frac{d\delta x}{dx}\,dx\,dy\,dz$, où le figne S dénote une triple intégrale relative à x, y, z; il eft clair que comme la différence de δx n'eft relative qu'à la variation de x, il ne faudra auffi pour la faire difparoître qu'avoir égard à l'intégration relative à x; c'eft pourquoi on donnera d'abord à cette quantité la forme . . . . $S\,dy\,dz\,S\lambda\frac{d\delta x}{dx}\,dx$; enfuite on transformera l'intégrale ſimple $S\lambda \frac{d\delta x}{dx} dx$ en $\lambda'' \delta x'' - \lambda' \delta x' - S \frac{d\lambda}{dx} \delta x dx$; les quantités marquées d'un trait ſe rapportent au commencement de l'intégration, & celles qui en ont deux ſe rapportent aux points où elle finit, ſuivant la notation adoptée dans l'endroit cité. Ainſi la quantité dont il s'agit ſe trouvera changée en celle-ci,

$$S dy dz (\lambda'' \delta x'' - \lambda' \delta x') - S dy dz S \frac{d\lambda}{dx} \delta x dx,$$

ou, ce qui eſt la même choſe,

$$S(\lambda'' \delta x'' - \lambda' \delta x') dy dz - S \frac{d\lambda}{dx} \delta x dx dy dz.$$

De la même maniere & par un raiſonnement ſemblable, on changera les quantités $S\lambda \frac{d\delta y}{dy} dx dy dz$, & $S\lambda \frac{d\delta z}{dz} dx dy dz$, en celles-ci,

$$S(\lambda'' \delta y'' - \lambda' \delta y') dx dz - S \frac{d\lambda}{dy} \delta y dx dy dz, \text{ \&}$$

$$S(\lambda'' \delta z'' - \lambda' \delta z') dx dy - S \frac{d\lambda}{dz} \delta z dx dy dz.$$

Faiſant ces ſubſtitutions, on aura donc pour l'équilibre de la maſſe fluide, cette équation générale:

$$S\left[\left(\Delta X - \frac{d\lambda}{dx}\right)\delta x + \left(\Delta Y - \frac{d\lambda}{dy}\right)\delta y + \left(\Delta Z - \frac{d\lambda}{dz}\right)\delta z\right] dx dy dz$$
$$+ S(\lambda'' \delta x'' - \lambda' \delta x') dy dz + S(\lambda'' \delta y'' - \lambda' \delta y') dx dz$$
$$+ S(\lambda'' \delta z'' - \lambda' \delta z') dx dy = 0,$$

dans laquelle il n'y aura plus qu'à égaler ſéparément à zéro, les coëfficiens des variations indéterminées δx, δy, δz (art. 8, Seč. 4).

16.

16. On aura donc d'abord ces trois équations indéfinies

$$\Delta X - \frac{d\lambda}{dx} = 0, \quad \Delta Y - \frac{d\lambda}{dy} = 0, \quad \Delta Z - \frac{d\lambda}{dz} = 0,$$

lesquelles doivent avoir lieu pour tous les points de la masse fluide.

Ensuite si le fluide est libre de tous côtés, les variations $\delta x'$, $\delta y'$, $\delta z'$, $\delta x''$, $\delta y''$, $\delta z''$ qui se rapportent aux points de la surface du fluide seroient aussi indéterminées, & par conséquent il faudra encore égaler séparément à zéro leurs coëfficiens, ce qui donnera $\lambda' = 0$, $\lambda'' = 0$, c'est-à-dire, en général $\lambda = 0$ pour tous les points de la surface du fluide; & cette équation servira à déterminer la figure de cette surface.

Il en sera de même lorsque le fluide est renfermé dans un vase, pour la partie de la surface où le vase est ouvert: mais à l'égard de la partie qui est appuyée contre les parois, il est clair que les variations $\delta x'$, $\delta y'$, $\delta z'$, $\delta x''$, $\delta y''$, $\delta z''$ doivent avoir entr'elles des rapports donnés par la figure de ces parois, puisque le fluide ne peut que couler dans leur direction, & nous démontrerons plus bas (art. 20, 21), que quelle que puisse être leur figure, les termes qui renferment les variations en question seront toujours nuls d'eux-mêmes; de sorte qu'il n'y aura aucune condition relativement à cette partie de la surface du fluide.

17. Les trois équations qu'on vient de trouver pour les conditions de l'équilibre du fluide, donnent $\frac{d\lambda}{dx} = \Delta X$, $\frac{d\lambda}{dy} = \Delta Y$, $\frac{d\lambda}{dz} = \Delta Z$; donc puisque $d\lambda = \frac{d\lambda}{dx}\,dx +$

$\frac{d\lambda}{dy} dy + \frac{d\lambda}{dz} dz$, on aura $d\lambda = \Delta (Xdx + Ydy + Zdz)$; par conſéquent il faudra que la quantité $\Delta (Xdx + Ydy + Zdz)$ ſoit une différentielle complette en x, y, z; & cette condition renferme ſeule les loix de l'équilibre des fluides.

On voit auſſi qu'elle s'accorde avec ce qu'on a trouvé ci-deſſus (art. 8, 12); car par ce qu'on a démontré dans l'article 5 de la Section cinquieme, l'on a en général $Xdx + Ydy + Zdz = Pdp + Qdq + Rdr +$ &c.

Si on élimine la quantité λ des mêmes équations, on aura les ſuivantes,

$$\frac{d.\Delta X}{dy} = \frac{d.\Delta Y}{dx},$$

$$\frac{d.\Delta X}{dz} = \frac{d.\Delta Z}{dx},$$

$$\frac{d.\Delta Y}{dz} = \frac{d.\Delta Z}{dy},$$

équations qui different entr'elles, & dont l'une ne pourroit pas être regardée comme la ſuite des deux autres.

Ces conditions ſont donc néceſſaires pour que la maſſe fluide puiſſe être en équilibre, en vertu des forces X, Y, Z. Lorſqu'elles ont lieu par la nature de ces forces, on eſt aſſuré que l'équilibre eſt poſſible; & il ne reſte plus qu'à trouver la figure que la maſſe fluide doit prendre pour être en équilibre, c'eſt-à-dire, l'équation de la ſurface extérieure du fluide. Or nous avons vu dans l'article 16, qu'on doit avoir dans chaque point de cette ſurface $\lambda = 0$. Donc puiſque $d\lambda = \Delta (Xdx + Ydy + Zdz)$, on aura en intégrant

$\lambda = \int \Delta (X dx + Y dy + Z dz) +$ const; par conséquent l'équation de la surface extérieure sera

$$\int \Delta (X dx + Y dy + Z dz) = K,$$

K étant une constante quelconque; & cette équation sera toujours en termes finis, puisque la quantité $\Delta (X dx + Y dy + Z dz)$ est supposée une différentielle exacte.

18. Si la quantité $X dx + Y dy + Z dz$ est elle-même une différentielle exacte, ce qui a toujours lieu lorsque les forces X, Y, Z sont le résultat d'une ou de plusieurs attractions proportionnelles à des fonctions quelconques des distances aux centres, puisqu'on a en général $X dx + Y dy + Z dz = P dp + Q dq + R dr +$ &c (Sect. V, art. 5); nommant cette quantité $d\Phi$, on aura alors $d\lambda = \Delta d\Phi$; donc pour que $d\lambda$ soit une différentielle complette, il faudra que Δ soit une fonction de Φ. Par conséquent $\lambda = \int \Delta d\Phi$ sera aussi nécessairement une fonction de Φ.

On aura donc dans ce cas pour la figure de la surface l'équation fonct. $\Phi = K$; savoir $\Phi =$ à une constante; de même que si la densité du fluide étoit uniforme. De plus, puisque Φ est constante à la surface, & que Δ est fonction de Φ, il s'ensuit que la densité Δ doit être la même dans tous les points de la surface extérieure d'une masse fluide en équilibre.

Dans l'intérieur du fluide la densité peut varier d'une maniere quelconque, pourvu qu'elle soit toujours une fonction de Φ; elle devra donc être constante par-tout où la valeur de Φ sera constante; de sorte que $\Phi = h$, sera en général l'équation des couches de même densité, h étant une constante. Donc différentiant, on aura $d\Phi = 0$, ou $X dx +$

$Ydy + Zdz = 0$ pour l'équation générale de ces couches; & il eſt viſible que cette équation eſt celle des ſurfaces auxquelles la réſultante des forces X, Y, Z eſt perpendiculaire, & que M. Clairaut appelle ſurfaces de niveau. D'où il s'enſuit que la denſité doit être uniforme dans chaque couche de niveau formée par deux ſurfaces de niveau infiniment voiſines.

Et cette loi doit avoir lieu dans la Terre & dans les Planetes, ſuppoſé que ces corps aient été originairement fluides, & qu'ils aient conſervé en ſe durciſſant la forme qu'ils avoient priſe en vertu de l'attraction de leurs parties combinée avec la force centrifuge.

19. L'équation $\int \Delta (Xdx + Ydy + Zdz) = K$ de la ſurface des fluides en équilibre, a lieu également pour les fluides libres de tous côtés, & pour ceux qui ſont renfermés dans des vaſes, du moins relativement à la partie de leur ſurface qui répond aux ouvertures du vaſe (art. 17).

Pour ce qui eſt de la ſurface contiguë aux parois du vaſe, il eſt clair qu'elle doit avoir la même figure que ces parois; de ſorte que ſi le vaſe eſt inflexible, la figure dont il s'agit ſera donnée & indépendante des conditions de l'équilibre. Il faudra donc que par rapport à cette partie de la ſurface du fluide, les termes de l'équation générale de l'équilibre, contenant les variations $\delta x'$, $\delta y'$, $\delta z'$, $\delta x''$, $\delta y''$, $\delta z''$ diſparoiſſent d'eux-mêmes, puiſqu'on ne pourroit les faire évanouir par aucune condition particuliere; c'eſt ce qu'il eſt bon d'examiner pour ne laiſſer rien à deſirer ſur la juſteſſe & la généralité de nos méthodes.

20. Conſidérons un point quelconque de la ſurface du fluide contiguë aux parois du vaſe ſuppoſé inflexible & d'une

figure donnée; ce point répondra néceſſairement au commencement ou à la fin de chacune des intégrations relatives à x, y, z, ou au commencement de l'une & à la fin des deux autres, ou réciproquement (art. 15). Suppoſons d'abord qu'il réponde à la fin de chacune des trois intégrations; les variations de x, y, z relatives à ce point, ſeront alors $\delta x''$, $\delta y''$, $\delta z''$ & les termes affectés de ces variations ſeront $\lambda'' \delta x'' dy dz$, $\lambda'' \delta y'' dx dz$, $\lambda'' \delta z'' dx dy$. De ſorte qu'on aura pour tous les points ſemblables de la ſurface du fluide, les intégrales $S \lambda'' \delta x'' dy dz$, $S \lambda'' \delta y'' dx dz$, $S \lambda'' d z'' dx dy$, dont la premiere doit être priſe en faiſant varier ſéparément y & z, après avoir ſubſtitué pour x ſa valeur en y & z donnée par la nature de la ſurface ou de la paroi du vaſe, dont la ſeconde doit être priſe en faiſant varier ſéparément x & z, & ſubſtituant pour y ſa valeur en x & z donnée par la même ſurface, & dont la troiſième doit être priſe pareillement, en faiſant varier ſucceſſivement & ſéparément x & y, & ſubſtituant pour z ſa valeur donnée en x & y par la même ſurface.

Or il eſt viſible qu'on peut réduire ces trois intégrales à la même forme, en ſuppoſant qu'on ſubſtitue dans les deux premieres, à la place de z, ſa valeur en x & y, & qu'on prenne enſuite dans la premiere x variable, & dans la ſeconde y variable à la place de z.

Ainſi ſi on repréſente par $dz = p\,dx + q\,dy$ l'équation de la ſurface donnée, il n'y aura qu'à mettre dans l'intégrale $S \lambda'' \delta x'' dy dz$, $p\,dx$ à la place de dz, & dans l'intégrale $S \lambda'' \delta y'' dx dz$, $q\,dy$ à la place de dz; enſuite intégrer l'une & l'autre relativement à x & à y. Mais il y a ici une obſervation importante à faire, laquelle conſiſte en ce que les différences dx, dy, dz doivent toujours être prises positivement, parce qu'elles sont censées telles dans la parallélepipede rectangulaire $dxdydz$ qui exprime le volume de la particule dm, lequel ne peut jamais devenir négatif par la nature même de la chose. D'où il s'ensuit que dans les substitutions de pdx & qdy à la place de dz, il faut toujours supposer p & q des quantités positives.

Nous supposerons donc en général que l'équation des parois du vase soit représentée par $dz = \pm pdx \pm qdy$, p & q étant toujours des quantités positives; & d'après ce que nous venons de démontrer, on aura au lieu des trois intégrales $S\lambda'' \delta x'' dydz$, $S\lambda'' \delta y'' dxdz$, $S\lambda'' \delta z'' dxdy$, celle-ci unique $S\lambda'' (p\delta x'' + q\delta y'' + \delta z'')\, dxdy$.

Maintenant puisque nous avons supposé que les points que nous considérons de la surface du fluide, répondent à la fin de chacune des trois intégrations relatives à x, y, z, il est facile de se convaincre que cette supposition ne peut avoir lieu à moins que les coordonnées x, y, z de ces points ne tombent toutes du même côté de la surface dont il s'agit, c'est-à-dire, du même côté des plans qui touchent cette surface dans les mêmes points. Or pour cela il faut nécessairement que l'équation différentielle de la surface soit dans ces points $dz = -pdx - qdy$, afin que x & y croissant z diminue. Mais $\delta x''$, $\delta y''$, $\delta z''$ étant *(hyp:)* les variations de x, y, z pour ces mêmes points, il est visible qu'elles doivent aussi avoir entr'elles les mêmes rapports que les différentielles dx, dy, dz, du moins tant qu'on regarde la figure de la surface comme invariable. On aura donc aussi $\delta z'' = -p\delta x'' - q\delta y''$; valeur qui étant substituée dans l'intégrale ci-dessus, la rend évidemment nulle.

21. Si les points dont il s'agit, au lieu de répondre à la fin des trois intégrations relatives à x, y, z, répondoient au commencement de ces mêmes intégrations, alors on auroit dans l'équation générale de l'équilibre (art. 15), relativement à ces points, les trois intégrales $-S\lambda'\delta x' dy dz$ $-S\lambda'\delta y' dx dz - S\lambda'\delta z' dx dy$, qui se changeroient de même en celle-ci unique,

$$-S\lambda'(p\delta x' + q\delta y' + \delta z')\, dx dy;$$

& l'on auroit aussi dans ce cas $dz = -p dx - q dy$, & par conséquent aussi $\delta z' = -p\delta x' - q\delta y'$; ce qui rendroit pareillement cette intégrale nulle.

Mais si ces mêmes points répondoient, par exemple, au commencement de l'intégration relative à x, & à la fin des deux intégrations relatives à y & z, alors les variations des coordonnées x, y, z pour ces points, seroient $\delta x'$, $\delta y''$, $\delta z''$, & les intégrales correspondantes seroient

$$-S\lambda'\delta x' dy dz + S\lambda''\delta y'' dx dz + S\lambda''\delta z'' dx dy,$$

dans lesquelles λ' seroit la même chose que λ''; ces intégrales se changeroient donc en celle-ci,

$$S\lambda''(-p\delta x' + q\delta y'' + \delta z'')\, dx dy.$$

Or il est facile de concevoir que pour que ce cas ait lieu, il faut que les deux coordonnées y & z se trouvent d'un même côté, & la coordonnée x de l'autre côté de chaque plan touchant la surface dans les points en question; c'est ce qui demande que l'équation de la surface soit pour ces points de la forme $dz = p dx - q dy$; de sorte qu'on aura aussi $\delta z'' = p\delta x' - q\delta y''$, ce qui étant substitué dans l'intégrale précédente la rendra encore nulle.

On trouvera le même résultat pour les autres cas où l'on considérera des points relatifs au commencement des intégrations suivant x & y, & à la fin de l'intégration suivant z, ou au commencement des intégrations suivant x & z, & à la fin de l'intégration suivant y, ou &c.

22. De ce que nous venons de démontrer par rapport à ces différens cas, on peut conclure que si on dénote par un trait les quantités qui répondent au commencement de l'intégration relative à z, c'est-à-dire les quantités qui appartiennent à la partie antérieure de la surface du fluide par rapport au plan des x & y, & qu'on dénote par deux traits les quantités répondantes à la fin de la même intégration suivant z, c'est-à-dire, les quantités relatives à la partie postérieure de la surface du fluide par rapport au même plan des x & y; qu'ensuite on représente en général par $dz + p\,dx + q\,dy = 0$ l'équation différentielle de la surface du fluide (p, q étant positives ou négatives); on pourra toujours transformer les trois expressions intégrales $S(\lambda''\delta x'' - \lambda'\delta x')\,dy\,dz + S(\lambda''\delta y'' - \lambda'\delta y')\,dx\,dz + S(\lambda''\delta z'' - \lambda'\delta z')\,dx\,dy$ de l'équation générale de l'équilibre de l'article 15 en ces deux-ci,

$$S\lambda''(\delta z'' + p''\delta x'' + q''\delta y'')\,dx\,dy$$
$$- S\lambda'(\delta z' + p'\delta x' + q'\delta y')\,dx\,dy.$$

Or puisque $dz + p\,dx + q\,dy = 0$ est l'équation d'une surface courbe, il s'ensuit de la théorie connue, qu'il y a nécessairement un multiplicateur r qui peut rendre cette équation intégrable ; de sorte qu'on aura $r\,(dz + p\,dx + q\,dy) = du$, du étant la différentielle exacte d'une fonction

tion u de x, y, z. On aura donc auſſi en changeant d en δ dans la différentiation de u, $r(\delta z + p\delta x + q\delta y) = \delta u$; & par conſéquent $\delta z + p\delta x + q\delta y = \frac{\delta u}{r}$. Donc en marquant toutes les quantités d'un ou de deux traits pour les rapporter à la ſurface antérieure ou poſtérieure du fluide, & ſubſtituant dans les expreſſions intégrales ci-deſſus, ces expreſſions deviendront

$$S\frac{\lambda''\delta u''}{r''}dx\,dy - S\frac{\lambda'\delta u'}{r'}dx\,dy.$$

23. Soit maintenant ds l'élément de la ſurface du fluide, dont l'équation eſt en général $dz + p\,dx + q\,dy = 0$, on aura, comme l'on ſait,

$$ds = dx\,dy\sqrt{(1 + p^2 + q^2)}.$$

Mais en regardant u comme une fonction de x, y, z, on a ſuivant la notation reçue, $r = \frac{du}{dz}$, $rp = \frac{du}{dx}$, $rq = \frac{du}{dy}$; donc $\frac{dx\,dy}{r} = \frac{ds}{r\sqrt{(1+p^2+q^2)}} =$

$$\frac{ds}{\sqrt{\left(\frac{du}{dx}\right)^2 + \left(\frac{du}{dy}\right)^2 + \left(\frac{du}{dz}\right)^2}}.$$

Donc ſi on fait pour abréger

$$V = \sqrt{\left(\frac{du}{dx}\right)^2 + \left(\frac{du}{dy}\right)^2 + \left(\frac{du}{dz}\right)^2}$$

& qu'on marque toutes les quantités d'une ou de deux traits pour les rapporter à la ſurface antérieure ou poſtérieure du fluide, on pourra donner aux expreſſions intégrales dont il s'agit, cette forme $S \frac{\lambda'' \delta u''}{V''} d s'' - S \frac{\lambda' \delta u'}{V'} d s'$.

Or par ce qui a été dit dans l'article 8 de la seconde Section, on voit que la quantité $\lambda d s \times \frac{\delta u}{V}$ peut représenter le moment d'une force égale à $\lambda d s$, & appliquée à l'élément $d s$ de la surface du fluide, perpendiculairement à cette même surface, dont l'équation est supposée δu ou $d u = 0$ (art. 22). Ainsi l'expression intégrale $S \frac{\lambda'' \delta u''}{V''} d s''$ représentera la somme des momens des forces λ'' agissantes sur chaque point de la surface postérieure de la masse fluide dans des directions perpendiculaires à cette surface; de même l'expression $S \frac{\lambda' \delta u'}{V'} d s'$ représentera la somme des momens des forces λ' appliquées à chaque point de la surface antérieure, & dirigées aussi perpendiculairement à cette surface; de sorte que $- S \frac{\lambda' \delta u'}{V'} d s'$ sera la somme des momens de ces dernieres forces prises en sens contraire, c'est-à-dire, en supposant leurs directions opposées à celles des forces λ'' par rapport au plan des x & y; ce qui revient à ce que toutes les forces appliquées à la surface de la masse fluide soient dirigées perpendiculairement à cette surface, & tendent de dedans en dehors, ou de dehors en dedans.

24. Donc puisque les expressions intégrales qui entrent dans l'équation générale de l'équilibre d'une masse fluide incompressible, & qui se rapportent aux points de la surface de cette masse, sont équivalentes à la somme des momens d'une infinité de forces λ appliquées perpendiculairement à tous les points de cette surface; il s'ensuit que ces forces ont réellement lieu à la surface du fluide; & il est

visible qu'elles ne sont autre chose que la pression que le fluide exerce dans tous les points de sa surface, en vertu des forces qui agissent dans toute sa masse.

25. Cette pression sera donc exprimée en général par la quantité λ, savoir par la formule $\int \Delta (X dx + Y dy + Z dz)$ rapportée à la surface du fluide (art. 17); & il est clair que par-tout où le fluide est libre, elle devra être nulle dans l'état d'équilibre; mais par-tout où la surface du fluide sera appliquée contre la surface d'un corps solide quelconque, il faudra que ce corps soutienne l'effort des forces λ appliquées à sa surface. D'où il est facile de déduire les loix de l'équilibre des fluides avec les solides qui les contiennent, ou qui y sont plongés. Comme elles sont assez connues, nous ne nous arrêterons pas à les détailler; nous nous dispenserons aussi de donner des applications particulieres de la théorie générale de l'équilibre des fluides incompressibles, n'ayant gueres rien à ajouter à ce qu'on trouve sur cette matiere, dans les Auteurs qui en ont déja traité.

HUITIEME SECTION.

De l'équilibre des fluides compressibles & élastiques.

1. SOIENT comme dans l'article 13 de la Section précédente, X, Y, Z les forces qui agissent sur chaque point de la masse fluide, réduites aux directions des coordonnées x, y, z, & tendantes à diminuer ces coordonnées; on

aura d'abord $S(X\delta x + Y\delta y + Z\delta z)dm$ pour la somme de leurs momens.

Dans les fluides élastiques il y a de plus une force intérieure qu'on nomme élasticité ou ressort, & qui tend à les dilater, ou à augmenter leur volume. Soit donc ϵ l'élasticité d'une particule quelconque dm; cette force étant dirigée à augmenter le volume $dxdydz$ de la même particule tendra donc à diminuer la quantité $-dxdydz$; par conséquent elle aura ou pourra être censée avoir pour moment la quantité $-\epsilon\delta.(dxdydz)$. De maniere que la somme des momens provenans de l'élasticité de toute la masse fluide, sera exprimée par $-S\epsilon\delta(dxdydz)$.

Donc la somme totale des momens des forces qui agissent sur le fluide, sera

$$S(X\delta x + Y\delta y + Z\delta z)dm - S\epsilon\delta(dxdydz);$$

& comme il n'y a ici aucune condition particuliere à remplir, on aura l'équation générale de l'équilibre, en égalant simplement cette somme à zéro.

2. On aura donc ainsi pour l'équilibre des fluides élastiques, une équation de la même forme que celle que l'on a trouvée dans la Section précédente (art. 13) pour l'équilibre des fluides incompressibles, puisque dans celle-ci $\delta L = \delta(dxdydz)$ (art. 14), ce qui rend le terme $S\lambda\delta L$ provenant de la condition de l'incompressibilité entiérement semblable au terme $S\epsilon\delta(dxdydz)$ dû aux momens des forces élastiques.

3. Il s'ensuit de-là que les formules trouvées pour l'équilibre des fluides incompressibles, s'appliquent immédiatement & sans aucune restriction à l'équilibre des fluides

élaſtiques, en y changeant ſimplement le coefficient λ en $-\varepsilon$, c'eſt-à-dire, en ſuppoſant que la quantité λ priſe négativement, exprime la force d'élaſticité de chaque élément du fluide. Il n'y aura donc qu'à répéter ici tout ce que nous avons démontré dans la Section précédente, depuis l'article 14 juſqu'à la fin.

4. On ſuppoſe ordinairement que l'élaſticité eſt proportionnelle à la denſité, ou en général à une fonction quelconque de la denſité; on aura donc $\varepsilon = -\lambda = \varphi\Delta$ (en nommant Δ la denſité); donc la détermination de Δ dépendra de l'équation ſuivante, (art. 17, Sect. précédente).

$$d.\varphi\Delta = \Delta(Xdx + Ydy + Zdz).$$

Cette équation donne

$$\frac{d.\varphi\Delta}{\Delta} = Xdx + Ydy + Zdz;$$

or $\frac{d.\varphi\Delta}{\Delta}$ eſt une différentielle complette d'une fonction de Δ; donc il faudra auſſi que $Xdx + Ydy + Zdz$, ſoit toujours une différentielle complette; autrement l'équilibre ne ſera pas poſſible. On a donc le cas de l'article 18 de la Section précédente; on aura par conſéquent auſſi les mêmes conſéquences.

Fin de la premiere Partie de la Méchanique.

SECONDE PARTIE.

DE LA MÉCHANIQUE,

OU LA DYNAMIQUE.

SECTION PREMIERE.

Sur les différens Principes de la Dynamique.

LA Dynamique est la Science des forces accélératrices ou retardatrices, & des mouvemens variés qu'elles peuvent produire. Cette Science est due entiérement aux Modernes, & Galilée est celui qui en a jetté les premiers fondemens. Avant lui on n'avoit considéré les forces qui agissent sur les corps que dans l'état d'équilibre; & quoiqu'on ne pût attribuer l'accélération des corps pesans, & le mouvement curviligne des projectiles qu'à l'action constante de la gravité, personne n'avoit encore réussi à déterminer les loix de ces phénomenes journaliers, d'après une cause si simple. Galilée a fait le premier ce pas important, & a ouvert par-là une carriere nouvelle & immense à l'avancement de la Méchanique. Ces découvertes sont exposées & développées dans l'ouvrage intitulé : *Dialoghi delle scienze nuove*, &c. lequel parut pour la premiere fois à Leyde en 1637; elles ne procurerent pas à Galilée, de son vivant, autant de célébrité que celles qu'il avoit faites sur le systême du monde, mais elles sont aujourd'hui la partie la plus solide & la plus réelle de la gloire de ce grand homme.

Les découvertes des satellites de Jupiter, des phases de Vénus, des taches du Soleil, &c, ne demandoient que des télescopes & de l'assiduité; mais il falloit un génie extraordinaire pour démêler les loix de la nature dans des phénomenes que l'on avoit toujours eus sous les yeux, mais dont l'explication avoit néanmoins toujours échappé aux recherches des Philosophes.

Huyghens qui paroît avoir été destiné à perfectionner & completter la plupart des découvertes de Galilée, ajouta à la théorie de l'accélération des graves celles du mouvement des pendules & des forces centrifuges, & prépara ainsi la route à la grande découverte de la gravitation universelle. La Méchanique devint une Science nouvelle entre les mains de Newton, & ses *Principes Mathématiques* qui parurent pour la premiere fois en 1687, furent l'époque de cette révolution.

Enfin l'invention du calcul infinitésimal mit les Géometres en état de réduire à des équations analytiques les loix du mouvement des corps; & la recherche des forces & des mouvemens qui en résultent, est devenue depuis le principal objet de leurs travaux.

Je me suis proposé ici de leur offrir un nouveau moyen de faciliter cette recherche; mais auparavant il ne sera pas inutile d'exposer les principes qui servent de fondement à la Dynamique, & de présenter la suite & la gradation des idées qui ont le plus contribué à étendre & à perfectionner cette Science.

La théorie des mouvemens variés & des forces accélératrices qui les produisent, est fondée sur ces loix générales, que tout mouvement imprimé à un corps, est par sa nature uniforme & rectiligne, & que différens mouvemens imprimés à la fois ou successivement à un même corps, se composent de maniere que le corps se trouve à chaque instant dans le même point de l'espace où il devroit se trouver en effet par la combinaison de ces mouvemens, s'ils existoient chacun réellement & séparément dans le corps. C'est dans ces deux loix que consistent les Principes connus de la force d'inertie & du mouvement composé. Galilée a apperçu le premier ces deux principes, & en a déduit les loix du mouvement des projectiles, en composant le mouvement oblique, effet de l'impulsion communiquée au corps, avec sa chûte perpendiculaire due à l'action de la gravité.

A l'égard des loix de l'accélération des graves, elles se déduisent naturellement de la considération de l'action constante & uniforme de la gravité, en vertu de laquelle les corps recevant dans des instants égaux des degrés égaux de vîtesse suivant la même direction, la vîtesse totale acquise au bout d'un tems quelconque, doit être proportionnelle à ce tems; & il est clair que ce rapport constant des vîtesses au tems, doit être lui-même proportionnel à l'intensité de la force que la gravité exerce pour mouvoir le corps; de sorte que dans le mouvement sur des plans inclinés, ce rapport ne doit pas être proportionnel à la force absolue de la gravité comme dans le mouvement vertical, mais à sa force relative, laquelle dépend de l'inclinaison du plan,

&

& se détermine par les régles de la Statique; ce qui fournit un moyen facile de comparer entr'eux les mouvemens des corps qui descendent le long des plans différemment inclinés.

Cependant il ne paroît pas que Galilée ait découvert de cette maniere les loix de la chûte des corps pesants. Il a commencé, au contraire, par supposer la notion d'un mouvement uniformément accéléré, dans lequel les vîtesses croissent comme les tems; il en a déduit géométriquement les principales propriétés de cette espece de mouvement, & sur-tout la loi de l'accroissement des espaces en raison des carrés des tems; ensuite il s'est assuré par des expériences, que cette loi a lieu effectivement dans le mouvement des corps qui tombent sur des plans quelconques inclinés. Mais pour pouvoir comparer entr'eux les mouvemens sur différens plans inclinés, il a été obligé d'abord d'admettre ce principe précaire, que les vîtesses acquises en descendant de hauteurs verticales égales, sont aussi toujours égales; & ce n'est que peu avant sa mort, & après la publication de ses Dialogues, qu'il a trouvé la démonstration de ce principe, par la considération de l'action relative de la gravité sur les plans inclinés, démonstration qui a été ensuite insérée dans les autres éditions de cet Ouvrage.

Le rapport constant qui dans les mouvemens uniformément accélérés, doit subsister entre les vîtesses & les tems, ou entre les espaces & les carrés des tems, peut donc être pris pour la mesure de la force accélératrice qui agit continuellement sur le mobile; parce qu'en effet cette force ne peut être estimée que par l'effet qu'elle produit dans le corps, & qui consiste dans les vîtesses engendrées, ou dans les eſpaces parcourus dans des tems donnés.

Ainſi il ſuffit, pour cette eſtimation des forces, de conſidérer le mouvement produit dans un tems quelconque, fini ou infiniment petit, pourvu que la force ſoit regardée comme conſtante pendant ce tems; par conſéquent, quel que ſoit le mouvement du corps & la loi de ſon accélération, on pourra toujours déterminer la valeur de la force qui agit ſur lui à chaque inſtant, en comparant la vîteſſe engendrée dans cet inſtant avec la durée du même inſtant, ou l'eſpace qu'elle fait parcourir pendant le même inſtant avec le carré de la durée de cet inſtant; & il n'eſt pas même néceſſaire que cet eſpace ait été réellement parcouru par le corps, il ſuffit qu'il puiſſe être cenſé avoir été parcouru par un mouvement composé, puiſque l'effet de la force eſt le même dans l'un & dans l'autre cas, par les principes du mouvement exposés plus haut.

C'eſt ainſi qu'Huyghens a découvert les loix des forces centrifuges des corps mûs dans des cercles avec des vîteſſes conſtantes, & qu'il a comparé ces forces entr'elles, & avec la force de la peſanteur à la ſurface de la terre, comme on le voit par les démonſtrations qu'il a laiſſées de ſes théorêmes ſur la force centrifuge, publiés en 1673, à la fin du Traité *de Horologio oſcillatorio.*

Mais Huyghens n'a pas été plus loin, & il étoit réſervé à Newton d'étendre cette théorie à des courbes quelconques, & de completter la ſcience des mouvemens variés & des forces accélératrices qui peuvent les engendrer. Cette ſcience ne conſiſte maintenant que dans quelques formules différentielles très-ſimples; mais Newton a conſtamment fait usage de la méthode géométrique simplifiée par la considération des premieres & dernieres raisons, & s'il s'est quelquefois servi du calcul analitique, c'est uniquement la méthode des séries qu'il a employée, laquelle doit être bien distinguée de la méthode différentielle, quoiqu'il soit facile de les rapprocher, & de les rappeller à un même principe.

Les Géomètres qui ont traité après Newton la théorie des forces accélératrices, se sont presque tous contentés de généraliser ses théorêmes, & de les traduire en expressions différentielles. De-là les différentes formules des forces centrales qu'on trouve dans la plupart des ouvrages de Méchanique, mais dont on ne fait maintenant plus d'usage dans les recherches sur le mouvement des corps animés par des forces quelconques, parce qu'on a une maniere plus simple de mettre ces problêmes en équations.

Si on conçoit que le mouvement d'un corps & les forces qui agissent sur lui soient décomposés suivant trois lignes droites perpendiculaires entr'elles, on pourra considérer séparément les mouvemens & les forces relatives à chacune de ces trois directions. Car à cause de la perpendicularité des directions, il est visible que chacun de ces mouvemens partiels peut être regardé comme indépendant des deux autres, & qu'il ne peut recevoir d'altération que de la part de la force qui agit dans la direction de ce mouvement; d'où l'on peut conclure que ces trois mouvemens doivent suivre, chacun en particulier, les loix des mouvemens rectilignes accélérés ou retardés par des forces données. Or dans le mouvement rectiligne, l'effet de la force accélératrice ne consistant qu'à altérer la vîtesse du corps, cette force doit être mesurée par le rapport entre l'accroissement ou le décroissement de la vîtesse pendant un instant quelconque, & la durée de cet instant, c'est-à-dire, par la différentielle de la vîtesse divisée par celle du tems ; & comme la vîtesse elle-même est exprimée dans les mouvemens variés, par la différentielle de l'espace divisée par celle du tems, il s'ensuit que la force dont il s'agit sera mesurée par la différentielle seconde de l'espace divisée par le carré de la différentielle premiere du tems supposée constante. Donc aussi la différentielle seconde de l'espace que le corps parcourt ou est censé parcourir suivant chacune des trois directions perpendiculaires, divisée par le carré de la différentielle constante du tems, exprimera la force accélératrice dont le corps doit être animé suivant cette même direction ; & devra par conséquent être égalée à la force actuelle qui est supposée agir dans cette direction.

Il n'est pas nécessaire que les trois directions auxquelles on rapporte le mouvement instantané du corps, soient absolument fixes, il suffit qu'elles le soient pendant la durée d'un instant. Ainsi dans les mouvemens en ligne courbe, on peut prendre à chaque instant ces directions, l'une dans la tangente, & les deux autres dans les perpendiculaires à la courbe. Alors la force accélératrice qui agit suivant la tangente, & qu'on nomme force tangentielle, sera toute employée à altérer la vîtesse absolue du corps, & sera exprimée par l'élément de cette vîtesse divisée par l'élément du tems. C'est ce qui constitue le principe si connu des forces accélératrices.

Les forces normales, au contraire, ne feront que changer la direction du corps, & dépendront de la courbure de la ligne qu'il décrit. En réduisant ces deux dernieres forces à une seule, il faudra que la direction de celle-ci soit dans le plan de la courbure, & sa valeur se trouvera exprimée par le carré de la vîtesse du corps divisé par le rayon de la développée, c'est-à-dire, par le rayon du cercle qui mesure la courbure de la courbe en chaque point, & qu'on nomme cercle *osculateur*. C'est aussi l'expression qu'Huyghens avoit trouvée pour la force centrifuge des corps qui décrivent des cercles avec des vîtesses uniformes; & elle est générale pour des courbes & des vîtesses quelconques, en considérant à chaque instant le corps comme mu dans le cercle osculateur.

Il est cependant beaucoup plus simple de rapporter le mouvement du corps à des directions fixes dans l'espace. Alors en employant pour déterminer le lieu du corps dans l'espace, trois coordonnées rectangles qui ayent ces mêmes directions, les variations de ces coordonnées représenteront évidemment les espaces parcourus par le corps suivant les directions de ces coordonnées; par conséquent leurs différentielles secondes, divisées par le carré de la différentielle constante du tems, exprimeront les forces accélératrices qui doivent agir suivant ces mêmes coordonnées; ainsi en égalant ces expressions à celles des forces données par la nature du probléme, on aura trois équations semblables qui serviront à déterminer toutes les circonstances du mouvement. Cette maniere de déterminer le mouvement d'un corps animé par des forces accélératrices quelconques, est par sa simplicité préférable à toutes les autres; il paroît que Maclaurin est le premier qui l'ait employée dans son Traité des Fluxions, imprimé en 1742; elle est maintenant universellement adoptée.

Par les principes qui viennent d'être exposés, on peut donc déterminer les loix du mouvement d'un corps libre, sollicité par des forces quelconques, pourvu que le corps soit regardé comme un point.

On peut aussi appliquer ces principes à la recherche du mouvement de plusieurs corps qui exercent les uns sur les autres une attraction mutuelle, suivant une loi quelconque qui soit comme une fonction connue des distances; enfin il n'est pas difficile de les étendre aux mouvemens dans des milieux résistans, ainsi qu'à ceux qui se font sur des surfaces courbes données; car la résistance du milieu n'est autre chose qu'une force qui agit dans une direction opposée à celle du mobile; & lorsqu'un corps est forcé de se mouvoir sur une surface donnée, il y a nécessairement une force perpendiculaire à la surface qui l'y retient, & dont la valeur inconnue peut se déterminer d'après les conditions qui résultent de la nature de la même surface.

Mais si on cherche le mouvement de plusieurs corps qui agissent les uns sur les autres par impulsion ou par pression, soit immédiatement comme dans le choc ordinaire, ou par le moyen de fils ou de leviers inflexibles, auxquels ils soient attachés, ou en général par quelqu'autre moyen que ce soit, alors la question est d'un ordre plus élevé, & les principes précédens sont insuffisans pour la résoudre. Car ici les forces qui agissent sur les corps sont inconnues, & il faut déduire ces forces de l'action que les corps doivent exercer entr'eux, suivant leur disposition mutuelle. Il est donc nécessaire d'avoir recours à un nouveau principe qui serve à déterminer la force des corps en mouvement, eu égard à leur masse & à leur vîtesse.

Ce principe consiste en ce que pour imprimer à une masse donnée une certaine vîtesse suivant une direction quelconque, soit que cette masse soit en repos ou en mouvement, il faut une force dont la valeur soit proportionnelle au produit de la masse par la vîtesse, & dont la direction soit la même que celle de cette vîtesse. Ce produit de la masse d'un corps multipliée par sa vîtesse, s'appelle communément la quantité de mouvement de ce corps, parce qu'en effet c'est la somme des mouvemens de toutes les parties matérielles du corps. Ainsi les forces se mesurent par les quantités de mouvement qu'elles sont capables de produire, & réciproquement la quantité de mouvement d'un corps, est la mesure de la force que le corps est capable d'exercer contre un obstacle, & qui s'appelle la *percussion.* D'où il s'ensuit que si deux corps non élastiques viennent à se choquer directement en sens contraires avec des quantités de mouvement égales, leurs forces doivent se contrebalancer & se détruire, par conséquent les corps doivent s'arrêter & demeurer en repos. Mais si le choc se faisoit par le moyen d'un levier, il faudroit pour la destruction du mouvement des corps, que leurs forces suivissent la loi connue de l'équilibre du levier.

Il paroît que Descartes a apperçu le premier le Principe que nous venons d'exposer, mais il s'est trompé dans son application au choc des corps, pour avoir cru que la même quantité de mouvement absolu devoit toujours se conserver.

Wallis est proprement le premier qui ait eu une idée nette de ce Principe, & qui s'en soit servi avec succès pour découvrir les loix de la communication du mouvement dans le choc des corps durs ou élaſtiques, comme on le voit dans les Tranſactions Philoſophiques de 1669, & dans la troiſieme Partie de ſon Traité *de Motu*, imprimé en 1671.

De même que le produit de la maſſe & de la vîteſſe exprime la force finie d'un corps en mouvement, ainſi le produit de la maſſe & de la force accélératrice que nous avons vu être repréſentée par l'élément de la vîteſſe diviſé par l'élément du tems, exprimera la force élémentaire ou naiſſante; & cette quantité, ſi on la conſidere comme la meſure de l'effort que le corps peut faire en vertu de la vîteſſe élémentaire qu'il a priſe, ou qu'il tend à prendre, conſtitue ce qu'on nomme *preſſion*; mais ſi on la regarde comme la meſure de la force ou puiſſance néceſſaire pour imprimer cette même vîteſſe, elle eſt alors ce qu'on nomme *force motrice*.

Ainſi des preſſions, ou des forces motrices, ſe détruiront ou ſe feront équilibre ſi elles ſont égales & directement oppoſées, ou ſi étant appliquées à une machine quelconque, elles ſuivent les loix de l'équilibre de cette machine.

Lorſque des corps ſont joints enſemble, de maniere qu'ils ne puiſſent obéir librement aux impulſions reçues, & aux forces accélératrices dont ils ſont animés, ces corps exercent néceſſairement les uns ſur les autres des preſſions continuelles qui altèrent leurs mouvemens, & en rendent la détermination difficile.

Le premier problême & le plus ſimple de ce genre dont les Géomètres ſe ſoient occupés, eſt celui des centres d'oſcillation. Ce problême a été fameux dans le ſiecle dernier & au commencement de celui-ci, par les efforts & les tentatives

tatives que les plus grands Géomètres ont faits pour en venir à bout ; & comme c'eſt principalement à ces tentatives qu'on doit les progrès immenſes que la Dynamique a faits depuis, je crois devoir en donner ici une hiſtoire ſuccinte, pour montrer par quels degrés cette Science s'eſt élevée à la perfection où elle paroît être parvenue dans ces derniers tems.

Les premieres traces des recherches ſur les centres d'oſcillation, ſe trouvent dans les Lettres de Deſcartes. On y voit que le Pere Merſenne lui avoit propoſé de déterminer la grandeur que doit avoir un corps de figure quelconque, pour qu'étant ſuſpendu par un point, il faſſe ſes oſcillations dans le même tems qu'un fil de longueur donnée, & chargé d'un ſeul poids à ſon extrémité. Deſcartes obſerve que cette queſtion a quelque rapport avec celle du centre de gravité, & que de même que dans un corps peſant qui tombe librement, il y a un centre de gravité autour duquel les efforts de la peſanteur de toutes les parties du corps ſe font équilibre, enſorte que ce centre deſcend de la même maniere que ſi le reſte du corps étoit anéanti, ou qu'il fût concentré dans le même centre ; ainſi dans les corps peſans qui tournent autour d'un axe fixe, il doit y avoir un centre, qu'il appelle *centre d'agitation*, autour duquel les forces *d'agitation* de toutes les parties du corps ſe contre-balancent de maniere que ce centre étant libre de l'action de ces forces, puiſſe être mu comme il le feroit ſi les autres parties du corps étoient anéanties, ou concentrées dans ce même centre ; que par conſéquent tous les corps dans leſquels ce centre ſera également éloigné de l'axe de rotation, feront leur vibration dans le même tems.

D'après cette notion du centre d'agitation, Descartes donne une méthode générale de le déterminer dans des corps de figure quelconque; cette méthode consiste à chercher le centre de gravité des forces d'agitation de toutes les parties du corps, en estimant ces forces par les produits des masses multipliées par les vîtesses qui sont ici proportionnelles aux distances de l'axe de rotation, & en supposant que les parties du corps soient projettées sur le plan qui passe par son centre de gravité & par l'axe de rotation, de maniere qu'elles soient toujours à la même distance de cet axe.

Mais cette supposition n'est pas permise ici, parce que l'effet des forces ne dépend pas seulement de la quantité du mouvement, mais encore de sa direction; aussi la regle de Descartes n'est-elle bonne que lorsque toutes les parties du corps sont réellement ou peuvent être censées placées dans un même plan passant par l'axe de rotation; dans tous les autres cas il ne faut considérer que les mouvemens perpendiculaires au plan passant par l'axe de rotation & par le centre de gravité du corps, & on doit rapporter chaque particule au point où ce plan est rencontré par la direction du mouvement de cette particule, direction qui est toujours perpendiculaire au plan de cette particule & de l'axe de rotation.

Ce défaut de la regle de Descartes fut apperçu par Roberval, & devint le sujet d'une contestation entre ces deux Géomètres, dans laquelle l'avantage paroît être entiérement du côté de ce dernier. Roberval donne des déterminations exactes des centres d'agitation des secteurs & des arcs de cercle mus perpendiculairement à leur plan, & il fait voir l'insuffisance de la regle de son adversaire dans ce cas; mais accoutumé à cacher ſes méthodes, il ſe contente d'indiquer ces réſultats particuliers, & il eſt impoſſible de juger s'il étoit en poſſeſſion d'une méthode générale.

Au reſte, Roberval remarque avec raiſon, que le centre dont il s'agit n'eſt proprement que le centre de percuſſion, autour duquel les chocs ou les momens de percuſſion ſont égaux, & que pour trouver le vrai centre d'oſcillation d'un pendule peſant, il faut auſſi avoir égard à l'action de la gravité, en vertu de laquelle le pendule ſe meut. Mais cette recherche étant ſupérieure à la Méchanique de ces tems-là, les Géomètres continuerent à ſuppoſer tacitement que le centre de percuſſion étoit le même que celui d'oſcillation, & Huyghens fut le premier qui enviſagea ce dernier centre ſous ſon vrai point de vûe; auſſi crut-il devoir regarder ce problême comme entiérement neuf, & ne pouvant le réſoudre par l'application des loix connues du mouvement, il inventa un principe nouveau, mais indirect, lequel eſt devenu célebre depuis, ſous le nom de *Conſervation des forces vives.*

Un fil conſidéré comme une ligne inflexible, ſans peſanteur & ſans maſſe, étant attaché par un bout à un point fixe & chargé à l'autre bout d'un petit poids qu'on puiſſe regarder comme réduit à un point, forme ce qu'on appelle un pendule ſimple, & la loi des vibrations de ce pendule dépend uniquement de ſa longueur, c'eſt-à-dire, de la diſtance entre le poids & le point de ſuſpenſion. Mais ſi à ce fil on attache encore un ou pluſieurs poids à différentes diſtances du point de ſuſpenſion, on aura alors un pendule composé, dont le mouvement devra tenir une eſpece de milieu entre ceux des différens pendules ſimples que l'on auroit, ſi chacun de ces poids étoit ſuſpendu ſeul au fil.

Car la force de la gravité tendant d'un côté à faire descendre tous les poids également dans le même tems, & de l'autre l'inflexibilité du fil les contraignant à décrire dans ce même tems des arcs inégaux & proportionnels à leurs distances du point de suspension, il doit se faire entre ces poids une espece de compensation & de répartition de leurs mouvemens, ensorte que les poids qui sont les plus proches du point de suspension, hâteront les vibrations des plus éloignés, & ceux-ci, au contraire, retarderont les vibrations des premiers. Ainsi il y aura dans le fil un point où un corps étant placé, son mouvement ne seroit ni accéléré, ni retardé par les autres poids, mais seroit le même que s'il étoit seul suspendu au fil. Ce point sera donc le vrai centre d'oscillation du pendule composé, & un tel centre doit se trouver aussi dans tout corps solide de quelque figure que ce soit, qui oscille autour d'un axe horizontal.

Huyghens vit qu'on ne pouvoit déterminer ce centre d'une maniere rigoureuse, sans connoître la loi suivant laquelle les différens poids du pendule composé alterent mutuellement les mouvemens que la gravité tend à leur imprimer à chaque instant; mais au lieu de chercher à déduire cette loi des Principes fondamentaux de la Méchanique, il se contenta d'y suppléer par un Principe indirect, lequel consiste à supposer, que si plusieurs poids attachés, comme l'on voudra, à un pendule descendent par la seule action de la gravité, & que dans un instant quelconque ils soient détachés & séparés les uns des autres, chacun d'eux, en vertu de sa vîtesse acquise pendant sa chûte, remontera à une telle hauteur que le centre commun de gravité se trouvera remonté à la même hauteur d'où il étoit descendu. A la vérité Huyghens, n'établit pas ce principe immédiatement, mais il le déduit de deux hypothèses qu'il croit devoir être admises comme des demandes de Méchanique; l'une c'est que le centre de gravité d'un systême de corps pesans, ne peut jamais remonter à une hauteur plus grande que celle d'où il est tombé, quelque changement qu'on fasse à la disposition mutuelle des corps, parce qu'autrement le mouvement perpétuel ne seroit plus impossible; l'autre c'est qu'un pendule composé peut toujours remonter de lui-même à la même hauteur d'où il est descendu librement. Au reste, Huyghens remarque que le même principe a lieu dans le mouvement des corps pesans liés ensemble d'une maniere quelconque, comme aussi dans le mouvement des fluides.

On ne sauroit deviner ce qui a donné à cet Auteur l'idée d'un tel Principe; mais on peut conjecturer qu'il y a été conduit par le théorême que Galilée avoit démontré sur la chûte des corps pesans, lesquels soit qu'ils descendent verticalement ou sur des plans inclinés, acquièrent toujours des vîtesses capables de les faire remonter aux mêmes hauteurs d'où ils étoient tombés. Ce théorême généralisé & appliqué au centre de gravité d'un systême de corps pesans, donne le Principe d'Huyghens.

Quoi qu'il en soit, il est visible que ce Principe fournit une équation entre la hauteur verticale, d'où le centre de gravité du systême est descendu dans un tems quelconque, & les différentes hauteurs verticales auxquelles les corps qui composent le systême pourroient remonter avec leurs vîtesses acquises, & qui par les théorêmes de Galilée sont comme les carrés de ces vîtesses. Or dans un pendule qui oscille autour d'un axe horisontal les vîtesses des différens points ſont proportionnelles à leurs diſtances de l'axe; ainſi on peut réduire l'équation à deux ſeules inconnues, dont l'une ſoit la deſcente du centre de gravité du pendule dans un tems quelconque, & dont l'autre ſoit la hauteur à laquelle un point donné de ce pendule pourroit remonter par ſa vîteſſe acquiſe. Mais la deſcente du centre de gravité détermine celle de tout autre point du pendule; donc on aura une équation entre la hauteur d'où un point quelconque du pendule eſt deſcendu, & celle à laquelle il pourroit remonter par ſa vîteſſe, due à cette chûte. Dans le centre d'oſcillation, ces deux hauteurs doivent être égales, parce que les corps libres peuvent toujours remonter à la même hauteur d'où ils ſont tombés; & l'équation fait voir que cette égalité ne peut avoir lieu que dans un point de la ligne perpendiculaire à l'axe de rotation, & paſſant par le centre de gravité du pendule, lequel ſoit éloigné de cet axe de la quantité qui provient en multipliant tous les poids qui compoſent le pendule, par les carrés de leurs diſtances à l'axe, & diviſant la ſomme de ces produits par la maſſe du pendule multipliée par la diſtance de ſon centre de gravité au même axe. Cette quantité exprimera donc la longueur d'un pendule ſimple, dont le mouvement ſeroit égal à celui du pendule compoſé.

Cette théorie d'Huyghens eſt expoſée dans ſon Traité *de Horologio oſcillatorio*, qui parut en 1673, & elle y eſt accompagnée d'un grand nombre de ſavantes applications. Elle n'auroit rien laiſſé à déſirer, ſi elle n'avoit pas été appuyée ſur un Principe précaire; & il reſtoit toujours à démontrer ce Principe pour la mettre hors de toute atteinte. En 1681 parurent dans le Journal des Savans de Paris, quelques mauvaiſes objections contre cette théorie, auxquelles Huyghens ne répondit que d'une maniere vague & peu ſatisfaiſante. Mais cette conteſtation ayant excité l'attention de Jacques Bernoulli, lui donna occaſion d'examiner à fond la théorie de Huyghens, & de chercher à la rappeller aux premiers principes de la Dynamique. Il ne conſidere d'abord que deux poids égaux attachés à une ligne inflexible & droite, & il remarque que la vîteſſe que le premier poids, celui qui eſt le plus près du point de ſuſpenſion, acquiert en décrivant un arc quelconque, doit être moindre que celle qu'il auroit acquiſe en décrivant librement le même arc; & qu'en même tems la vîteſſe acquiſe par l'autre poids, doit être plus grande que celle qu'il auroit acquiſe, en parcourant le même arc librement. La vîteſſe perdue par le premier poids s'eſt donc communiquée au ſecond, & comme cette communication ſe fait par le moyen d'un levier mobile autour d'un point fixe, l'Auteur ſuppoſe qu'elle doit ſuivre la loi de l'équilibre des puiſſances appliquées à ce levier; de maniere que la perte de vîteſſe du premier poids ſoit au gain de vîteſſe du ſecond, dans la raiſon réciproque des bras de levier, c'eſt-à-dire, des diſtances au point de ſuſpenſion. De-là & de ce que les vîteſſes réelles des deux poids doivent être elles-mêmes dans la raiſon directe de ces diſtances, on détermine facilement ces vîteſſes, & par conſéquent le mouvement du pendule.

Tel eſt le premier pas qui ait été fait vers la ſolution directe de ce fameux problême. L'idée de rapporter au levier les forces réſultantes des vîteſſes gagnées ou perdues par les poids, eſt très-fine, & donne la clef de la vraie théorie; mais Jacques Bernoulli s'eſt trompé, en conſidérant les vîtesses acquises pendant un tems quelconque fini, au lieu qu'il n'auroit dû considérer que les vîtesses élémentaires acquises pendant un instant, & les comparer avec celles que la gravité tend à imprimer pendant le même instant. C'est ce qu'a fait depuis le Marquis de l'Hopital, dans un Écrit inséré dans le Journal de Rotterdam de 1690. Il suppose deux poids quelconques attachés au fil inflexible qui fait le pendule composé, & il établit l'équilibre entre les quantités de mouvement perdues & gagnées par ces poids dans un instant quelconque, c'est-à-dire, entre les différences des quantités de mouvement que les poids acquierent réellement dans cet instant, & celles que la gravité tend à leur imprimer. Il détermine par ce moyen le rapport de l'accélération instantanée de chaque poids à celle que la gravité seule tend à lui donner, & il trouve le centre d'oscillation, en cherchant le point du pendule pour lequel ces deux accélérations seroient égales. Il étend ensuite sa théorie à un plus grand nombre de poids, mais il regarde pour cela les premiers comme réunis successivement dans leur centre d'oscillation, ce qui n'est plus si direct, ni ne peut être admis sans démonstration.

Cette analyse du Marquis de l'Hopital fit revenir Jacques Bernoulli sur la sienne, & donna enfin lieu à la premiere solution directe & rigoureuse du problême des centres d'oscillation, solution qui mérite d'autant plus l'attention des Géomètres, qu'elle contient le germe de ce Principe de Dynamique, qui est devenu si fécond entre les mains de M. d'Alembert.

L'Auteur considere les mouvemens que la gravité imprime à chaque instant aux corps qui composent le pendule, & comme ces corps, à cause de leur liaison, ne peuvent les suivre

ſuivre en entier, il conçoit les mouvemens imprimés comme composés de ceux que les corps peuvent prendre, & d'autres mouvemens qui doivent être détruits, & en vertu deſquels le pendule doit demeurer en équilibre. Le problême ſe trouve ainſi ramené aux principes de la Statique, & ne demande plus que le ſecours de l'analyſe. Jacques Bernoulli trouva par ce moyen des formules générales pour les centres d'oſcillation des corps de figure quelconque, en fit voir l'accord avec le principe de Huyghens, & démontra l'identité des centres d'oſcillation & de percuſſion. Cette ſolution avoit été ébauchée dès 1691 dans les actes de Leipſic, mais elle n'a été donnée d'une maniere complette qu'en 1703, dans les Mémoires de l'Académie des Sciences de Paris.

Pour ne rien laiſſer à deſirer ſur cette hiſtoire du problême du centre d'oſcillation, je devrois rendre compte auſſi de la ſolution que Jean Bernoulli en a donnée enſuite dans les mêmes Mémoires, & qui ayant été trouvée & publiée à peu près en même-tems par Taylor, dans l'ouvrage intitulé: *Methodus incrementorum*, a été l'occaſion d'une vive diſpute entre ces deux Géomètres; mais quelque ingénieuſe que ſoit l'idée ſur laquelle eſt fondée cette nouvelle ſolution, & qui conſiſte à réduire tout d'un coup le pendule composé en un pendule ſimple, en ſubſtituant à ſes différens poids, d'autres poids réunis dans un ſeul point, & dont les maſſes & les peſanteurs ſoient telles qu'il faut pour que leurs accélérations angulaires & leurs momens, par rapport à l'axe de rotation ſoient les mêmes, il faut néanmoins avouer que cette idée n'eſt ni ſi naturelle, ni ſi lumineuſe que celle de l'équilibre entre les mouvemens détruits à laquelle Jacques Bernoulli avoit eu l'art de réduire cette recherche.

On trouve encore dans la *Phoronomie* d'Herman, publiée en 1716, une nouvelle maniere de résoudre le même problême, & qui est fondée sur cet autre principe, que les forces motrices, dont les poids qui forment le pendule sont réellement animés, pour pouvoir être mus conjointement, doivent être équivalentes à celles qui proviennent de l'action de la gravité; ensorte que les premieres étant supposées dirigées en sens contraire, doivent faire équilibre à ces dernieres.

Ce principe présenté de cette maniere, n'est cependant pas assez lumineux pour pouvoir être pris pour un axiome de Méchanique; mais il n'est pas difficile de le démontrer par le moyen de celui de Jacques Bernoulli, dont il est en effet une suite nécessaire.

M. Euler lui a donné depuis une plus grande généralité, & l'a appliqué à la solution de différens problêmes touchant les oscillations des corps flexibles ou inflexibles, dans un Mémoire imprimé en 1740, dans le tome VII des anciens Commentaires de Pétersbourg.

Il seroit trop long de parler des autres problêmes de Dynamique qui ont exercé la sagacité des Géomètres après celui du centre d'oscillation, & avant que l'art de les résoudre fût réduit à des regles fixes. Ces problêmes que MM. Bernoulli, Clairaut, Euler se proposoient entr'eux, se trouvent répandus dans les premiers volumes des Mémoires de Pétersbourg & de Berlin, dans les Mémoires de Paris (années 1736 & 1742), dans les Œuvres de Jean Bernoulli, & dans les Opuscules de M. Euler. Ils consistent à déterminer les mouvemens de plusieurs corps pesans ou non qui se poussent ou se tirent par des fils ou des leviers inflexibles où ils sont fixement attachés, ou le long desquels ils peuvent couler librement, & qui ayant reçu des impulsions quelconques, sont ensuite abandonnés à eux-mêmes, ou contraints de se mouvoir sur des courbes ou des surfaces données.

Le principe de Huyghens étoit presque toujours employé dans la solution de ces problêmes; mais comme ce principe ne donne qu'une seule équation, on cherchoit les autres par la considération des forces inconnues avec lesquelles on concevoit que les corps devoient se pousser ou se tirer, & qu'on regardoit comme des forces élastiques agissant également en sens contraires; l'emploi de ces forces dispensoit d'avoir égard à la liaison des corps, & permettoit de faire usage des loix du mouvement des corps libres; ensuite les conditions qui par la nature du problême devoient avoir lieu entre les mouvemens des différens corps, servoient à déterminer les forces inconnues qu'on avoit introduites dans le calcul. Mais il falloit toujours une adresse particuliere pour démêler dans chaque problême toutes les forces auxquelles il étoit nécessaire d'avoir égard; ce qui rendoit ces problêmes piquants & propres à exciter l'émulation.

Le traité de Dynamique de M. d'Alembert qui parut en 1743, mit fin à ces especes de défis, en offrant une méthode directe & générale pour résoudre, ou du moins pour mettre en équations tous les problêmes de Dynamique que l'on peut imaginer. Cette méthode réduit toutes les loix du mouvement des corps à celles de leur équilibre, & ramene ainsi la Dynamique à la Statique. Nous avons déja remarqué que le principe employé par Jacques Bernoulli dans la recherche du centre d'oscillation, avoit l'avantage de faire dépendre cette recherche des conditions de l'équilibre du levier; mais il étoit réservé à M. d'Alembert d'envisager ce principe d'une maniere générale, & de lui donner toute la simplicité & la fécondité dont il pouvoit être susceptible.

Si plusieurs corps tendent à se mouvoir avec des vîtesses & des directions, qu'ils soient forcés de changer à cause de leur action mutuelle, on peut regarder ces mouvemens comme composés de ceux que les corps prendront réellement, & d'autres mouvemens qui sont détruits; d'où il suit que ces derniers doivent être tels que les corps animés de ces seuls mouvemens se fassent équilibre.

Tel est le Principe que M. d'Alembert a donné, & dont il a fait tant d'heureuses & utiles applications. Ce Principe ne fournit pas immédiatement les équations nécessaires pour la solution des différens problêmes de Dynamique, mais il apprend à les déduire des conditions de l'équilibre. Ainsi en combinant ce Principe avec les Principes ordinaires de l'équilibre du levier, ou de la composition des forces, on peut toujours trouver les équations de chaque problême à l'aide de quelques constructions plus ou moins compliquées. C'est de cette maniere qu'on en a usé jusqu'ici dans l'application du Principe dont il s'agit; mais la difficulté de déterminer les forces qui doivent être détruites, ainsi que les loix de l'équilibre entre ces forces, rend souvent cette application embarrassante & pénible; & les solutions qui en résultent sont presque toujours plus longues que si elles étoient déduites de Principes moins simples & moins directs.

Dans la premiere Partie de ce Traité, le Principe des vîtesses virtuelles nous a conduits à une Méthode analytique très-ſimple, pour réſoudre toutes les queſtions de Statique. Ce même Principe combiné avec celui que nous venons d'expoſer, fournira donc auſſi une Méthode ſemblable pour les problêmes de Dynamique, & qui aura les mêmes avantages.

Pour ſe former d'abord une idée de cette méthode, on ſe rappellera que le Principe général des vîteſſes virtuelles conſiſte en ce que, lorſqu'un ſyſtême de corps réduits à des points, & animés de forces quelconques eſt en équilibre, ſi on donne à ce ſyſtême un petit mouvement quelconque en vertu duquel chaque corps parcoure un eſpace infiniment petit, la ſomme des forces ou puiſſances multipliées chacune par l'eſpace que le point où elle eſt appliquée parcourt ſuivant la direction de cette puiſſance, eſt toujours égale à zéro.

Si maintenant on ſuppoſe le ſyſtême en mouvement, & qu'on regarde le mouvement que chaque corps a dans un inſtant comme compoſé de deux, dont l'un ſoit celui que le corps aura dans l'inſtant ſuivant, il faudra que l'autre ſoit détruit par l'action réciproque des corps, & par celle des forces motrices dont ils ſont actuellement animés. Ainſi il devra y avoir équilibre entre ces forces & les preſſions ou réſiſtances qui réſultent des mouvemens qu'on peut regarder comme perdus par les corps d'un inſtant à l'autre. D'où il ſuit que pour étendre au mouvement du ſyſtême la formule de ſon équilibre, il ſuffira d'y ajouter les termes dûs à ces dernieres forces.

Or ſi on conſidere, ainſi que nous l'avons déja fait plus haut, les vîteſſes que chaque corps a ſuivant trois directions fixes & perpendiculaires entr'elles, les décroiſſemens de ces vîteſſes repréſenteront les mouvemens perdus ſuivant les mêmes directions, & leurs accroiſſemens ſeront par conſéquent les mouvemens perdus dans des directions oppoſées. Donc les preſſions réſultantes de ces mouvemens perdus ſeront exprimées en général par la maſſe multipliée par l'élément de la vîteſſe, & diviſée par l'élément du tems, & auront des directions directement contraires à celles des vîteſſes. De cette maniere on pourra exprimer analitiquement les termes dont il s'agit, & l'on aura une formule générale pour le mouvement des corps, laquelle renfermera la ſolution de tous les problêmes de Dynamique, & dont le ſimple développement donnera les équations néceſſaires pour chaque problême, comme on le verra dans la ſuite de ce Traité.

Mais un des plus grands avantages de cette formule, eſt d'offrir immédiatement les équations générales qui renferment les Principes, ou théorêmes connus ſous les noms de *conſervation des forces vives*, de *conſervation du mouvement du centre de gravité*, *de conſervation du moment du mouvement de rotation*, ou *Principe des aires*, & de *principe de la moindre quantité d'action*. Ces Principes doivent être regardés plutôt comme des réſultats généraux des loix de la Dynamique, que comme des principes primitifs de cette Science; mais étant ſouvent employés comme tels dans la ſolution des problêmes, nous croyons devoir en dire auſſi un mot, en indiquant en quoi ils conſiſtent, & à quels Auteurs ils ſont dûs, pour ne rien laiſſer à deſirer dans cette expoſition préliminaire des Principes de la Dynamique.

Le premier des quatre Principes dont nous venons de parler, celui de la conſervation des forces vives, a été trouvé par Huyghens, mais ſous une forme un peu différente de celle qu'on lui donne préſentement ; & nous en avons déja parlé à l'occaſion du problême des centres d'oſcillation. Le principe tel qu'il a été employé dans la ſolution de ce problême, conſiſte dans l'égalité entre la deſcente & la montée du centre de gravité de pluſieurs corps peſans qui deſcendent conjointement, & qui remontent enſuite ſéparément, étant réfléchis en haut chacun avec la vîteſſe qu'il avoit acquiſe. Or par les propriétés connues du centre de gravité, le chemin parcouru par ce centre dans une direction quelconque, eſt exprimé par la ſomme des produits de la maſſe de chaque corps & du chemin qu'il a parcouru ſuivant la même direction, diviſée par la ſomme des maſſes. D'un autre côté, par les théorêmes de Galilée, le chemin vertical parcouru par un corps grave eſt proportionnel au carré de la vîteſſe qu'il a acquiſe en deſcendant librement, & avec laquelle il pourroit remonter à la même hauteur. Ainſi le Principe de Huyghens ſe réduit à ce que dans le mouvement des corps peſans, la ſomme des produits des maſſes par les carrés des vîteſſes à chaque inſtant, eſt la même, ſoit que les corps ſe meuvent conjointement d'une maniere quelconque, ou qu'ils parcourent librement les mêmes hauteurs verticales. C'eſt auſſi ce que Huyghens lui-même a remarqué en peu de mots dans un petit Ecrit relatif aux méthodes de Jacques Bernoulli & du Marquis de l'Hopital, pour les centres d'oſcillation.

Juſques-là ce Principe n'avoit été regardé que comme un ſimple théorême de Méchanique ; mais lorſque Jean Bernoulli eut adopté la diſtinction établie par Leibnitz, entre les forces mortes ou preſſions qui agiſſent ſans mouvement actuel, &

les forces vives accompagnées de ce mouvement, ainſi que la meſure de ces dernieres par les produits des maſſes & des carrés des vîteſſes, il ne vit plus dans le Principe en queſtion, qu'une conſéquence de la théorie des forces vives, & une loi générale de la nature, ſuivant laquelle la ſomme des forces vives de pluſieurs corps ſe conſerve la même pendant que ces corps agiſſent les uns ſur les autres par de ſimples preſſions, & eſt conſtamment égale à la ſimple force vive qui réſulte de l'action des forces actuelles qui meuvent les corps. Il lui donna ainſi le nom de *conſervation des forces vives*, & il s'en ſervit avec ſuccès pour réſoudre quelques problêmes qui ne l'avoient pas encore été, & dont il paroiſſoit difficile de venir à bout par des méthodes directes.

Son illuſtre fils, Daniel Bernoulli, a déduit enſuite de ce Principe, les loix du mouvement des fluides dans des vaſes, matiere qui n'avoit été traitée avant lui que d'une maniere vague & arbitraire. Enfin il a rendu ce même principe très-général dans les Mémoires de Berlin pour l'année 1748, en faiſant voir comment on peut l'appliquer au mouvement des corps animés par des attractions mutuelles quelconques, ou attirés vers des centres fixes par des forces proportionnelles à quelques fonctions des diſtances que ce ſoit.

Le grand avantage de ce Principe eſt de fournir immédiatement une équation finie entre les vîteſſes des corps & les variables qui déterminent leur poſition dans l'eſpace; de ſorte que lorſque par la nature du problême, toutes ces variables ſe réduiſent à une ſeule, cette équation ſuffit pour le réſoudre complettement, & c'eſt le cas de celui des centres d'oſcillation. En général la conſervation des forces vives donne

donne toujours une intégrale premiere des différentes équations différentielles de chaque problême ; ce qui est d'une grande utilité dans plusieurs occasions.

Le second Principe est dû à Newton, qui, au commencement de ses *Principes Mathématiques*, démontre que l'état de repos ou de mouvement du centre de gravité de plusieurs corps n'est point altéré par l'action réciproque de ces corps quelle qu'elle soit ; de sorte que le centre de gravité des corps qui agissent les uns sur les autres d'une maniere quelconque, soit par des fils ou des leviers, ou des loix d'attraction, &c, sans qu'il y ait aucune action ni aucun obstacle extérieur, est toujours en repos, ou se meut uniformément en ligne droite.

M. d'Alembert lui a donné depuis, dans son Traité de Dynamique, une plus grande étendue, en faisant voir que si chaque corps est sollicité par une force accélératrice constante, & qui agisse suivant des lignes paralleles, ou qui soit dirigée vers un point fixe, & agisse en raison de la distance, le centre de gravité doit décrire la même courbe que si les corps étoient libres ; à quoi on peut ajouter que le mouvement de ce centre est en général le même que si toutes les forces des corps quelles qu'elles soient, y étoient appliquées chacune suivant sa propre direction.

Il est visible que ce Principe sert à déterminer le mouvement du centre de gravité, indépendamment des mouvemens respectifs des corps, & qu'ainsi il peut toujours fournir trois équations finies entre les coordonnées des corps & le tems, lesquelles seront des intégrales des équations différentielles du problême.

Le troisieme Principe est beaucoup moins ancien que les

deux précédens, & paroît avoir été découvert en même-tems par MM. Euler, Daniel Bernoulli, & le Chevalier d'Arcy, mais sous des formes différentes.

Selon les deux premiers, ce Principe consiste en ce que dans le mouvement de plusieurs corps autour d'un centre fixe, la somme des produits de la masse de chaque corps, par sa vîtesse de circulation autour du centre, & par sa distance au même centre, est toujours indépendante de l'action mutuelle que les corps peuvent exercer les uns sur les autres, & se conserve la même tant qu'il n'y a aucune action ni aucun obstacle extérieur. M. Daniel Bernoulli a donné ce Principe dans le premier volume des Mémoires de l'Académie de Berlin, qui a paru en 1746, & M. Euler l'a donné la même année, dans le premier tome de ses Opuscules; & c'est aussi le même problême qui les y a conduits, sçavoir la recherche du mouvement de plusieurs corps mobiles dans un tube de figure donnée, & qui ne peut que tourner autour d'un point ou centre fixe.

Le principe de M. d'Arcy, tel qu'il l'a donné à l'Académie des Sciences de Paris, dans un Mémoire qui porte la date de 1746, mais qui n'a paru qu'en 1752 dans le Recueil pour 1747, est que la somme des produits de la masse de chaque corps par l'aire que son rayon vecteur décrit autour d'un centre fixe, est toujours proportionelle au tems. On voit que ce Principe est une généralisation du beau théorême de Newton, sur les aires décrites en vertu de forces centripetes quelconques; & pour en appercevoir l'analogie, ou plutôt l'identité avec celui de MM. Euler & Daniel Bernoulli, il n'y a qu'à considérer que la vîtesse de circulation est exprimée par l'élément de l'arc circulaire divisé par l'élément du tems, & que le premier de ces élémens multiplié par la distance au centre, donne l'élément de l'aire décrite autour de ce centre ; d'où l'on voit que ce dernier Principe n'est autre chose que l'expression différentielle de celui de M. d'Arcy.

Cet Auteur a présenté ensuite son Principe sous une autre forme qui le rapproche davantage du précédent, & qui consiste en ce que la somme des produits des masses, par les vîtesses & par les perpendiculaires tirées du centre sur les directions du corps, est une quantité constante.

Sous ce point de vue il en a fait même une espece de Principe métaphysique, qu'il appelle la *conservation de l'action*, pour l'opposer, ou plutôt pour le substituer à celui de *la moindre quantité d'action;* comme si des dénominations vagues & arbitraires faisoient l'essence des loix de la nature, & pouvoient par quelque vertu secrete ériger en causes finales, de simples résultats des loix connues de la Méchanique.

Quoi qu'il en soit, le Principe dont il s'agit a lieu généralement pour tout systême de corps qui agissent les uns sur les autres d'une façon quelconque, soit par des fils, des lignes inflexibles, des loix d'attraction, &c, & qui sont de plus sollicités par des forces quelconques dirigées à un centre fixe, soit que le systême soit d'ailleurs entiérement libre, ou qu'il soit assujetti à se mouvoir autour de ce même centre. La somme des produits des masses par les aires décrites autour de ce centre, & projettées sur un plan quelconque, est toujours proportionnelle au tems; de sorte qu'en rapportant ces aires à trois plans perpendiculaires entr'eux, on a trois équations différentielles du premier ordre entre le tems &

les coordonnées des courbes décrites par les corps; & c'est proprement dans ces équations que consiste la nature du Principe dont nous venons de parler.

Je viens enfin au quatrieme Principe que j'appelle de *la moindre action*, par analogie avec celui que feu M. de Maupertuis avoit donné sous cette dénomination, & que les écrits de plusieurs Auteurs illustres ont rendu ensuite si fameux. Ce Principe envisagé analitiquement, consiste en ce que dans le mouvement des corps qui agissent les uns sur les autres, la somme des produits des masses par les vîtesses & par les espaces parcourus, est un *minimum*. L'Auteur en a déduit les loix de la réflexion & de la réfraction de la lumiere, ainsi que celles du choc des corps dans deux Mémoires, l'un à l'Académie des Sciences de Paris en 1744, & l'autre deux ans après à celle de Berlin.

Mais il faut avouer que ces applications sont trop particulieres pour servir à établir la vérité d'un Principe général; elles ont d'ailleurs quelque chose de vague & d'arbitraire, qui ne peut que rendre incertaines les conséquences qu'on en pourroit tirer pour l'exactitude même du Principe. Aussi l'on auroit tort, ce me semble, de mettre ce Principe présenté ainsi sur la même ligne que ceux que nous venons d'exposer. Mais il y a une autre maniere de l'envisager plus générale & plus rigoureuse, & qui mérite seule l'attention des Géometres. M. Euler en a donné la premiere idée à la fin de son Traité des Isopérimètres, imprimé à Lausanne en 1744, en y faisant voir que dans les trajectoires décrites par des forces centrales, l'intégrale de la vîtesse multipliée par l'élément de la courbe, fait toujours un *maximum* ou un *minimum*.

Cette propriété que M. Euler n'avoit reconnue que dans

le mouvement des corps isolés, je l'ai étendue depuis au mouvement des corps qui agissent les uns sur les autres d'une maniere quelconque, & il en a résulté ce nouveau Principe général, que la somme des produits des masses par les intégrales des vîtesses multipliées par les élémens des espaces parcourus, est constamment un *maximum* ou un *minimum*.

Tel est le Principe auquel je donne ici, quoique improprement le nom de *moindre action*, & que je regarde non comme un principe métaphysique, mais comme un résultat simple & général des loix de la Méchanique. On peut voir dans le Tome II des Mémoires de Turin, l'usage que j'en ai fait pour résoudre plusieurs problêmes difficiles de Dynamique. Ce principe combiné avec celui de la conservation des forces vives, & développé suivant les regles du calcul des variations, donne directement toutes les équations nécessaires pour la solution de chaque problême; & de-là naît une méthode également simple & générale pour traiter les questions qui concernent le mouvement des corps; mais cette méthode n'est elle-même qu'un corollaire de celle qui fait l'objet de la seconde Partie de cet Ouvrage, & qui a en même-tems l'avantage d'être tirée des premiers Principes de la Méchanique.

SECONDE SECTION.

Formule générale pour le mouvement d'un systême de corps, animés par des forces quelconques.

1. LORSQUE les forces qui agissent sur un systême de corps sont disposées conformément aux loix exposées dans la premiere Partie de ce Traité, ces forces se détruisent mu-

tuellement, & le syſtême demeure en équilibre. Mais quand l'équilibre n'a pas lieu, les corps doivent néceſſairement ſe mouvoir, en obéiſſant en tout ou en partie à l'action des forces qui les ſollicitent. La détermination des mouvemens produits par des forces données, eſt l'objet de cette ſeconde Partie.

Nous y conſidérerons principalement les forces accélératrices ou rétardatrices, dont l'action eſt continue, comme celle de la gravité, & qui tendent à imprimer à chaque inſtant une vîteſſe infiniment petite & égale, à toutes les particules de matiere.

Quand ces forces agiſſent librement & uniformément, elles produiſent néceſſairement des vîteſſes qui augmentent comme les tems; & on peut regarder les vîteſſes ainſi engendrées dans un tems donné, comme les effets les plus ſimples de ces ſortes de forces, & par conſéquent comme les plus propres à leur ſervir de meſure. Il faut, dans la Méchanique, prendre les effets ſimples des forces pour connus; & l'art de cette ſcience conſiſte uniquement à en déduire les effets compoſés qui doivent réſulter de l'action combinée & modifiée des mêmes forces.

2. Nous ſuppoſerons donc que l'on connoiſſe pour chaque force accélératrice la vîteſſe qu'elle eſt capable d'imprimer à un mobile en agiſſant toujours de la même maniere, pendant un certain tems, que nous prendrons pour l'unité des tems; & nous entendrons ſimplement par *force accélératrice* cette même vîteſſe. Elle doit s'eſtimer par l'eſpace que le mobile parcourroit dans le même tems, ſi elle étoit continuée uniformément; & on ſait par les théorêmes de Galilée, que cet eſpace eſt toujours double de celui que le corps a parcouru réellement par l'action conſtante de la force accélératrice.

On peut d'ailleurs prendre une force accélératrice connue pour l'unité, & rapporter à celle-là toutes les autres. Alors il faudra prendre pour l'unité des espaces, le double de l'espace que la même force continuée également feroit parcourir dans le tems qu'on veut prendre pour l'unité des tems, & la vîtesse acquise dans ce tems par l'action continue de la même force, sera l'unité des vîtesses. De cette maniere les forces, les espaces, les tems & les vîtesses ne seront que des simples rapports, des quantités mathématiques ordinaires.

Par exemple, si on prend (ce qui est très-naturel) la gravité sous la latitude de Paris pour l'unité des forces accélératrices, & qu'on compte le tems par secondes, on devra prendre alors 30,196 pieds de Paris pour l'unité des espaces parcourus, parce que 15,098 pieds, est la hauteur d'où un corps abandonné à lui-même, tombe dans une seconde sous cette latitude; & l'unité des vîtesses sera celle qu'un corps pésant acquiert en tombant de cette hauteur.

3. Ces notions préliminaires supposées, considérons un systême de corps disposés les uns par rapport aux autres, comme on voudra, & animés par des forces accélératrices quelconques.

Soit m la masse de l'un quelconque de ces corps, regardée comme un point; & soient x, y, z les trois coordonnées rectangles qui déterminent la position absolue du même corps au bout d'un tems quelconque t. Ces coordonnées sont supposées toujours parallèles à trois axes fixes dans l'espace, & qui se coupent perpendiculairement dans un point nommé l'origine des coordonnées; elles expriment par conséquent les distances rectilignes du corps à trois plans passant par les mêmes axes.

Ainsi à cause de la perpendicularité de ces plans, les coordonnées x, y, z représentent les espaces parcourus par le corps en s'éloignant des mêmes plans; par conséquent $\frac{dx}{dt}$ $\frac{dy}{dt}$, $\frac{dz}{dt}$ représenteront les vîtesses que ce corps a dans un instant quelconque pour s'éloigner de chacun de ces plans-là; & ces vîtesses, si le corps étoit ensuite abandonné à lui-même, demeureroient constantes dans les instans suivans, par les principes fondamentaux de la théorie du mouvement.

4. Soient maintenant P, Q, R, &c, les forces accélératrices, qui dans le même instant sollicitent chaque point de la masse m suivant des directions données, c'est-à-dire, les vîtesses que chacune de ces forces imprimeroit à la masse m, si elles agissoient séparément & également pendant le tems qui est pris pour l'unité. Quelque variable que puisse être l'action de ces forces, on peut néanmoins la regarder comme constante pendant un instant. Par conséquent, comme les vîtesses engendrées par des forces accélératrices constantes, sont proportionelles au tems, il s'ensuit que les vîtesses que les forces P, Q, R, &c, impriment ou tendent à imprimer au corps m pendant l'instant dt, sont exprimées par Pdt, Qdt, Rdt, &c. & ont les mêmes directions que ces forces.

Donc dans l'instant suivant le corps tendra à se mouvoir à la fois avec les vîtesses $\frac{dx}{dt}$, $\frac{dy}{dt}$, $\frac{dz}{dt}$, Pdt, Qdt, Rdt, &c; & il prendroit effectivement un mouvement composé

composé de ceux-ci, s'il devenoit libre; mais ce mouvement est altéré par la liaison mutuelle des corps.

Or puisque $\frac{dx}{dt}$, $\frac{dy}{dt}$, $\frac{dz}{dt}$ expriment en général les vîtesses effectives du corps après le tems t, les vîtesses après le tems $t + dt$ seront représentées par $\frac{dx}{dt} + d.\frac{dx}{dt}$, $\frac{dy}{dt} + d.\frac{dy}{dt}$, $\frac{dz}{dt} + d.\frac{dz}{dt}$. Ainsi le corps aura perdu les vîtesses Pdt, Qdt, Rdt, &c, & gagné à leur place les vîtesses $d.\frac{dx}{dt}$, $d.\frac{dy}{dt}$, $d.\frac{dz}{dt}$ tendantes à augmenter les coordonnées x, y, z; ou, ce qui revient au même, il aura perdu à la fois les vîtesses Pdt, Qdt, Rdt, &c, & les vîtesses $d.\frac{dx}{dt}$, $d.\frac{dy}{dt}$, $d.\frac{dz}{dt}$ dirigées en sens contraire, c'est-à-dire, suivant les lignes mêmes x, y, z.

Donc aussi les forces accélératrices capables de produire ces différentes vîtesses auront été détruites, & se feront par conséquent fait mutuellement équilibre. Donc enfin il y aura eu équilibre dans le système, en supposant chacun des corps m qui le composent, animé à la fois par les forces accélératrices P, Q, R, &c, données, & de plus par les forces accélératrices $\frac{d.\frac{dx}{dt}}{dt}$, $\frac{d.\frac{dy}{dt}}{dt}$, $\frac{d.\frac{dz}{dt}}{dt}$, ou bien (en faisant dt constant) $\frac{d^2x}{dt^2}$, $\frac{d^2y}{dt^2}$, $\frac{d^2z}{dt^2}$, dirigées suivant les lignes x, y, z. D'où l'on voit que les loix du mouvement du système sont les mêmes que celles de son équilibre, en ajoutant simplement les nouvelles forces accélératrices $\frac{d^2x}{dt^2}$, $\frac{d^2y}{dt^2}$, $\frac{d^2z}{dt^2}$ suivant x, y, z.

5. On pourra donc aussi trouver une formule générale

pour le mouvement, comme on en a trouvé une pour l'équilibre; & cette formule du mouvement ne sera autre chose que celle de l'équilibre, en supposant chaque corps m du système tiré à la fois par les forces mP, mQ, mR, &c, suivant les directions des forces accélératrices P, Q, R, &c, dont on le suppose animé, & de plus par les forces $m\frac{d^2x}{dt^2}$, $m\frac{d^2y}{dt^2}$, $m\frac{d^2z}{dt^2}$, suivant les directions des coordonnées x, y, z.

Concevons pour cela que la position des différens corps du système change infiniment peu, ensorte que les coordonnées x, y, z deviennent $x - \delta x$, $y - \delta y$, $z - \delta z$, les quantités δx, δy, δz étant infiniment petites; il est visible que ces quantités expriment les petits espaces que le corps m aura parcourus suivant les lignes x, y, z, parce que ces lignes étant perpendiculaires entr'elles, l'espace parcouru parallélement à l'une ne dépend que de la variation de celle-ci, & nullement de celle des autres.

Ainsi on aura d'abord $m\frac{d^2x}{dt^2} \times \delta x$, $m\frac{d^2y}{dt^2} \times \delta y$, $m\frac{d^2z}{dt^2} \times \delta z$ pour les *momens* des forces $m\frac{d^2x}{dt^2}$, $m\frac{d^2y}{dt^2}$, $m\frac{d^2z}{dt^2}$.

6. Considérons maintenant les forces accélératrices P, Q, R, &c, comme tendantes à des centres donnés; & soient p, q, r, &c, les distances de chaque corps m à chacun des centres. Que δp, δq, δr, &c, représentent les variations des lignes ou quantités p, q, r, &c, provenantes des variations δx, δy, δz des lignes x, y, z; il est clair que ces quantités δp, δq, δr, &c, exprimeront en même-

tems les eſpaces parcourus par le corps m ſuivant les lignes p, q, r, &c. Donc $mP \times \delta p$, $mQ \times \delta q$, $mR \times \delta r$, &c, ſeront les *momens* des forces mP, mQ, mR, &c, agiſſantes ſuivant ces mêmes lignes, p, q, r, &c.

Or la formule générale de l'équilibre conſiſte en ce que la ſomme des *momens* de toutes les forces du ſyſtême doit être nulle (Part. I, Sect. 2, art. 2); donc on aura la formule cherchée en égalant à zéro la ſomme de toutes les quantités

$$m\left(\frac{d^2x}{dt^2}\delta x + \frac{d^2y}{dt^2}\delta y + \frac{d^2z}{dt^2}\delta z\right)$$
$$+ m(P\delta p + Q\delta q + R\delta r + \&c),$$

relatives à chacun des corps du ſyſtême propoſé.

7. Donc ſi on dénote cette ſomme par le ſigne intégral S, qui doit embraſſer tous les corps du ſyſtême, on aura

$$S\left(\frac{d^2x}{dt^2}\delta x + \frac{d^2y}{dt^2}\delta y + \frac{d^2z}{dt^2}\delta z + P\delta p + Q\delta q + R\delta r + \&c.\right)m = 0,$$

pour la formule générale du mouvement d'un ſyſtême quelconque de corps, regardés comme des points, & animés par des forces accélératrices quelconques P, Q, R, &c.

Pour faire uſage de cette formule, on ſuivra les mêmes regles que pour la formule de l'équilibre; ainſi il faudra appliquer ici tout ce qui a été dit dans la ſeconde Section de la premiere Partie, depuis l'article 3 juſqu'à la fin, en obſervant que les différentielles marquées par la note ou caractériſtique δ dans la formule précédente répondent aux différentielles marquées par la caractériſtique ordinaire d dans la formule de l'équilibre, & ſe déterminent par les mêmes regles & les mêmes opérations.

Nous nommerons dans la ſuite ces différentielles marquées par δ, des *variations*, pour les diſtinguer des autres marquées par d qui ſe trouvent dans la même formule, & qui expriment les accroiſſemens ou décroiſſemens ſucceſſifs des variables, à raiſon du tems & du mouvement des corps; tandis que les *variations* ſont relatives au changement arbitraire qu'on introduit dans la poſition inſtantanée des corps, & qui eſt tout-à-fait indépendant de leur mouvement effectif.

8. En général, il faudra commencer par chercher les valeurs de δp, δq, &c, en δx, δy, δz; ce qui eſt facile, parce que, nommant a, b, c les coordonnées rectangles qui déterminent la poſition du centre des forces P, on a

$$p = \sqrt{(x-a)^2 + (y-b)^2 + (z-c)^2};$$

d'où l'on tire, en faiſant varier uniquement x, y, z,

$$\delta p = \frac{x-a}{p}\,\delta x + \frac{y-b}{p}\,\delta y + \frac{z-c}{p}\,\delta z,$$

expreſſion qui, comme nous l'avons déja obſervé dans l'endroit cité, peut ſe réduire à cette forme générale & indépendante de la poſition du centre des forces

$$\delta p = \cos\alpha\,\delta x + \cos\beta\,\delta y + \cos\gamma\,\delta z,$$

(en nommant α, β, γ les angles que la direction de la force P fait avec les coordonnées x, y, z) ou bien encore à celle-ci.

$$\delta p = \sin\gamma\,(\cos\epsilon\,\delta x + \sin\epsilon\,\delta y) + \cos\gamma\,\delta z,$$

ϵ étant l'angle que cette direction projetée ſur le plan des

x, y fait avec l'axe des x. Et ainsi des autres variations δq, δr, &c.

De cette maniere les termes $P\delta p + Q\delta q + R\delta r +$ &c, se réduiront à cette forme $X\delta x + Y\delta y + Z\delta z$; & les quantités X, Y, Z seront les valeurs des trois forces paralleles aux axes des coordonnées x, y, z, & équivalentes à toutes les forces P, Q, R, &c, comme nous l'avons démontré dans l'article 5 de la Section cinquieme de la premiere Partie.

Ensuite en ayant égard aux équations de condition, données par la nature du systême proposé, entre les coordonnées des différens corps, on réduira les *variations* de ces coordonnées au plus petit nombre possible, ensorte que les variations restantes soient tout-à-fait indépendantes entr'elles & absolument arbitraires. Alors on égalera à zéro la somme de tous les termes affectés de chacune de ces dernieres variations; & l'on aura toutes les équations nécessaires pour la détermination du mouvement du systême.

9. Si le systême dont on cherche le mouvement est un corps continu, & d'une figure invariable comme les corps solides, ou variable comme les corps flexibles & les fluides; alors dénotant par m la masse entiere du corps, & par dm l'un quelconque de ses élémens, c'est-à-dire, une particule quelconque du corps, on considérera ce corps comme un assemblage ou systême d'une infinité de corpuscules dm, animés chacun par les forces accélératrices P, Q, R, &c; & il n'y aura qu'à mettre dans la formule générale de l'article 7, dm à la place de m, & en même-tems regarder le signe S comme un signe d'intégration relatif à toute l'étendue du corps, c'est-à-dire, à la position instantanée de toutes

ses particules, mais indépendant de la position successive de chaque particule.

10. En général, il faut remarquer relativement aux *variations*, qu'elles ne se rapportent qu'à l'espace & non à la durée, ensorte que dans les différentiations marquées par δ la variable t, qui représente le tems devra toujours être regardée comme constante. Or il peut arriver suivant les circonstances du problême que les équations de condition renferment elles-mêmes le tems t, auquel cas elles seront, à proprement parler, variables d'un instant à l'autre; alors quelques-unes des coordonnées se trouveront exprimées en fonction des autres coordonnées & de la variable t; & il faudra avoir égard à la variabilité de t dans les différentiations marquées par d, mais on supposera t invariable dans les différentiations marquées par δ.

La même supposition devra aussi avoir lieu relativement au signe intégral S qui ne se rapporte qu'à l'étendue même du corps dans chaque instant.

TROISIEME SECTION.

Propriétés générales du mouvement déduites de la formule précédente.

1. Considérons un systême de corps disposés les uns par rapport aux autres, & liés ensemble comme l'on voudra, mais sans qu'il y ait aucun point ou obstacle fixe qui gêne leur mouvement; il est évident que dans ce cas les condi-

tions du fyftême ne peuvent regarder que la pofition refpective des corps entr'eux; par conféquent les équations de condition ne pourront contenir d'autres fonctions des coordonnées que les expreffions des diftances mutuelles des corps.

Soient x', y', z' les coordonnées d'un corps quelconque déterminé du fyftême, tandis que x, y, z repréfentent en général les coordonnées d'un autre corps quelconque. Faifons, ce qui eft toujours permis,

$$x = x' + \xi, \; y = y' + \eta, \; z = z' + \zeta;$$

il eft vifible que les quantités x', y', z' n'entreront point dans les expreffions des diftances mutuelles des corps, mais que ces diftances ne dépendront que des différentes quantités ξ, η, ζ, qui expriment proprement les coordonnées des différens corps, rapportés à celui qui répond à x', y', z'; par conféquent les équations de condition du fyftême feront entre les feules variables ξ, η, ζ, & ne renfermeront point x', y', z'.

Donc fi dans la formule générale du mouvement on fubftitue pour δx, δy, δz leurs valeurs $\delta x' + \delta \xi$, $\delta y' + \delta \eta$, $\delta z' + \delta \zeta$, ces variations $\delta x'$, $\delta y'$, $\delta z'$ feront indépendantes de toutes les autres, & arbitraires en elles-mêmes; ainfi il faudra égaler féparément à zéro la totalité des termes affectés de chacune de ces variations; ce qui donnera trois équations générales & indépendantes de la conftitution particuliere du fyftême.

2. En mettant dans la formule générale de l'article 7 de la Section précédente, à la place de la quantité $P\delta p + Q\delta q$

$+ R\delta r +$ &c, sa transformée $X\delta x + Y\delta y + Z\delta z$ (art. 8, Sect. citée), cette formule devient

$$S\left(\frac{d^2x}{dt^2} + X\right)m\delta x + S\left(\frac{d^2y}{dt^2} + Y\right)m\delta y$$
$$+ S\left(\frac{d^2z}{dt^2} + Z\right)m\delta z = 0;$$

Et de-là on tire sur le champ ces trois équations générales,

$$S\left(\frac{d^2x}{dt^2} + X\right)m = 0,$$

$$S\left(\frac{d^2y}{dt^2} + Y\right)m = 0,$$

$$S\left(\frac{d^2z}{dt^2} + Z\right)m = 0,$$

lesquelles auront toujours lieu dans le mouvement d'un systême quelconque de corps, lorsque le systême est entiérement libre.

3. Supposons maintenant que le corps auquel répondent les coordonnées x', y', z' soit placé dans le centre de gravité de tout le systême. On aura, par les propriétés connues de ce centre (Part. 1, Sect. 3, art. 12), les équations $S\xi m = 0$, $S\eta m = 0$, $S\zeta m = 0$; lesquelles, en différentiant par rapport à t, donneront celles-ci,

$$S\,\frac{d^2\xi}{dt^2}\,m = 0,\quad S\,\frac{d^2y}{dt^2}\,m = 0,\quad S\,\frac{d^2\zeta}{dt^2}\,m = 0.$$

Donc on aura $S\,\frac{d^2x}{dt^2}\,m = S\,\frac{d^2x'}{dt^2}\,m = \frac{d^2x'}{dt^2}\,Sm$, parce que x' ayant la même valeur pour tous les corps, est indépendante du signe S; on aura pareillement $S\,\frac{d^2y}{dt^2}\,m = \frac{d^2y'}{dt^2}\,Sm$, & $S\,\frac{d^2z}{dt^2}\,m = \frac{d^2z'}{dt^2}\,Sm$. Ainsi les trois équations

tions de l'article précédent prendront cette forme plus ſimple.

$$\frac{d^2 x'}{dt^2} Sm + SXm = 0,$$

$$\frac{d^2 y'}{dt^2} Sm + SYm = 0,$$

$$\frac{d^2 z'}{dt^2} Sm + SZm = 0.$$

Ces équations ſerviront à déterminer le mouvement du centre de gravité de tous les corps, indépendamment du mouvement particulier de chacun d'eux; & il eſt évident que le mouvement de ce centre ne dépendra point de l'action mutuelle que les corps peuvent exercer les uns ſur les autres, mais ſeulement des forces accélératrices qui ſollicitent chaque corps. C'eſt en quoi conſiſte le principe général de la *conſervation du mouvement du centre de gravité.*

4. On voit au reſte que les équations pour le mouvement du centre de gravité ſont les mêmes que celles du mouvement d'un ſeul corps qui ſeroit animé à la fois par toutes les forces accélératrices qui agiſſent ſur les différens corps du ſyſtême. En effet, ſi on conçoit que tous ces corps ſoient réunis en un point qui réponde aux coordonnées x', y', z'; on a alors dans la formule générale $x = x'$, $y = y'$, $z = z'$, & égalant à zéro la totalité des termes affectés de chacune des trois variations $\delta x'$, $\delta y'$, $\delta z'$, on aura les mêmes équations que ci-deſſus.

Et de-là réſulte ce théorême général, que *le mouvement du centre de gravité d'un ſyſtême libre de corps diſpoſés les uns par rapport aux autres, comme l'on voudra, eſt toujours le même que ſi les corps étoient toujours réunis dans un ſeul point, &*

qu'en même tems chacun d'eux fût animé des mêmes forces accélératrices que dans leur état naturel.

5. Considérons ici le mouvement d'un systême quelconque autour d'un point fixe, soit que ce point appartienne lui-même au systême ou non; & pour cela employons d'abord, ainsi que nous l'avons fait dans la premiere Partie (Sect. 3, art. 5), un rayon vecteur ρ avec l'angle φ décrit par ce rayon sur le plan des coordonnées x & y, à la place de ces mêmes coordonnées, en conservant d'ailleurs la troisieme coordonnée z perpendiculaire à ces deux-là. On aura de cette maniere $x = \rho \cos \varphi$, $y = \rho \sin \varphi$, & différentiant, $\delta x = \cos \varphi \,\delta \rho - y \delta \varphi$, $\delta y = \sin \varphi \,\delta \rho + x \delta \varphi$.

Soit pour un corps quelconque déterminé du systême, φ' la valeur de l'angle φ; & qu'on fasse en général pour chacun des autres corps $\varphi = \varphi' + \psi$. On peut prouver, comme dans l'endroit cité, que si le systême a la liberté de tourner autour de l'axe des z, les variations de l'angle φ' seront indépendantes de celles de toutes les autres variables.

Dans ce cas donc la totalité des termes affectés de $\delta \varphi'$ dans la formule générale du mouvement devra être séparément égale à zéro; ce qui donnera une équation générale & indépendante de la constitution particuliere du systême; & pour avoir cette équation, il est clair qu'il n'y aura qu'à mettre les quantités $- y \delta \varphi'$ & $x \delta \varphi'$ à la place de δx & δy dans la formule générale donnée ci-dessus (art. 2), & faire ensuite une équation séparée des différens termes affectés de $\delta \varphi'$.

6. Cette équation sera donc

$$S\left(x \frac{d^2 y}{dt^2} - y \frac{d^2 x}{dt^2} + x Y - y X\right) m = 0,$$

& elle aura lieu en général pour quelque systême de corps que ce soit, pourvu qu'il ait la liberté de tourner autour de la ligne fixe qui sert d'axe aux coordonnées z.

Et comme ce qui est relatif à l'un des trois axes des coordonnées, peut se rapporter également à chacun des deux autres, on trouvera d'une maniere semblable, par rapport à l'axe des coordonnées y, si le systême a la liberté de tourner autour de cet axe, l'équation

$$S\left(x\frac{d^2z}{dt^2}-z\frac{d^2x}{dt^2}+xZ-zX\right)m=0.$$

Enfin on aura aussi, relativement à l'axe des coordonnées x, en supposant que le systême ait la liberté de tourner autour de cet axe, l'équation

$$S\left(y\frac{d^2z}{dt^2}-z\frac{d^2y}{dt^2}+yZ-zY\right)m=0.$$

Ces trois équations auront donc lieu à la fois, lorsque le systême aura la liberté de tourner autour de chacun des trois axes; c'est-à-dire, toutes les fois que le systême sera disposé de maniere qu'il puisse pirouetter librement en tout sens autour du point fixe où est l'origine des coordonnées; car nous avons vu dans la premiere Partie, (Sect. 3, art. 7), que tout mouvement de rotation autour d'un point fixe, peut toujours se résoudre en trois autres autour de trois axes passant par ce point.

Pour se former une idée plus nette de ces équations, on remarquera 1° que les quantités xd^2y-yd^2x, xd^2z-zd^2x, yd^2z-zd^2y ne sont autre chose que les différentielles de celles-ci, $xdy-ydx$, $xdz-zdx$, $ydz-zdy$, lesquelles expriment le double des secteurs élémentaires décrits par le corps m ſur les plans des x, y, des x, z & des y, z, c'eſt-à-dire, ſur les plans perpendiculaires aux axes des z, des y & des x; en effet, ſi dans $xdy - ydx$, on ſubſtitue pour x & y les valeurs $\rho \cos \varphi$, $\rho \sin \varphi$, il vient $\rho^2 d\varphi$, double de l'aire compriſe entre le rayon vecteur ρ & le rayon conſécutif qui fait avec lui l'angle élémentaire $d\varphi$. 2°. Que les quantités X, Y, Z repréſentent les forces qui ſollicitent chaque corps m ſuivant les directions des coordonnées x, y, z, & qui réſultent de toutes les forces P, Q, R, &c, agiſſantes ſur ce corps ſuivant des directions quelconques (art. 8, Sect. 2); & qu'ainſi les quantités $xY - yX, xZ - zX$, $yZ - zY$, expriment les momens des forces qui tendent à faire tourner le corps, autour de chacun des trois axes des coordonnées z, y, x; en prenant le mot de *moment*, dans le ſens ordinaire, pour le produit de la force & de la perpendiculaire menée ſur ſa direction.

7. Si le ſyſtême n'étoit animé par aucune force accélératrice, ou s'il l'étoit ſeulement par des forces quelconques, tendantes toutes au point que nous avons pris pour l'origine des coordonnées; alors les quantités $xY - yX$, $xZ - zZ$, $yZ - zY$, ſeroient nulles. Car dans le premier cas, les quantités X, Y, Z, ſeroient elles-mêmes nulles; & dans le ſecond, ces quantités ſeroient de la forme $\frac{Px}{p}$, $\frac{Py}{p}$, $\frac{Pz}{p}$, (art. 8, Section ſeconde) en nommant P la force tendante au centre, & faiſant les coordonnées a, b, c nulles, parce que le centre des forces eſt ſuppoſé tomber dans l'origine des coordonnées.

Les trois équations de l'article 6 deviendront alors,

$$S\left(x\frac{d^2y}{dt^2}-y\frac{d^2x}{dt^2}\right)m=0,$$

$$S\left(x\frac{d^2z}{dt^2}-z\frac{d^2x}{dt^2}\right)m=0,$$

$$S\left(y\frac{d^2z}{dt^2}-z\frac{d^2y}{dt^2}\right)m=0,$$

lesquelles étant intégrées par rapport à la variable t, donneront en prenant trois constantes arbitraires A, B, C,

$$S\left(\frac{x\,dy-y\,dx}{dt}\right)m=A,$$

$$S\left(\frac{x\,dz-z\,dx}{dt}\right)m=B,$$

$$S\left(\frac{y\,dz-z\,dy}{dt}\right)m=C.$$

Ces dernieres équations renferment évidemment le Principe des *aires* dont nous avons parlé dans la premiere Section.

8. Si le systême est libre, c'est-à-dire, qu'il n'y ait aucun point fixe, on peut prendre l'origine des coordonnées x, y, z, par-tout où l'on veut; par conséquent les propriétés des aires & des momens que nous venons de démontrer, auront lieu dans ce cas par rapport à un point fixe quelconque pris à volonté dans l'espace. Mais je vais prouver qu'elles auront lieu également par rapport au centre de gravité de tout le systême, soit que ce centre soit fixe ou non.

Pour cela il n'y a qu'à substituer dans les trois équations de l'article 6, pour x, y, z, les quantités $x'+\xi$, $y'+\eta$, $z'+\zeta$ (art. 1), en rapportant, comme dans l'article 3, les coordonnées x', y', z' au centre de gravité du systême.

Par ces ſubſtitutions, la premiere des équations en queſtion deviendra d'abord

$$\left(x'\frac{d^2y'}{dt^2}-y'\frac{d^2x'}{dt^2}\right)Sm+x'SYm-y'SXm$$

$$+x'S\frac{d^2y}{dt^2}m-y'S\frac{d^2\xi}{dt^2}m+\frac{d^2y'}{dt^2}S\xi m-\frac{d^2x'}{dt^2}Sym$$

$$+S\left(\xi\frac{d^2y}{dt^2}-y\frac{d^2\xi}{dt^2}+\xi Y-yX\right)m=0.$$

Enſuite par les équations données dans le même article 3, elle ſe réduira à

$$S\left(\xi\frac{d^2\eta}{dt^2}-\eta\frac{d^2\xi}{dt^2}+\xi Y-\eta X\right)m=0.$$

Les deux autres équations de l'article 6 ſe réduiront de même à celles-ci,

$$S\left(\xi\frac{d^2\zeta}{dt^2}-\zeta\frac{d^2\xi}{dt^2}+\xi Z-\zeta X\right)m=0,$$

$$S\left(\eta\frac{d^2\zeta}{dt^2}-\zeta\frac{d^2\eta}{dt^2}+\eta Z-\zeta Y\right)m=0.$$

On voit que ces trois équations ſont ſemblables à celles de ce même article 6, & que toute la différence conſiſte en ce qu'à la place des coordonnées x, y, z partant d'un point fixe, il y a les coordonnées ξ, η, ζ, dont l'origine eſt dans le centre de gravité du ſyſtême. D'où il ſuit que les mêmes propriétés qui avoient lieu par rapport au point fixe, ont auſſi lieu par rapport à ce centre.

9. En général, de quelque maniere que les différens corps du ſyſtême ſoient diſpoſés ou liés entr'eux, pourvu que cette diſpoſition ſoit indépendante du tems, c'eſt-à-dire, que les équations de condition entre les coordonnées ne

renferment point la variable t; il eſt clair qu'on pourra toujours, dans la formule générale du mouvement, ſuppoſer les variations δx, δy, δz, égales aux différentielles dx, dy, dz, qui repréſentent les eſpaces effectifs parcourus par les corps dans l'inſtant dt, tandis que les variations dont nous parlons doivent repréſenter les eſpaces quelconques, que les corps pourroient parcourir dans le même inſtant, eu égard à leur diſpoſition mutuelle.

Cette ſuppoſition n'eſt que particuliere, & ne peut fournir par conſéquent qu'une ſeule équation; mais étant indépendante de la forme du ſyſtême, elle a l'avantage de donner une équation générale pour le mouvement de quelque ſyſtême que ce ſoit.

Subſtituant donc dans la formule générale de l'article 7 de la Section précédente à la place de δx, δy, δz, les différentielles ordinaires dx, dy, dz, & par conſéquent auſſi, au lieu de δp, δq, δr, &c, les différentielles correſpondantes dp, dq, dr, &c, on aura

$$S\left(\frac{dx\,d^2x+dy\,d^2y+dz\,d^2z}{dt^2}+P\,dp+Q\,dq+R\,dr+\&c\right)m=0,$$

équation générale pour quelque ſyſtême de corps que ce ſoit.

10. Lorſque la quantité $P\,dp+Q\,dq+R\,dr+\&c$, eſt intégrable, & elle l'eſt toujours quand les forces accélératrices tendent à des centres fixes, ou aux corps mêmes du ſyſtême, & ſont proportionnelles à des fonctions quelconques des diſtances, ce qui eſt proprement le cas de la nature; alors donc, ſi on nomme Π l'intégrale de cette quantité, enſorte que l'on ait $d\Pi=P\,dp+Q\,dq+R\,dr+\&c$, l'équation précédente devient

$$S\left(\frac{dx\,d^2x + dy\,d^2y + d^2z\,d^2z}{dt^2} + d\Pi\right)m = 0,$$

dont l'intégrale est

$$S\left(\frac{dx^2 + dy^2 + dz^2}{2dt^2} + \Pi\right)m = F,$$

en désignant par F une constante arbitraire & égale à la valeur du premier membre de l'équation dans un instant donné.

Cette derniere équation renferme le principe connu sous le nom de *Conservation des forces vives*. En effet, $dx^2 + dy^2 + dz^2$ étant le carré de l'espace que le corps parcourt dans l'instant dt, $\frac{dx^2 + dy^2 + dz^2}{dt^2}$ sera le carré de sa vîtesse, & $\frac{dx^2 + dy^2 + dz^2}{dt^2}\,m$ sa force vive. Donc $S\left(\frac{dx^2 + dy^2 + dz^2}{dt^2}\right)m$ sera la somme des forces vives de tous les corps, ou la force vive de tout le systême; & on voit par l'équation dont il s'agit, que cette force vive est égale à la quantité $2F - 2S\,\Pi m$, laquelle dépend simplement des forces accélératrices qui agissent sur les corps, & est la même pour des corps libres que pour des corps liés ensemble d'une maniere quelconque, pourvu que leur liaison ne varie point avec le tems.

II. En nommant u la vîtesse du corps m, on a $u^2 = \frac{dx^2 + dy^2 + dz^2}{dt^2}$, & l'équation précédente devient . . . . $S\left(\frac{u^2}{2} + \Pi\right)m = F$, laquelle étant différentiée par rapport à la caractéristique δ, donne $S(u\,\delta u + \delta\Pi)m = 0$.

Or Π étant une fonction finie des variables p, q, r, &c, telle que $d\Pi = P\,dp + Q\,dq + R\,dr +$ &c, il est clair qu'on qu'on aura également en changeant d en δ, $\delta\Pi = P\delta p + Q\delta q + R\delta r +$ &c. Donc on aura $S(u\delta u + P\delta p + Q\delta q + R\delta r +$ &c$)m = 0$; par conséquent

$$S(P\delta p + Q\delta q + R\delta r + \&c)m = -Su\delta u \times m.$$

Et cette équation aura toujours lieu, pourvu que $Pdp + Qdq + Rdr +$ &c, soit une quantité intégrable, & que la liaison des corps soit indépendante du tems; elle cesseroit d'être vraie si l'une de ces conditions n'avoit pas lieu.

12. Qu'on substitue maintenant la valeur précédente dans la même formule générale de l'article 7 de la seconde Section, elle deviendra,

$$S\left(\frac{d^2x}{dt^2}\delta x + \frac{d^2y}{dt^2}\delta y + \frac{d^2z}{dt^2}\delta z - u\delta u\right)m = 0.$$

Or $d^2x\delta x + d^2y\delta y + d^2z\delta z$ est $= d.(dx\delta x + dy\delta y + dz\delta z) - dxd\delta x - dyd\delta y - dzd\delta z$. Mais parce que les caractéristiques d & δ représentent des différences ou variations tout-à-fait indépendantes les unes des autres, il est aisé de concevoir, que $d\delta x$, $d\delta y$, $d\delta z$ doivent être la même chose que δdx, δdy, δdz, ainsi qu'il a déja été remarqué dans la premiere Partie (art. 16, Sect. 4). D'ailleurs il est visible que $dx\delta dx + dy\delta dy + dz\delta dz = \frac{1}{2}\delta.(dx^2 + dy^2 + dz^2)$. Donc on aura $d^2x\delta x + d^2\delta y + d^2z\delta z = d.(dx\delta x + dy\delta y + dz\delta z) - \frac{1}{2}\delta.(dx^2 + dy^2 + dz^2)$.

Soit s l'espace ou l'arc curviligne décrit par le corps m dans le tems t; on au $ds = \sqrt{dx^2 + dy^2 + dz^2}$, &

$dt = \frac{ds}{u}$. Donc $d^2x\delta x + d^2y\delta y + d^2z\delta z = d.(dx\delta x + dy\delta y + dz\delta z) - ds\delta ds$; & de-là $\frac{d^2x}{dt^2}\delta x + \frac{d^2y}{dt^2}\delta y + \frac{d^2z}{dt^2}\delta z = \frac{d.(dx\delta x + dy\delta y + dz\delta z)}{dt^2} - \frac{u^2\delta ds}{ds}$.

Ainſi la formule générale dont il s'agit deviendra

$$S\left(\frac{d.(dx\delta x + dy\delta y + dz\delta z)}{dt^2} - \frac{u^2\delta ds}{ds} - u\delta u\right) m = 0,$$

ou, en multipliant tous les termes par $dt = \frac{ds}{u}$, & remarquant que $u\delta ds + ds\delta u = \delta.(uds)$,

$$S\left(\frac{d.(dx\delta x + dy\delta y + dz\delta z)}{dt} - \delta.(uds)\right) m = 0.$$

Et comme le ſigne intégral S n'a aucun rapport aux ſignes différentiels d & δ, on peut faire ſortir ceux-ci hors de celui-là; & alors l'équation précédente prendra cette forme,

$$\frac{d.S(dx\delta x + dy\delta y + dz\delta z)m}{dt} - \delta.Smuds = 0.$$

Intégrons par rapport au ſigne différentiel d, & dénotons cette intégration par le ſigne intégral ordinaire $\int$, nous aurons

$$\frac{S(dx\delta x + dy\delta y + dz\delta z)m}{dt} - \int\delta.Smuds = \text{conſt.}$$

Or le ſigne $\int$ dans l'expreſſion $\int\delta.Smuds$ ne pouvant regarder que les variables u & s, & n'ayant aucune relation avec les ſignes S & δ, il eſt clair que cette expreſſion eſt la même choſe que celle-ci, $\delta.Sm\int uds$. Et ſi on ſuppoſe que dans les points où commencent les intégrales $\int uds$ on ait $\delta x = 0$, $\delta y = 0$, $\delta z = 0$, il faudra que la conſtante arbitraire soit nulle, parce que le premier membre de l'équation devient nul dans ces points. Ainsi on aura dans ce cas

$$\delta . Sm\int u\,ds = \frac{S(dx\delta x + dy\delta y + dz\delta z)m}{dt}.$$

Donc si on suppose de plus que les variations δx, δy, δz soient aussi nulles pour les points où les intégrales $\int u\,ds$ finissent, on aura alors $\delta . Sm\int u\,ds = 0$; c'est-à-dire, que la variation de la quantité $Sm\int u\,ds$ sera nulle; par conséquent cette quantité sera un *maximum* ou un *minimum*.

13. De-là résulte donc ce théorême général, que dans le mouvement d'un systême quelconque de corps animés par des forces mutuelles d'attraction, ou tendantes à des centres fixes, & proportionnelles à des fonctions quelconques des distances, les courbes décrites par les différens corps, & leurs vîtesses, sont nécessairement telles que la somme des produits de chaque masse par l'intégrale de la vîtesse multipliée par l'élément de la courbe est un *maximum* ou un *minimum*, pourvu que l'on regarde les premiers & les derniers points de chaque courbe comme données, en sorte que les variations des coordonnées répondantes à ces points soient nulles. C'est le théorême dont nous avons parlé à la fin de la premiere Section, sous le nom de Principe de la moindre action.

Mais ce théorême ne contient pas seulement une propriété très-remarquable du mouvement des corps, il peut servir à déterminer ce mouvement. En effet, puisque la formule $Sm\int u\,ds$ doit être un *maximum* ou un *minimum*, il n'y a qu'à chercher par la méthode des *variations*, les conditions qui peuvent la rendre telle; & en employant l'équation générale de la conservation des forces vives, on trouvera toujours toutes les équations nécessaires pour connoître le mouvement de chaque corps; car pour le *maximum* ou *minimum*, il faut que la variation soit nulle, & que par conséquent on ait $\delta . Sm\int u\,ds = 0$; & de-là en pratiquant dans un ordre rétrograde les opérations exposées ci-dessus, on retrouvera la même formule générale d'où l'on étoit parti.

14. Pour rendre cette méthode plus sensible, nous allons l'exposer ici en peu de mots. La condition du *maximum* ou *minimum* donne en général $\delta . Sm\int u\,ds = 0$, & faisant passer le signe différentiel δ sous les signes S & $\int$ (ce qui est évidemment permis par la nature de ces différens signes), on aura l'équation $Sm\int\delta(u\,ds) = 0$, ou bien $Sm\int(ds\,\delta u + u\,\delta ds) = 0$.

Je considere d'abord la partie $Sm\int ds\,\delta u$, & mettant pour ds sa valeur $u\,dt$, elle devient $Sm\int u\,\delta u\,dt$, ou changeant l'ordre des signes S & $\int$ qui sont absolument indépendans l'un de l'autre, $\int dt\,Smu\,\delta u$. Or l'équation générale du principe des forces vives donne (art. 11) $Su^2 m = 2F - 2S.\Pi m$, $d\Pi$ étant $= P\,dp + Q\,dq + R\,dr +$ &c; donc différentiant suivant δ, on aura $Su\,\delta u\,m = -S\delta\Pi\,m = -S(P\,\delta p + Q\,\delta q + R\,\delta r +$ &c,$)\,m$, parce que Π étant supposée une fonction algébrique de p, q, r, &c, la différentielle $\delta\Pi$ est la même que la $d\Pi$ en changeant seulement d en δ. Ainsi la quantité $Sm\int ds\,\delta u$ se réduira à cette forme,

$$-\int dt\,S(P\,\delta p + Q\,\delta q + R\,\delta r + \text{\&c},)\,m.$$

Je considere ensuite l'autre partie $Sm\int u\,\delta ds$, & j'y subſtitue à la place de ds ſa valeur exprimée par des coordonnées rectangles, ou par d'autres variables quelconques. En employant les coordonnées rectangles x, y, z, on a $ds = \sqrt{dx^2 + dy^2 + dz^2}$; donc différentiant ſuivant δ, $\delta ds = \frac{dx\delta dx + dy\delta dy + dz\delta dz}{ds}$, ou bien, en tranſpoſant les ſignes d, δ, & écrivant $d\delta$ au lieu de δd (ce qui eſt toujours permis à cauſe de l'indépendance de ces ſignes, & forme le premier principe fondamental de la méthode des variations), $\delta ds = \frac{dx d\delta x + dy d\delta y + dz d\delta z}{ds}$; on aura ainſi en ſubſtituant cette valeur, & mettant dt à la place de $\frac{ds}{u}$,

$$\int u\delta ds = \int \frac{dx d\delta x + dy d\delta y + dz d\delta z}{dt}.$$

Comme il ſe trouve ici ſous le ſigne intégral $\int$, des différentielles des variations δx, δy, δz, il faut les faire diſparoître par l'opération connue des intégrations par parties; & c'eſt en quoi conſiſte le ſecond Principe fondamental de la méthode des variations. On transformera donc la quantité $\int \frac{dx d\delta x}{dt}$ en celle-ci qui lui eſt équivalente $\frac{dx}{dt}\delta x - \int \delta x d.\frac{dx}{dt}$; & ſuppoſant que les deux termes de la courbe ſoient donnés, enſorte que les coordonnées qui répondent au commencement & à la fin de l'intégrale, ne varient point; on aura ſimplement $\int \frac{dx d\delta x}{dt} = -\int \delta x d.\frac{dx}{dt}$. On trouvera de même $\int \frac{dy d\delta y}{dt} = -\int \delta y d.\frac{dy}{dt}$, & pareillement $\int \frac{dz d\delta z}{dt} = -\int \delta y d.\frac{dz}{dt}$; de ſorte qu'on aura cette transformée

$$\int u\,\delta ds = -\int \left(\delta x\, d.\frac{dx}{dt} + \delta y\, d.\frac{dy}{dt} + \delta z\, d.\frac{dz}{dt}\right).$$

Donc la quantité $Sm\int u\,\delta ds$ deviendra, en transposant, ce qui est toujours permis, les signes S & $\int$,

$$-\int S\left(\delta x\, d.\frac{dx}{dt} + \delta y\, d.\frac{dy}{dt} + \delta z\, d.\frac{dz}{dt}\right) m.$$

L'équation du *maximum* ou *minimum* sera donc

$$\int \Big(dt\, S(P\,\delta p + Q\,\delta q + R\,\delta r + \&c)\, m$$
$$+ S\left(\delta x\, d.\frac{dx}{dt} + \delta y\, d.\frac{dy}{dt} + \delta z\, d.\frac{dz}{dt}\right) m\Big) = 0,$$

laquelle devant avoir lieu en général pour toutes les variations possibles, il faudra que la quantité sous le signe $\int$ soit nulle à chaque instant; on aura ainsi l'équation indéfinie

$$dt\, S(P\,\delta p + Q\,\delta q + R\,\delta r + \&c)\, m$$
$$+ S\left(\delta x\, d.\frac{dx}{dt} + \delta y\, d.\frac{dy}{dt} + \delta z\, d.\frac{dz}{dt}\right) m = 0,$$

équation qui est la même chose que la formule générale du mouvement (art. 7, Sect. premiere), & qui donnera par conséquent, comme celle-ci, toutes les équations nécessaires pour la solution du problême.

15. Au lieu des coordonnées x, y, z, on peut employer d'autres indéterminées quelconques, & tout se réduit à exprimer l'élément de l'arc ds en fonction de ces indéterminées. Qu'on prenne, par exemple, le rayon ou la distance rectiligne à l'origine des coordonnées, qu'on nommera ρ, avec deux angles, dont l'un ψ soit l'inclinaison de ce rayon sur le plan des x & y, & l'autre φ soit l'angle de la projection

du même rayon sur ce plan avec l'axe des x; on aura $z = \rho \sin \psi$, $y = \rho \cos \psi \sin \varphi$, $x = \rho \cos \psi \cos \varphi$, & de-là on trouvera $ds^2 = dx^2 + dy^2 + dz^2 = d\rho^2 + \rho^2 (d\psi^2 + \cos \psi^2 d\varphi^2)$, expression qu'on pourroit aussi trouver directement par la Géométrie. Différentiant donc par δ, & changeant δd en $d\delta$, on aura $ds\delta ds = d\rho d\delta\rho + \rho(d\psi^2 + \cos.\psi^2 d\varphi)\delta\rho + \rho^2(d\psi d\delta\psi - \sin\psi \cos\psi d\varphi^2 \delta\psi + \cos\psi^2 d\varphi d\delta\varphi)$; d'où en divisant par $dt = \frac{ds}{u}$, & intégrant, on aura

$$\int u\delta ds = \int \frac{d\rho d\delta\rho + \rho(d\psi^2 + \cos\psi^2 d\varphi^2)\delta\rho}{dt}$$
$$+ \int \frac{\rho^2(d\psi d\delta\psi - \sin\psi\cos\psi d\varphi^2 \delta\psi + \cos\psi^2 d\varphi d\delta\varphi}{dt}$$

On fera disparoître de dessous le signe $\int$ les doubles signes $d\delta$, par des intégrations par parties, & on rejettera d'abord les termes qui contiendroient des variations hors du signe $\int$, parce que ces variations devant alors se rapporter aux extrémités de l'intégrale, deviennent nulles par la supposition que les premiers & derniers points des courbes décrites par les corps soient donnés & invariables. On aura ainsi cette transformée

$$\int u\delta ds = -\int \Big[\Big(d.\frac{d\rho}{dt} - \rho\,\frac{d\psi^2 \cos\psi^2 + d\varphi^2}{dt}\Big)\delta\rho$$
$$+ \Big(\frac{\rho^2 \sin\psi\cos\psi d\varphi^2}{dt} + d.\frac{\rho^2 d\psi}{dt}\Big)\delta\psi + d.\frac{\cos\psi^2 d\varphi}{dt}\delta\varphi\Big];$$

par conséquent l'équation du *maximum* ou *minimum* sera

$$-\int [dt\, S(P\delta p + Q\delta q + R\delta r + \&c)m$$
$$+ S\Big[\Big(d.\frac{d\rho}{dt} - \rho\,\frac{d\psi^2 + \cos\psi^2 d\varphi^2}{dt}\Big)\delta\rho +$$

$$\left(\frac{\rho^2 \sin\psi \cos\psi\, d\varphi^2}{dt} + d.\frac{\rho^2 d\psi}{dt}\right)\delta\psi + d.\frac{\cos\psi^2 d\varphi}{dt}\delta\varphi\Big]\, m = 0.$$

Egalant à zéro la quantité qui eſt ſous le ſigne $\int$, on aura une équation indéfinie, analogue à celle de l'article précédent, mais qui au lieu des variations $\delta x, \delta y, \delta z$, contiendra les $\delta\rho$, $\delta\varphi$, $\delta\psi$; & on en tirera les équations néceſſaires pour la ſolution du problême, en réduiſant d'abord toutes les variations au plus petit nombre poſſible, faiſant enſuite des équations ſéparées des termes affectés de chacune des variations reſtantes.

En employant d'autres indéterminées, on aura des formules différentes; & on ſera aſſuré d'avoir toujours dans chaque cas les formules les plus ſimples que la nature des indéterminées peut comporter. Voyez le ſecond volume des Mémoires de l'Académie de Turin.

QUATRIEME SECTION.

Méthode la plus ſimple pour parvenir aux équations qui déterminent le mouvement d'un ſyſtême quelconque de corps animés par des forces accélératrices quelconques.

1. La formule générale à laquelle nous avons réduit dans la ſeconde Section, toute la théorie de la Dynamique, n'a beſoin que d'être développée, pour donner les équations néceſſaires à la ſolution de quelque problême de cette ſcience que ce ſoit; & ce développement, qui n'eſt qu'une affaire de pur calcul, peut encore être ſimplifié à pluſieurs égards,

par les moyens que nous allons expofer dans cette Section.

Comme tout confifte à réduire les différentes variables qui entrent dans la formule dont il s'agit, au plus petit nombre poffible par le moyen des équations de condition données par la nature de chaque problême; une des principales opérations eft de fubftituer à la place de ces variables des fonctions d'autres variables. Cet objet eft toujours facile à remplir par les méthodes ordinaires; mais nous allons donner une maniere particuliere d'y fatisfaire relativement à la formule propofée, & qui a l'avantage de conduire toujours directement à la transformée la plus fimple.

2. Cette formule eft compofée de deux parties différentes qu'il faut confidérer féparément.

La premiere contient les termes

$$S\left(\frac{d^2x}{dt^2}\,\delta x + \frac{d^2y}{dt^2}\,\delta y + \frac{d^2z}{dt^2}\,\delta z\right) m,$$

qui proviennent uniquement des forces réfultantes de l'inertie des corps.

La feconde eft compofée des termes

$$S(P\,\delta p + Q\,\delta q + R\,\delta r + \&c)\, m$$

dûs aux forces accélératrices P, Q, R, &c, qu'on fuppofe agir effectivement fur chaque corps, fuivant les lignes p, q, r, &c, & qui tendent à diminuer ces lignes.

Je défignerai pour plus de fimplicité la premiere partie par Γ, & la feconde par Δ, de forte que $\Gamma + \Delta = 0$ fera la formule générale du mouvement (art. 7, Sect. 2).

3. Confidérons d'abord la quantité $d^2x\,\delta x + d^2y\,\delta y + d^2z\,\delta z$, il eft clair que fi on y ajoute celle-ci $dx\,d\delta x$

$+ dy\,d\delta y + dz\,d\delta z$, la somme sera intégrable, & aura pour intégrale $dx\delta x + dy\delta y + dz\delta z$. D'où il suit que l'on a $d^2x\delta x + d^2y\delta y + d^2z\delta z = d.(dx\delta x + dy\delta y + dz\delta z) - dx\,d\delta x - dy\,d\delta y - dz\,d\delta z$. Or, comme nous l'avons déja remarqué plus haut, le double signe $d\delta$ est équivalent à δd (Sect. préc. art. 12); de sorte que la quantité $dx\,d\delta x + dy\,d\delta y + dz\,d\delta z$ peut se réduire à la forme $dx\,\delta dx + dy\,\delta dy + dz\,\delta dz$, c'est-à-dire, à $\frac{1}{2}\,\delta.(dx^2 + dy^2 + dz^2)$. Ainsi on aura cette réduction $d^2x\delta x + d^2y\delta y + d^2z\delta z = d.(dx\delta x + dy\delta y + dz\delta z) - \frac{1}{2}\delta(dx^2 + dy^2 + dz^2)$; par laquelle on voit que pour calculer la quantité proposée $d^2x\delta x + d^2y\delta y + d^2z\delta z$, il suffit de calculer ces deux-ci qui ne contiennent que des différences premieres, $dx\delta x + dy\delta y + dz\delta z$, $dx^2 + dy^2 + dz^2$, & de différentier ensuite l'une par d, & l'autre par δ.

4. Supposons donc qu'il s'agisse de substituer pour les variables x, y, z, des fonctions données d'autres variables ξ, ψ, φ, &c; différentiant ces fonctions, on aura des expressions de la forme $dx = A\,d\xi + B\,d\psi + C\,d\varphi +$ &c, $dy = A'\,d\xi + B'\,d\psi + C'\,d\varphi +$ &c, $dz = A''\,d\xi + B''\,d\psi + C''\,d\varphi +$ &c, dans lesquelles A, A', A'', B, B' &c, seront des fonctions connues des mêmes variables ξ, ψ, φ, &c, & les valeurs de $\delta x, \delta y, \delta z$ seront exprimées aussi de la même maniere en changeant seulement d en δ.

Faisant ces substitutions dans la quantité $dx\delta x + dy\delta y + dz\delta z$, elle deviendra de cette forme,

$$F\,d\xi\delta\xi + G(d\xi\delta\psi + d\psi\delta\xi) + H\,d\psi\delta\psi$$
$$+ I(d\xi\delta\varphi + d\varphi\delta\xi) +\ \&c.$$

où F, G, H, I, &c, seront des fonctions finies de ξ, ψ, φ, &c.

Donc changeant δ en d, on aura aussi la valeur de $dx^2 + dy^2 + dz^2$, laquelle sera

$$Fd\xi^2 + 2Gd\xi d\psi + Hd\psi^2 + 2Id\xi d\varphi + \&c.$$

Qu'on différentie par d la premiere de ces deux quantités, on aura la différentielle

$$d.(Fd\xi)\times\delta\xi + Fd\xi d\delta\xi + d.(Gd\xi)\times\delta\psi$$
$$+ d.(Gd\psi)\times\delta\xi + Gd\xi d\delta\psi + Gd\psi d\delta\xi$$
$$+ d.(Hd\psi)\times\delta\psi + Hd\psi d\delta\psi + \&c;$$

différentiant ensuite la seconde par δ, on aura celle-ci,

$$\delta Fd\xi^2 + 2Fd\xi\delta d\xi + 2\delta Gd\xi d\psi + 2Gd\psi\delta d\xi$$
$$+ 2Gd\xi\delta d\psi + \delta Hd\psi^2 + 2Hd\psi\delta d\psi + \&c.$$

Si donc on retranche la moitié de cette derniere différentielle de la premiere, & qu'on observe que $d\delta$ & δd sont la même chose, on aura

$$d.(Fd\xi)\times\delta\xi - \frac{1}{2}\delta Fd\xi^2 + d.(Gd\xi)\times\delta\psi$$

$$+ d.(Gd\psi)\times\delta\xi - \frac{1}{2}\delta Gd\xi d\psi + d.(Hd\psi)\times\delta\psi$$

$$- \frac{1}{2}\delta Hd\psi^2 + \&c.$$

pour la valeur de la quantité cherchée $d^2x\delta x + d^2y\delta y + d^2z\delta z$.

Or il est visible que cette valeur peut se déduire immédiatement de la derniere différentielle, en divisant tous les termes par 2, en changeant les signes de ceux qui ne contiennent point la double caractéristique δd, & en effaçant dans les autres la d après la δ, pour l'appliquer aux quantités qui multiplient les doubles différences affectées de δd. Ainsi le terme $\delta F d\xi^2$ donne $-\frac{1}{2}\delta F d\xi^2$, le terme $2 F d\xi \delta d\xi$ donnera $d.(Fd\xi) \times \delta\xi$, le terme $2\delta G d\xi d\psi$ donnera $-\delta G d\xi d\psi$, le terme $2 G d\psi \delta d\xi$ donnera $d.(G d\psi) \times \delta\xi$, & ainsi des autres.

5. D'où il s'ensuit que si on désigne par α la fonction de ξ, ψ, ϕ, &c, & de $d\xi$, $d\psi$, $d\phi$, &c, dans laquelle se transforme la quantité $\frac{1}{2}(dx^2 + dy^2 + dz^2)$ par la substitution des valeurs de x, y, z, en ξ, ψ, ϕ, &c, on aura en général cette transformée

$$d^2x\,\delta x + d^2y\,\delta y + d^2z\,\delta z$$
$$= \left(-\frac{\delta\alpha}{\delta\xi} + d.\frac{\delta\alpha}{\delta d\xi}\right)\delta\xi + \left(-\frac{\delta\alpha}{\delta\psi} + d.\frac{\delta\alpha}{\delta d\psi}\right)\delta\psi$$
$$+ \left(-\frac{\delta\alpha}{\delta\phi} + d.\frac{\delta\alpha}{\delta d\phi}\right)\delta\phi + \&c,$$

en dénotant, suivant l'usage, par $\frac{\delta\alpha}{\delta\xi}$ le coëfficient de $\delta\xi$ dans la différence $\delta\alpha$, par $\frac{\delta\alpha}{\delta d\xi}$ le coëfficient de $\delta d\xi$ dans la même différence; & ainsi des autres.

6. Ce qu'on vient de trouver d'une maniere particuliere, auroit pu l'être aussi simplement & plus généralement par les principes de la méthode des variations.

Soit en effet α une fonction quelconque de x, y, z, &c, dx, dy, dz, d^2x, d^2y, d^2z, &c, &c, laquelle devienne une fonction de ξ, ψ, ϕ, &c, $d\xi$, $d\psi$, $d\phi$, &c, $d^2\xi$, $d^2\psi$, $d^2\phi$, &c, &c, par la substitution des valeurs de x, y, z, &c, exprimées en ξ, ψ, ϕ, &c; en différentiant par rapport à δ, on aura cette équation identique,

$$\delta\alpha = \frac{\delta\alpha}{\delta x}\delta x + \frac{\delta\alpha}{\delta dx}\delta dx + \frac{\delta\alpha}{\delta d^2 x}\delta d^2 x + \&c.$$
$$+ \frac{\delta\alpha}{\delta y}\delta y + \frac{\delta\alpha}{\delta dy}\delta dy + \frac{\delta\alpha}{\delta d^2 y}\delta d^2 y + \&c.$$
$$+ \frac{\delta\alpha}{\delta z}\delta z + \frac{\delta\alpha}{\delta dz}\delta dz + \frac{\delta\alpha}{\delta d^2 z}\delta d^2 z + \&c.$$
&c.
$$= \frac{\delta\alpha}{\delta\xi}\delta\xi + \frac{\delta\alpha}{\delta\psi}\delta\psi + \frac{\delta\alpha}{\delta\varphi}\delta\varphi + \&c.$$
$$+ \frac{\delta\alpha}{\delta d\xi}\delta d\xi + \frac{\delta\alpha}{\delta d\psi}\delta d\psi + \frac{\delta\alpha}{\delta d\varphi}\delta d\varphi + \&c.$$
$$+ \frac{\delta\alpha}{\delta d^2\xi}\delta d^2\xi + \frac{\delta\alpha}{\delta d^2\psi}\delta d^2\psi + \frac{\delta\alpha}{\delta d^2\varphi}\delta d^2\varphi + \&c.$$
&c.

Qu'on y change les doubles signes δd, δd^2, &c, en leurs équivalents $d\delta$, $d^2\delta$, &c; qu'ensuite on integre par rapport à d, & qu'on fasse disparoître par des intégrations par parties tous les doubles signes $d\delta$, $d^2\delta$, &c, sous le signe intégral $\int$ qui se rapporte au signe différentiel d; on aura une équation de cette forme,

$$\int(A\delta x + B\delta y + C\delta z + \&c) + Z =$$
$$\int(A'\delta\xi + B'\delta\psi + C'\delta\varphi + \&c) + Z',$$

dans laquelle

$$A = \frac{\delta\alpha}{\delta x} - d.\frac{\delta\alpha}{\delta dx} + d^2.\frac{\delta\alpha}{\delta d^2 x} - \&c.$$
$$B = \frac{\delta\alpha}{\delta y} - d.\frac{\delta\alpha}{\delta dy} + d^2.\frac{\delta\alpha}{\delta d^2 y} - \&c.$$
$$C = \frac{\delta\alpha}{\delta z} - d.\frac{\delta\alpha}{\delta dz} + d^2.\frac{\delta\alpha}{\delta d^2 z} - \&c.$$
&c.

$$A' = \frac{\delta\alpha}{\delta\xi} - d.\frac{\delta\alpha}{\delta d\xi} + d^2.\frac{\delta\alpha}{\delta d^2\xi} - \&c.$$

$$B' = \frac{\delta\alpha}{\delta\psi} - d.\frac{\delta\alpha}{\delta d\psi} + d^2.\frac{\delta\alpha}{\delta d^2\psi} - \&c.$$

$$C' = \frac{\delta\alpha}{\delta\varphi} - d.\frac{\delta\alpha}{\delta d\varphi} + d^2.\frac{\delta\alpha}{\delta d^2\varphi} - \&c.$$

&c.

$$Z = \left(\frac{\delta\alpha}{\delta dx} - d.\frac{\delta\alpha}{\delta d^2x} + \&c.\right)\delta x + \frac{\delta\alpha}{\delta d^2x}d\delta x + \&c.$$
$$+ \left(\frac{\delta\alpha}{\delta dy} - d.\frac{\delta\alpha}{\delta d^2y} + \&c\right)\delta y + \frac{\delta\alpha}{\delta d^2y}d\delta y + \&c.$$
$$+ \left(\frac{\delta\alpha}{\delta dz} - d.\frac{\delta\alpha}{\delta d^2z} + \&c.\right)\delta z + \frac{\delta\alpha}{\delta d^2z}d\delta z + \&c.$$

&c.

$$Z' = \left(\frac{\delta\alpha}{\delta d\xi} - d.\frac{\delta\alpha}{\delta d^2\xi} + \&c.\right)\delta\xi + \frac{\delta\alpha}{\delta d^2\xi}d\delta\xi + \&c.$$
$$+ \left(\frac{\delta\alpha}{\delta d\psi} - d.\frac{\delta\alpha}{\delta d^2\psi} + \&c.\right)\delta\psi + \frac{\delta\alpha}{\delta d^2\psi}d\delta\psi + \&c.$$
$$+ \left(\frac{\delta\alpha}{\delta d\varphi} - d.\frac{\delta\alpha}{\delta d^2\varphi} + \&c.\right)\delta\varphi + \frac{\delta\alpha}{\delta d^2\varphi}d\delta\varphi + \&c.$$

Donc redifférentiant & tranſpoſant, on aura l'équation

$$A\delta x + B\delta y + C\delta z + \&c. - A'\delta\xi - B'\delta\psi - C'\delta\varphi - \&c. = dZ' - dZ,$$

laquelle doit être identique & avoir lieu quelles que ſoient les variations ou différences marquées par la lettre δ.

Ainſi puiſque le ſecond membre de cette équation eſt une différentielle exacte par rapport à la caractériſtique d, il faudra que le premier membre en ſoit une auſſi par rapport à la même caractériſtique, & indépendamment de la caractériſtique δ; or c'eſt ce qui ne ſe peut, parce que les termes de ce premier membre contiennent ſimplement les variations $\delta x, \delta y, \delta z$, &c, $\delta \xi, \delta \psi$, &c, & nullement les différentielles de ces variations.

D'où il suit que pour que l'équation puisse subsister, il faudra nécessairement que les deux membres soient nuls chacun en particulier ; ce qui donnera ces deux équations identiques

$$A\delta x + B\delta y + C\delta z + \&c, = A'\delta\xi + B'\delta\psi + C'\delta\varphi + \&c.$$

$$dZ = dZ',$$

lesquelles peuvent être utiles dans différentes occasions.

Soit, par exemple $\alpha = \frac{1}{2}(dx^2 + dy^2 + dz^2)$, on aura $\frac{\delta\alpha}{\delta x} = 0$, $\frac{\delta\alpha}{\delta dx} = dx$, $\frac{\delta\alpha}{\delta d^2 x} = 0$, &c, & ainsi des autres quantités semblables ; donc

$$A = -d^2x,\ B = -d^2y,\ C = -d^2z;$$

ensuite comme α ne contient que des différences du premier ordre, on aura simplement $A' = \frac{\delta\alpha}{\delta\xi} - d.\frac{\delta\alpha}{\delta d\xi}$, $B' = \frac{\delta\alpha}{\delta\psi} - d.\frac{\delta\alpha}{\delta d\psi}$, $C' = \frac{\delta\alpha}{\delta\varphi} - d.\frac{\delta\alpha}{\delta d\varphi}$, &c. Donc on aura l'équation identique

$$-d^2x\,\delta x - d^2y\,\delta y - d^2z\,\delta z =$$
$$\left(\frac{\delta\alpha}{\delta\xi} - d.\frac{\delta\alpha}{\delta d\xi}\right)\delta\xi + \left(\frac{\delta\alpha}{\delta\psi} - d.\frac{\delta\alpha}{\delta d\psi}\right)\delta\psi$$
$$+\left(\frac{\delta\alpha}{\delta\varphi} - d.\frac{\delta\alpha}{\delta d\varphi}\right)\delta\varphi + \&c.$$

qui s'accorde avec celle de l'article 5.

7. Il résulte de-là, que pour avoir la valeur de la quantité Π (art. 2), en fonction de ξ, ψ, φ, &c, il suffira de chercher la valeur de la quantité $S\left(\frac{dx^2 + dy^2 + dz^2}{2dt^2}\right)m$ en fonc-

tion de ξ, ψ, φ, &c, & de leurs différentielles; car nommant T cette fonction, on aura sur le champ

$$\Gamma = \left(d.\frac{\delta T}{\delta d\xi} - \frac{\delta T}{\delta \xi}\right)\delta\xi + \left(d.\frac{\delta T}{\delta d\psi} - \frac{\delta T}{\delta \psi}\right)\delta\psi$$
$$+ \left(d.\frac{\delta T}{\delta d\varphi} - \frac{\delta T}{\delta \varphi}\right)\delta\varphi + \&c.$$

Et cette transformation aura lieu également, quand même parmi les nouvelles variables il se trouveroit le tems t, pourvu qu'on le regarde comme constant, c'est-à-dire, qu'on fasse $\delta t = 0$.

Au reste, il est bon de remarquer que si l'expression de T renferme un terme dA, qui soit la différentielle complette d'une fonction A dans laquelle une des variables comme ξ n'entre que sous la forme finie, ce terme ne donnera rien dans la valeur de Γ relativement à cette variable. Car faisant $T = dA = \frac{dA}{d\xi}d\xi + \frac{dA}{d\psi}d\psi + \&c$, on a

$$\frac{\delta T}{\delta d\xi} = \frac{dA}{d\xi},\quad \frac{\delta T}{\delta\xi} = \frac{\delta.\frac{dA}{d\xi}}{d\xi}d\xi + \frac{\delta.\frac{dA}{d\psi}}{\delta\xi}d\psi + \&c.$$
$$= \frac{d^2A}{d\xi^2}d\xi + \frac{d^2A}{d\xi d\psi}d\psi + \&c. = d.\frac{dA}{d\xi}.$$

Donc $d.\frac{\delta T}{\delta d\xi} - \frac{\delta T}{\delta\xi}$ coëfficient de $\delta\xi$ deviendra $= d.\frac{dA}{d\xi} - d.\frac{dA}{d\xi} = 0$.

Il s'ensuit de-là que si l'expression de T contenoit un terme de la forme BdA, A étant fonction de ξ, ψ, &c, sans $d\xi$, & B une fonction quelconque sans ξ, ce terme donneroit simplement dans la valeur de Γ, relativement à la variation de ξ le terme $dB\frac{\delta A}{\delta\xi}$. Car donnant au terme BdA la forme $d.(BA) - AdB$, on voit d'abord que le terme

terme $d.(BA)$ ne donneroit rien relativement à la variation de ξ, puisque AB contient ξ sans $d\xi$; ensuite comme dB ne contient point ξ ni $d\xi$, & que A contient ξ sans $d\xi$, on voit qu'en faisant $T = - A\,dB$, on aura $\frac{\delta T}{\delta d\xi} = 0$, & $\frac{\delta T}{\delta \xi} = - \frac{\delta A}{\delta \xi} dB$; de sorte que le coëfficient de $\delta \xi$ dans Γ se réduira à $\frac{\delta A}{\delta \xi} dB$.

8. A l'égard de la quantité Δ (art. 2), elle est toujours facile à réduire en fonction de ξ, ψ, φ, &c, puisqu'il ne s'agit que d'y réduire séparément les expressions des distances p, q, r, &c, & des forces P, Q, R, &c. Mais cette opération devient encore plus facile, lorsque les forces sont telles que la somme des momens, c'est-à-dire la quantité $P\,dp + Q\,dq + R\,dr +$ &c, est intégrable, ce qui, comme nous l'avons déja observé, est proprement le cas de la nature, (art. 10, Sect. préc.).

Car supposant, comme dans l'endroit cité,

$$d\Pi = P\,dp + Q\,dq + R\,dr + \&c,$$

on aura Π exprimé par une fonction finie de p, q, r, &c, par conséquent on aura aussi $\delta \Pi = P\,\delta p + Q\,\delta q + R\,\delta r +$ &c; donc $\Delta = S\,\delta \Pi\,m = \delta\,.\,S\,\Pi\,m$, puisque le signe S est indépendant du signe δ.

Il n'y aura ainsi qu'à chercher la valeur de la quantité $S\,\Pi\,m$ en fonction de ξ, ψ, φ, &c; ce qui ne demande que la substitution des valeurs de x, y, z, en ξ, ψ, φ, &c, dans les expressions de p, q, &c, (art. 8, Sect. 2); & cette valeur de $S\,\Pi\,m$ étant nommée V, on aura immédiatement

$$\Delta = \frac{\delta V}{\delta \xi} \delta \xi + \frac{\delta V}{\delta \psi} \delta \psi + \frac{\delta V}{\delta \varphi} \delta \varphi, \&c.$$

9. De cette maniere la formule générale du mouvement $\Gamma + \Delta = 0$ (art. 2) fera transformée en celle-ci,

$$\Xi \delta \xi + \Psi \delta \psi + \Phi \delta \varphi + \&c = 0,$$

dans laquelle on aura

$$\Xi = d. \frac{\delta T}{\delta d \xi} - \frac{\delta T}{\delta \xi} + \frac{\delta V}{\delta \xi}$$

$$\Psi = d. \frac{\delta T}{\delta d \psi} - \frac{\delta T}{\delta \psi} + \frac{\delta V}{\delta \psi}$$

$$\Phi = d. \frac{\delta T}{\delta d \varphi} - \frac{\delta T}{\delta \varphi} + \frac{\delta V}{\delta \varphi}$$

&c,

en ſuppoſant

$$T = S \left(\frac{dx^2 + dy^2 + dz^2}{2 dt^2} \right) m, \; V = S \Pi m,$$

$$\& \; d\Pi = P dp + Q dq + R dr + \&c.$$

Si donc dans le choix des nouvelles variables ξ, ψ, φ, &c, on a eu égard aux équations de condition données par la nature du ſyſtême propoſé, enſorte que ces variables ſoient maintenant tout-à-fait indépendantes les unes des autres, & que par conſéquent leurs variations $\delta\xi$, $\delta\psi$, $\delta\varphi$, &c, demeurent abſolument indéterminées, on aura ſur le champ les équations particulieres $\Xi = 0$, $\Psi = 0$, $\Phi = 0$, &c, leſquelles ſerviront à déterminer le mouvement du ſyſtême; puiſque ces équations ſont en même nombre que les variables ξ, ψ, φ, &c, d'où dépend la poſition du ſyſtême à chaque inſtant.

Mais quoiqu'on puiſſe toujours ramener la queſtion à cet état, puiſqu'il ne s'agit que d'éliminer par les équations de condition, autant de variables qu'elles permettent de le faire, & de prendre enſuite pour ξ, ψ, φ, &c, les variables restantes; il peut néanmoins y avoir des cas où cette voie soit trop pénible, & où il soit à propos, pour ne pas trop compliquer le calcul, de conserver un plus grand nombre de variables. Alors les équations de condition auxquelles on n'aura pas encore satisfait, devront être employées à éliminer dans la formule générale, quelques-unes des variations $\delta\xi$, $\delta\psi$, &c.; mais au lieu de l'élimination actuelle, il sera plus simple d'employer la méthode exposée dans la quatrieme Section de la premiere Partie.

10. Soient donc comme dans l'article 3 de la Section citée, $L=0$, $M=0$, $N=0$, &c, les équations dont il s'agit, réduites en fonctions de ξ, ψ, φ; &c; ensorte que L, M, N, &c. soient des fonctions données de ces variables. On ajoutera au premier membre de la formule générale (art. préc.) la quantité $\lambda dL + \mu dM + \nu dN +$ &c. dans laquelle λ, μ, ν, &c, sont des coëfficiens indéterminés; & on pourra regarder alors les variations $\delta\xi$, $\delta\psi$, $\delta\varphi$, &c, comme indépendantes & arbitraires.

On aura ainsi l'équation générale

$$\Xi\delta\xi + \Psi\delta\psi + \Phi\delta\varphi + \text{\&c} + \lambda\delta L + \mu\delta M + \nu\delta N + \text{\&c} = 0,$$

laquelle devant être vérifiée indépendamment des variations $\delta\xi$, $\delta\psi$, $\delta\varphi$, &c, donnera ces équations particulieres.

$$\Xi + \lambda\frac{\delta L}{\delta\xi} + \mu\frac{\delta M}{\delta\xi} + \nu\frac{\delta N}{\delta\xi} + \text{\&c} = 0$$

$$\Psi + \lambda\frac{\delta L}{\delta\psi} + \mu\frac{\delta M}{\delta\psi} + \nu\frac{\delta N}{\delta\psi} + \text{\&c} = 0$$

$$\Phi + \lambda\frac{\delta L}{\delta\varphi} + \mu\frac{\delta M}{\delta\varphi} + \nu\frac{\delta N}{\delta\varphi} + \text{\&c} = 0$$

&c,

Eliminant les inconnues λ, μ, ν, &c, il reftera les équations néceffaires pour la folution du problême.

On peut faire d'ailleurs fur les différens termes $\lambda\delta L$, $\mu\delta M$, &c, des remarques analogues à celles de l'article 7 de la Section déja citée, & en déduire des conclufions femblables.

Au refte rien n'empêche que les équations de condition $L = 0, M = 0$, &c, ne puiffent contenir auffi la variable t qui repréfente le tems; feulement il faudra la regarder comme conftante dans la différenciation fuivant δ, comme nous l'avons déja prefcrit plus haut.

11. En employant cette méthode, on peut conferver fi l'on veut les variables primitives x, y, z, pourvu que l'on ait égard à toutes les équations de condition données par la nature du fyftême entre ces variables. Il n'y aura alors qu'à ajouter au premier membre de la formule générale de l'article 7 de la feconde Section, la quantité $\lambda\delta L + \mu\delta M + \nu\delta N +$ &c, & vérifier enfuite l'équation par rapport à chacune des variations relatives aux différens corps du fyftême.

De cette maniere on aura donc pour chaque corps m trois équations de cette forme, (art. 8, Sect. citée)

$$\left(\frac{d^2x}{dt^2} + X\right) m + \lambda \frac{\delta L}{\delta x} + \mu \frac{\delta M}{\delta x} + \nu \frac{\delta N}{\delta x} + \&c = 0,$$

$$\left(\frac{d^2y}{dt^2} + Y\right) m + \lambda \frac{\delta L}{\delta y} + \mu \frac{\delta M}{\delta y} + \nu \frac{\delta N}{\delta y} + \&c = 0,$$

$$\left(\frac{d^2z}{dt^2} + Z\right) m + \lambda \frac{\delta L}{\delta z} + \mu \frac{\delta M}{\delta z} + \nu \frac{\delta N}{\delta z} + \&c = 0;$$

de forte que le nombre total des équations fera triple de celui des corps.

Il faudra enſuite éliminer les indéterminées λ, μ, ν, &c, dont le nombre eſt égal à celui des équations de condition $L = 0$, $M = 0$, $N = 0$, &c, ce qui diminuera d'autant le nombre des équations trouvées ; mais en y ajoutant les équations mêmes de condition, on aura de nouveau autant d'équations que de variables.

12. Cette méthode eſt ſur-tout utile lorſque le ſyſtême propoſé eſt compoſé d'une infinité de particules ou élémens dont l'aſſemblage forme une maſſe finie de figure variable. On emploiera alors une analyſe ſemblable à celle que nous avons développée dans la même Section quatrieme de la premiere Partie (art. 9 & ſuiv.) ; mais à la place de la caractériſtique d, dont nous nous ſommes ſervis dans cet endroit pour déſigner les différences des variables relatives aux différens élémens du ſyſtême, il conviendra ici de faire uſage d'une nouvelle caractériſtique D pour pouvoir conſerver l'autre caractériſtique d dans l'emploi auquel nous l'avons déja deſtinée plus haut.

Il y aura ainſi trois ſortes de différences indépendantes entr'elles ; les unes marquées par d, & relatives au ſigne intégral $\int$; celles-ci ſe rapportent uniquement aux courbes décrites par chaque corps ou élément du ſyſtême ; les autres marquées par D & relatives au ſigne intégral S, leſquelles ſe rapportent aux différens élémens du ſyſtême, & à la poſition inſtantanée de ces élémens entr'eux ; enfin les différences ou variations marquées par δ, leſquelles ſe rapportent uniquement au changement arbitraire qu'on ſuppoſe dans la poſition du ſyſtême, & diſparoiſſent d'elles-mêmes à la fin du calcul.

13. Soit donc Dm la maſſe de chaque élément du ſyſtême, il faudra mettre Dm à la place de m dans les expreſſions de Γ & Δ (art. 2), & par conſéquent auſſi dans celles de T & V, (art. 9); enſuite il faudra ajouter au premier membre de la formule générale $\Gamma + \Delta = 0$ les termes dûs aux différentes équations de condition. Or ces équations peuvent être de deux ſortes ; les unes *indéterminées* & appartenantes également à tous les élémens du ſyſtême; les autres *déterminées* & propres ſeulement à quelques-uns de ces élémens. Soient $L = 0$, $M = 0$, &c, les équations de condition de la premiere eſpece, on aura les quantités L, M, &c, exprimées par des fonctions des coordonnées x, y, z, & de leurs différences ſuivant D, ſavoir Dx, Dy, Dz, D^2x, D^2y, &c; & comme il n'y a que trois variables x, y, z, il eſt clair que les équations entre ces variables ne peuvent être que trois au plus. Prenant donc des coëfficiens indéterminés λ, μ, &c, on aura par rapport à chaque élément du ſyſtême, les termes $\lambda\delta L + \mu\delta M +$ &c, à ajouter à la formule générale; donc la totalité des termes qu'il y faudra ajouter, ſera repréſentée par $S(\lambda\delta L + \mu\delta M +$ &c$)$.

14. Déſignons maintenant par $A = 0$, $B = 0$, $C = 0$, &c, les équations de condition *déterminées*, les quantités A, B, C, &c, ſeront auſſi des fonctions des coordonnées & de leurs différences ſuivant D, mais ſeulement pour des points déterminés du ſyſtême. Nous marquerons ces coordonnées par un ou pluſieurs traits, & en particulier nous marquerons par un trait toutes les quantités qui ſe rapportent aux points où commence l'intégrale repréſentée par le ſigne S, par deux traits celles qui ſe rapportent aux points où la même inté-

grale finit, & par trois traits ou davantage les quantités relatives à d'autres points déterminés du fyftême.

Ainfi les valeurs de A, B, C, &c, feront données en fonctions de x', y', z', x'', y'', z'', x''', y''', &c; Dx', Dy', Dz', Dx'', Dy'', &c, &c; & les termes à ajouter à la formule générale en conféquence des équations de condition $A=0$, $B=0$, &c, feront $\alpha\delta A+\beta\delta B+\gamma\delta C+$ &c, en prenant pour α, β, γ, &c, de nouveaux coëfficiens indéterminés.

15. On aura donc pour le mouvement du fyftême cette équation générale,

$$\begin{aligned} 0= & S\left(\frac{d^2x}{dt^2}\delta x+\frac{d^2y}{dt^2}\delta y+\frac{d^2z}{dt^2}\delta z\right)Dm \\ & +S(P\delta p+Q\delta q+R\delta r+\text{\&c})Dm \\ & +S(\lambda\delta L+\mu\delta M+\text{\&c}) \\ & +\alpha\delta A+\beta\delta B+\gamma\delta C+\text{\&c}, \end{aligned}$$

laquelle doit avoir lieu quelles que foient les différences ou variations δx, δy, δz, $\delta x'$, $\delta y'$, &c.

Cette équation eft entiérement analogue à celles que l'on trouve par la méthode des *variations* pour la détermination des *maxima* & *minima* des formules intégrales; & il faudra la traiter fuivant les mêmes regles. Voyez ce que nous avons déja dit là-deffus dans la Section quatrieme de la premiere Partie (art. 16 & fuiv.).

16. Tout fe réduit à faire difparoître de deffous le figne S les doubles différences affectées de δD, δD^2, &c.

Soit, par exemple, le terme $S\Omega\delta Dx$, on changera d'abord δD en $D\delta$, enfuite on intégrera par partie relativement à la caractéristique D qui se rapporte au signe S, & complettant l'intégrale, on aura selon la notation de l'article 14, $S\Omega\delta Dx = \Omega''\delta x'' - \Omega'\delta x' - S\delta x D\Omega$. On trouvera de même en intégrant autant qu'il est possible; par rapport à D, & complettant, $S\Omega\delta D^2 x = \Omega'' D\delta x'' - D\Omega''\delta x'' - \Omega' D\delta x' + D\Omega'\delta x' + S\delta x D^2\Omega$, & ainsi des autres.

Par de semblables réductions, on ramenera donc l'équation générale de l'article précédent à cette forme,

$$S(\Xi\delta x + \Psi\delta y + \Phi\delta z) + \Sigma = 0,$$

dans laquelle Ξ, Ψ, Φ seront des fonctions de x, y, z, Dx, Dy, Dz, D^2x, &c, ainsi que de λ, μ, &c, $D\lambda$, $D\mu$, &c; & où Σ sera composée de différens termes affectés chacun de quelqu'une des variations $\delta x'$, $\delta y'$, $\delta z'$, $\delta x''$, &c, ou de leurs différences $D\delta x'$, $D^2\delta x'$ &c.

On égalera alors séparément à zéro chacune des quantités affectées des différentes variations, comme si ces variations étoient toutes indépendantes & arbitraires. Ainsi on aura d'abord ces trois équations indéfinies $\Xi = 0$, $\Psi = 0$, $\Phi = 0$ pour tous les élémens du systême; ensuite chaque terme de la quantité Σ donnera une équation définie & relative à des points déterminés du même systême. Par le moyen de ces différentes équations, on éliminera les indéterminées λ, μ, &c, α, β, γ, &c, & les équations résultantes étant combinées ensuite avec les équations de condition

$$L = 0,\ M = 0,\ \&c,\ A = 0,\ B = 0,\ C = 0,\ \&c.$$

donneront dans chaque cas la solution complette du problême. Le reste ne sera plus qu'une affaire de pur calcul.

CINQUIEME

CINQUIEME SECTION.

Solution de différens problêmes de Dynamique.

NOUS avons donné dans la premiere Partie (Sect. V), la ſolution de plusieurs problêmes ſur l'équilibre des corps. Rien n'eſt plus facile que d'appliquer au mouvement des mêmes corps les formules trouvées pour leur équilibre; car d'après ce qu'on a démontré dans la ſeconde Section (art. 4), il ne faut qu'ajouter aux forces qui ſont ſuppoſées agir ſur chaque corps, les nouvelles forces accélératrices $\frac{d^2 x}{dt^2}$, $\frac{d^2 y}{dt^2}$, $\frac{d^2 z}{dt^2}$, dirigées ſuivant les lignes x, y, z, en nommant t le tems écoulé, & faiſant dt conſtant.

Ainſi dans les problêmes où X, Y, Z déſignent les forces abſolues qui tirent le corps m regardé comme un point ſuivant les coordonnées x, y, z, il n'y aura qu'à mettre par-tout à la place de ces forces, celles-ci $X + m\frac{d^2 x}{dt^2}$, $Y + m\frac{d^2 y}{dt^2}$, $Z + m\frac{d^2 z}{dt^2}$; & ainſi pour les forces qui agiſſent ſur chacun des corps du ſyſtême. Mais dans les problêmes où l'on tient compte de la maſſe des corps, & où X, Y, Z n'expriment que les forces qui agiſſent ſur chaque point de la maſſe finie m, & ſont par conſéquent du genre des forces accélératrices, il faudra mettre ſimplement à la place de X, Y, Z, les quantités $X + \frac{d^2 x}{dt^2}$, $Y + \frac{d^2 y}{dt^2}$, $Z + \frac{d^2 z}{dt^2}$; & ainſi de ſuite.

De cette maniere les équations trouvées pour l'équilibre, donneront immédiatement celles du mouvement, & les mêmes problêmes se trouveront résolus également pour les deux états de repos & de mouvement. Il est vrai que dans le cas du mouvement, les équations étant différentielles du second ordre, elles demandent ensuite des intégrations relatives aux différentes variables t, x, y, z, x', y', &c; mais c'est au calcul intégral à s'en charger; & la Dynamique a fait tout ce qu'on étoit en droit d'attendre d'elle, en donnant les équations fondamentales.

Cependant comme ces équations peuvent avoir différentes formes plus ou moins simples, & sur-tout plus ou moins propres pour l'intégration, il n'est pas indifférent sous quelle forme elles se présentent d'abord; & c'est peut-être un des principaux avantages de notre méthode, de fournir toujours les équations de chaque problême sous la forme la plus simple relativement aux variables qu'on y emploie, & de mettre en état de juger d'avance quelles sont les variables dont l'emploi peut en faciliter le plus l'intégration.

Nous allons donner ici pour cet objet quelques principes généraux, dont on verra ensuite l'application dans la solution de différens problêmes.

2. Il est clair par les formules que nous venons de donner dans la Section précédente, que les termes différentiels des équations pour le mouvement d'un systême quelconque de corps, viennent uniquement de la quantité T qui exprime la somme de tous les $\frac{dx^2 + dy^2 + dz^2}{2\,dt^2}\,m$ relativement aux différens corps; chaque variable finie, comme ξ, qui entrera dans l'expression de T donnant le terme $-\frac{\delta T}{\delta \xi}$, &

chaque variable différentielle, comme $d\xi$, donnant le terme $d. \frac{\delta T}{\delta d\xi}$. D'où l'on voit d'abord que les termes dont il s'agit ne pourront contenir d'autres fonctions des variables, que celles qui se trouveront dans l'expression même de T; par conséquent si en employant des sinus & cosinus d'angles, ce qui se présente naturellement dans la solution de plusieurs problêmes, il arrive que les sinus & cosinus disparoissent de la fonction T, elle ne contiendra alors que les différentielles de ces angles, & les termes en question ne contiendront aussi que ces mêmes différentielles. Ainsi il y aura toujours à gagner pour la simplicité des équations du problême à employer ces sortes de substitutions.

Par exemple, si à la place des deux coordonnées x, y, on emploie le rayon vecteur ρ mené du centre des mêmes coordonnées, & faisant avec l'axe des x l'angle φ, on aura $x = \rho \cos \varphi$, $y = \rho \sin \varphi$, & différentiant $dx = \cos \varphi \, d\rho - \rho \sin \varphi \, d\varphi$, $dy = \sin \varphi \, d\rho + \rho \cos \varphi \, d\varphi$; donc $dx^2 + dy^2 = d\rho^2 + \rho^2 d\varphi^2$, expression fort simple qui ne contient ni sinus, ni cosinus de φ, mais seulement sa différentielle $d\varphi$. De cette maniere la quantité $dx^2 + dy^2 + dz^2$, se trouvera changée en $\rho^2 d\varphi^2 + d\rho^2 + dz^2$.

On pourroit encore substituer au lieu de ρ & z, un nouveau rayon vecteur r avec l'angle ψ que ce rayon fait avec ρ qui en est la projection; ce qui donneroit $\rho = r \cos \psi$, $z = r \sin \psi$, & par conséquent $d\rho^2 + dz^2 = dr^2 + r^2 d\psi^2$; de sorte que la quantité $dx^2 + dy^2 + dz^2$ seroit transformée en celle-ci $r^2 (\cos \psi^2 d\varphi^2 + d\psi^2) + dr^2$. Ici il est clair que r sera le rayon mené du centre des coordonnées au point de l'espace où est le corps m, ψ sera l'inclinaison de ce rayon ſur le plan des x & y, & φ l'angle de la projection de ce rayon ſur le même plan avec l'axe des x; & l'on aura $x = r \operatorname{coſ} \psi \operatorname{coſ} \varphi$, $y = r \operatorname{coſ} \psi \operatorname{ſin} \varphi$, $z = r \operatorname{ſin} \psi$.

Enfin on pourra employer à volonté d'autres ſubſtitutions; & lorſque le ſyſtême eſt compoſé de pluſieurs corps, on pourra les rapporter immédiatement les uns aux autres par des coordonnées relatives; les circonſtances de chaque problême indiqueront toujours celles qui ſeront le plus propres. On pourra même, après avoir trouvé d'après une ſubſtitution, une ou quelques-unes des équations du problême, déduire les autres d'autres ſubſtitutions; ce qui fournira de nouveaux moyens de diverſifier ces équations, & de trouver les plus ſimples & les plus faciles à intégrer.

3. Les autres termes des équations du mouvement dépendent des forces accélératrices qu'on ſuppoſe agir ſur les corps, & des équations de condition qui doivent ſubſiſter entre les variables relatives à la poſition des corps dans l'eſpace.

Lorſque les forces P, Q, R, &c, tendent à des centres fixes ou à des corps du même ſyſtême, & ſont proportionnelles à des fonctions quelconques des diſtances, comme cela a lieu dans la nature, la quantité V qui exprime la ſomme des quantités $m\int(P\,dp + Q\,dq + R\,dr + \&c)$ pour tous les corps m du ſyſtême, ſera une fonction algébrique des diſtances, & fournira pour chaque variable ξ dont elle ſe trouvera compoſée, un terme fini de la forme $\frac{\delta V}{\delta \xi}$.

De même les équations de condition $L = 0$, $M = 0$, &c,

fourniront pour la même variable ξ les termes $\lambda \frac{\delta L}{\delta \xi}$, $\mu \frac{\delta M}{\delta \xi}$, &c, & ainſi des autres. De ſorte qu'il n'y aura qu'à ajouter à la valeur de V les quantités λL, μM, &c: en regardant enſuite λ, μ, &c, comme conſtantes dans les différentiations en δ.

Si donc quelques-unes des variables qui entrent dans la fonction T, n'entrent point dans V ni dans L, M, &c; les équations relatives à ces variables ne contiendront que des termes différentiels, & l'intégration n'en ſera que plus facile, ſur-tout ſi ces variables ne ſe trouvent dans T que ſous la forme différentielle. C'eſt ce qui aura lieu lorſque les corps étant attirés vers des centres, on prendra les diſtances à ces centres, & les angles décrits autour d'eux pour coordonnées.

4. Une intégration qui aura toujours lieu lorſque les forces ſont des fonctions de diſtances, & que les fonctions T, V, L, M, &c, ne contiennent point la variable finie t, eſt celle qui donne le principe de la conſervation des forces vives. Quoique nous ayons déja montré comment ce principe réſulte de notre formule générale de la Dynamique (Sect. III, art. 10), il ne ſera pas inutile de faire voir que les équations particulieres déduites de cette formule, fourniſſent toujours une équation intégrable qui eſt celle de la conſervation des forces vives.

Ces équations étant chacune de la forme

$$d.\frac{\delta T}{\delta d\xi} - \frac{\delta T}{\delta \xi} + \frac{\delta V}{\delta \xi} + \lambda \frac{\delta L}{\delta \xi} + \mu \frac{\delta M}{\delta \xi} + \&c = 0,$$

ſi on les ajoute enſemble après les avoir multipliées par les différentielles respectives $d\xi$, &c, & qu'on fasse attention que les quantités T, V, L, M, &c, sont par l'hypothèse des fonctions algébriques des variables ξ, &c, sans t, il est clair qu'on aura l'équation

$$\left(d.\frac{\delta T}{\delta d\xi} - \frac{\delta T}{\delta \xi}\right) d\xi + \&c + dV + \lambda\, dL + \mu\, dM + \&c = 0;$$

mais $L = 0$, $M = 0$, &c, étant les équations de condition, on aura généralement $dL = 0$, $dM = 0$, &c; par conséquent l'équation précédente se réduira à

$$\left(d.\frac{\delta T}{\delta d\xi} - \frac{\delta T}{\delta \xi}\right) d\xi + \&c + dV = 0.$$

$$\text{Or } d\xi\, d.\frac{\delta T}{\delta d\xi} = d.\left(\frac{\delta T}{\delta d\xi}\, d\xi\right) - \frac{\delta T}{\delta d\xi}\, d^2\xi;$$

& comme T est une fonction algébrique des variables ξ, &c, & de leurs différentielles $d\xi$, &c, sans t, on aura $dT = \frac{\delta T}{\delta \xi}\, d\xi + \frac{\delta T}{\delta d\xi}\, d^2\xi$ + &c; donc l'équation deviendra

$$d.\left(\frac{\delta T}{\delta d\xi}\, d\xi + \&c\right) - dT + dV = 0,$$

laquelle est évidemment intégrable, & dont l'intégrale est

$$\frac{\delta T}{\delta d\xi}\, d\xi + \&c - T + V = \text{à une constante.}$$

Maintenant puisque $T = S\,\frac{dx^2 + dy^2 + dz^2}{2dt^2}\, m$, il est visible que quelques variables qu'on substitue pour x, y, z, la fonction résultante sera nécessairement homogène & de deux dimensions relativement aux différences de ces variables; donc par le théorême connu on aura $\frac{\delta T}{\delta d\xi}\, d\xi + \&c = 2\, T$.

Donc l'intégrale trouvée sera simplement $T + V = const.$ laquelle contient le principe de la conservation des forces vives (Sect. III, art. 10).

Si la quantité V n'étoit pas une fonction algébrique, on n'auroit pas $dV = \frac{\delta V}{\delta \xi} d\xi +$ &c; & si les quantités T, L, M, &c, contenoient aussi la variable t, alors leurs différentielles dT, dL, dM, &c, contiendroient aussi les termes $\frac{\delta T}{\delta t} dt$, $\frac{\delta L}{\delta t} dt$, $\frac{\delta M}{\delta t} dt$, &c; donc les réductions qui ont rendu l'équation intégrable n'auroient plus lieu, ni par conséquent le principe de la conservation des forces vives.

5. Quoique le théorême sur les fonctions homogènes dont nous venons de faire usage, soit démontré dans différens ouvrages, & qu'on puisse par conséquent le supposer comme connu, la démonstration que voici est si simple, que je ne crois pas devoir la supprimer. Si F est une fonction homogène de différentes variables x, y, &c, & qu'elle soit de la dimension n; il est clair qu'en y mettant ax, ay, &c, à la place de x, y, &c, elle deviendra nécessairement $a^n F$, quelle que soit la quantité a. Donc faisant $a = 1 + \alpha$, & regardant α comme une quantité infiniment petite, l'accroissement infiniment petit de F dû aux accroissemens infiniment petits αx, αy, &c, de x, y, &c, sera $n\alpha F$. Mais en faisant varier x, y, &c, de αx, αy, on a en général pour la variation de F, $\frac{\delta F}{\delta x} \alpha x + \frac{\delta F}{\delta y} \alpha y +$ &c. Donc égalant ces deux expressions de l'accroissement de F, & divisant par α on aura,

$$nF = \frac{\delta F}{\delta x} x + \frac{\delta F}{\delta y} y + \&c.$$

6. L'intégrale relative à *la conservation des forces vives*, est d'une grande utilité dans la solution des problèmes de Méchanique, sur-tout lorsque la fonction T ne contient que la différentielle d'une variable qui ne se trouve point dans la fonction V; car cette intégrale servira alors à déterminer cette même variable, & à l'éliminer des équations différentielles.

A l'égard des intégrales qui se rapportent à *la conservation du mouvement du centre de gravité*, & *au principe des aires*, & que nous avons déja trouvées d'une maniere générale dans la Section troisieme, elles se présenteront d'elles-mêmes dans la solution de chaque problême, pourvu qu'on ait soin dans le choix des variables de séparer le mouvement absolu du systême des mouvemens relatifs des corps entr'eux, ainsi que nous l'avons fait dans la Section citée (art. 15).

Mais ces différentes intégrales ne suffisent pour la solution complette du problême, que lorsque leur nombre égale celui des variables. Dans tous les autres cas il faudra chercher encore de nouvelles intégrales; mais on ne sauroit donner là-dessus de regle générale. Il y a cependant un cas très-étendu, qui est toujours susceptible d'une solution complette; c'est celui où le systême ne fait que de très-petites oscillations autour de sa situation d'équilibre. Comme cette solution se déduit facilement de nos formules, nous commencerons par la donner ici, en y joignant différentes remarques nouvelles & importantes.

§. I.

§. I.

Solution générale du Problême des oscillations très-petites d'un systême quelconque de corps.

7. Soient a, b, c les valeurs des coordonnées rectangles x, y, z de chaque corps m du systême proposé dans le lieu de son équilibre. Comme on suppose que le systême dans son mouvement s'éloigne très-peu de sa situation d'équilibre, on aura en général $x = a + \alpha$, $y = b + \beta$, $z = c + \gamma$, les variables α, β, γ étant toujours très-petites ; & il suffira par conséquent d'avoir égard à la premiere dimension de ces quantités dans les équations différentielles du mouvement. La même chose aura lieu pour les autres quantités analogues, qu'on distinguera par un, deux, &c, traits relativement aux différens corps m', m'', &c, du même systême.

Considérons d'abord les équations de condition qui doivent avoir lieu par la nature du systême, & qu'on peut représenter par $L = 0$, $M = 0$, &c ; L, M, &c, étant des fonctions algébriques données des coordonnées x, y, z, x', y', &c. Comme la position d'équilibre est une de celles que le systême peut avoir, il s'ensuit que les mêmes équations $L = 0$, $M = 0$, &c, devront subsister, en supposant que x, y, z, x' &c, deviennent a, b, c, a', &c, d'où il est facile de conclure que ces équations ne sauroient renfermer le tems t.

Or soient A, B, &c, ce que deviennent L, M, &c, lorsque x, y, z, x', &c, deviennent a, b, c, a', &c ; il est clair qu'en substituant pour x, y, z, x', &c, leurs valeurs $a + \alpha$, $b + \beta$, $c + \gamma$, $a' + \alpha'$, &c, on aura à cause de la petitesse de α, β, γ, α', &c,

$$L = A + \frac{dA}{da}\alpha + \frac{dA}{db}\beta + \frac{dA}{dc}\gamma + \frac{dA}{da'}\alpha' + \&c,$$

$$M = B + \frac{dB}{da}\alpha + \frac{dB}{db}\beta + \frac{dB}{dc}\gamma + \frac{dB}{da'}\alpha' + \&c,$$

& ainsi de suite.

Donc 1°, on aura $A = 0$, $B = 0$, &c, relativement à l'équilibre; 2° on aura les équations

$$\frac{dA}{da}\alpha + \frac{dA}{db}\beta + \frac{dA}{dc}\gamma + \frac{dA}{da'}\alpha' + \&c = 0,$$

$$\frac{dB}{da}\alpha + \frac{dB}{db}\beta + \frac{dB}{dc}\gamma + \frac{dB}{da'}\alpha' + \&c = 0,$$

&c,

lesquelles donneront la relation qui doit subsister entre les variables α, β, γ, α', &c.

En négligeant d'abord les quantités très-petites du second ordre & des ordres supérieurs, on aura des équations linéaires par lesquelles on déterminera les valeurs de quelques-unes de ces variables par les autres; ensuite par ces premieres valeurs on en trouvera de plus exactes, en tenant compte des secondes puissances, & des puissances plus hautes comme on voudra. On aura ainsi les valeurs de quelques-unes des variables α, β, γ, α', &c. exprimées par des fonctions en série des autres variables; & ces variables restantes seront alors absolument indépendantes entr'elles.

Au reste, on pourra souvent aussi, en ayant égard aux conditions du problême, réduire les coordonnées immédiatement par des substitutions, en fonctions rationelles & entieres d'autres variables indépendantes entr'elles, & très-petites, dont la valeur soit nulle dans l'état d'équilibre.

Ainsi nous supposerons en général que l'on ait

$$x = a + a1\xi + a2\psi + a3\varphi + \&c + a'1\xi^2 + \&c,$$

$$y = b + b1\xi + b2\psi + b3\varphi + \&c + b'1\xi^2 + \&c,$$

$$z = c + c1\xi + c2\psi + c3\varphi + \&c + c'1\xi^2 + \&c,$$

& ainsi des autres coordonnées x', y', &c, les quantités $a, b, c, a1, b1$ &c, sont constantes, & les quantités ξ, ψ, φ, &c, sont variables, très-petites, & nulles dans l'équilibre.

8. Il ne s'agira donc que de faire ces substitutions dans les valeurs de T & V (art. 2, 3); & il suffira de tenir compte des secondes dimensions, pour avoir des équations différentielles linéaires. Et d'abord il est clair que la valeur de T sera de cette forme,

$$T = \frac{(1)d\xi^2 + (2)d\psi^2 + (3)d\varphi^2 + \&c}{2dt^2}$$

$$+ \frac{(1,2)d\xi d\psi + (1,3)d\xi d\varphi + (2,3)d\psi d\varphi + \&c}{dt^2},$$

en supposant pour abréger

$$(1) = S(a1^2 + b1^2 + c1^2)m$$
$$(2) = S(a2^2 + b2^2 + c2^2)m$$
$$(3) = S(a3^2 + b3^2 + c3^2)m$$
&c.

$$(1,2) = S(a1a2 + b1b2 + c1c2)m$$
$$(1,3) = S(a1a3 + b1b3 + c1c3)m$$
$$(2,3) = S(a2a3 + b2b3 + c2c3)m$$
&c,

où le signe S dénote des intégrations ou sommations relatives à tous les différens corps m du système, & en même-tems indépendantes des variables ξ, ψ, φ, &c. ainsi que du tems t.

Ensuite si on dénote par F la fonction algébrique $\int(P\,dp + Q\,dq + R\,dr + \&c)$, en y mettant a, b, c, à la place de x, y, z, il est clair que la valeur générale de $\int(P\,dp + Q\,dq + R\,dr + \&c)$, sera représentée ainsi,

$$F + \frac{dF}{da}(a1\,\xi + a2\,\psi + a3\,\varphi + \&c) + \frac{dF}{db}(b1\,\xi + b2\,\psi + b3\,\varphi + \&c) + \frac{dF}{dc}(c1\,\xi + c2\,\psi + c3\,\varphi + \&c) + \frac{d^2F}{2\,da^2}(a1\,\xi + a2\,\psi + a3\,\varphi + \&c)^2 + \frac{d^2F}{da\,db}(a1\,\xi + a2\,\psi + a3\,\varphi + \&c)(b1\,\xi + b2\,\psi + b3\,\varphi + \&c) + \frac{d^2F}{2\,db^2}(b1\,\xi + b2\,\psi + b3\,\varphi + \&c)^2 + \&c,$$

où il suffit d'avoir égard aux secondes dimensions de ξ, ψ, φ, &c.

Multipliant donc cette fonction par m, & intégrant avec le signe S, on aura en général

$$V = H + H1\,\xi + H2\,\psi + H3\,\varphi + \&c. + \frac{[1]\,\xi^2 + [2]\,\psi^2 + [3]\,\varphi^2 + \&c}{2} + [1,2]\,\xi\psi + [1,3]\,\xi\varphi + [2,3]\,\psi\varphi \;\&c,$$

en supposant

$$H = SFm$$

$$H1 = S\left(\frac{dF}{da}\,a1 + \frac{dF}{db}\,b1 + \frac{dF}{dc}\,c1\right)m$$

$$H2 = S\left(\frac{dF}{da} a2 + \frac{dF}{db} b2 + \frac{dF}{dc} c2\right) m$$

$$H3 = S\left(\frac{dF}{da} a3 + \frac{dF}{db} b3 + \frac{dF}{dc} c3\right) m$$

&c,

$$[1] = S\left(\frac{d^2F}{da^2} a1^2 + \frac{d^2F}{db^2} b1^2 + \frac{d^2F}{dc^2} c1^2 + 2\frac{d^2F}{dadb} a1b1 + 2\frac{d^2F}{dadc} a1c1 + 2\frac{d^2F}{dbdc} b1c1\right) m,$$

$$[2] = S\left(\frac{d^2F}{da^2} a2^2 + \frac{d^2F}{db^2} b2^2 + \frac{d^2F}{dc^2} c2^2 + 2\frac{d^2F}{dadb} a2b2 + 2\frac{d^2F}{dadc} a2c2 + 2\frac{d^2F}{dbdc} b2c2\right) m,$$

$$[3] = S\left(\frac{d^2F}{da^2} a3^2 + \frac{d^2F}{db^2} b3^2 + \frac{d^2F}{dc^2} c3^2 + 2\frac{d^2F}{dadb} a3b3 + 2\frac{d^2F}{dadc} a3c3 + 2\frac{d^2F}{dbdc} b3c3\right) m,$$

&c.

$$[1,2] = S\left(\frac{d^2F}{da^2} a1a2 + \frac{d^2F}{db^2} b1b2 + \frac{d^2F}{dc^2} c1c2 + \frac{d^2F}{dadb}(a1b2 + a2b1) + \frac{d^2F}{dadc}(a1c2 + a2c1) + \frac{d^2F}{dbdc}(b1c2 + b2c1)\right) m,$$

$$[1,3] = S\left(\frac{d^2F}{da^2} a1a3 + \frac{d^2F}{db^2} b1b3 + \frac{d^2F}{dc^2} c1c3 + \frac{d^2F}{dadb}(a1b3 + a3b1) + \frac{d^2F}{dadc}(a1c3 + a3c1) + \frac{d^2F}{dbdc}(b1c3 + b3c1)\right) m,$$

$$[2,3] = S\left(\frac{d^2F}{da^2} a2a3 + \frac{d^2F}{db^2} b2b3 + \frac{d^2F}{dc^2} c2c3 + \frac{d^2F}{dadb}(a2b3 + a3b2) + \frac{d^2F}{dadc}(a2c3 + a3c2) + \frac{d^2F}{dbdc}(b2c3 + b3c2)\right) m,$$

&c.

9. Ayant ainſi les valeurs de T & V exprimées en fonctions des variables ξ, ψ, φ, &c, indépendantes entr'elles, on n'aura plus aucune équation de condition à employer, & comme la quantité T ne contient que les différentielles des variables, on aura ſur le champ pour le mouvement du ſyſtême, les équations ſuivantes,

$$d.\frac{\delta T}{\delta d\xi} + \frac{\delta V}{\delta \xi} = 0,\ d.\frac{\delta T}{\delta d\psi} + \frac{\delta V}{\delta \psi} = 0,\ d.\frac{\delta T}{\delta d\varphi} + \frac{\delta V}{\delta \varphi} = 0, \text{ \&c},$$

dont le nombre ſera, comme l'on voit, égal à celui des variables.

Ces équations doivent avoir lieu auſſi dans l'état d'équilibre, puiſque le ſyſtême y étant une fois y reſteroit toujours de lui-même; or dans l'équilibre on a conſtamment $x = a$, $y = b$, $z = c$, $x' = a'$, &c, par l'hypothèſe; donc $\xi = 0$, $\psi = 0$, $\varphi = 0$, &c, ainſi que $\frac{d\xi}{dt} = 0$, $\frac{d\psi}{dt} = 0$, &c, & $\frac{d^2\xi}{dt^2} = 0$, &c. Donc les termes $d.\frac{\delta T}{\delta d\xi}$, $d.\frac{\delta T}{\delta d\psi}$, &c, ſeront nuls, & les termes $\frac{\delta V}{\delta \xi}$, $\frac{\delta V}{\delta \psi}$, $\frac{\delta V}{\delta \varphi}$, &c, ſe réduiront à $H1$, $H2$, $H3$, &c. Par conſéquent on aura $H1 = 0$, $H2 = 0$, $H3 = 0$, &c; ce ſont les conditions néceſſaires pour que a, b, c, a', &c, ſoient les valeurs de x, y, z, x' &c, pour l'état d'équilibre, comme on le ſuppoſe.

En effet, il eſt viſible que $dV = S(Pdp + Qdq + Rdr + \&c)m$ exprime la ſomme des momens de toutes les forces Pm, Qm, Rm, &c, appliquées à tous les corps m du ſyſtême, & qui doivent ſe détruire mutuellement dans l'état d'équilibre; donc par la formule générale donnée dans la ſeconde Section de la premiere Partie, il faudra que l'on ait $dV = 0$, par rapport à chacune des variables indépendantes; par conséquent $\frac{\delta V}{\delta \xi} = 0$, $\frac{\delta V}{\delta \psi} = 0$, $\frac{\delta V}{\delta \varphi} = 0$, &c, feront les conditions de l'équilibre, lequel étant supposé répondre à $\xi = 0$, $\psi = 0$, $\varphi = 0$, &c, on aura $H\,1 = 0$, $H\,2 = 0$, $H\,3$, $= 0$ &c. De sorte que les premieres dimensions des variables ξ, ψ, φ, &c, dans l'expression de V disparoîtront toujours.

Substituant donc dans les équations générales les valeurs de T & de V, & faisant $H\,1$, $H\,2$, $H\,3$, &c, nuls, on aura pour le mouvement du systême,

$$0 = (1)\frac{d^2\xi}{dt^2} + (1,2)\frac{d^2\psi}{dt^2} + (1,3)\frac{d^2\varphi}{dt^2} + \&c$$
$$+ [1]\xi + [1,2]\psi + [1,3]\varphi + \&c;$$
$$0 = (2)\frac{d^2\psi}{dt^2} + (1,2)\frac{d^2\xi}{dt^2} + (2,3)\frac{d^2\varphi}{dt^2} + \&c$$
$$+ [2]\psi + [1,2]\xi + [2,3]\varphi + \&c;$$
$$0 = (3)\frac{d^2\varphi}{dt^2} + (1,3)\frac{d^2\xi}{dt^2} + (2,3)\frac{d^2\psi}{dt^2} + \&c$$
$$+ [3]\varphi + [1,3]\xi + [2,3]\psi + \&c.$$

&c.

équations qui étant sous une forme linéaire avec des coëfficiens constans, peuvent être intégrées rigoureusement & généralement par les méthodes connues.

10. On peut supposer d'abord que les variables dans ces sortes d'équations ayent entr'elles des rapports constans; c'est-à-dire, que l'on ait $\psi = f\xi$, $\varphi = g\xi$, &c; par ces substitutions elles deviendront

$$\left((1)+(1,2)f+(1,3)g+\&c\right)\frac{d^2\xi}{dt^2}+\left([1]+[1,2]f+[1,3]g+\&c\right)\xi=0$$

$$\left((2)f+(1,2)+(2,3)g+\&c\right)\frac{d^2\xi}{dt^2}+\left([2]f+[1,2]+[2,3]g+\&c\right)\xi=0$$

$$\left((3)g+(1,3)+(2,3)f+\&c\right)\frac{d^2\xi}{dt^2}+\left([3]g+[1,3]+[2,3]f+\&c\right)\xi=0$$

&c,

lesquelles donnent $\frac{d^2\xi}{dt^2}+K\xi=0$, en faisant

$$K=\frac{[1]+[1,2]f+[1,3]g+\&c}{(1)+(1,2)f+(1,3)g+\&c}$$

$$=\frac{[2]f+[1,2]+[2,3]g+\&c}{(2)f+(1,2)+(2,3)g+\&c}$$

$$=\frac{[3]g+[1,3]+[2,3]f+\&c}{(3)g+(1,3)+(2,3)f+\&c}$$

Le nombre de ces équations eſt, comme l'on voit, égal à celui des inconnues f, g, &c, K; par conſéquent elles déterminent exactement ces inconnues; & comme en retenant pour premier membre le terme K, & le multipliant reſpectivement par le dénominateur du ſecond, on a des équations linéaires en f, g, &c, il ſera facile de les éliminer par les méthodes connues, & il n'eſt pas difficile de voir par les formules générales d'élimination, que la réſultante en K ſera d'un degré égal à celui des équations, & par conſéquent égal à celui des équations différentielles propoſées; de ſorte que l'on aura pour K un pareil nombre de différentes valeurs, dont chacune étant ſubſtituée dans les expreſſions de f, g, &c, donnera les valeurs correſpondantes de ces quantités.

Maintenant l'équation $\frac{d^2\xi}{dt^2}+K\xi=0$, donne par l'intégration

tégration $\xi = E \sin(t\sqrt{K} + \epsilon)$, E, ϵ étant des constantes arbitraires; ainsi comme on a supposé $\psi = f\xi$, $\varphi = g\xi$, &c, on a aussi les valeurs de ψ, φ, &c. Cette solution n'est que particuliere, mais elle est en même-tems double, triple, &c, selon le nombre des valeurs de K; par conséquent en les joignant ensemble, on aura la solution générale, puisque d'un côté la somme des valeurs particulieres de ξ, ψ, φ, &c, satisfera également aux équations différentielles, à cause de leur forme linéaire, & que de l'autre cette somme contiendra deux fois autant de constantes arbitraires qu'il y a d'équations, & par conséquent autant que les intégrales complettes peuvent en admettre.

Dénotant donc par K', K'', K''', &c, les différentes valeurs de K, c'est-à-dire, les racines de l'équation en K, & par f', g', &c, f'', g'', &c, f''', g''', &c, &c, les valeurs correspondantes de f, g, &c; & prenant un pareil nombre de coëfficiens arbitraires E', E'', E''', &c, & d'angles aussi arbitraires ϵ', ϵ'', ϵ''', &c; on aura ces valeurs complettes de ξ, ψ, φ, &c,

$$\xi = E' \sin(t\sqrt{K'} + \epsilon') + E'' \sin(t\sqrt{K''} + \epsilon'') + E''' \sin(t\sqrt{K'''} + \epsilon''') + \&c$$

$$\psi = f'E' \sin(t\sqrt{K'} + \epsilon') + f''E'' \sin(t\sqrt{K''} + \epsilon'') + f'''E''' \sin(t\sqrt{K'''} + \epsilon''') + \&c$$

$$\varphi = g'E' \sin(t\sqrt{K'} + \epsilon') + g''E'' \sin(t\sqrt{K''} + \epsilon'') + g'''E''' \sin(t\sqrt{K'''} + \epsilon''') + \&c$$

&c,

dans lesquelles les arbitraires E', E'', E''', &c, ϵ', ϵ'', ϵ''', &c, dépendront des valeurs initiales de ξ, ψ, φ, &c, & $\frac{d\xi}{dt}$, $\frac{d\psi}{dt}$, $\frac{d\varphi}{dt}$, &c.

11. Comme la solution précédente est fondée sur la supposition que les variables ξ, ψ, φ, &c, soient très-petites, il faut pour qu'elle soit légitime, que cette supposition ait lieu en effet; ce qui demande que les racines K', K'', &c, soient toutes réelles, positives & inégales, afin que le tems t qui croît à l'infini, soit toujours renfermé sous les signes de sinus. Si quelques-unes de ces racines devenoient négatives ou imaginaires, elles introduiroient dans les sinus correspondans des exponentielles réelles, & si elles devenoient simplement égales, elles y introduiroient des puissances algébriques de l'arc; c'est de quoi on peut s'assurer en mettant dans le premier cas, à la place des sinus, leurs expressions exponentielles imaginaires, & en supposant dans le second que les racines égales different entr'elles de quantités infiniment petites indéterminées; mais comme le développement de ces cas est inutile pour l'objet présent, nous ne nous y arrêterons point.

Si la condition de la réalité & de l'inégalité des coëfficiens de t a lieu, il est visible que les plus grandes valeurs de ξ, de , &c, seront moindres que les sommes de

$$E', E'', E''', \&c, \text{ de } f' E', f'' E'', f''' E''', \&c,$$

en prenant toutes ces quantités positivement; par conséquent si elles sont fort petites, on sera assuré que les valeurs des variables le seront toujours aussi.

Mais comme les coëfficiens E', E'', E''', &c, sont arbitraires & dépendent uniquement du déplacement primitif du systême, il est possible que les variables ξ, ψ, &c, restent fort petites, quand même parmi les quantités $\sqrt{K'}$, $\sqrt{K''}$, &c, il y en auroit d'imaginaires ou d'égales; car il suffit pour cela que les quantités correſpondantes E', E'', &c, ſoient nulles, ce qui fera diſparoître les termes qui croîtroient avec le tems t. Alors la ſolution, ſans être exacte en général, le ſera néanmoins dans le cas particulier où la condition précédente aura lieu.

12. Quant à la détermination des conſtantes arbitraires E', E'', &c, ϵ', ϵ' &c, elle dépend, comme nous l'avons déja dit, de l'état initial du ſyſtême. En effet, ſi dans les expreſſions trouvées de ξ, ψ, φ, &c, on fait $t=0$, & qu'on ſuppoſe données les valeurs de ξ, ψ, φ, &c, on aura des équations linéaires entre les inconnues E' ſin ϵ', E'' ſin ϵ'', &c, par leſquelles on pourra déterminer chacune de ces inconnues. De même ſi on fait $t=0$ dans les différentielles des mêmes expreſſions, & qu'on regarde auſſi comme données les valeurs de $\frac{d\xi}{dt}$, $\frac{d\psi}{dt}$, $\frac{d\varphi}{dt}$, &c, on aura un ſecond ſyſtême d'équations linéaires entre E' coſ ϵ', E'' coſ ϵ'', &c, leſquelles ſerviront à leur détermination. De-là on tirera aiſément les valeurs de E', E'', &c, ainſi que de tang ϵ', tang ϵ'', &c; & enfin celles des angles mêmes ϵ', ϵ'', &c.

Mais voici un moyen fort ſimple de déterminer ces inconnues directement & ſans les embarras de l'élimination.

Je remarque qu'en ajoutant enſemble les équations différentielles de l'article 9, après avoir multiplié la ſeconde par f, la troiſieme par g, & ainſi de ſuite; & faiſant pour abréger

$$p=(1)+(1,2)f+(1,3)g+\&c,$$
$$P=[1]+[1,2]f+[2,3]g+\&c,$$
$$q=(2)f+(1,2)+(2,3)g+\&c,$$

$$Q = [2]f + [1,2] + [2,3]g + \&c,$$
$$r = (3)g + (1,3) + (2,3)f + \&c,$$
$$R = [3]g + [1,3] + [2,3]f + \&c,$$
&c.

on a l'équation

$$o = p\,\frac{d^2\xi}{dt^2} + q\,\frac{d^2\psi}{dt^2} + r\,\frac{d^2\varphi}{dt^2} + \&c,$$
$$+ P\xi + Q\psi + R\varphi + \&c.$$

Mais par les équations de condition de l'article 10, on a $P = Kp$, $Q = Kq$, $R = Kr$, &c. Donc substituant dans l'équation précédente, elle deviendra de la forme

$$o = \frac{d^2 . (p\xi + q\psi + r\varphi + \&c)}{dt^2} + (p\xi + q\psi + r\varphi + \&c) K$$

dont l'intégrale est

$$p\xi + q\psi + r\varphi + \&c = L \sin (t\sqrt{K} + \lambda),$$

L & λ étant deux constantes arbitraires.

Cette équation doit avoir lieu également pour toutes les différentes valeurs de K qui résultent des mêmes équations de condition, & que nous avons dénotées par K', K'', &c. Ainsi, désignant de même par p', p'', &c, q', q'', &c, &c, les valeurs correspondantes de p, q, &c, & prenant différentes constantes arbitraires L', L'', &c, λ', λ'', &c, on aura les équations suivantes,

$$p'\xi + q'\psi + r'\varphi + \&c = L' \sin (t\sqrt{K'} + \lambda'),$$
$$p''\xi + q''\psi + r''\varphi + \&c = L'' \sin (t\sqrt{K''} + \lambda''),$$
$$p'''\xi + q'''\psi + r'''\varphi + \&c = L''' \sin (t\sqrt{K'''} + \lambda'''),$$
&c.

Ces équations serviroient également à déterminer les valeurs de ξ, ψ, φ, &c, & il est clair que ces valeurs devroient coïncider avec celles qu'on a trouvées ci-dessus (art. 10), puisqu'elles résultent les unes & les autres des mêmes équations différentielles. Ainsi en substituant ces mêmes valeurs de l'article cité dans les équations précédentes, elles devront devenir entiérement identiques.

D'où il est facile de conclure que pour la premiere équation, on aura

$\lambda' = \epsilon'$, $L' = (p' + f' q' + g' r' + \&c) E'$, & $p' + f'' q' + g'' r' + \&c = 0$, $p' + f''' q' + g''' r' + \&c = 0$, &c; que l'on aura de même pour la seconde équation

$\lambda'' = \epsilon''$, $L'' = (p'' + f'' q'' + g'' r'' + \&c) E'$, & $p'' + f' q'' + g' r''$ &c $= 0$, $p'' + f''' q'' + g''' r'' + \&c = 0$, &c; & ainsi des autres.

Donc substituant dans les équations ci-dessus pour λ', L', λ'', L'', λ''', L''', &c, les valeurs qu'on vient de trouver, on aura celles-ci,

$$E' \sin(t\sqrt{K'} + \epsilon') = \frac{p'\xi + q'\psi + r'\varphi + \&c}{p' + q' f' + r' g' + \&c}$$

$$E'' \sin(t\sqrt{K''} + \epsilon'') = \frac{p''\xi + q''\psi + r''\varphi + \&c}{p'' + q'' f'' + r'' g'' + \&c}$$

$$E''' \sin(t\sqrt{K'''} + \epsilon''') = \frac{p'''\xi + q'''\psi + r'''\varphi + \&c}{p''' + q''' f''' + r''' g''' + \&c}$$

&c.

qui sont les réciproques de celles de l'article 10.

Maintenant la détermination des arbitraires E', E'', &c, ϵ', ϵ'', n'a plus de difficulté; car, 1°. en supposant $t = 0$, les premiers membres des équations précédentes deviennent $E' \sin \iota'$, $E'' \sin \iota''$, &c, & les ſeconds ſont tous connus, en ſuppoſant les valeurs de ξ, ψ, φ, &c, données dans le premier inſtant. 2°. En différentiant les mêmes équations, & ſuppoſant enſuite $t = 0$, les premiers membres ſeront $\sqrt{K'}.E' \cos \iota'$, $\sqrt{K''}.E'' \cos \iota''$, &c, & les ſeconds ſeront auſſi tous connus, en regardant comme données les quantités $\frac{d\xi}{dt}$, $\frac{d\psi}{dt}$, $\frac{d\varphi}{dt}$ &c, lorſque $t = 0$. Donc, &c.

13. La ſolution du problême eſt donc réduite uniquement à la détermination des quantités K, f, g, h, &c; & nous avons vu dans l'article 10 que cette détermination dépend de la réſolution des équations $pK - P = 0$, $qK - Q = 0$, $rK - R = 0$, &c, en conſervant les expreſſions de p, q, r, &c, P, Q, R, &c, de l'article 12.

Or ſi on repréſente par A ce que devient la quantité T en y changeant $\frac{d\xi}{dt}$, $\frac{d\psi}{dt}$, $\frac{d\varphi}{dt}$, &c, en e, f, g, &c, & par B ce que devient la partie de la quantité V, où les variables ξ, ψ, φ, &c, forment enſemble deux dimenſions, en changeant de même ces variables en e, f, g, &c; il eſt aiſé de voir, & on pourroit même s'en convaincre *à priori* que l'on aura $p = \frac{dA}{de}$, $q = \frac{dA}{df}$, $r = \frac{dA}{dg}$, &c, $P = \frac{dB}{de}$, $Q = \frac{dB}{df}$, $R = \frac{dB}{dg}$, &c, en faiſant enſuite $e = 1$.

Donc en général ſi on fait $AK - B = \Delta$, les équations pour la détermination des inconnues K, f, g, &c, ſeront $\frac{d\Delta}{de} = 0$, $\frac{d\Delta}{df} = 0$, $\frac{d\Delta}{dg} = 0$, &c, en ſuppoſant $e = 1$.

Ainſi comme la quantité Δ ſe forme immédiatement des quantités T & V, on pourra auſſi trouver directement les équations dont il s'agit, ſans avoir beſoin de les déduire des équations différentielles du mouvement du ſyſtême.

Je remarque maintenant que puiſque Δ eſt une fonction homogène de deux dimenſions de e, f, g, &c, on aura par la propriété de ces ſortes de fonctions démontrée dans l'article 5,

$$2\Delta = e\frac{d\Delta}{de} + f\frac{d\Delta}{df} + g\frac{d\Delta}{dg} + \&c.$$

Donc on aura auſſi $\Delta = 0$; par conſéquent les inconnues f, g, h, &c, doivent être telles, que non-ſeulement la quantité Δ ſoit nulle, mais que chacune de ſes différentielles relatives à ces inconnues le ſoit auſſi; d'où il s'enſuit que la quantité K regardée comme une fonction de ces inconnues dépendante de l'équation $\Delta = 0$, devra être un *maximum* ou un *minimum*.

Si on fait d'abord $e = 1$, & qu'on remplace par $\Delta = 0$ l'équation $\frac{d\Delta}{de} = 0$, on aura pour la détermination des inconnues f, g, h, &c, les équations $\Delta = 0$, $\frac{d\Delta}{df} = 0$, $\frac{d\Delta}{dg} = 0$, &c; ſi donc on tire d'abord la valeur de f de l'équation $\frac{d\Delta}{df} = 0$, & qu'en la ſubſtituant dans $\Delta = 0$, on change cette équation en $\Delta' = 0$, il n'y aura qu'à faire enſuite $\frac{d\Delta'}{dg} = 0$, & ſubſtituer de même la valeur de g tirée de cette derniere équation dans $\Delta' = 0$; alors nommant $\Delta'' = 0$ l'équation réſultante, on fera de nouveau

$\frac{d\Delta''}{dh} = 0$, & ainsi de suite. Par ce moyen on parviendra à une équation finale qui ne contiendra plus les inconnues f, g, h, &c, mais seulement la quantité K, & qui sera l'équation cherchée en K, dont les racines ont été nommées K', K'', K''', &c.

On peut même réduire cette équation en une formule générale, en considérant que puisque les quantités f, g, h, &c, ne forment ensemble dans la valeur de Δ que deux dimensions, la quantité $\frac{2\Delta d^2\Delta - d\Delta^2}{df^2}$ sera nécessairement sans f, sa différentielle relative à f étant $\frac{2\Delta d^3\Delta}{df^3}$ & par conséquent nulle. De sorte qu'on pourra faire $\Delta' = \frac{2\Delta d^2\Delta - d\Delta^2}{df^2}$; & comme dans cette quantité Δ' les inconnues restantes g, h, &c, ne montent aussi qu'à la seconde dimension, on pourra faire de même $\Delta'' = \frac{2\Delta' d^2\Delta' - d\Delta'^2}{dg^2}$; & ainsi de suite. La derniere des quantités Δ, Δ', Δ'', &c, étant égalée à zéro, sera l'équation cherchée en K. Il est vrai que cette équation pourra monter à un degré plus haut qu'il ne faut, à cause des facteurs étrangers introduits dans les équations $\Delta'' = 0$, $\Delta''' = 0$, &c; mais si en développant ces équations, on a soin de les débarrasser successivement de ces mêmes facteurs, & de ne prendre ensuite pour les valeurs de Δ'', Δ''', &c, que leurs premiers membres ainsi simplifiés, l'équation finale se trouvera rabaissée d'elle-même à la forme & au degré dont elle doit être.

Quant aux valeurs de f, g, &c, on les déterminera ensuite par les équations $\frac{d\Delta}{df} = 0$, $\frac{d\Delta'}{dg} = 0$, &c, en commençant

mençant par la derniere, & remontant à la premiere par la substitution successive des valeurs trouvées.

14. On a vu dans l'article 11 que la solution n'est bonne en général que lorsque les racines de l'équation en K sont toutes réelles, positives & inégales. Or on a des méthodes pour reconnoître si une équation donnée de quelque degré qu'elle soit a toutes ses racines réelles ou non, & pour juger dans le cas de la réalité, de leur signe & de leur inégalité, mais l'application de ces méthodes étant toujours un peu pénible, voici quelques caracteres simples & généraux qui serviront à juger de la forme des racines dont il s'agit dans un grand nombre de cas.

En prenant l'équation $\Delta = 0$, ou $AK - B = 0$, (art. préc.) on a $K = \frac{B}{A}$; or il est facile de se convaincre que la quantité A a toujours nécessairement une valeur positive, tant que f, g, &c, sont des quantités réelles; car la fonction T d'où elle résulte en changeant $\frac{d\xi}{dt}$, $\frac{d\psi}{dt}$, $\frac{d\phi}{dt}$, &c, en 1, f, g, &c, est composée de la somme de plusieurs carrés multipliés par des coëfficiens nécessairement positifs. Donc si la quantité B est aussi toujours positive, ce qui a lieu lorsque la partie de la fonction V, où les variables ξ, ψ, ϕ, &c, forment ensemble deux dimensions, est réductible à la même forme que la fonction T; on est assuré que les valeurs de K, c'est-à-dire, les racines de l'équation en K seront toujours positives toutes les fois qu'elles seront réelles. Au contraire, si la quantité B est toujours négative, ce qui arrivera quand elle sera composée de plusieurs carrés multipliés par des coëfficiens négatifs, les valeurs de K seront toutes négatives. Dans ce dernier cas la solution ne pourra pas être bonne, parce que les racines de l'équation en K ne peuvent être qu'imaginaires ou réelles négatives; & qu'ainsi les expressions des variables ξ, ψ, &c, contiendront nécessairement le tems t hors des signes de sinus & cosinus.

Dans le premier cas on voit seulement que si les racines sont réelles, elles sont nécessairement positives; & il seroit peut-être difficile de démontrer directement qu'elles doivent en même-tems être réelles; mais on peut se convaincre d'une autre maniere que cela doit être ainsi. En effet, l'intégrale $T + V =$ const, ayant nécessairement lieu, puisque T & V sont fonctions sans t; si on désigne par V' la partie de V qui contient les termes de deux dimensions, ensorte que $V = H + V'$ à cause de $H1 = 0$, $H2 = 0$, $H3 = 0$, &c (art. 8, 9), on aura $T + H + V' =$ const. $= (T) + H + (V')$ en dénotant par (T) & (V') les valeurs de T & V' au premier instant; donc $T + V' = (T) + (V')$. Donc, T étant par sa forme une quantité toujours positive, & V' l'étant aussi par l'hypothèse, il s'ensuit qu'on aura nécessairement $V' > 0$, & $< (T) + (V')$; donc la valeur de V', & conséquemment aussi celles des variables ξ, ψ, φ, &c, seront renfermées dans des limites données & dépendantes uniquement de l'état initial. Ces variables ne pourront donc pas contenir le tems t hors des signes de sinus & cosinus, parce qu'alors elles pourroient aller en croissant à l'infini. Donc les racines de l'équation en K seront nécessairement toutes réelles, positives & inégales (art. 11).

15. C'est de cette maniere que nous avons démontré à la fin de la troisieme Section de la Statique, que lorsque la fonction Φ est un *minimum* dans l'état d'équilibre, cet état est stable, c'est-à-dire, que le systême en étant tant soit peu

dérangé, ne peut faire que de petites oscillations. Il est visible, en effet, que la fonction nommée Φ dans l'article 13 de la Section citée, est la même que nous représentons ici par V, puisque l'une & l'autre est l'intégrale de la totalité des momens des forces agissantes sur les différens corps du systême, totalité qui doit être nulle dans l'équilibre. Ainsi comme l'on a $V = H + V'$, & que V' ne contient les variables ξ, ψ, φ, &c, qu'à la seconde dimension, il s'ensuit que V sera un *minimum* ou un *maximum*, selon que la valeur de V sera positive ou négative en donnant à ces variables des valeurs quelconques. Or faisant $\psi = f\xi$, $\varphi = g\xi$ &c, la valeur de V' devient $= \xi^2 B$ (art. 13), e étant $= 1$; donc V ou Φ sera un *minimum* lorsque B sera une quantité toujours positive, & un *maximum* lorsque B sera toujours une quantité négative. Par conséquent dans le premier cas les expressions des variables ne contiendront le tems t que sous les signes de sinus & de cosinus, & l'équilibre sera stable; dans le second elles contiendront nécessairement des termes où t sera hors de ces signes, & l'équilibre ne pourra pas être stable, mais le systême en étant tant soit peu déplacé, s'en éloignera toujours davantage. Cette seconde partie du théorême énoncé dans l'endroit cité de la Statique, n'auroit pu y être démontrée faute des principes nécessaires; nous en avions remis la démonstration à la Dynamique, & celle que nous venons de donner ne laisse plus rien à desirer.

Au reste, entre ces deux états de stabilité & de non stabilité absolue, dans lesquels l'équilibre étant tant soit peu dérangé d'une maniere quelconque, tend à se rétablir de lui-même, ou à se déranger de plus en plus, il peut y avoir des états de stabilité conditionnelle & relative, dans lesquels le rétablisſement de l'équilibre dépendra du déplacement initial du ſyſtême. Car ſi quelques-unes des valeurs de $\sqrt{K}$ ſont imaginaires, les termes correſpondans dans les valeurs des variables contiendront des arcs de cercle, & l'équilibre ne ſera pas ſtable en général; mais ſi les coëfficiens de ces termes deviennent nuls, ce qui dépend de l'état initial du ſyſtême, les arcs de cercle diſparoîtront, & l'équilibre pourra encore être regardé comme ſtable, du moins par rapport à cet état particulier.

16. La ſolution que nous venons de donner, demande que les coordonnées puiſſent être exprimées par des fonctions en ſérie de variables très-petites, & qui ſoient nulles dans l'état d'équilibre, ainſi que nous l'avons ſuppoſé dans l'article 7.

Or c'eſt ce qui eſt toujours poſſible, comme nous l'avons vu, lorſque les équations de condition réduites en ſérie contiennent les premieres puiſſances des variables ſuppoſées très-petites, parce que ces termes donnent d'abord des équations réſolubles rationellement, & qu'enſuite on peut toujours, par la méthode des ſéries, avoir des ſolutions rationelles de plus en plus exactes.

Il peut néanmoins arriver que les termes de la premiere dimenſion manquent dans une ou pluſieurs des équations de condition, ce qui aura lieu, par exemple, ſi dans l'équation $L = 0$, les valeurs des coordonnées pour l'équilibre ſont telles, qu'elles rendent non-ſeulement L nulle, mais auſſi chacune de ſes différences premieres; car on aura alors $\frac{dA}{da} = 0$, $\frac{dA}{db} = 0$, &c, & l'équation $L = 0$, ne contiendra que les ſecondes puiſſances & les ultérieures de α, β, γ, α' &c, (art. 7). Dans ce cas ſi on réduit les coordonnées en fonctions de variables indépendantes, ces fonctions ne pourront plus être rationelles, & les équations différentielles ne seront ni linéaires, ni même rationelles. Ainsi la supposition des mouvemens très-petits du systême ne servira pas alors à simplifier la solution du problême, ou du moins ne la rendra pas susceptible de la méthode générale que nous avons exposée.

Pour résoudre ces sortes de questions de la maniere la plus simple, on fera d'abord abstraction des équations de condition, où les premieres dimensions des variables ne se trouveroient pas; on parviendra ainsi à des expressions de T & de V de la forme de celles de l'article 8. Ensuite on ajoutera à cette valeur de V les premiers membres des équations de condition auxquelles on n'aura pas encore eu égard, multipliés chacun par un coëfficient indéterminé, & qu'on supposera constant dans les différentiations par δ; & il suffira dans ces termes dûs aux équations de condition, de tenir compte des plus basses dimensions des variables très-petites. De-là on trouvera les équations différentielles à l'ordinaire, & il s'agira d'en éliminer les coëfficiens indéterminés.

Si les équations de condition étoient du second degré, & que les coëfficiens indéterminés pussent être supposés constans, la valeur de V seroit encore de la même forme que dans la solution générale; par conséquent on pourroit l'appliquer aussi à ce cas; on détermineroit ensuite les coëfficiens, ensorte que les équations de condition fussent satisfaites. On pourra donc toujours commencer par adopter cette supposition, on verra ensuite si les valeurs qui en résultent pour les variables, peuvent satisfaire aux équations de condition, auquel cas la supposition sera légitime, & la solution exacte; sinon il faudra chercher à intégrer les équations différentielles par des méthodes particulieres.

§. II.

Du mouvement d'un corps attiré vers un ou plusieurs centres.

17. Supposons en premier lieu que le corps soit attiré vers un seul centre fixe, par une force R, fonction de la distance r du corps au centre. Prenons ce centre pour l'origine des coordonnées, & la droite r pour le rayon vecteur; soit de plus ψ l'inclinaison de r sur le plan des x & y, & φ l'angle de la projection de r sur ce plan, avec l'axe des x; on aura donc, comme on l'a déja vu plus haut, (art. 2), $x = r \cos\psi \cos\varphi$, $y = r \cos\psi \sin\varphi$, $z = r \sin\psi$; & de là

$$dx^2 + dy^2 + dz^2 = r^2 (\cos\psi^2 d\varphi^2 + d\psi^2) + dr^2.$$

Ainsi n'y ayant qu'un seul corps, dont la masse peut être prise pour l'unité, la quantité T sera simplement égale à . . . $\frac{r^2 (\cos\psi^2 d\varphi^2 + d\psi^2) + dr^2}{2 dt^2}$.

A l'égard de la quantité V, elle se réduira à $\int R dr$.

Donc puisqu'il n'y a aucune condition particuliere à remplir, & que les trois variables ψ, φ, r sont indépendantes, on aura pour chacune de ces variables une équation de la forme $d.\frac{\delta T}{\delta d\psi} - \frac{\delta T}{\delta\psi} + \frac{\delta V}{\delta\psi} = 0$; ce qui donnera les trois équations (dt étant constant) $\frac{d.r^2 d\psi}{dt^2} +$ . . . $+ \frac{r^2 \sin\psi \cos.\psi d\varphi^2}{dt^2} = 0$, $\frac{d.r^2 \cos\psi^2 d\varphi}{dt^2} = 0$,

$$\frac{d^2 r}{dt^2} - \frac{r(\operatorname{cof}\psi^2 d\varphi^2 + d\psi^2)}{dt^2} + R = 0.$$

La seconde est intégrable par elle-même, & son intégrale est

$$\frac{r^2 \operatorname{cof}\psi^2 d\varphi}{dt} = A;$$

d'où l'on tire $\frac{d\varphi}{dt} = \frac{A}{r^2 \operatorname{cof}\psi^2}$;

cette valeur étant substituée dans la premiere, elle devient aussi intégrable si on la multiplie par $r^2 d\psi$, & l'intégrale sera

$$\frac{r^4 d\psi^2}{dt^2} + \frac{A^2}{\operatorname{cof}\psi^2} = B^2,$$

A & B sont deux constantes arbitraires.

Je remarque d'abord sur cette intégrale, que si on suppose que ψ & $\frac{d\psi}{dt}$ soient à la fois nuls dans un instant, ils seront nécessairement toujours nuls; car faisant $\psi = 0$, & $d\psi = 0$, on aura $B^2 = A^2$; & l'équation deviendra alors $\frac{r^4 d\psi^2}{dt^2} + A^2 \operatorname{tang}\psi^2 = 0$, qui ne peut avoir lieu qu'en faisant ψ & $\frac{d\psi}{dt}$ nuls. Or la supposition dont il s'agit revient à faire ensorte que le corps se meuve dans un instant dans le plan des x & y; ce qui est toujours possible, puisque la position de ce plan est arbitraire. Alors donc le corps continuera à se mouvoir dans ce plan; par conséquent il décrira nécessairement une orbite plane ou ligne à simple courbure. C'est ce qu'on peut démontrer aussi directement par l'intégration même de l'équation dont il s'agit.

En effet, si on y substitue pour dt sa valeur $\frac{r^2 \operatorname{cof}\psi^2 d\varphi}{A}$

tirée de la précédente, on aura celle-ci,

$$\frac{A^2 d\psi^2}{\text{cof}\,\psi^4 d\varphi^2} + \frac{A^2}{\text{cof}\,\psi^2} = B^2.$$

Soit lorfque $\psi = 0$, $\frac{d\psi}{d\varphi} = \text{tang}\,\alpha$, on aura $B^2 = A^2 + A^2 \,\text{tang}\,\alpha^2$, & l'équation deviendra $\frac{d\psi^2}{\text{cof}\,\psi^4 d\varphi^2} = \text{tang}\,\alpha^2 - \text{tang}\,\psi^2$, d'où l'on tire $d\varphi = \frac{d\psi}{\text{cof}\,\psi^2 \sqrt{\text{tang}\,\alpha^2 - \text{tang}\,\psi^2}}$, laquelle à caufe de $\frac{d\psi}{\text{cof}\,\psi^2} = d.\,\text{tang}\,\psi$, aura pour intégrale $\varphi - \beta = \text{arc. fin} \frac{\text{tang}\,\psi}{\text{tang}\,\alpha}$, favoir, $\frac{\text{tang}\,\psi}{\text{tang}\,\alpha} = \text{fin}\,(\varphi - \beta)$, β étant la valeur arbitraire de φ lorfque $\psi = 0$.

Cette équation fait voir que $\varphi - \beta$ & ψ font les deux côtés d'un triangle fphérique rectangle, dans lequel α eft l'angle oppofé au côté ψ. Ainfi, puifque l'arc $\varphi - \beta$ eft pris fur le plan des x & y, & que l'arc ψ eft toujours perpendiculaire à ce même plan, il s'enfuit que l'arc qui joint ces deux-ci, & qui forme l'hypothénufe du triangle, fera avec la bafe $\varphi - \beta$ un angle conftant α; par conféquent le même arc paffera par les extrémités de tous les arcs ψ, & tous les rayons r fe trouveront dans le plan de cet arc, lequel fera ainfi le plan même de l'orbite du corps, dont l'inclinaifon fur le plan des x & y fera exprimée par l'angle conftant α.

18. L'équation finie qu'on vient de trouver entre φ & ψ, pourroit fervir à éliminer une de ces inconnues des autres équations; mais puifqu'on eft affuré que l'orbite du corps eft toute dans un plan fixe, on fimplifiera beaucoup le calcul en

en prenant ce plan pour celui des x & y, ce qui donnera $\psi = 0$ & $d\psi = 0$.

Alors la troisieme équation deviendra $\frac{d^2 r}{dt^2} - \frac{r d\varphi^2}{dt^2} + R = 0$; mais l'intégrale de la seconde donne $d\varphi = \frac{A dt}{r^2}$; donc substituant cette valeur de $d\varphi$, & multipliant ensuite par dr, on aura une équation intégrable, dont l'intégrale sera $\frac{dr^2}{dt^2} + \frac{A^2}{r^2} + \int R\, dr = C$; d'où l'on tire

$$dt = \frac{dr}{\sqrt{C - \int R\, dr - \frac{A^2}{r^2}}},$$

& ensuite

$$d\varphi = \frac{A\, dr}{r^2 \sqrt{C - \int R\, dr - \frac{A^2}{r^2}}};$$

équations séparées, & dont l'intégration fera connoître les valeurs de φ & t en r. La seconde de ces équations donnera la figure de l'orbite, & la premiere la position du corps à chaque instant.

19. Pour appliquer cette solution au mouvement des Planetes autour du Soleil, on fera $R = \frac{F}{r^2}$, F étant la force attractive du soleil sur la Planete à la distance 1; ce qui donnera $\int R\, dr = -\frac{F}{r}$.

Substituant cette valeur dans les équations précédentes, on voit que la quantité sous le signe deviendra $C + \frac{F}{r} - \frac{A^2}{r^2}$, qu'on peut mettre sous la forme $C + \frac{F^2}{4A^2}$

$-\left(\frac{F}{2A}-\frac{A}{r}\right)^2$; alors la valeur de $d\varphi$ se trouvera égale à la différentielle de l'angle, dont le cosinus sera $\frac{\frac{F}{2A}-\frac{A}{r}}{\sqrt{\left(C+\frac{F^2}{4A^2}\right)}}$; de sorte qu'on aura en intégrant & introduisant une constante arbitraire γ,

$$\frac{F}{2A}-\frac{A}{r}=\sqrt{\left(C+\frac{F^2}{4A^2}\right)}\times\operatorname{cos}(\varphi-\gamma);$$

d'où en faisant pour abréger

$$p=\frac{2A^2}{F},\ e=\sqrt{\left(1+\frac{4A^2C}{F^2}\right)},$$

on aura $r=\frac{p}{1-e\operatorname{cos}(\varphi-\gamma)}$,

On voit par cette formule que les plus grandes & plus petites valeurs de r répondent à $\varphi=\gamma$ & à $\varphi=\gamma+180°$, & qu'ainsi elles sont sur une même droite. La plus petite valeur sera $=\frac{p}{1+e}$, & la plus grande sera $=\frac{p}{1-e}$, dont la demi-somme ou la valeur moyenne sera $\frac{p}{1-e^2}$, & la demi-différence sera $\frac{pe}{1-e^2}$; de sorte que e sera le rapport de la demi-différence de ces valeurs à leur demi-somme. Si on fait $\varphi=\gamma+90°$; auquel cas la direction de r sera perpendiculaire à la ligne des plus petites & plus grandes valeurs, on aura alors $r=p$.

Pour connoître la nature de la courbe, il n'y a qu'à la rapporter à deux coordonnées, x & y, prises depuis le centre des rayons vecteurs, & dont l'une x soit dans la direction du plus grand rayon. On aura ainsi, puisque $\varphi-\gamma$

eſt l'angle de r avec ce rayon, $x = r \operatorname{cof}(\varphi - \gamma)$, $y = r \sin(\varphi - \gamma)$; & l'équation $r - er \operatorname{cof}(\varphi - \gamma) = p$ deviendra $\sqrt{(x^2 + y^2)} - ex = p$, laquelle étant délivrée de l'irrationalité monte au ſecond degré, & donne une ſection conique. Donc $\frac{p}{1 - e^2}$ ſera le demi-grand axe de la ſection que nous dénoterons par a, & e ſera l'excentricité ou le rapport de la diſtance entre l'un des foyers & le centre, au demi-grand axe, conſéquemment $\sqrt{(a^2 - a^2 e^2)}$ ou $a\sqrt{(1 - e^2)}$ ſera le demi-petit axe, & $\frac{a^2(1 - e^2)}{a}$ ou $a(1 - e^2)$, c'eſt-à-dire, p ſera le demi-parametre. Mais par l'équation entre x & y, on a lorſque $x = 0$, $p = y$; donc l'origine des coordonnées eſt dans l'un des foyers où l'on fait que l'ordonnée eſt égale au demi-parametre.

Ainſi les orbites des Planetes ſont des ſections coniques, qui ont le Soleil dans l'un de leurs foyers, & leur équation générale eſt $r = \frac{a(1 - e^2)}{1 - e \operatorname{cof}(\varphi - \gamma)}$, a étant la diſtance moyenne, e l'excentricité, & r le rayon vecteur, qui fait avec la ligne de l'aphélie l'angle $\varphi - \gamma$.

20. Pour déterminer le tems employé à décrire un angle quelconque, il faut intégrer encore l'autre équation $dt = \frac{dr}{\sqrt{\left(C + \frac{F}{r} - \frac{A^2}{r^2}\right)}}$; mais auparavant nous y ſubſtituerons pour A & C leurs valeurs en a & e; or $p = \frac{2A^2}{F}$, & $e = \sqrt{\left(1 + \frac{4A^2C}{F^2}\right)}$, donc $A^2 = \frac{Fp}{2}$ $= \frac{Fa(1 - e^2)}{2}$, $C = \frac{(e^2 - 1)F^2}{4A^2} = -\frac{F}{2a}$; par ces ſubſtitutions l'équation dont il s'agit deviendra

$$dt = \sqrt{\frac{2a}{F}} \times \frac{r\,dr}{\sqrt{(a^2e^2 - (r-a)^2)}}.$$

Faisons $\frac{r-a}{ae} = \text{cof}\,\theta$, ce qui donne $r = a(1 + e\,\text{cof}\,\theta)$; on aura $dt = \sqrt{\frac{2a^3}{F}} \times (1 + e\,\text{cof}\,\theta)\,d\theta$; & intégrant $t - \lambda = \sqrt{\left(\frac{2a^3}{F}\right)} \times (\theta + e\,\text{fin}\,\theta)$.

Or en comparant les deux expreſſions de r, on a . . . $\frac{1-e^2}{1-e\,\text{cof}\,(\varphi-\gamma)} = 1 + e\,\text{cof}\,\theta$; d'où l'on tire $\text{cof}\,\theta = \frac{\text{cof}\,(\varphi-\gamma)-e}{1-e\,\text{cof}\,(\varphi-\gamma)}$; ainſi en éliminant θ, on aura t en fonction de $\varphi - \gamma$; & pour faciliter cette élimination, on obſervera que $1 \pm \text{cof}\,\theta = \frac{(1 \mp e)(1 \pm \text{cof}\,(\varphi-\gamma))}{1-e\,\text{cof}\,(\varphi-\gamma)}$; de ſorte qu'en faiſant cette combinaiſon $\frac{1-\text{cof}\,\theta}{1+\text{cof}\,\theta} = \frac{1+e}{1-e} \times \frac{1-\text{cof}\,(\varphi-\gamma)}{1+\text{cof}\,(\varphi+\gamma)}$, on aura $\text{tang}\,\frac{\theta}{2} = \sqrt{\left(\frac{1+e}{1-e}\right)}.\text{tang}\,\frac{\varphi-\gamma}{2}$.

21. On appelle en Aſtronomie l'angle $\varphi - \gamma$ l'anomalie vraie, l'angle $(t-\lambda)\sqrt{\frac{F}{2a^3}}$ l'anomalie moyenne, & l'angle auxiliaire θ l'anomalie excentrique; & le problême de déterminer $\varphi - \gamma$ par $t - \lambda$ eſt connu ſous le nom de problême de Kepler. On voit par les formules précédentes, qu'il ne peut être réſolu rigoureuſement ; mais en ſuppoſant l'excentricité e fort petite, comme elle l'eſt dans les orbites de toutes les planetes, on peut avoir des ſolutions auſſi approchées que l'on voudra.

On commencera par tirer de l'équation $\text{tang}\,\frac{\varphi-\gamma}{2}$

$\sqrt{\left(\frac{1-e}{1+e}\right)}$ tang $\frac{\theta}{2}$ la valeur de $\varphi - \gamma$ en θ; ce qu'on obtiendra aiſément par le moyen des expreſſions exponentielles imaginaires connues. En effet, en faiſant pour abréger $\sqrt{\left(\frac{1-e}{1+e}\right)} = h$, & prenant i pour le nombre dont le logarithme hyperbolique eſt l'unité, on aura cette transformée

$$\frac{i^{\frac{\varphi-\gamma}{2}\sqrt{-1}} - i^{-\frac{\varphi-\gamma}{2}\sqrt{-1}}}{i^{\frac{\varphi-\gamma}{2}\sqrt{-1}} + i^{-\frac{\varphi-\gamma}{2}\sqrt{-1}}} = h\,\frac{i^{\frac{\theta}{2}\sqrt{-1}} - i^{-\frac{\theta}{2}\sqrt{-1}}}{i^{\frac{\theta}{2}\sqrt{-1}} + i^{-\frac{\theta}{2}\sqrt{-1}}},$$

laquelle ſe réduit à celle-ci,

$$\frac{i^{(\varphi-\gamma)\sqrt{-1}} - 1}{i^{(\varphi-\gamma)\sqrt{-1}} + 1} = h\,\frac{i^{\theta\sqrt{-1}} - 1}{i^{\theta\sqrt{-1}} + 1};$$ d'où l'on tire

$$i^{(\varphi-\gamma)\sqrt{-1}} = \frac{(1+h)\,i^{\theta\sqrt{-1}} + 1 - h}{(1-h)\,i^{\theta\sqrt{-1}} + 1 + h}$$, ou bien en faiſant

$$\frac{1-h}{1+h} = E,\; i^{(\varphi-\gamma)\sqrt{-1}} = i^{\theta\sqrt{-1}} \times \frac{1 + E i^{-\theta\sqrt{-1}}}{1 + E i^{\theta\sqrt{-1}}};$$

d'où prenant les logarithmes, on aura

$$\varphi - \gamma = \theta + \frac{1}{\sqrt{-1}}\, l\left(1 + E i^{-\theta\sqrt{-1}}\right) - \frac{1}{\sqrt{-1}}\, l\left(1 + E i^{\theta\sqrt{-1}}\right);$$

réduiſant ces logarithmes en ſérie, & ſubſtituant enſuite à la place des exponentielles imaginaires, les ſinus réels qui y répondent, on aura enfin

$$\varphi - \gamma = \theta - 2E \sin\theta + \frac{2E^2}{2}\sin 2\theta - \frac{2E^3}{3}\sin 3\theta + \&c,$$

expreſſion fort ſimple, dans laquelle

$$E \text{ ſera} = \frac{\sqrt{(1+e)} - \sqrt{(1-e)}}{\sqrt{(1+e)} + \sqrt{(1-e)}},$$

$$\text{ou bien} = \frac{e}{1 + \sqrt{(1-e^2)}}.$$

Il ne s'agira plus maintenant que de ſubſtituer à la place de θ ſa valeur en $t - \lambda$ donnée par l'équation . . . .

$$(t-\lambda)\sqrt{\frac{F}{2a^3}} = \theta + e \sin \theta.$$

Or par le théorême que j'ai démontré ailleurs, ſi l'on a une équation de la forme $u = \theta + f.\theta$, $f.\theta$ étant une fonction quelconque de θ, on aura réciproquement

$$\theta = u - f.u + \frac{d.(f.u)^2}{2du} - \frac{d^2.(f.u)^3}{2.3du^2} + \&c;$$

& ſi $\Phi.\theta$ dénote une fonction quelconque de θ, & qu'on faſſe $\Phi'.\theta = \frac{d.\Phi.\theta}{d.\theta}$, on aura auſſi

$$\Phi.\theta = \Phi.u - f.u \times \Phi.u + \frac{d.(f.u)^2 \times \Phi'.u}{2du}$$
$$- \frac{d^2.(f.u)^3 \times \Phi'.u}{2.3du^2} + \&c.$$

Ainſi il n'y aura qu'à ſuppoſer $u = \frac{t-\lambda}{\sqrt{\left(\frac{2a^3}{F}\right)}}$, $f.\theta = e \sin \theta$, & $\Phi.\theta = \theta - 2E \sin \theta + \frac{2E^2}{2} \sin 2\theta - \frac{2E^3}{3} \sin 3\theta + \&c$; par conſéquent en changeant θ en u, $f.u = e \sin u$, $\Phi.u = u - 2E \sin u + \frac{2E^2}{2} \sin 2u - \frac{2E^3}{3} \sin 3u + \&c$; & ſubſtituant ces valeurs dans la formule précédente, on aura l'expreſſion de $\Phi.\theta$, c'eſt-à-dire, celle de $\varphi - \gamma$ en u.

Faiſant pour abréger

$$V = 1 - 2E \cos u + 2E^2 \cos 2u - 2E^3 \cos 3u + \&c,$$

on aura donc

$$\varphi - \gamma = u - 2E \sin u + \frac{2E^2}{2} \sin 2u - \frac{2E^3}{3} \sin 3u + \&c.$$
$$- eV \sin u + e^2 \frac{d.(V \sin u^2)}{2du} - e^3 \frac{d^2.(V \sin u^3)}{2.3\, du^2} + \&c,$$

où il n'y aura plus qu'à exécuter les différenciations indiquées.

22. Suppoſons en ſecond lieu que le corps ſoit attiré à la fois vers deux centres fixes par des forces proportionnelles à des fonctions quelconques des diſtances.

Soit comme dans le problême précédent, l'un des centres dans l'origine des coordonnées, & R la force attractive ; & pour l'autre centre ſuppoſons que ſa poſition ſoit déterminée par les coordonnées a, b, c, paralleles aux x, y, z ; ſoit de plus Q ſa force attractive, & q la diſtance du corps à ce centre, il eſt clair qu'on aura

$$q = \sqrt{((x-a)^2 + (y-b)^2 + (z-c)^2)},$$

c'eſt-à-dire, en ſubſtituant pour x, y, z leurs valeurs en r, ψ, φ (art. 13),

$$q = \sqrt{(r^2 - 2r((a \cos \varphi + b \sin \varphi) \cos \psi + c \sin \psi) + h^2)},$$

en faiſant $h = \sqrt{(a^2 + b^2 + c^2)}$, diſtance des deux centres.

Il eſt clair que la valeur de T ſera la même que dans le porblême précédent (art. 17) mais la valeur de V se trouvera augmentée du terme $\int Q\,dq$; & comme Q est fonction de q, & q fonction de r, φ, ψ, ce terme donnera dans les différentielles $\frac{\delta V}{\delta\psi}$, $\frac{\delta V}{\delta\varphi}$, $\frac{\delta V}{\delta r}$, ceux-ci $Q\frac{dq}{d\psi}$, $Q\frac{dq}{d\varphi}$, $Q\frac{dq}{dr}$; qu'il faudra par conséquent ajouter respectivement aux premiers membres des équations différentielles de l'article cité.

On aura donc pour le mouvement du corps attiré vers deux centres par les forces R & Q, les équations suivantes,

$$\frac{d.r^2 d\psi}{dt^2} + \frac{r^2 \sin\psi \cos\psi\, d\varphi^2}{dt^2} + Q\frac{dq}{d\psi} = 0 \ldots . (1)$$

$$\frac{d.r^2 \cos\psi^2 d\varphi}{dt^2} + Q\frac{dq}{d\varphi} = 0 \ldots\ldots (2)$$

$$\frac{d^2 r}{dt^2} - \frac{r(\cos\psi^2 d\varphi^2 + d\psi^2)}{dt^2} + R + Q\frac{dq}{dr} = 0 \ldots (3).$$

Et si le corps étoit attiré en même-tems vers d'autres centres, il n'y auroit qu'à ajouter à ces équations des termes semblables pour chacun de ces centres.

Nous avons déja fait voir en général (art. 4), que lorsque T & V ne contiennent point t, on a toujours l'intégrale $T + V = const$, laquelle renferme la conservation des forces vives.

Elle sera donc, dans le cas présent,

$$\frac{r^2(\cos\psi^2 d\varphi^2 + d\psi^2) + dr^2}{2dt^2} + \int R\,dr + \int Q\,dq = 2A \ldots (4);$$

& il est visible, en effet, que les trois équations précédentes étant multipliées respectivement par $d\psi$, $d\varphi$, dr, & ajoutées ensemble, donnent une équation intégrable, & dont l'intégrale est celle que nous venons de présenter.

On

On tire de cette équation

$$\frac{r^2(\cos\psi^2 d\varphi^2 + d\psi^2)}{dt^2} = 4A - 2\int R\,dr - 2\int Q\,dq - \frac{dr^2}{dt^2},$$

valeur qui étant ſubſtituée dans l'équation (3), multipliée par r, la réduit à

$$\frac{d^2.r^2}{2\,dt^2} + Rr + 2\int R\,dr + Qr\frac{dq}{dr} + 2\int Q\,dq = 4A.$$

Or, puiſque $q^2 = r^2 + h^2 - 2r((a\cos\varphi + b\sin\varphi)\cos\psi + c\sin\psi)$, on aura, en faiſant varier r, $q\frac{dq}{dr} = r - (a\cos\varphi + b\sin\varphi)\cos\psi - c\sin\psi = r - \frac{r^2+h^2-q^2}{2r} = \frac{r^2+q^2-h^2}{2r}$; donc ſubſtituant cette valeur de $\frac{dq}{dr}$, on aura enfin

$$\frac{d^2.r^2}{2\,dt^2} + Rr + 2\int R\,dr + Q\frac{r^2+q^2-h^2}{2q} + 2\int Q\,dq = 4A\ (5).$$

Cette équation a l'avantage qu'elle ne contient que les deux variables r & q, & indique en même tems qu'il doit y avoir une pareille équation entre q & r, en changeant ſimplement r & q, ainſi que R & Q entr'elles; car il eſt indifférent de rapporter le mouvement du corps à l'un ou à l'autre des deux centres fixes, & il eſt clair qu'en le rapportant au centre des forces Q, on trouveroit par une analyſe ſemblable à la précédente,

$$\frac{d^2.q^2}{2\,dt^2} + Qq + 2\int Q\,dq + R\frac{r^2+q^2-h^2}{2r} + 2\int R\,dr = 4A\ (6);$$

ainſi on pourra, par ces deux équations, déterminer directement les deux rayons r & q.

Je remarque maintenant qu'on peut ſans rien ôter à la généralité, ſuppoſer les deux coordonnées a & b du centre des forces Q, nulles, ce qui revient à placer l'axe des coordonnées Q dans la ligne qui joint les deux centres. Par cette ſuppoſition, on aura $c = h$, & la quantité q deviendra $\sqrt{(r^2 - 2hr \sin \psi + h^2)}$, laquelle ne contenant plus φ, on aura donc $\frac{dq}{d\varphi} = 0$. Par conſéquent l'équation (2) ſe réduira à

$\frac{d \cdot r^2 \operatorname{coſ} \psi^2 \, d\varphi}{dt^2} = 0$, dont l'intégrale eſt $\frac{r^2 \operatorname{coſ} \psi^2 \, d\varphi}{dt} = B$; d'où l'on

tire $\frac{d\varphi}{dt} = \frac{B}{r^2 \operatorname{coſ} \psi^2}$; mais on a $\sin \psi = \frac{r^2 + h^2 - q^2}{2hr}$; donc

$\operatorname{coſ} \psi = \frac{\sqrt{(4h^2r^2 - (r^2 + h^2 - q^2)^2)}}{2hr}$; par conſéquent en ſubſtituant cette valeur, on aura

$$\frac{d\varphi}{dt} = \frac{4Bh^2}{4h^2r^2 - (r^2 + h^2 - q^2)^2} \quad . \quad . \quad . \quad . \quad (7),$$

de ſorte que connoiſſant r & q en t, on aura auſſi φ en t.

Or, puiſque $\sin \psi$ & $\frac{d\varphi}{dt}$ ſont déja données en r & q, il eſt clair qu'on peut réduire l'équation (4) à ne contenir que r & q, & alors elle ſera néceſſairement, à raiſon de la conſtante arbitraire E, une intégrale complette des deux équations (5) & (6). En effet, on aura

$$r^2 \, d\psi^2 = \frac{\overline{(r^2 + q^2 - h^2)\,dr - 2rq\,dq}^2}{4h^2r^2 - (r^2 + h^2 - q^2)^2};$$

ajoutant dr^2, & réduiſant, il viendra

$$r^2 d\psi^2 + dr^2 = 4\,\frac{q^2r^2dr^2 + r^2q^2dq^2 - (r^2 + q^2 - h^2)\,rq\,dr\,dq}{4h^2r^2(r^2 + h^2 - q^2)^2}.$$

De plus on aura $\frac{r^2 \operatorname{cof} \psi^2 d\varphi^2}{dt^2} = \frac{4B^2}{4h^2r^2 - (r^2 + h^2 - q^2)^2}$. Donc faiſant ces ſubſtitutions dans l'équation (4), & ôtant le dénominateur, on aura

$$2\,\frac{q^2 r^2 dr^2 + r^2 q^2 dq^2 - (r^2 + q^2 - h^2)\, rq\, dr\, dq}{dt^2} + 2B^2$$

$$+ (4h^2 r^2 - (r^2 + h^2 - q^2)^2)(\int R\, dr + \int Q\, dq - 2A) = 0 \,.\,.\quad (8)$$

Et il eſt facile de voir maintenant d'après la forme de cette équation, qu'elle réſulte des équations (5) & (6) multipliées reſpectivement par $2q^2 d.r^2 - (r^2 + q^2 - h^2)\, d.q^2$, $2r^2 d.q^2 - (r^2 + q^2 - h^2)\, d.r^2$, ajoutées enſemble & intégrées enſuite; mais il auroit été aſſez difficile de découvrir cette intégrale *à priori*.

23. Pour achever la ſolution, il faut avoir encore une autre intégrale des mêmes équations; mais on ne ſauroit y parvenir que pour des valeurs particulieres de R & Q.

Si on ſuppoſe, ce qui eſt le cas de la nature, $R = \frac{\alpha}{r^2}$, $Q = \frac{\beta}{q^2}$, on trouve alors que l'équation (5) multipliée par $d.q^2$, & ajoutée à l'équation (6) multipliée par $d.r^2$ donne une ſomme intégrale, & dont l'intégrale eſt

$$\frac{d.r^2 \times d.q^2}{2dt^2} - \frac{\alpha(3r^2 + q^2 - h^2)}{r} - \frac{\beta(3q^2 + r^2 - h^2)}{q}$$

$$= 4A(r^2 + q^2) + 2C \quad .\;.\;.\;.\quad (9)$$

Cette équation étant multipliée par $r^2 + q^2 - h^2$, & ajoutée à l'intégrale (8) trouvée précédemment, donne dans l'hypothèſe préſente une réduite de la forme

$$\frac{q^2(d.r^2)^2+r^2(d.q^2)^2}{2dt^2}-2\alpha r(r^2+3q^2-h^2)$$
$$-2\beta q(q^2+3r^2-h^2)=2A(r^4+q^4+6r^2q^2-h^4)$$
$$+2C(r^2+q^2-h^2)-2B^2 \ldots\ldots (10)$$

Et la même équation étant multipliée par $2rq$, & ensuite ajoutée à celle-ci ou retranchée, donnera cette double équation,

$$\frac{(qd.r^2\pm rd.q^2)^2}{4dt^2}-\alpha((r\pm q)^3-h^2(r\pm q))$$
$$-\beta((q\pm r)^3-h^2(q\pm r))=A((r\pm q)^4-h^4)$$
$$+C(r\pm q)^2-B^2 \ldots\ldots (11).$$

De sorte qu'en faisant $r+q=s$, $r-q=u$, on aura ces deux-ci,

$$\frac{(s^2-u^2)^2ds^2}{16dt^2}-(\alpha+\beta)s^3+h^2(\alpha+\beta)s=A(s^4-h^4)+Cs^2-B^2,$$

$$\frac{(s^2-u^2)^2du^2}{16dt^2}-(\alpha-\beta)u^3+h^2(\alpha-\beta)u=A(u^4-h^4)+Cu^2-B^2;$$

d'où l'on tire d'abord cette équation séparée,

$$\frac{ds}{\sqrt{(As^4+(\alpha+\beta)s^3+Cs^2-h^2(\alpha+\beta)s-Ah^4-B^2)}}$$
$$=\frac{du}{\sqrt{(Au^4+(\alpha-\beta)u^3+Cu^2-h^2(\alpha-\beta)u-Ah^4-B^2)}};$$

ensuite

$$dt=\frac{s^2ds}{4\sqrt{(As^4+(\alpha+\beta)s^3+Cs^2-h^2(\alpha+\beta)s-Ah^4-B^2)}}$$
$$-\frac{u^2du}{4\sqrt{(Au^4+(\alpha+\beta)u^3+Cu^2-h^2(\alpha-\beta)u-Ah^4-B^2)}};$$

enfin l'équation (7) deviendra, en employant les mêmes substitutions,

$$\frac{d\varphi}{dt} = -\frac{4Bh^2}{(s^2-h^2)(u^2-h^2)} = \frac{4Bh^2}{s^2-u^2}\left(\frac{1}{s^2-h^2}-\frac{1}{u^2-h^2}\right);$$

& par conséquent elle donnera

$$d\varphi = \frac{Bh^2 ds}{(s^2-h^2)\sqrt{(As^4+(\alpha+\beta)s^3+Cs^2-h^2(\alpha+\beta)s-Ah^4-B^2)}}$$

$$-\frac{Bh^2 du}{(u^2-h^2)\sqrt{(Au^4+(\alpha-\beta)u^3+Cu^2-h^2(\alpha-\beta)u-Ah^4-B^2)}}.$$

Si on pouvoit intégrer ces différentes différentielles, on auroit d'abord une équation entre s & u, ensuite on auroit t & φ en fonctions de s & u; donc on auroit q, & de-là t, & φ en fonctions de r; & comme sin $\psi = \frac{r^2+h^2-q^2}{2hr}$, on auroit aussi ψ en r. Mais ces différentielles se rapportent à la rectification des sections coniques, on ne sauroit les intégrer que par approximation, & la meilleure méthode pour cela est celle que j'ai donnée ailleurs pour l'intégration de toutes les différentielles qui renferment un radical carré où la variable monte à la quatrieme dimension sous le signe.

Si outre les deux forces $\frac{\alpha}{r^2}$ & $\frac{\beta}{q^2}$ qui attirent le corps vers les deux centres fixes, il y avoit une troisieme force proportionnelle à la distance qui l'attirât vers le point placé au milieu de la ligne qui joint les deux centres, il est visible que cette force pourroit se décomposer en deux tendantes aux mêmes points, & proportionnelles aussi aux distances. Dans ce cas donc on auroit $R = \frac{\alpha}{r^2} + 2\gamma r$, $Q = \frac{\alpha}{q^2} + 2\gamma q$; & l'on trouveroit que l'intégrale (9) auroit aussi lieu dans ce cas; seulement il faudroit ajouter à son premier membre les termes

$$\gamma(5r^2q^2 + \tfrac{3}{2}(r^4+q^4) - h^2(r^2+q^2));$$

ensuite il y auroit à ajouter au premier membre de l'équation (10), les termes

$$\tfrac{\gamma}{2}(r^6+q^6+15r^2q^2(r^2+q^2) - h^2(r^4+q^4+6r^2q^2)),$$

& par conséquent, au premier membre de l'équation (11), les termes

$$\tfrac{\gamma}{4}((r\pm q)^6 - h^2(r\pm q)^4).$$

De sorte qu'il n'y aura qu'à augmenter les polynomes en s & u sous le signe radical des termes respectifs

$$-\tfrac{\gamma}{4}(s^6-h^2s^4) \text{ \& } -\tfrac{\gamma}{4}(u^6-h^2u^4);$$

ce qui ne rend gueres la solution plus compliquée.

24. Quoiqu'il soit impossible d'intégrer en général l'équation trouvée entre s & u, & d'avoir par conséquent une relation finie entre ces deux variables, on peut néanmoins en avoir deux intégrales particulieres représentées par $s = const$, & $u = const$. En effet, si on représente en général cette équation par $\frac{ds}{\sqrt{S}} = \frac{du}{\sqrt{U}}$, il est clair qu'elle aura aussi lieu en faisant ds ou du nuls, pourvu que les dénominateurs $\sqrt{S}$ ou $\sqrt{U}$ soient aussi nuls en même tems, & du même ordre. Pour déterminer les conditions nécessaires dans ce cas, on fera $s = f + \omega$, f étant une constante, & ω une quantité infiniment petite, & désignanr par F ce que devient S lorsqu'on change s en f, le membre $\frac{ds}{\sqrt{S}}$ deviendra

$\frac{d\omega}{\sqrt{(F+\frac{dF}{df}\omega+\frac{d^2F}{2df^2}\omega^2+\&c)}}$; il faudra donc pour qu'il y ait le même nombre de dimenſions de ω en haut & en bas, que l'on ait $F=0$, & $\frac{dF}{df}=0$; alors à cauſe de ω infiniment petit, la différentielle dont il s'agit ſe réduira à $\frac{d\omega}{\omega\sqrt{\frac{d^2F}{2df^2}}}$; dont l'intégrale eſt $\frac{1}{\sqrt{\frac{d^2F}{2df^2}}}\times l\frac{\omega}{k}$; k étant une conſtante arbitraire. Si donc on fait $\omega=0$, & qu'on prenne en même-tems auſſi $k=0$, il eſt viſible que la valeur de $l\frac{\omega}{k}$ deviendra indéterminée; & l'équation pourra toujours ſubſiſter, quelque valeur que puiſſe avoir l'autre membre $\int\frac{du}{\sqrt{U}}$. Or on ſait, & il eſt viſible par ſoi-même que $F=0$ & $\frac{dF}{df}=0$, ſont les conditions qui rendent f une racine double de l'équation $F=0$. D'où il s'enſuit en général que ſi le polynome S a une ou pluſieurs racines doubles, chacune de ces racines fournira une valeur particuliere de s; il en ſera de même pour le polynome U.

Maintenant il eſt viſible que l'équation $s=f$ ou $r+q=f$ repréſente une ellipſe, dont les deux foyers ſont dans les deux centres des rayons r & q, & dont le grand axe eſt égal à f. De même l'équation $u=g$ ou $r-q=g$ repréſente une hyperbole dont les foyers ſont dans le même centre, & dont le premier axe eſt g.

Ainſi les ſolutions particulieres dont nous venons de parler, donnent des ellipſes ou des hyperboles décrites autour des centres des forces $\frac{\alpha}{r^2}$, $\frac{\beta}{q^2}$ pris pour foyers. Et comme les polynomes S & V contiennent les trois constantes arbitraires A, B, C dépendantes de la direction & de la vîtesse initiale du corps, il est visible qu'on pourra toujours prendre ces élémens, tels que le corps décrive une ellipse ou une hyperbole donnée autour des foyers donnés. Ainsi la même section conique qui peut être décrite en vertu d'une force tendante à l'un des foyers en raison inverse des carrés des distances, ou tendante au centre en raison directe des distances, peut l'être encore en vertu de trois forces pareilles tendantes aux deux foyers & au centre; ce qui est très-remarquable.

25. Si le centre des forces Q dont la position a été déterminée en général par les coordonnées a, b, c (art. 21), n'étoit pas fixe, mais qu'il eût un mouvement connu, alors ces quantités a, b, c ne seroient plus constantes, mais deviendroient des fonctions du tems t. Cependant il est visible que les équations (1), (2), (3) auroient lieu de même, puisque la quantité V resteroit la même, ainsi que ses différentielles relatives à r, ψ, φ; mais l'intégrale (4) n'auroit point lieu, comme nous l'avons déja remarqué en général dans l'article 4.

Il n'en seroit pas de même si on vouloit que le centre des forces R, auquel nous rapportons le mouvement du corps, fût lui-même en mouvement. Alors pour avoir les coordonnées rectangles x, y, z du mouvement absolu du corps, il faudroit prendre la somme de celles de ce centre rapporté à un point fixe dans l'espace, & de celles du corps rapporté à ce même centre.

Ainsi

Ainsi nommant X, Y, Z les coordonnées pour le centre des forces R, & représentant comme ci-dessus le mouvement du corps autour de ce centre par le rayon r, & les deux angles ψ & φ, on auroit dans le cas présent

$$x = X + r \cos\psi \cos\varphi, y = Y + r \cos\psi \sin\varphi, z = Z + r \sin\psi;$$

d'où l'on tire $dx^2 + dy^2 + dz^2 = dX^2 + dY^2 + dZ^2$

$$+ 2\, dX\, d.(r \cos\psi \cos\varphi) + 2\, dY\, d.(r \cos\psi \sin\varphi)$$

$$+ 2\, dZ\, d.(r \sin\psi) + r^2 (\cos\psi^2\, d\varphi^2 + d\psi^2) + dr^2.$$

De sorte qu'il faudra ajouter à la valeur de T de l'article 17, la quantité

$$\frac{dX^2 + dY^2 + dZ^2}{2\, dt^2} + \frac{dX\, d.(r \cos\psi \cos\varphi)}{dt^2}$$

$$+ \frac{dY\, d.(r \cos\psi \sin\varphi)}{dt^2} + \frac{dZ\, d.(r \sin\psi)}{dt^2}$$

laquelle étant désignée par T', on aura donc à ajouter aux trois équations de l'article cité, ou plus généralement à celles de l'article 22, les termes

$$d.\frac{\delta T'}{\delta d\psi} - \frac{\delta T'}{\delta \psi}, d.\frac{\delta T'}{\delta d\varphi} - \frac{\delta T'}{\delta \varphi}, d.\frac{\delta T}{\delta dr} - \frac{\delta T'}{\delta r}.$$

A l'égard de la valeur de V, elle demeurera la même, pourvu qu'on continue à prendre le centre des forces R pour l'origine commune des coordonnées a, b, c des autres centres.

Or en regardant le mouvement du centre comme connu, ses coordonnées X, Y, Z doivent être considérées comme des fonctions données de t. Ainsi la partie $\frac{dX^2 + dY^2 + dZ^2}{2\, dt^2}$

de l'expreſſion de T' ſera une ſimple fonction de t, & s'évanouira dans la différenciation par δ. Il ſuffira donc de prendre pour T' les autres termes ; & d'après la remarque faite dans l'article 7 de la Section quatrieme, on trouvera facilement que les termes à ajouter reſpectivement aux premiers membres des équations (1), (2), (3) de l'article 22 ſeront

$$\frac{d^2X}{dt^2}\times -r\sin\psi\cos\varphi + \frac{d^2Y}{dt^2}\times -r\sin\psi\sin\varphi + \frac{d^2Z}{dt^2}\times r\cos\psi,$$

$$\frac{d^2X}{dt^2}\times -r\cos\psi\sin\varphi + \frac{d^2Y}{dt^2}\times r\cos\psi\cos\varphi,$$

$$\frac{d^2X}{dt^2}\times\cos\psi\cos\varphi + \frac{d^2Y}{dt^2}\times\cos\psi\sin\varphi + \frac{d^2Z}{dt^2}\times\sin\psi.$$

Si le mouvement du centre étoit uniforme & rectiligne, on auroit alors $\frac{d^2X}{dt^2}=0$, $\frac{d^2Y}{dt^2}=0$, $\frac{d^2Z}{dt^2}=0$; & les termes précédens s'évanouiroient d'eux-mêmes. Dans tous les autres cas ces termes rendront les équations du mouvement du corps plus compliquées & plus difficiles à intégrer; & comme l'expreſſion de T renfermera toujours le tems t, à raiſon des quantités $\frac{dX}{dt}$, $\frac{dY}{dt}$, $\frac{dZ}{dt}$, l'intégrale $T+V$ $=$ conſt, n'aura jamais lieu.

26. Nous avons ſuppoſé juſqu'ici que le corps étoit entiérement libre. S'il étoit contraint de ſe mouvoir ſur une ſurface courbe donnée, le rayon r ſeroit alors une fonction connue de φ & ψ, qui contiendroit auſſi t, dans le cas où la ſurface elle-même ſeroit variable, ou ſeulement mobile ſuivant une loi donnée. Il n'y auroit donc qu'à ſubſtituer cette valeur de r dans les expreſſions de T & de V, & faire varier enſuite les deux variables ψ & φ; on auroit

ainsi deux équations qui serviroient à déterminer le mouvement du corps.

Si r est égale à une constante ou à une simple fonction de t sans ψ ni φ; les variations de cette quantité relatives à la caractéristique δ seront nulles, & l'on aura alors simplement les équations (1) & (2) de l'article 22, dans lesquelles il faudra substituer à r sa valeur donnée.

Ce cas renferme en général la théorie des pendules de longueur constante ou variable. Imaginons en effet un pendule simple dont la longueur soit r, & qui soit suspendu au centre des rayons r. Supposons les forces R dirigées vers ce centre, nulles; & les forces Q paralleles, en éloignant leur centre à l'infini. Prenons enfin pour une plus grande simplicité, l'axe des ordonnées z vertical, & dirigé de haut en bas, & les forces Q dans la même direction, on aura $a = 0$, $b = 0$, $c = h = \infty$; donc $q = \ldots\ldots$ $\sqrt{(h^2 - 2hr \sin\psi + r^2)} = h - r \sin\psi$; & les équations (1) & (2) de l'article cité deviendront

$$\frac{d.r^2 d\psi}{dt^2} + \frac{r^2 \sin\psi \cos\psi\, d\varphi^2}{dt^2} - Qr \cos\psi = 0,$$

$$\frac{d.r^2 \cos\psi^2\, d\varphi}{dt^2} = 0.$$

L'angle ψ exprimera l'inclinaison du pendule à l'horison; & l'angle φ sera celui qu'il décrit en tournant autour de la verticale.

La seconde équation donne d'abord

$$\frac{r^2 \cos\psi^2\, d\varphi}{dt} = A\text{; d'où } \frac{d\varphi}{dt} = \frac{A}{r^2 \cos\psi^2};$$

& cette valeur étant substituée dans la premiere, on a

$$\frac{d.r^2 d\psi}{dt^2} + \frac{A^2 \sin\psi}{r^2 \cos\psi^3} - Q r \cos\psi = 0.$$

Si r & Q ſont conſtans comme dans les pendules ordinaires, Q déſignant la force de la gravité, l'équation précédente devient intégrable étant multipliée par $d\psi$; & l'on a alors

$$\frac{r^2 d\psi^2}{2dt^2} - \frac{A^2}{2r^2\cos\psi^2} - Q r \sin\psi = B;$$

d'où l'on tire

$$dt = \frac{r^2 \cos\psi\, d\psi}{\sqrt{(A^2 + 2Br^2\cos\psi^2 + 2Qr^3\cos\psi^2\sin\psi)}},$$

& enſuite

$$d\varphi = \frac{A\, d\psi}{\cos\psi\sqrt{(A^2 + 2Br^2\cos\psi^2 + 2Qr^3\cos\psi^2\sin\psi)}}.$$

Mais ces différentielles en ψ ne ſont point intégrables à moins de ſuppoſer que les variations de ψ ne ſoient très-petites. Cependant on peut démontrer par un raiſonnement ſemblable à celui de l'article 24, que la valeur de ψ peut être conſtante, pourvu qu'elle rende la quantité ſous le ſigne nulle, ainſi que ſa différentielle; c'eſt le cas où le pendule décrit la ſurface d'un cône droit.

Si le rayon r eſt variable, comme lorſqu'on demande le mouvement d'un poids ſuſpendu par un fil qui ſe raccourcit ou s'allonge ſuivant une loi donnée, l'équation n'eſt plus intégrable en général; mais elle le ſeroit dans le cas imaginaire où la force Q ſeroit réciproquement proportionnelle au cube de la diſtance au plan horiſontal qui paſſe par le point de ſuſpenſion. Car faiſant $Q = \frac{K}{r^3\sin\psi^3}$, & multipliant toute l'équation par $r^2 d\psi$, on auroit l'intégrale

$$\frac{(r^2 d\psi)^2}{dt^2} - \frac{A^2}{\operatorname{cof}\psi^2} + \frac{K}{\operatorname{fin}\psi^2} = B;$$

d'où l'on tireroit dt, & enſuite $d\varphi$ en fonctions différentielles de ψ.

En général ſi on repréſente par $L = 0$, la ſurface ſur laquelle le corps doit ſe mouvoir, L étant une fonction donnée de r, ψ, φ & t; il n'y aura qu'à regarder cette équation comme une équation de condition, qui doit avoir lieu entre les variables r, ψ, φ; & ajouter par conſéquent aux premiers membres des équations (1), (2), (3) de l'article 22, les termes $\lambda \frac{dL}{d\psi}$, $\lambda \frac{dL}{d\varphi}$, $\lambda \frac{dL}{dr}$; λ étant une quantité indéterminée, qu'il faudra éliminer, enſorte qu'il ne reſtera que deux équations, qui combinées avec l'équation $L = 0$, ſerviront à déterminer complettement la courbe, & le mouvement du corps.

Mais ſi la courbe même dans laquelle le corps doit ſe mouvoir étoit donnée, on auroit alors deux équations, $L = 0$ & $M = 0$; & il faudroit ajouter reſpectivement aux premiers membres des équations différentielles, (1), (2), (3), les termes $\lambda \frac{dL}{d\psi} + \mu \frac{dM}{d\psi}$, $\lambda \frac{dL}{d\varphi} + \mu \frac{dM}{d\varphi}$, $\lambda \frac{dL}{dr} + \mu \frac{dM}{dr}$, les deux quantités λ & μ étant indéterminées, & devant enſuite être éliminées.

Lorſque L & M ne contiennent point t, on aura ſur le champ l'intégrale $T + V =$ conſt, qui eſt en même tems délivrée de λ & μ; mais cette intégrale n'aura point lieu lorſque le tems t entrera dans les équations de la ſurface ou courbe donnée.

De cette maniere on trouvera très-facilement les équations pour le mouvement d'un corps dans un tube mobile selon une loi quelconque, problême dont la solution par les méthodes ordinaires est assez compliquée.

§. III.

Du mouvement de plusieurs corps qui agissent les uns sur les autres, soit par des forces d'attraction, soit en se tenant par des fils ou par des leviers.

27. Nous nommerons m, m', m'', &c, les masses des différens corps du systême, regardés comme des points, x, y, z les coordonnées rectangles du corps m, x', y', z', celles du corps m', & ainsi de suite, ces coordonnées étant toutes rapportées aux mêmes axes fixes dans l'espace; & pour mieux fixer les idées, nous supposerons toujours les axes des x & y horisontaux, & les axes des z verticaux & dirigés de haut en bas. Nous employerons d'abord ces coordonnées dans les formules générales, mais nous les transformerons ensuite en d'autres plus appropriées à la nature des systêmes proposés.

On aura donc en général

$$T = m\,\frac{dx^2 + dy^2 + dz^2}{2\,dt^2} + m'\,\frac{dx'^2 + dy'^2 + dz'^2}{2\,dt^2} + \&c.$$

Nous nommerons de plus P, Q, &c, les forces accélératrices avec lesquelles chaque point de la masse m tend vers des centres donnés fixes ou non, en prenant, si l'on veut, la force accélératrice de la gravité pour l'unité; & nous ſuppoſerons ces forces proportionnelles à des fonctions quelconques des diſtances reſpectives p, q, r, &c, du corps m à ces centres. Les mêmes lettres marquées d'un trait repréſenteront des quantités analogues relativement au corps m', & ainſi de ſuite.

On aura ainſi,

$$V = m\int(P\,dp + Q\,dq + \&c) + m'\int(P'\,dp' + Q'\,dq' + \&c) + \&c.$$

Et ſi les corps ſont animés par une force verticale & conſtante π, telle que celle de la gravité, alors P, P', &c, ſeront $= \pi$, & dp, dp', &c, deviendront $-dz$, $-dz'$, &c, à cauſe que les z diminuent en montant. Conſéquemment on aura dans ce cas,

$$V = -\pi\,(mz + m'z' + m''z'' + \&c).$$

Quant aux attractions mutuelles, il eſt clair que ſi R exprime l'attraction abſolue ou la force accélératrice avec laquelle chaque point de la maſſe m eſt tiré par chaque point de la maſſe m', la force totale avec laquelle chaque point de m tend vers le corps ou centre m' ſera exprimée par $m'R$. Ainſi nommant r la diſtance entre ces deux corps, on aura $mm'\int R\,dr$ pour le terme dû à cette attraction dans la valeur de V; & ainſi des autres.

Enfin ſi après avoir introduit dans les fonctions T & V de nouvelles variables ξ, ψ, &c, chacune d'elles eſt indépendante de toutes les autres; on aura, relativement à ces différentes variables, des équations de la forme $d.\frac{\delta T}{\delta d\xi} - \frac{\delta T}{\delta \xi} - \frac{\delta V}{\delta \xi} = 0$; mais ſi ces variables doivent encore être aſſujetties aux équations $L = 0$, $M = 0$, &c; alors chaque variable ξ donnera pour le mouvement du corps l'équation différentielle,

$$d.\frac{\delta T}{\delta d\xi} - \frac{\delta T}{\delta \xi} + \frac{\delta V}{\delta \xi} + \lambda\frac{\delta L}{\delta \xi} + \mu\frac{\delta M}{\delta \xi} + \&c = 0,$$

les quantités λ, μ, &c, étant indéterminées, & devant être éliminées.

Et l'on se souviendra que si les fonctions T, V, L, M, &c, ne renferment point le tems t, on aura toujours l'intégrale $T + V =$ const, laquelle renferme le principe des forces vives; mais que cette intégrale cessera d'avoir lieu, si la variable finie t entre dans l'une des fonctions dont il s'agit.

28. Cela posé, considérons d'abord deux corps m & m' qui s'attirent mutuellement avec une force absolue R, & supposons qu'on ne demande que le mouvement du corps m' autour du corps m. Nommant ξ, η, ζ les coordonnées rectangles du corps m' par rapport au corps m pris pour centre, ces coordonnées étant rapportées à des axes paralleles à ceux des x, y, z, & passant par le corps m; on aura $x' = x + \xi$, $y' = y + \eta$, $z' = z + \zeta$. Donc,

1°. On aura $T = (m + m')\dfrac{dx^2 + dy^2 + dz^2}{2d\xi^2}$

$$+ m'\frac{dx\,d\xi + dy\,d\eta + dz\,d\zeta}{2dt^2} + m'\frac{d\xi^2 + d\eta^2 + d\zeta^2}{2dt^2}.$$

2°. On aura $V = mm'\int R\,dr$, en faisant

$$r = \sqrt{((x' - x)^2 + (y' - y)^2 + (z' - z)^2)} = \sqrt{(\xi^2 + \eta^2 + \zeta^2)}.$$

Maintenant comme les variables x, y, z, sont indépendantes entr'elles & des autres ξ, η, ζ; chacune de ces variables

riables fournira une équation; & ces équations seront

$$(m+m')\frac{d^2x}{dt^2}+m'\frac{d^2\xi}{dt^2}=0,$$

$$(m+m')\frac{d^2y}{dt^2}+m'\frac{d^2\eta}{dt^2}=0,$$

$$(m+m')\frac{d^2z}{dt^2}+m'\frac{d^2\zeta}{dt^2}=0;$$

d'où l'on tire, en intégrant,

$$\frac{dx}{dt}=-\frac{m'}{m+m'}\left(\frac{d\xi}{dt}+a\right)$$

$$\frac{dy}{dt}=-\frac{m'}{m+m'}\left(\frac{d\eta}{dt}+b\right)$$

$$\frac{dz}{dt}=-\frac{m'}{m+m'}\left(\frac{d\zeta}{dt}+c\right).$$

Ces valeurs étant substituées dans l'expression générale de T, elle deviendra

$$T=\frac{mm'}{m+m'}\times\frac{d\xi^2+d\eta^2+d\zeta^2}{2dt^2}+\frac{m'^2}{m+m'}\times\frac{a^2+b^2+c^2}{2};$$

ainsi T & V ne contiennent plus que les variables ξ, η, ζ de l'orbite de m' autour de m.

Si donc on nomme r le rayon vecteur de cette orbite, ψ l'inclinaison de ce rayon sur le plan des ξ & η; & φ l'angle de sa projection sur ce plan avec l'axe des ξ, on aura, comme on l'a déja vu,

$$\xi=r\cos\psi\cos\varphi,\ \eta=r\cos\psi\sin\varphi,\ \zeta=r\sin\psi;$$

& de là $d\xi^2+d\eta^2+d\zeta^2=r^2(\cos\psi^2\, d\varphi^2+d\psi^2)+dr^2$.

Ainsi faisant $T=\frac{mm'}{m+m'}\times\frac{r^2(\cos\psi^2 d\varphi^2+d\psi^2)+dr^2}{2dt^2}$, (j'omets la constante, parce qu'elle disparoît dans les différenciations) & $V = mm' \int R\,dr$, les variations de ψ, φ & r donneront, après avoir divisé tous les termes par $\frac{mm'}{m+m'}$,

$$\frac{d.r^2 d\psi}{dt^2} + \frac{r^2 \sin\psi \cos\psi\, d\varphi^2}{dt^2} = 0,$$

$$\frac{d.r^2 \cos\psi^2 d\varphi}{dt^2} = 0,$$

$$\frac{d^2 r}{dt^2} - \frac{r(\cos\psi^2 d\varphi^2 + d\psi^2)}{dt^2} + (m + m')\,R = 0;$$

équations qu'on voit être semblables à celles que nous avons déja trouvées & résolues pour le mouvement d'un corps attiré vers un centre fixe (art. 17); de sorte que le mouvement sera le même dans les deux cas, en supposant la force dirigée au centre fixe, exprimée par $(m + m')R$.

29. Supposons ensuite trois corps m, m', m'' qui s'attirent mutuellement; savoir m & m' par la force accélératrice R, m & m'' par la force R', & m' & m'' par la force R''; & qu'on ne demande que le mouvement relatif de ces corps.

Conservant les dénominations de l'article précédent relatives aux corps m & m', soit de plus, pour le corps m'', ξ', η', ζ' les coordonnées rectangles rapportées au corps m comme au centre; on aura $x'' = x + \xi'$, $y'' = y + \eta'$, $z'' = z + \zeta'$.

Donc 1°. $T = (m + m' + m'')\frac{dx^2 + dy^2 + dz^2}{2dt^2}$

$$+ m' \frac{dx\,d\xi + dy\,d\eta + dz\,d\zeta}{dt^2} + m' \frac{d\xi^2 + d\eta^2 + d\zeta^2}{2dt^2}$$

$$+ m'' \frac{dx\,d\xi' + dy\,d\eta' + dz\,d\zeta'}{dt^2} + m'' \frac{d\xi'^2 + d\eta'^2 + d\zeta'^2}{2dt^2} \ldots \quad (a)$$

2°. $V = mm'\int R\,dr + mm''\int R'\,dr' + m'm''\int R''\,dr''$,

en faisant $r = \sqrt{(\xi^2 + \eta^2 + \zeta^2)}$; $r' = \sqrt{(\xi'^2 + \eta'^2 + \zeta'^2)}$, & $r'' = \sqrt{((\xi' - \xi)^2 + (\eta' - \eta)^2 + (\zeta' - \zeta)^2)}$.

Puisque les variables x, y, z sont indépendantes, tant entr'elles que des autres variables, leurs variations fourniront d'abord des équations de cette forme,

$$\left.\begin{aligned}(m + m' + m'')\frac{d^2x}{dt^2} + m'\frac{d^2\xi}{dt^2} + m''\frac{d^2\xi'}{dt^2} &= 0\\ (m + m' + m'')\frac{d^2y}{dt^2} + m'\frac{d^2\eta}{dt^2} + m''\frac{d^2\eta'}{dt^2} &= 0\\ (m + m' + m'')\frac{d^2z}{dt^2} + m'\frac{d^2\zeta}{dt^2} + m''\frac{d^2\zeta'}{dt^2} &= 0\end{aligned}\right\}\ldots\ldots (b)$$

d'où l'on tire, en intégrant

$$\frac{dx}{dt} = -\left(m'\frac{d\xi}{dt} + m''\frac{d\xi'}{dt} + a\right) : (m + m' + m'')$$

$$\frac{dy}{dt} = -\left(m'\frac{d\eta}{dt} + m''\frac{d\eta'}{dt} + b\right) : (m + m' + m'')$$

$$\frac{dz}{dt} = -\left(m'\frac{d\zeta}{dt} + m''\frac{d\zeta'}{dt} + c\right) : (m + m' + m'').$$

Ces valeurs étant substituées dans l'expression générale de T, la réduiront à celle-ci,

$$\begin{aligned}T = {}& \frac{m'(m + m'')}{m + m' + m''} \times \frac{d\xi^2 + dy^2 + d\zeta^2}{2\,dt^2}\\ &- \frac{m'm''}{m + m' + m''} \times \frac{d\xi\,d\xi' + d\eta\,d\eta' + d\zeta\,d\zeta'}{dt^2}\\ &+ \frac{m''(m + m')}{m + m' + m''} \times \frac{d\xi'^2 + d\eta'^2 + d\zeta'^2}{2\,dt^2}\\ &+ \frac{a^2 + b^2 + c^2}{2(m + m' + m'')} \ldots\ldots\ldots (c)\end{aligned}$$

laquelle ne contient plus que les variables ξ, η, ζ, ξ', η', ζ' qui entrent dans la fonction V, & qui expriment les mouvemens relatifs de m' & m'' autour de m.

Comme ces six variables sont indépendantes entr'elles, on pourroit d'abord en les faisant varier séparément, avoir six équations différentielles entre ces variables; on pourroit aussi réduire l'expression T en fonction des rayons vecteurs r, r' & des angles ψ, φ, & ψ', φ' par les substitutions de $\xi = r \cos\psi \cos\varphi$, $\eta = r \cos\psi \sin\varphi$, $\zeta = r \sin\psi$, $\xi' = r \cos\psi' \cos\varphi'$ &c; l'on auroit alors des équations entre ces nouvelles variables.

Mais il est facile de prévoir que ces équations ne se présenteroient pas sous la forme la plus simple, du moins pour les termes différentiels, à cause du mélange des variables dans l'expression de T. Pour séparer ces variables, je donnerai à T cette forme,

$$T = \frac{mm'}{m+m'} \times \frac{d\xi^2 + d\eta^2 + d\zeta^2}{2\,dt^2}$$

$$+ \frac{m''(m+m')}{m+m'+m''} \times \frac{d\alpha^2 + d\beta^2 + d\gamma^2}{2\,dt^2}$$

$$+ \frac{a^2 + b^2 + c^2}{2(m+m'+m'')},$$

en faisant

$$\alpha = \xi' - \frac{m'}{m+m'}\xi,\ \beta = \eta' - \frac{m'}{m+m'}\eta,\ \gamma = \zeta' - \frac{m'}{m+m'}\zeta.$$

Ainsi en substituant dans r' & r'' à la place de ξ', η', ζ' leurs valeurs

$$\alpha + \frac{m'}{m+m'}\xi,\ \beta + \frac{m'}{m+m'}\eta,\ \gamma + \frac{m'}{m+m'}\zeta,$$

on aura T & V exprimées en fonctions de ξ, η, ζ, α, β, γ; & ces variables étant aussi indépendantes entr'elles, fourniront autant d'équations différentielles.

Introduisons maintenant au lieu de ξ, η, ζ le rayon r & les angles ψ & φ, selon les formules données ci-dessus, la partie $\frac{mm'}{m+m'} \times \frac{d\xi^2 + d\eta^2 + d\zeta^2}{2\,dt^2}$ de la valeur de T deviendra $\frac{mm'}{m+m'} \times \frac{r^2 (\operatorname{cos}\psi^2 d\varphi^2 + d\psi^2) + dr^2}{2\,dt^2}$, & c'est la seule qui fournira des termes dans les équations dépendantes des variations de r, ψ & φ. Regardant donc aussi r' & r'' comme fonctions de ces mêmes variables, on aura d'abord ces trois équations,

$$\frac{mm'}{m+m'}\left(\frac{d.r^2 d\psi}{dt^2} + \frac{r^2 \operatorname{sin}\psi \operatorname{cos}\psi d\varphi^2}{dt^2}\right) + mm''R'\frac{\delta r'}{\delta\psi} + m'm''R''\frac{\delta r''}{\delta\psi} = 0$$

$$\frac{mm'}{m+m'} \times \frac{d.r^2 \operatorname{cos}\psi^2 d\varphi}{dt^2} + mm''R'\frac{\delta r'}{\delta\varphi} + m'm''R''\frac{\delta r'}{\delta\varphi} = 0$$

$$\frac{mm'}{m+m'}\left(\frac{d^2 r}{dt^2} - \frac{r(\operatorname{cos}\psi^2 d\varphi^2 + d\psi^2)}{dt^2}\right) + mm'R + mm''R'\frac{\delta r'}{\delta\psi} + mm''R''\frac{\delta r''}{\delta r} = 0.$$

Et pour avoir les valeurs de $\delta r'$, $\delta r''$ en $\delta\psi$, $\delta\varphi$, δr, il n'y a qu'à considérer que $r'\delta r' = \xi'\delta\xi' + \eta'\delta\eta' + \zeta'\delta\zeta'$ & $r''\delta r'' = (\xi' - \xi)(\delta\xi' - \delta\xi) + (\eta' - \eta)(\delta\eta' - \delta\eta) + (\zeta' - \zeta)$ $(\delta\zeta' - \delta\zeta)$, & qu'en faisant abstraction de la variation de α, β, γ, on a $\delta\xi' = \frac{m'}{m+m'}\delta\xi$, $\delta\eta' = \frac{m'}{m+m'}\delta\eta$, . . . $\delta\zeta' = \frac{m'}{m+m'}\delta\zeta$, de sorte que l'on aura $r'\delta r' = \frac{m'}{m+m'}(\xi'\delta\xi + \eta'\delta\eta + \zeta'\delta\zeta)$, & $r''\delta r'' = -\frac{m}{m+m'}((\xi' - \xi)\delta\xi + (\eta' - \eta)\delta\eta + (\zeta' - \zeta)\delta\zeta) = \frac{m}{m\pm m'}(r\delta r - \xi'\delta\xi - \eta'\delta\eta - \zeta'\delta\zeta)$.

Or en ſubſtituant pour ξ, η, ζ leurs valeurs, & mettant auſſi des valeurs ſemblables à la place de ξ', η', ζ', c'eſt-à-dire, en repréſentant pareillement le mouvement du corps m'' autour de m par le rayon vecteur r', & par les angles ψ' & φ', on trouve

$$\xi'\delta\xi + \eta'\delta\eta + \zeta'\delta\zeta = \Psi\delta\psi + \Phi\delta\varphi + \Pi\delta r,$$

en ſuppoſant pour abréger

$$\Psi = rr'(\sin\psi'\cos\psi - \cos\psi'\sin\psi\cos(\varphi'-\varphi))$$

$$\Phi = rr'\cos\psi\cos\psi'\sin(\varphi'-\varphi)$$

$$\Pi = r'(\sin\psi'\sin\psi + \cos\psi'\cos\psi\cos(\varphi'-\varphi));$$

de ſorte qu'on aura

$$\delta r' = \frac{m'}{m+m'} \times \frac{\Psi\delta\psi + \Phi\delta\varphi + \Pi\delta r}{r'}$$

$$\delta r'' = -\frac{m}{m+m'} \times \frac{\Psi\delta\psi + \Phi\delta\varphi + (\Pi - r)\delta r}{r''}.$$

Ainſi les équations précédentes deviendront en les diviſant par $\frac{mm'}{m+m'}$,

$$\frac{d.r^2 d\psi}{dt^2} + \frac{r^2\sin\psi\cos\psi\, d\varphi^2}{dt^2} + m''\left(\frac{R'}{r'} - \frac{R''}{r''}\right)\Psi = 0,$$

$$\frac{d.r^2\cos\psi^2\, d\varphi}{dt^2} + m''\left(\frac{R'}{r'} - \frac{R''}{r''}\right)\Phi = 0,$$

$$\frac{d^2 r}{dt^2} - \frac{r(\cos\psi^2\, d\varphi^2 + d\psi^2)}{dt^2} + (m+m')R$$

$$+ m''\left[\left(\frac{R'}{r'} - \frac{R''}{r''}\right)\Pi + \frac{rR''}{r''}\right] = 0,$$

leſquelles ont, pour les termes différentiels, la même forme que celles du mouvement d'un corps attiré vers un centre fixe.

On peut trouver de la même maniere trois équations semblables pour le mouvement du corps m'' autour de m; & même comme dans les expressions de T & de V, les quantités relatives aux corps m' & m'' sont permutables entr'elles, il suffira de changer dans les équations précédentes, les quantités r, ψ, φ, R & m' en r', ψ', φ', R' & m'', & réciproquement celles-ci en celles-là; la quantité r'' demeurant la même, puisqu'elle appartient également aux deux corps dont elle exprime la distance.

S'il y avoit plus de trois corps qui s'attirassent mutuellement, on résoudroit toujours le problême de la même maniere, & l'on trouveroit des équations semblables aux précédentes, mais augmentées des termes dus aux attractions de tous les autres corps.

En faisant dans ces équations $R = \frac{1}{r^2}$, $R' = \frac{1}{r'^2}$, . . . $R'' = \frac{1}{r''^2}$, &c, on a le cas du mouvement des Planetes, en tant qu'elles s'attirent mutuellement, & sont attirées par le Soleil. Et si on prend m pour la Terre, m' pour la Lune, & m'' pour le Soleil, les trois équations trouvées ci-dessus deviendront celles du problême connu sous le nom de Problême des trois corps, & dont les Géometres se sont tant occupés dans ces derniers tems. La circonstance des orbites de la Lune & du Soleil presque circulaires, le rend susceptible d'être résolu par approximation, & l'on peut voir dans les ouvrages où l'on en traite, les artifices qu'on a imaginés pour rendre l'approximation aussi exacte qu'il est possible.

30. Imaginons maintenant que les trois corps m, m', m'', au lieu de s'attirer entr'eux, soient pesans & unis par un fil inextensible; de maniere que m' & m'' soient attachés aux deux bouts du fil, & que m le soit dans un point quelconque intermédiaire; & qu'ainsi les distances entre m & m', & entre m & m'', demeurent nécessairement invariables.

En faisant $x' = x + \xi$, $y' = y + \eta$, $z' = z + \zeta$ & $x'' = x + \xi'$, $y'' = y + \eta'$, $z'' = z + \zeta'$, on trouvera pour T la même expression (a) de l'article précédent. Et la valeur de V sera comme dans l'article 27, en exprimant par π la force accélératrice de la gravité

$$V = -\pi(m + m' + m'')z - \pi m'\zeta - \pi m''\zeta'.$$

Comme la seule condition du problême consiste dans l'invariabilité des distances entre m & m', & entre m & m'', & que ces distances ne dépendent que des variables ξ, η, ζ, ξ', η', ζ', il est clair que les variables x, y, z sont indépendantes entr'elles & de toutes les autres; par conséquent en les faisant varier séparément, on aura d'adord trois équations qui seront les mêmes que les équations (b) de l'article précédent, si ce n'est que la troisieme contiendra de plus les termes constans $-\pi(m + m' + m'')$. De-là on tirera pour $\frac{dx}{dt}$, $\frac{dy}{dt}$, $\frac{dz}{dt}$, les mêmes expressions que dans l'endroit dont il s'agit, en mettant à la place de c la quantité $c - \pi(m + m' + m'')t$. Donc on aura aussi pour T la même transformée (c), en ayant soin d'y diminuer la quantité c de $\pi(m + m' + m'')t$.

Présentement si on fait $\xi = r \cos\psi \cos\varphi$, $\eta = r \cos\psi \sin\varphi$, $\zeta = r \sin\psi$, & de même $\xi' = r' \cos\psi' \cos\varphi'$, $\eta' = r' \cos\psi' \sin\varphi'$, $\zeta' =$

$\zeta' = r' \sin \psi'$, il eſt clair que les rayons vecteurs r & r' des orbites de m' & m'' autour de m, c'eſt-à-dire, leurs diſtances de m, devront être conſtans par la nature du problême ; ainſi en faiſant ces ſubſtitutions, il n'y aura que quatre variables, ψ, ψ', φ, φ', qui étant d'ailleurs indépendantes, fourniront auſſi quatre équations.

31. Comme la recherche de ces équations n'a point de difficulté, ne demandant qu'un calcul purement méchanique ; bornons-nous au cas où les trois corps ſe meuvent dans un même plan horiſontal, lequel a l'avantage d'admettre une ſolution complette.

On fera donc dans ce cas z, z', z'' nuls ; par conſéquent auſſi ζ & ζ' nuls. Ainſi on aura $V = 0$, &

$$T = \frac{m'(m+m'')}{m+m'+m''} \times \frac{d\xi^2 + d\eta^2}{2dt^2} - \frac{m'm''}{m+m'+m''} \times \frac{d\xi d\xi' + d\eta d\eta'}{dt^2}$$

$$+ \frac{m''(m+m')}{m+m'+m''} \times \frac{d\xi'^2 + d\eta'^2}{2dt^2} + \frac{a^2+b^2}{2(m+m'+m'')}.$$

Soit $\xi = r \cos \varphi$, $\eta = r \sin \varphi$, & $\xi' = r' \cos \varphi'$, $\eta' = r' \sin \varphi'$, puiſque ψ & ψ' ſont nuls ; la valeur de T deviendra, à cauſe de dr & dr' nuls,

$$T = \frac{m'(m+m'')}{m+m'+m''} \times \frac{r^2 d\varphi^2}{2dt^2} - \frac{m'm''}{m+m'+m''} \times \frac{rr' \cos(\varphi'-\varphi) d\varphi' d\varphi}{dt^2}$$

$$+ \frac{m''(m+m')}{m+m'+m''} \times \frac{r'^2 d\varphi'^2}{2dt^2} + \frac{a^2+b^2}{2(m+m'+m'')}.$$

Et elle donnera ſur le champ, à raiſon des variations de φ & de φ', ces deux équations différentielles, d'où dépend la ſolution du problême

Pp

$$m'(m+m'')r^2\frac{d^2\varphi}{dt^2}-m'm''rr'\left(\frac{d.\text{cof}(\varphi'-\varphi)d\varphi'}{dt^2}-\frac{\text{fin}(\varphi'-\varphi)d\varphi'd\varphi}{dt^2}\right)=0,$$

$$m''(m+m')r'^2\frac{d^2\varphi'}{dt^2}-m'm''rr'\left(\frac{d.\text{cof}(\varphi'-\varphi)d\varphi}{dt^2}+\frac{\text{fin}(\varphi'-\varphi)d\varphi'd\varphi}{dt^2}\right)=0.$$

Il eſt viſible que la ſomme de ces deux équations eſt intégrable, & que ſon intégrale eſt

$$m'(m+m'')r^2\frac{d\varphi}{dt}-m'm''rr'\times\frac{\text{cof}(\varphi'-\varphi)(d\varphi'+d\varphi)}{dt}$$
$$+m''(m+m')r'^2\frac{d\varphi'}{dt}=\text{conſt.}$$

D'ailleurs puiſque T ne renferme point t, & que $V=0$, on aura l'intégrale $T=$ conſt; de ſorte que par ces deux intégrales le problême eſt déja réduit aux premieres différences.

Mais comme les indéterminées ſont encore mêlées entr'elles, pour les ſéparer, on fera $\varphi'+\varphi=s$ & $\varphi'-\varphi=u$; ſavoir, $\varphi'=\frac{s+u}{2}$ & $\varphi=\frac{s-u}{2}$; les deux intégrales deviendront par ces ſubſtitutions,

$$m'(m+m'')r^2(ds-du)+m''(m+m')r'^2(ds+du)$$
$$-2m'm''rr'\,\text{cof}\,u\,ds=A\,dt,$$
$$m'(m+m'')r^2(ds-du)^2+m''(m+m')r'^2(ds+du)^2$$
$$-2m'm''rr'\,\text{cof}\,u(ds^2-du^2)=B\,dt^2,$$

A & B étant deux conſtantes arbitraires.

Soit pour abréger

$$M=m''(m+m')r'^2+m'(m+m'')r^2,$$
$$N=m''(m+m')r'^2-m'(m+m'')r^2,$$

on aura

$$(M - 2m'm''rr'\cos u)ds + N du = A dt,$$
$$(M - 2m'm''rr'\cos u)ds^2 + (M + 2m'm''rr'\cos u)du^2 + 2N ds du = B dt^2.$$

La premiere donne $ds = \frac{A dt - N du}{M - 2m'm''rr'\cos u}$; & cette valeur étant ſubſtituée dans la ſeconde, on aura

$$(A dt - N du)^2 + (M^2 - 4m'^2 m''^2 r^2 r'^2 \cos u^2) du^2 + 2N(A dt - N du)du = B(M - 2m'm''rr'\cos u)dt^2,$$

ſavoir, en réduiſant

$$(M^2 - N^2 - 4m'^2m''^2r^2r'^2\cos u^2)du^2 = (BM - A^2 - 2m'm''rr'\cos u)dt^2;$$

d'où l'on tire

$$dt = du\sqrt{\left(\frac{M^2 - N^2 - 4m'^2 m''^2 r^2 r'^2 \cos u^2}{BM - A^2 - 2m'm''rr'\cos u}\right)};$$

& mettant cette valeur de dt dans l'expreſſion précédente de ds on aura auſſi ds exprimée en u & du.

Ainſi le problême eſt réſolu, ou du moins ne dépend plus que de l'intégration ou conſtruction de différentielles à une ſeule variable.

32. Si le corps m du milieu pouvoit couler le long du fil, on auroit toujours la même expreſſion de T que dans la formule (c) de l'article 29; mais dans les ſubſtitutions de $r\cos\psi\cos\varphi$, $r'\cos\psi'\cos\varphi'$, $r\cos\psi\sin\varphi$, &c, à la place de, ξ, ξ', η, &c, les rayons r & r' qui expriment les diſtances des corps m' & m'' au corps m, ne ſeroient plus tous deux conſtans, mais ſeulement leur ſomme $r + r'$ qui eſt

égale à la longueur du fil par lequel les deux corps m' & m'' ſont joints. Ainſi nommant a cette longueur, on auroit $r' = a - r$, & il y auroit après les ſubſtitutions cinq variables indépendantes, r, ψ, φ, ψ', φ', dont chacune fourniroit une équation différentielle, d'après la formule générale.

33. Mais ſi on ſuppoſoit le corps m fixement arrêté, enſorte que le fil qui joint les deux corps m' & m'' dût paſſer par une eſpece d'anneau fixe dans l'eſpace; en prenant, pour plus de ſimplicité, ce point pour l'origine des coordonnées, on feroit dans les formules précédentes, x, y, z, nuls; & l'expreſſion (a) de T deviendroit

$$T = m' \frac{d\xi^2 + d\eta^2 + d\zeta^2}{2\,dt^2} + m'' \frac{d\xi'^2 + d\eta'^2 + d\zeta'^2}{2\,dt^2},$$

laquelle, par les ſubſtitutions précédentes, ſe changeroit en celle-ci.

$$T = m' \frac{r^2(\cos\psi^2 d\varphi^2 + d\psi^2) + dr^2}{2\,dt^2} + m'' \frac{(a-r)^2(\cos\psi'^2 d\varphi'^2 + d\psi'^2) + dr^2}{2\,dt^2}. \quad ..(d).$$

Pour la valeur de V, on auroit, comme dans l'article 30, en ſuppoſant les corps peſans, $V = -\pi\,(m'\zeta + m''\zeta')$, ou bien

$$V = -\pi\, m' r \sin\psi - \pi\, m''(a-r)\sin\psi'.$$

Et l'on auroit de nouveau cinq équations pour les cinq variables, r, ψ, ψ', φ, & φ', ſavoir,

$$m' \frac{d^2r - r(\cos\psi^2 d\varphi^2 + d\psi^2)}{dt^2} + m'' \frac{d^2r + (a-r)(\cos\psi'^2 d\varphi'^2 + d\psi'^2)}{dt^2}$$

$$- \pi\, m' \sin\psi + \pi\, m'' \sin\psi' = 0,$$

$$\frac{d.(r^2 d\psi) + r^2 \cos\psi \sin\psi\, d\varphi^2}{dt^2} - \pi\, r \cos\psi = 0$$

$$\frac{d.(a-r)^2 d\psi' + (a-r)^2 \operatorname{cof}\psi' \operatorname{fin}\psi' d\phi'^2}{dt^2} + \pi(a-r)\operatorname{cof}\psi' = 0,$$

$$\frac{d.(r^2 \operatorname{cof}\psi^2 d\phi)}{dt^2} = 0, \quad \frac{d.(a-r)^2 \operatorname{cof}\psi'^2 d\phi'}{dt^2} = 0.$$

Les deux dernieres ſont intégrables, & donnent d'abord

$$\frac{d\phi}{dt} = \frac{A}{r^2 \operatorname{cof}\psi^2}, \quad \frac{d\phi}{dt} = \frac{B}{(a-r)^2 \operatorname{cof}\psi'^2},$$

valeurs qui étant ſubſtituées dans la ſeconde & la troiſieme les transforment en celles-ci,

$$\frac{d.r^2 d\psi}{dt^2} + \frac{A^2 \operatorname{fin}\psi}{r^2 \operatorname{cof}\psi^3} - \pi r \operatorname{cof}\psi = 0$$

$$\frac{d.(a-r)^2 d\psi'}{dt^2} + \frac{B^2 \operatorname{fin}\psi'}{(a-r)^2 \operatorname{cof}\psi'^3} + \pi(a-r)\operatorname{cof}\psi' = 0,$$

dont l'intégration n'eſt gueres poſſible en général.

Elle le deviendroit ſi on faiſoit abſtraction de la peſanteur des corps; en ſuppoſant $\pi = 0$; alors les équations étant multipliées, la premiere par $r^2 d\psi$, & la ſeconde par $(a-r)d\psi'$, on auroit les intégrales

$$\frac{r^4 d\psi^2}{dt^2} + \frac{A^2}{\operatorname{cof}\psi^2} = C^2, \quad \frac{(a-r)^4 d\psi'^2}{dt^2} + \frac{B^2}{\operatorname{cof}\psi'^2} = D^2,$$

d'où l'on tire

$$\frac{dt}{r^2} = \frac{d\psi}{\sqrt{\left(C^2 - \frac{A^2}{\operatorname{cof}\psi^2}\right)}}, \quad \frac{dt}{(a-r)^2} = \frac{d\psi'}{\sqrt{\left(D^2 - \frac{B^2}{\operatorname{cof}\psi'^2}\right)}};$$

on a d'ailleurs l'intégrale $T + V =$ conſt, laquelle à cauſe de $V = 0$, devient, après la ſubſtitution des valeurs précédentes de $d\phi$, $d\phi'$, $d\psi$, $d\psi'$,

$$m'\left(\frac{C^2}{r^2} + \frac{dr^2}{dt^2}\right) + m''\left(\frac{D^2}{(a-r)^2} + \frac{dr^2}{dt^2}\right) = E^2,$$

& par conséquent

$$dt = \frac{dr\sqrt{(m'+m'')}}{\sqrt{\left(E^2 - \frac{m'C^2}{r^2} - \frac{m''D^2}{(a-r)^2}\right)}}.$$

Cette valeur de dt étant ensuite substituée dans les quatre intégrales précédentes, on aura des équations séparées, par lesquelles on pourra, au moyen des quadratures, déterminer t, ψ, ψ', φ, φ' en r.

Au reste, si le même corps m du milieu, au-lieu d'être fixement arrêté, comme nous venons de le supposer, pouvoit glisser librement sur une surface, ou sur une ligne donnée, alors les coordonnées x, y, z ne seroient pas nulles, mais l'une d'entr'elles seroit une fonction donnée des deux autres, ou deux de ces coordonnées seroient données en fonctions de la troisieme; & il n'y auroit qu'à faire ces substitutions dans les mêmes expressions de T & de V, en ayant ensuite égard à la variabilité de ces coordonnées.

34. Si le fil étant fixement arrêté par une de ses extrémités, est chargé de deux corps pesants m & m', dont le premier soit le plus proche du point fixe, on fera d'abord $x' = x + \xi$, $y' = y + \eta$, $z' = z + \zeta$, & les expressions de T & de V deviendront

$$T = (m+m')\frac{dx^2+dy^2+dz^2}{2dt^2} + m'\frac{dx\,d\xi + dy\,d\eta + dz\,d\zeta}{dt^2}$$

$$+ m'\frac{d\xi^2+d\eta^2+d\zeta^2}{2dt^2},\; V = -\pi(m+m')z - \pi m'\zeta.$$

Ensuite nommant r la portion du fil interceptée entre le point fixe & le corps m, & r' la portion interceptée entre ce corps & le suivant m', on fera $x = r\cos\psi\cos\varphi$,

$y = r\cos\psi\sin\varphi$, $z = r\sin\psi$, $\xi = r'\cos\psi'\cos\varphi'$, $\eta = r'\cos\psi'\sin\varphi'$, $\zeta = r'\sin\psi'$, & regardant r & r' comme conſtantes, on trouvera quatre équations pour les quatre variables ψ, φ, ψ', φ'. Mais ces équations ne ſont pas intégrables en général, & il n'y a que le cas où les corps ſe meuvent ſur un plan horizontal qui ſoit ſuſceptible d'une ſolution complette. On fera dans ce cas ψ & ψ' nuls, ce qui donnera $V = 0$, &

$$T = (m + m')\frac{r^2 d\varphi^2}{2dt^2} + m'\frac{rr'\cos(\varphi' - \varphi)d\varphi' d\varphi}{dt^2} + m''\frac{r'^2 d\varphi'^2}{2dt^2}.$$

Cette expreſſion de T eſt, comme l'on voit, de la même forme que celle de l'article 31; elle fournira donc des équations ſemblables, aux coëfficiens près, & qui s'intégreront par conſéquent de la même maniere.

On trouvera par un procédé ſemblable, les équations du mouvement d'un fil chargé de tant de corps qu'on voudra; mais la difficulté conſiſtera dans leur intégration; & je ne connois qu'un ſeul cas où elle puiſſe réuſſir en général; c'eſt celui où l'on ſuppoſe que les corps s'éloignent très-peu de la verticale; car comme la poſition verticale du fil eſt celle de ſon équilibre, ce cas ſera ſuſceptible de la méthode générale donnée dans le Paragraphe premier de la Section préſente.

35. Lorſque les corps s'éloignent peu de la verticale, qui eſt l'axe des z, les coordonnées x, y, x', y', &c, ſont très-petites; c'eſt pourquoi il conviendra de conſerver ces coordonnées dans le calcul. Nommant donc r, r', r'', &c, les portions du fil interceptées entre le point fixe & le premier corps m, entre ce corps & le ſuivant m', entre celui-ci & le corps m'', & ainſi de ſuite, on aura $r = \sqrt{(x^2 + y^2 + z^2)}$,

$r' = \sqrt{((x'-x)^2 + (y'-y)^2 + (z'-z)^2)}$, &c, d'où l'on tire $z = \sqrt{(r^2 - x^2 - y^2)}$, $z' - z = \sqrt{(r'^2 - (x'-x)^2 - (y'-y)^2)}$, &c; c'est-à-dire, à cause de la petitesse de x, x', &c, y, y' &c,

$$z = r - \frac{x^2+y^2}{2r},\ z'-z = r' - \frac{(x'-x)^2+(y'-y)^2}{2r'},\ \&c;$$

ainsi les valeurs de z, z', z'', &c, seront

$$z = r - \frac{x^2+y^2}{2r}$$

$$z' = r + r' - \frac{x^2+y^2}{2r} - \frac{(x'-x)^2+(y'-y)^2}{2r'}$$

$$z'' = r + r' + r'' - \frac{x^2+y^2}{2r} - \frac{(x'-x)^2+(y'-y)^2}{2r'} - \frac{(x''-x')^2+(y''-y')^2}{2r''},$$

&c.

On les substituera donc dans les expressions générales de T & V de l'article 27, en faisant r, r', r'' &c, constantes, & rejettant les termes où les variables x, y, x', y', &c, monteroient au-delà de la seconde dimension, on aura

$$T = m\frac{dx^2+dy^2}{2dt^2} + m'\frac{dx'^2+dy'^2}{2dt^2} + m''\frac{dx''^2+dy''^2}{2dt^2} + \&c,$$

$$V = -\pi(m+m'+m''+\&c)r - \pi(m'+m''+\&c)r' - \pi(m''+\&c)r'' - \&c,$$

$$+ \pi(m+m'+m''+\&c)\frac{x^2+y^2}{2r} + \pi(m'+m''+\&c)\frac{(x'-x)^2+(y'-y)^2}{2r'}$$

$$+ \pi(m''+\&c)\frac{(x''-x')^2+(y''-y')^2}{2r''} + \&c.$$

On voit que dans ces expressions les variables x, x', x'', &c, sont séparées des variables y, y', y'', &c, & que les unes & les autres y entrent de la même maniere; d'où l'on peut d'abord d'abord conclure que l'on aura deux ſyſtêmes d'équations différentielles, indépendans & ſemblables entr'eux, l'un entre x, x', x'', &c, & l'autre entre y, y', y'', &c; de ſorte qu'il ſuffira de conſidérer un ſeul de ces ſyſtêmes; & même on pourra s'en diſpenſer, car on aura immédiatement pour les valeurs finies de x, x', x'', &c, des expreſſions telles que celles de ξ, ψ, φ, &c, données dans l'article 10, & les valeurs de y, y', y'', &c, ſeront auſſi de la même forme, & ne différeront que par les conſtantes arbitraires.

L'expreſſion de V dans laquelle la partie variable eſt compoſée de carrés tous poſitifs, fait voir d'abord que les valeurs de x, x', x'',&c, & de y, y', y'', &c, ne ſauroient contenir des arcs de cercle, mais ſeulement des ſinus & coſinus réels, enſorte que les corps ne pourront faire que de petites oſcillations autour de la verticale, comme nous l'avons démontré en général dans l'article 14. Ainſi on eſt déja aſſuré que les valeurs des coëfficiens $\sqrt{k}$, f, g, h, &c, ſeront toutes réelles; & il ne s'agira plus que de les déterminer par les méthodes de l'article 13.

Puiſque ces valeurs ſont les mêmes pour les expreſſions de x, x', x'', &c, & de y, y', y'', &c, il ſuffira de tenir compte des premieres de ces variables, dans la formation des quantités A & B. On changera donc dans T & V les quantités $\frac{dx}{dt}$, $\frac{dx'}{dt}$, $\frac{dx''}{dt}$, &c, ainſi que x, x', x'', &c, en e, f, g, &c, & rejettant tous les autres termes, on aura

$$A = m\frac{e^2}{2} + m'\frac{f^2}{2} + m''\frac{g^2}{2}, \&c$$

$$B = \pi(m+m'+m''+\&c)\frac{e^2}{2r} + \pi(m'+m''+\&c)\frac{(f-e)^2}{2r'}$$

$$+\pi(m''+\&c)\frac{(g-f)^2}{2r''}+\&c,$$

d'où, en faiſant $AK-B=\Delta$, & enſuite

$$\frac{d\Delta}{de}=0,\ \frac{d\Delta}{df}=0,\ \frac{d\Delta}{dg}=0,\ \&c,$$

on tirera ces équations, où il faudra ſe ſouvenir que e doit être $=1$,

$$mek-\pi(m+m'+m''+\&c)\frac{e}{r}+\pi(m'+m''+\&c)\frac{f-e}{r'}=0,$$

$$m'fk-\pi(m'+m''+\&c)\frac{f-e}{r'}+\pi(m''+\&c)\frac{g-f}{r''}=0,$$

$$m''gk-\pi(m''+\&c)\frac{g-f}{r''}+\pi(m'''+\&c)\frac{h-g}{r'''}=0,$$

&c.

Le nombre de ces équations ſera égal à celui des variables x, x', x'', &c, c'eſt-à-dire, à celui des poids m, m', m'', &c, attachés au fil; & par conſéquent égal au nombre des quantités e, f, g, &c; de ſorte que puiſque $e=1$, il reſtera toujours une équation pour la détermination de k. Ainſi en faiſant d'abord $e=1$, la premiere équation donnera f, la ſeconde g, &c, en polynomes de k du premier, ſecond, &c, degré; & la derniere ne contiendra plus que k, & ſera d'un degré égal à ſon quantieme.

Mais on facilitera cette détermination en commençant par la derniere équation, & remontant ſucceſſivement à celles qui précédent. Pour cela nous déſignerons par μ, μ', μ'', &c, ρ, ρ', ρ'', &c, a, a', a'', &c, les quantités m, m', m'', &c, r, r', r'', &c, e, f, g, &c, priſes à rebours; & les équations priſes auſſi dans l'ordre inverſe, feront $\mu a k - \pi \mu \frac{a - a'}{\rho} = 0$,

$\mu' a' k - \pi (\mu + \mu') \frac{a' - a''}{\rho'} + \pi \mu \frac{a - a'}{\rho} = 0$,

$\mu'' a'' k - \pi (\mu + \mu' + \mu'') \frac{a'' - a'''}{\rho''} + \pi (\mu + \mu') \frac{a' - a''}{\rho'} = 0$,

&c.

Or, nommant n le nombre des poids, on aura $a^{n-1} = e = 1$, de plus on voit par la premiere des équations ci-deſſus, laquelle ſe trouve ici la derniere, que le terme qui précéderoit e dans la ſérie e, f, g, &c, doit être nul; par conſéquent il faudra faire $a^n = 0$; & cette condition donnera l'équation en k. En effet, ſi on tire ſucceſſivement des équations précédentes les valeurs de a', a'', a''', &c, elles feront de cette forme, $a' = (1) a$, $a' = (2) a$, $a''' = (3) a$, &c, où (1), (2), (3), &c, déſignent des polynomes en k du premier, ſecond, troiſieme, &c, degré. Ainſi la condition $a^{n-1} = 1$, donnera $(n - 1) a = 1$, d'où l'on tire $a = \frac{1}{(n-1)}$; & enſuite la condition $a^n = 0$, donnera $(n) = 0$; c'eſt l'équation en k, dont on ſait déja que les racines doivent être toutes réelles, poſitives & inégales.

Si les poids ſont tous égaux entr'eux, ainſi que leurs diſtances ſur le fil, on aura alors $\mu = \mu' = \mu''$, &c, & $\rho = \rho' = \rho''$, &c $= r$; donc faiſant $\frac{rk}{\pi} = c$, les équations deviendront

$a (c - 1) + a' = 0$,

$a' (c - 3) + 2 a'' + a = 0$,

$a''(c-5)+3a'''+2a'=0,$

&c.

d'où l'on tire $a'=(1)a$, $a''=(2)a$, &c, en faisant

$(1)=1-c$

$(2)=1-2c+\frac{c^2}{2}$

$(3)=1-3c+\frac{3c^2}{2}-\frac{c^3}{2.3},$

&c,

& en général

$$(q)=1-qc+\frac{q(q-1)}{4}c^2-\frac{q(q-1)(q-2)}{4.9}c^3+\&c.$$

Donc l'équation en k sera

$$1-nrk+\frac{n(n-1)}{4}r^2k^2-\frac{n(n-1)(n-2)}{4.9}r^3k^3+\&c,=0;$$

mais la résolution générale de cette équation n'est pas encore connue.

Au reste, comme le dernier terme de cette équation se trouve divisé par $1.2,3\ldots n$, si on la multiplie toute par ce nombre, & qu'on la dispose dans un ordre renversé, elle devient de cette forme,

$$r^nk^n-n^2r^{n-1}k^{n-1}+\frac{n^2(n-1)^2}{2}r^{n-2}k^{n-2}-\frac{n^2(n-1)^2(n-2)^2}{2.3}r^{n-3}k^{n-3}+\&c=0,$$

mais n'en est pas plus facile à résoudre.

36. Si le fil étant prolongé au-delà du poids le plus bas, passoit ensuite dans un anneau placé dans la verticale, & qu'il soutînt encore un poids M attaché à son extrémité, &

ſervant, pour ainſi dire, à le tendre; il ne s'agiroit que d'ajouter aux expreſſions de T & de V les termes dûs à l'action de ce nouveau poids. Or comme par la nature du problême ce poids ne peut que monter ou deſcendre, en reſtant toujours dans la même verticale que nous prenons pour l'axe des z, il eſt clair qu'en nommant ζ ſa diſtance au point fixe que nous avons ſuppoſé être le centre des coordonnées, il n'y aura qu'à ajouter à T le terme $M\frac{d\zeta^2}{2dt^2}$, & à V le terme $-\pi M\zeta$ (art. 27); & il ne s'agira que d'avoir ζ exprimé en fonction de x, y, x', y', &c.

Pour cet effet il n'y a qu'à regarder l'anneau & le poids M comme deux nouveaux poids attachés au fil, mais dont le premier peut couler le long du fil, en reſtant toujours à une même diſtance γ du point fixe du fil, & dans la même verticale; alors γ & ζ ſeront les deux derniers termes de la ſérie z, z', z'', &c, & ſeront par conſéquent exprimés par les mêmes formules, en obſervant que les termes correſpondans dans les ſéries x, x', x'', &c, y, y, y'', &c, doivent être nuls. On aura ainſi

$$\gamma = r + r' + r'' + \&c + r^n - \frac{x^2+y^2}{2r} - \frac{(x'-x)^2+(y'-y)^2}{2r'}$$
$$- \frac{(x''-x')^2+(y''-y')^2}{2r''} - \&c - \frac{(x^{n-1})^2+(y^{n-1})^2}{2r^n},$$
$$\zeta = r + r' + r'' + \&c + r^{n+1} - \frac{x^2+y^2}{2r} - \frac{(x'-x)^2+(y'-y)^2}{2r'}$$
$$- \frac{(x''-x')^2+(y''-y')^2}{2r''} - \&c - \frac{(x^{n-1})^2+(y^{n-1})^2}{2r^n};$$

(les expoſans $n-1$ & n dénotent, comme l'on voit, des quantiemes & non des puiſſances) n étant le nombre des poids attachés au fil entre le point de suspension & l'anneau. Or $r+r'+r''+\&c+r^{n+1}$ est la longueur de tout le fil depuis le point fixe jusqu'au poids M, laquelle est donnée & par conséquent constante, & que nous désignerons par b; & $r+r'+r''+\&c+r^{n-1}$ est la longueur du fil depuis le point de suspension jusqu'au dernier des poids m, m', &c, m^{n-1}, laquelle est aussi donnée, & que nous désignerons par λ. Ainsi la premiere équation donnera la valeur de r^n portion du fil interceptée entre le poids m^{n-1} & l'anneau; & cette valeur sera, aux quantités très-petites du second degré près, égale à $\gamma-\lambda$. De sorte qu'on aura

$$\zeta = b - \frac{x^2+y^2}{2r} - \frac{(x'-x)^2+(y'-y)^2}{2r'} - \frac{(x''-x')^2+(y''-y')^2}{2r''} - \&c - \frac{(x^{n-1})^2+(y^{n-1})^2}{2(\gamma-\lambda)}.$$

Or puisqu'on néglige dans T & V les termes très-petits d'un ordre au-dessus du second, il est clair que la quantité $M\frac{d\zeta^2}{2dt^2}$ à ajouter à T sera nulle; de sorte que la valeur de T, & par conséquent aussi celle de A qui en est dérivée, demeurera la même que dans l'article précédent. Quant à la valeur de V, à laquelle on doit ajouter la quantité $-\pi M\zeta$, on voit qu'il n'y aura qu'à augmenter de πM les coëfficiens de $\frac{x^2+y^2}{2r}$, $\frac{(x'-x)^2+(y'-y)^2}{2r'}$, &c, dans l'expression de V du même article, & y ajouter de plus les termes $-\pi Ml$ $+\pi M\frac{(x^{n-1})^2+(y^{n-1})^2}{2(\gamma-\lambda)}$. Ainsi la quantité B deviendra, en nommant i le dernier terme de la série, e, f, g, &c, $B=\pi(M+m+m'+m''+\&c)\frac{e^2}{2r}+\pi(M+m'+m''+\&c)\frac{(f-e)^2}{2r'}$

$$+\pi(M+m''+\&c)\frac{(g-f)^2}{2r''}+\&c+\pi M\frac{i^2}{2(\gamma-\lambda)}.$$

Désignons, comme ci-dessus, par μ, μ', μ'', &c, ρ, ρ', ρ'', &c, a, a', a'', &c, les quantités m, m', m'', &c, r, r', r'', &c, e, f, g, &c, i prises à rebours, il est clair que les valeurs de A & B exprimées par ces quantités, seront

$$A=\mu\frac{a^2}{2}+\mu'\frac{a'^2}{2}+\mu''\frac{a''^2}{2}+\&c,$$

$$B=\pi M\frac{a^2}{2(\gamma-\lambda)}+\pi(M+\mu)\frac{(a-a')^2}{2\rho}+\pi(M+\mu+\mu')\frac{(a'-a'')^2}{2\rho'}+\&c.$$

Ainsi les équations entre a, a', &c, seront $\frac{d\Delta}{da}=0$, $\frac{d\Delta}{da'}=0$, &c, en faisant $\Delta=Ak-B$, savoir,

$$\mu a k-\pi M\frac{a}{\gamma-\lambda}-\pi(M+\mu)\frac{a-a'}{\rho}=0,$$

$$\mu' a' k+\pi(M+\mu)\frac{a-a'}{\rho}-\pi(M+\mu+\mu')\frac{a'-a''}{\rho'}=0,$$

$$\mu'' a'' k+\pi(M+\mu'+\mu'')\frac{a'-a''}{\rho'}-\pi(M+\mu+\mu'+\mu'')\frac{a''-a'''}{}=0,$$

&c,

dans lesquelles a^{n-1} devra être $=1$, & $a^n=0$.

On procédera pour la résolution de ces équations, comme on l'a dit pour celles de l'article précédent, & il n'y aura plus qu'à substituer les valeurs qu'on aura trouvées dans les formules générales de l'article 10. Mais comme ces équations sont encore plus compliquées que celles-là, on ne sauroit se flatter d'en avoir une résolution générale, si ce n'est dans le cas où l'on suppose le poids M qui tend le fil infiniment plus grand que tous les poids m, m', &c, dont le fil est chargé; dans ce cas les équations se simplifient, & deviennent

$$\mu a k - \pi M\left(\frac{a}{\gamma-\lambda} + \frac{a-a'}{\rho}\right) = 0,$$

$$\mu' a' k + \pi M\left(\frac{a-a'}{\rho} - \frac{a'-a''}{\rho'}\right) = 0,$$

$$\mu'' a'' k + \pi M\left(\frac{a'-a''}{\rho'} - \frac{a''-a'''}{\rho''}\right) = 0,$$

&c.

Suppoſant de plus les diſtances ρ, ρ', ρ'', &c, entre les poids égales, ainſi que les poids μ, μ', μ'', &c, & faiſant $\frac{\mu}{\pi M}\rho k = c$, on aura

$$a\left(c - 1 - \frac{\rho}{\gamma-\lambda}\right) + a' = 0,$$

$$a'(c-2) + a + a'' = 0,$$

$$a''(c-2) + a' + a''' = 0,$$

&c,

où l'on voit que les quantités a', a'', a''', &c; forment une ſérie récurrente, dont le terme général a^{ν} ſera de la forme $A\alpha^{\nu} + B\beta^{\nu}$, en nommant α & β les deux racines de l'équation $x^2 + (c-2)x + 1 = 0$.

Soit $1 - \frac{c}{2} = \cos \omega$, les deux racines de l'équation ſeront $\cos\omega \pm \sin\omega\sqrt{-1}$, & changeant les conſtantes A, B en d'autres C, D, on aura $a^{\nu} = C \cos \nu\omega + D \sin \nu\omega$, ou bien encore $a^{\nu} = E \sin(\nu\omega + \epsilon)$, E & ϵ étant deux conſtantes indéterminées.

Il faut d'abord que cette expreſſion ſatisfaſſe à la premiere équation qui eſt d'une forme différente des autres. Or faiſant

$\nu = 0$

$\nu = 0$ & $\nu = 1$, on a $a = E \sin \epsilon$, $a' = E \sin(\omega + \epsilon)$, & comme $c = 2 - 2 \cos \omega$, la premiere équation deviendra . . . $\left(1 - \frac{\rho}{\gamma - \lambda} - 2 \cos \omega\right) \sin \epsilon + \sin(\omega + \epsilon) = 0$, d'où l'on tire

$$\text{tang. } \epsilon = \frac{\sin \omega}{\cos \omega - 1 + \frac{\rho}{\gamma - \lambda}}.$$

Il faut ensuite que l'on ait $\nu^{n-1} = 1$, & $\nu^n = 0$; donc $E \sin((n-1)\omega \pm \epsilon) = 1$, $E \sin(n\omega + \epsilon) = 0$; d'où l'on tire

$$E = \frac{1}{\sin((n-1)\omega + \epsilon)}, \text{ \& } n\omega + \epsilon = 180^\circ \times s,$$

s étant un nombre quelconque entier.

Cette derniere équation servira à déterminer ω, qui sera par conséquent toujours un angle réel; & faisant successivement $s = 0, 1, 2$, &c, $n - 1$, on aura n valeurs différentes de ω qui donneront les n racines de k par les formules $k = \frac{cM}{\mu \rho}$, & $c = 2 - 2 \cos \omega = 4 \overline{\sin \frac{\omega}{2}}^2$. Si on faisoit s plus grand que n, on ne retrouveroit que les mêmes valeurs de c. Ainsi tout est déterminé, & on a l'avantage dans ce cas d'avoir des expressions générales, tant pour k que pour a, a', a'', &c, c'est-à-dire, pour les coëfficiens f, g, &c, $= a^{n-2}$, a^{n-3}, &c.

Cette solution se simplifie encore lorsque $\rho = \gamma - \lambda$, c'est-à-dire, lorsque la portion du fil comprise entre les derniers des poids m, m', m'', &c, & l'anneau fixe est égale à l'intervalle commun ρ des mêmes poids; ce qui a lieu lorsque tous les poids divisent en parties égales la portion du fil comprise entre le point fixe & l'anneau. Dans ce cas on aura tang. ι = tang ω, & par conséquent $\iota = \omega$. Donc $\omega = \frac{180^\circ . s}{n+1}$,

& $a^{\nu} = \frac{\sin(\nu+1)\omega}{\sin n\omega}$, ou bien (à cause de $(n+1)\omega = 180^\circ . s$)

$a^{\nu} = \frac{\sin(n-\nu)\omega}{\sin\omega}$, & de là $f = \frac{\sin 2\omega}{\sin\omega}$, $g = \frac{\sin 3\omega}{\sin\omega}$ &c.

Ce dernier cas est celui d'une corde vibrante chargée d'un nombre quelconque n de petits poids égaux & placés à distances égales entr'eux, & qui étant fixe dans une extrémité, est tendue par une force M qui agit à l'autre extrémité, soit que cette force vienne d'un poids attaché au fil, ou d'un ressort, ou même de l'élasticité du fil supposé capable d'extension & de contraction. Aussi la solution qui résulte des formules précédentes, s'accorde-t-elle entiérement avec celle que nous avons donnée autrefois par une analyse différente.

37. Ce que nous venons de dire sur l'identité des effets de la tension produite par un poids, ou par l'élasticité même du fil, paroît évident de soi-même, du moins tant que les oscillations sont très-petites. Cependant comme le problême du mouvement d'un fil inextensible est, par sa nature, différent de celui des oscillations d'un fil extensible & élastique, nous allons donner aussi la solution directe de ce dernier.

Il n'y a ici aucune équation de condition à satisfaire, mais il faut tenir compte de la force élastique du fil, dont l'effet est de raccourcir chaque portion r, r', r'', &c. Soient donc R, R', R'', &c, les élasticités respectives des parties du fil r, r', r'', &c, qui joignent les différens corps, élasticités qui tendent à diminuer les lignes r, r', r'', &c, & qu'on peut supposer exprimées par des fonctions de ces mêmes lignes; il en ré-

résultera dans la valeur de V les nouveaux termes $\int E\,dr + \int E'\,dr' + \int E''\,dr'' +$ &c; & il ne s'agira que d'y substituer pour r, r', r'', &c, leurs valeurs en x, y, z, x', y', &c; & de traiter ensuite toutes ces coordonnées comme des variables indépendantes.

Ainsi dans le cas où le fil est fixe dans l'origine des coordonnées, & qu'il est chargé des poids πm, $\pi m'$, $\pi m''$, &c, on aura en général

$$T = m\frac{dx^2 + dy^2 + dz^2}{2dt^2} + m'\frac{dx'^2 + dy'^2 + dz'^2}{2dt^2} + \text{\&c},$$

$$V = -\pi m z - \pi m' z' - \text{\&c} + \int R\,dr + \int R'\,dr' + \text{\&c},$$

d'où $\delta V = -\pi(m\,\delta z + m'\,\delta z' + \text{\&c}) + R\,\delta r + R'\,\delta r' + \text{\&c}$,

& il n'y aura qu'à mettre pour δr, $\delta r'$, leurs valeurs tirées des formules $r = \sqrt{(x^2 + y^2 + z^2)}$, $r' = \sqrt{((x' - x)^2 + (y' - y)^2 + (z' - z)^2)}$, &c; ensuite chacune des variables x, y, &c; donnera une équation différentielle de la forme générale $d.\frac{\delta T}{\delta dx} - \frac{\delta T}{\delta x} + \frac{\delta V}{\delta x} = 0$.

Dans le cas où les corps s'éloignent très-peu de la verticale qui est ici l'axe des coordonnées z, les valeurs des autres coordonnées x, y, x', y', &c, sont très-petites, & celles des quantités r, r', &c, z, z', &c, different très-peu de ce qu'elles sont dans l'état d'équilibre où x, y, x', y', &c, sont nulles.

Supposons qu'alors on ait $r = p$, $r' = p'$, $r'' = p''$, &c; $z = q$, $z' = q'$, $z'' = q''$, &c, & soit en général $r = p + \rho$, $r' = p' + \rho'$, &c; $z = q + \zeta$, $z' = q' + \zeta'$, &c. On aura donc d'abord $p = q$, $p' = q' - q$, $p'' = q'' - q'$, &c; ensuite

$p + \rho = \sqrt{(x^2 + y^2 + (q + \zeta)^2)}$, $p' + \rho' = \sqrt{((x' -)x^2 + (y' - y)^2 + (q' - q + \zeta' - \zeta)^2)}$, &c, d'où l'on tire en négligeant les dimensions des quantités très-petites x, y, ζ, x', y', &c, au-dessus du second degré,

$$\rho = \zeta + \frac{x^2 + y^2}{2p}, \quad \rho' = \zeta' - \zeta + \frac{(x' - x)^2 + (y' - y)^2}{2p'},$$

$$\rho'' = \zeta'' - \zeta' + \frac{(x'' - x')^2 + (y'' - y')^2}{2p''}, \text{ \&c.}$$

Soient maintenant P, P', &c, les valeurs de R, R'; &c, lorsque r, r', &c, sont p, p', &c, c'est-à-dire, les élasticités des fils lorsque leurs longueurs sont réduites à p, p', &c; on aura par les formules connues, en mettant $p + \rho$ au lieu de r, $\int R\,dr = \int P\,dp + P\rho + \frac{dP}{2\,dp}\rho^2 +$ &c, & ainsi des autres fonctions $\int R'\,dr'$; &c. Donc faisant ces substitutions, & rejettant les termes où les quantités très-petites, monteroient au-dessus du second degré, on aura

$$T = m\frac{dx^2 + dy^2 + d\zeta^2}{2\,dt^2} + m'\frac{dx'^2 + dy'^2 + d\zeta'^2}{2\,dt^2} + m''\frac{dx''^2 + dy''^2 + d\zeta''^2}{2\,dt^2} + \text{\&c},$$

$$V = \int P\,dp - \pi m q + \int P'\,dp' - \pi m' q' + \int P''\,dp'' - \pi m'' q'' + \text{\&c},$$

$$+ (P - \pi m)\zeta + P'(\zeta' - \zeta) - \pi m'\zeta' + P''(\zeta'' - \zeta') - \pi m''\zeta'' + \text{\&c},$$

$$+ P\frac{x^2 + y^2}{2p} + \frac{dP}{2\,dp}\zeta^2 + P'\frac{(x' - x)^2 + (y' - y)^2}{2p'} + \frac{dP'}{2\,dp'}(\zeta' - \zeta)^2$$

$$+ P''\frac{(x'' - x')^2 + (y'' - y')^2}{2p''} + \frac{dP''}{2\,dp''}(\zeta'' - \zeta')^2 + \text{\&c.}$$

Or pour que l'équilibre ait lieu dans la situation où les quantités très-petites x, y, ζ, x', y', &c, sont nulles, il faut, comme nous l'avons vu dans l'article 9, que les premieres dimensions de ces quantités disparoissent dans l'expreſſion de V; ainſi égalant à zéro les coëfficiens de ζ, ζ', ζ'', &c, on aura ces équations

$$P - \pi m - P' = 0, \; P' - \pi m' - P'' = 0, \; P'' - \pi m'' - P''' = 0, \text{ \&c},$$

leſquelles donnent

$$P' = P - \pi m, P'' = P - \pi (m + m'), P''' = P - \pi (m + m' + m''), \text{\&c}.$$

En comparant maintenant ces expreſſions de T & de V avec celles qui conviennent au problême de l'article 36, on voit qu'elles ſont de la même forme, du moins pour la partie qui contient les variables x, y, x', y', &c, & qu'elles deviennent même identiques de part & d'autre en faiſant $P = \pi (M + m + m' + m'' + \text{\&c})$; de ſorte que les valeurs de ces variables feront néceſſairement les mêmes dans les deux problêmes. Quant aux autres variables ζ, ζ', &c, elles auront auſſi des valeurs ſemblables, en changeant ſeulement les quantités $\frac{P}{p}$, $\frac{P'}{p'}$, &c, en $\frac{dP'}{dp}$, $\frac{dP'}{dp'}$, &c, comme on le voit d'abord par les expreſſions précédentes de T & V. Ainſi nous ne nous arrêterons pas davantage ſur ce problême.

38. Les cas que nous venons d'examiner, ſont tous ſuſceptibles de ſolutions complettes, parce que la ſuppoſition des mouvemens très-petits rend les équations différentielles, ſimplement linéaires, & par conſéquent intégrables, comme nous l'avons vu dans le paragraphe ſecond. Il peut cependant y avoir des circonſtances qui détruiſent les avantages de cette ſuppoſition. Par exemple, ſi le fil étoit fixe par ſes deux extrémités, & qu'il fût en même-tems inextenſible, incapable de contraction, ou plutôt ſi les corps étoient unis par des verges droites jointes enſemble par des charnieres, & dont

la premiere & la derniere fussent assujetties à tourner autour de deux points fixes ; alors en supposant toujours que les corps s'éloignent très-peu de la verticale, on auroit d'abord pour T & V les mêmes valeurs que dans l'article 35, mais avec cette différence que les variables x, y, x', &c, au lieu d'être entr'elles tout-à-fait indépendantes, devroient satisfaire à l'équation résultante de la condition que l'extrémité inférieure du fil soit aussi fixe. Or nommant γ la distance verticale entre ce point fixe & le point fixe supérieur, on aura, comme dans l'article 36,

$$\gamma = r + r' + r'' + \&c + r^n - \frac{x^2+y^2}{2r} - \frac{(x'-x)^2+(y'-y)^2}{2r'}$$
$$- \frac{(x''-x')^2+(y''-y')^2}{2r''} - \&c - \frac{(x^{n-1})^2+(y^{n-1})^2}{2r^n},$$

où toutes les quantités r, r', r'', &c, r^n sont données, puisque ce sont les longueurs des différens fils ou verges, qui unissent les corps, de maniere que leur somme $r + r' + r'' +$ &c $+ r^n$ exprime la longueur totale du fil entre les deux points fixes, & par conséquent $r + r' + r'' +$ &c $+ r^n - \gamma$ est l'excès de la longueur du fil sur la partie de l'axe à laquelle il répond. Nommant donc c^2 cet excès qui est connu, on aura l'équation

$$c^2 = \frac{x^2+y^2}{2r} + \frac{(x'-x)^2+(y'-y)^2}{2r'} + \frac{(x''-x')^2+(y''-y')^2}{2r''} + \&c$$
$$+ \frac{(x^{n-1})^2+(y^{n-1})^2}{2r^n},$$

dans laquelle on voit que les variables forment par-tout deux dimensions, ensorte qu'il est impossible d'en déterminer une quelconque, sans employer les radicaux.

On a donc ici le cas dont on a parlé en général dans l'article

16; & qui échappe à la méthode générale pour la détermination des mouvemens très-petits; ce qui eſt d'autant plus ſingulier qu'en ſuppoſant les fils ou les verges tant ſoit peu extenſibles & contractibles, le problême redevient ſuſceptible d'une ſolution complette, comme nous l'avons vu ci-deſſus. C'eſt une remarque curieuſe, & qui n'avoit pas encore été faite.

Pour rendre encore plus ſenſible cette vérité, nous allons réſoudre le cas précédent dans la ſuppoſition qu'il n'y ait que deux poids m, m' attachés au fil, & que les mouvemens ſe faſſent dans un même plan. On n'aura ainſi qu'à déterminer deux variables x & x', toutes les autres étant nulles par l'hypothèſe.

L'équation de condition ſera donc dans ce cas

$$c^2 = \frac{x^2}{2r} + \frac{(x'-x)^2}{2r'} + \frac{x'^2}{2r''},$$

& les valeurs de T & V ſeront comme dans l'article 35,

$$T = m\frac{dx^2}{2dt^2} + m'\frac{dx'^2}{2dt^2},$$

$$V = -\pi(m+m')r - \pi m'r' + \pi(m+m')\frac{x^2}{2r} + \pi m'\frac{(x'-x)^2}{2r'}.$$

On peut, pour plus de facilité, employer l'intégrale générale $T + V = conſt$, laquelle a lieu auſſi dans ce cas, puiſque l'équation de condition ne renferme point t (art. 4). On aura donc

$$m\frac{dx^2}{2dt^2} + m'\frac{dx'^2}{2dt^2} + \pi(m+m')\frac{x^2}{2r} + \pi m'\frac{(x'-x)^2}{2r'} = b^2,$$

b étant une conſtante arbitraire; & cette équation combinée avec l'équation de condition ci-deſſus, ſervira à déterminer x & x'.

Suppoſons, pour ſimplifier davantage, les deux poids m, m' égaux, ainſi que les longueurs r, r', r'' des trois verges, & $n = 1$; & faiſons $x = \xi \sin \varphi$, $x' = \xi \cos \varphi$, l'équation de condition donnera

$$\frac{rc^2}{\xi^2} = 1 - \sin \varphi \cos \varphi = 1 - \frac{\sin 2\varphi}{2},$$

& l'équation différentielle deviendra

$$r\xi^2 \frac{d\varphi^2}{dt^2} + 2 \sin \varphi^2 + (\sin \varphi - \cos \varphi)^2 = \frac{2rb^2}{m},$$

d'où l'on tire en ſubſtituant pour ξ^2 ſa valeur tirée de l'équation précédente

$$dt = \frac{d\varphi \sqrt{r}}{\sqrt{\left(\left(\frac{b^2}{mc^2} - 1\right)(2 - \sin 2\varphi) + \cos 2\varphi\right)}},$$

différentielle dont l'intégration dépend de la rectification des ſections coniques. De ſorte que, même dans le cas le plus ſimple, le problême eſt d'un ordre ſupérieur aux fonctions logarithmiques & circulaires.

39. En conſervant la ſuppoſition des corps unis par des verges droites & inflexibles, imaginons maintenant que les charnieres par leſquelles ces verges ſont jointes, ſoient élaſtiques, c'eſt-à-dire, douées de forces qui tendent à remettre tous ces côtés du polygone en ligne droite les uns avec les autres; il ne s'agira que d'introduire dans l'expreſſion de V les termes dûs à ces différentes forces, dont l'effet conſiſte à diminuer les angles de contingence du polygone.

Soient

Soient E, E', E'', &c, les forces élastiques qui agissent dans les angles ou jointures des verges r & r', r' & r'', r'' & r''', &c, dans lesquels sont placés les corps m, m', m'', &c; & soient e, e', e'', &c, les complémens de ces angles à 180°, c'est-à-dire, les angles de contingence du polygone, dont r, r', r'', &c, sont les côtés successifs; les termes à ajouter à V seront $\int E\,de + \int E'\,de' + \int E''\,de'' +$ &c, en regardant, ce qui est toujours permis, E, E', E'', &c, comme des fonctions données de e, e', e'', &c. On déterminera ces angles en fonctions des coordonnées, comme nous l'avons fait dans le paragraphe second de la Section cinquieme de la premiere Partie; en effet, il est clair que si on imagine une droite p qui joigne les extrémités des deux côtés contigus r & r', on aura dans le triangle, dont r, r', p sont les trois côtés, & dont $180° - e$ est l'angle opposé au côté p, on aura, dis-je, $\operatorname{cos} e = -\frac{r^2 + r'^2 - p^2}{2rr'}$; & de même on aura $\operatorname{cos} e' = -\frac{r'^2 + r''^2 - p'^2}{2r'r''}$, en prenant p' pour le troisieme côté du triangle, dont r' & r'' sont les deux premiers, & ainsi de suite. De plus il est aisé de voir qu'on aura $p = \sqrt{(x''^2 + y''^2 + z''^2)}$, $p' = \sqrt{((x''' - x)^2 + (y''' - y)^2 + (z''' - z)^2)}$, $p'' = \sqrt{((x''' - x'')^2 + (y''' - y'')^2 + (z''' - z'')^2)}$, &c. Donc puisque $r = \sqrt{(x^2 + y^2 + z^2)}$, $r' = \sqrt{((x' - x)^2 + (y' - y)^2 + (z' - z)^2)}$, $r'' = \sqrt{((x'' - x')^2 + (y'' - y')^2 + (z'' - z')^2)}$, &c, on aura

$$\operatorname{cos} e = \frac{x(x' - x) + y(y' - y) + z(z' - z)}{rr'},$$

$$\operatorname{cos} e' = \frac{(x' - x)(x'' - x') + (y' - y)(y'' - y') + (z' - z)(z'' - z')}{r'r''},$$

$$\text{cos}\, e'' = \frac{(x''-x')(x'''-x'')+(y''-y')(y'''-y'')+(z''-z')(z'''-z'')}{r''r'''},$$

&c.

On ſuppoſe communément que la force élaſtique dans les lames à reſſorts eſt proportionnelle à l'angle même de contingence, mais on peut la ſuppoſer également proportionnelle au ſinus de cet angle, parce que dans l'infiniment petit, le ſinus ſe confond avec l'angle même; il paroît même que cette ſuppoſition eſt plus conforme à la maniere dont on peut concevoir que la force élaſtique eſt produite dans la courbure des reſſorts. Quoi qu'il en ſoit, ſi on fait

$$E = H \sin e,\ E' = H \sin e',\ E'' = H \sin e'', \&c,$$

H étant un coëfficient conſtant, on aura

$$\int E\, de = H(1 - \text{cos}\, e),\ \int E'\, de' = H(1 - \text{cos}\, e'), \&c;$$

& il n'y aura qu'à ſubſtituer pour e, coſ e, coſ e', &c, les valeurs précédentes, & procéder enſuite comme à l'ordinaire.

Lorſque les coordonnées x, x', x'', &c, y, y', y'', &c, ſont très-petites, comme nous l'avons ſuppoſé dans l'article 35 & ſuiv. alors on a, ainſi qu'on l'a vu dans cet article,

$$z = r - \frac{x^2+y^2}{2r},\ z'-z = r' - \frac{(x'-x)^2+(y'-y)^2}{2r'},$$

$$z''-z' = r'' - \frac{(x''-x')^2+(y''-y')^2}{2r''}, \text{ \& ainſi de ſuite;}$$

donc ſubſtituant ces valeurs dans les expreſſions de coſ e, coſ e', coſ e'', &c, & négligeant les termes où x, x', x'', &c, y, y', y'', &c, formeroient enſemble des dimenſions plus hautes que la ſeconde, on aura

$$\cos e = 1 - \frac{x^2+y^2}{2r^2} - \frac{(x'-x)^2+(y'-y)^2}{2r'^2} + \frac{x(x'-x)+y(y'-y)}{rr'}$$

$$\cos e' = 1 - \frac{(x'-x)^2+(y'-y)^2}{2r'^2} - \frac{(x''-x')^2+(y''-y')^2}{2r''^2} + \frac{(x'-x)(x''-x')+(y'-y)(y''-y')}{r'r''},$$

&c.

Ainſi les termes dûs à l'élaſticité dans l'expreſſion de V, ſeront

$$\frac{K}{2}\left(\left(\frac{x}{r}+\frac{x'-x}{r'}\right)^2+\left(\frac{y}{r}+\frac{y'-y}{r'}\right)^2\right)+$$

$$\frac{K}{2}\left(\left(\frac{x'-x}{r'}+\frac{x''-x'}{r''}\right)^2+\left(\frac{y'-y}{r'}+\frac{y''-y'}{r''}\right)^2\right)+$$

$$\frac{K}{2}\left(\left(\frac{x''-x'}{r''}+\frac{x'''-x''}{r'''}\right)^2+\left(\frac{y''-y'}{r''}+\frac{y'''-y''}{r'''}\right)^2\right)+\&c.$$

Ajoutant donc ces termes à la valeur de V de l'article 35, & achevant enſuite le calcul de la même maniere, on aura le mouvement d'un fil élaſtique fixe par une de ſes extrémités, & chargé d'un nombre quelconque de poids.

Tous les problêmes qu'on pourroit encore propoſer ſur le mouvement de pluſieurs corps qui ſe tiennent par des fils ou par des verges, ſe réſoudront toujours facilement par l'application de nos formules générales, & nous ne croyons pas devoir nous étendre davantage ſur cette matiere, qui n'eſt au fond que de pure curioſité.

40. Au reſte, la ſolution de ces ſortes de problêmes ſe ſimplifie beaucoup, lorſqu'on regarde le fil ou la verge qui joint les différens corps, comme inflexible & d'une figure donnée. Alors il n'y a de variables que celles qui dépendent

du mouvement du fil dans l'espace, & du mouvement des corps le long du fil; & l'on aura les formules les plus simples, en exprimant par ces variables mêmes les valeurs des coordonnées, & introduisant ces valeurs dans les expressions générales de T & de V, car chaque variable ξ donnera toujours une équation de la forme $d.\frac{\delta T}{\delta d\xi} - \frac{\delta T}{\delta \xi} + \frac{\delta V}{\delta \xi} = 0$, comme nous l'avons démontré.

Supposons, pour donner un exemple des plus simples, qu'une verge droite mobile autour d'un point fixe, soit chargée de tant de poids m, m', m'', &c, qu'on voudra, & qui soient ou fixement attachés, ou libres de couler le long de la verge. Prenant le point fixe pour l'origine des coordonnées, on nommera r, r', r'', &c, les distances variables ou constantes des corps m, m', m'', &c, à ce point, & ψ, φ, les angles de la verge avec le plan horisontal des x & y, & de sa projection sur ce plan avec l'axe des x; il est clair que les coordonnées x, y, z, seront exprimées comme dans l'article 17, par $r \cos\psi \cos\varphi$, $r \cos\psi \sin\varphi$, $r \sin\psi$, & que les autres coordonnées x', y', z', x'', y'', &c, seront exprimées de la même maniere, en changeant seulement r en r', r'', &c, puisque les angles ψ & φ sont les mêmes pour tous les rayons r, r', &c; par conséquent on aura $dx^2 + dy^2 + dz^2 = r^2(\cos\psi^2 d\varphi^2 + d\psi^2) + dr^2$, $dx'^2 + dy'^2 + dz'^2 = r'^2(\cos\psi^2 d\varphi^2 + d\psi^2) + dr'^2$ &c, en supposant tous les corps m, m', &c, mobiles à la fois. Ainsi en ayant égard à leur pesanteur ou force constante & verticale ϖ, on aura (art. 27)

$$T = (m r^2 + m' r'^2 + m'' r''^2 + \&c) \times \frac{\cos\psi^2 d\varphi^2 + d\psi^2}{2 dt^2}$$

$$+ m \frac{dr^2}{2dt^2} + m' \frac{dr'^2}{2dt^2} + m'' \frac{dr''^2}{2dt^2} + \&c,$$

$$V = - \pi (mr + m'r' + m''r'' + \&c) \sin \psi;$$

& comme les variables r, r', r'', &c, φ, ψ sont indépendantes, chacune d'elles donnera une équation différentielle.

En faisant d'abord varier φ, on aura l'équation différentielle

$$\frac{d.(mr^2 + m'r'^2 + m''r''^2 + \&c) \cos\psi^2 d\varphi}{dt^2} = 0,$$

dont l'intégrale est

$$\frac{(mr^2 + m'r'^2 + m''r''^2 + \&c) \cos\psi^2 d\varphi}{dt} = A.$$

En faisant ensuite varier ψ, on aura cette autre équation différentielle,

$$\frac{d.(mr^2 + m'r'^2 + m''r''^2 + \&c) d\psi}{dt^2} -$$

$$\frac{(mr^2 + m'r'^2 + m''r''^2 + \&c) \sin\psi \cos\psi d\varphi^2}{dt^2} -$$

$$\pi (mr + m'r' + m''r'' + \&c) \cos\psi = 0,$$

laquelle en substituant pour $\frac{d\varphi}{dt}$ sa valeur tirée de l'intégrale précédente, devient

$$\frac{d.(mr^2 + m'r'^2 + m''r''^2 + \&c) d\psi}{dt^2} -$$

$$\frac{A^2 \sin\psi}{(mr^2 + m'r'^2 + m''r''^2 + \&c) \cos\psi^3} -$$

$$\pi (mr + m'r' + m''r'' + \&c) \cos\psi = 0.$$

Celle-ci ſeroit intégrable, étant multipliée par $(mr^2 + m'r'^2 + m''r''^2 + \&c) d\psi$, ſi la quantité $\pi(mr^2 + m'r'^2 + m''r''^2 + \&c)(mr + m'r' + m''r'' + \&c)$ étoit conſtante ou nulle, ou une fonction de ψ.

Le premier cas a lieu en général quand toutes les quantités r, r', r'', &c, ſont conſtantes, c'eſt-à-dire, lorſque les corps ſont fixement attachés à la verge. Dans ce cas il eſt viſible que les deux équations en φ & ψ, & par conſéquent auſſi les oſcillations de la verge ſeront les mêmes que s'il n'y avoit qu'un ſeul corps M placé à une diſtance R du point fixe, enſorte que l'on eût

$$MR^2 = mr^2 + m'r'^2 + m''r''^2 + \&c,$$

$$MR = mr + m'r' + m''r'' + \&c.$$

La valeur de R ſera donc la diſtance du centre d'oſcillation, & celle de M ſera la maſſe à placer dans ce centre, pour que la même impulſion produiſe le même mouvement dans le pendule ſimple que dans le compoſé.

Le cas où $\pi(mr^2 + m'r'^2 + m''r''^2 + \&c)(mr + m'r' + m''r'' + \&c)$, ſeroit une fonction de ψ, eſt purement imaginaire, & nous nous diſpenſerons de l'examiner. Nous nous contenterons donc de diſcuter l'autre cas, où cette quantité eſt nulle, ou du moins diſparoît par la ſuppoſition de $\pi = 0$, ce qui arrive lorſqu'on fait abſtraction de la peſanteur des corps, & que par conſéquent la valeur de V eſt nulle.

Rejettant donc dans la derniere équation en ψ les termes $\pi(mr + m'r' + m''r'' + \&c)\cos\psi$, & multipliant toute l'équation par $(mr^2 + m'r'^2 + m''r''^2 + \&c) d\psi$, elle devient intégrable, & l'intégrale eſt

$$\frac{(mr^2 + m'r'^2 + m''r''^2 + \&c)^2 d\psi^2}{dt^2} - \frac{A^2}{\text{cof}\,\psi^2} = B.$$

Soit

$$dt = (mr^2 + m'r'^2 + m''r''^2 + \&c)\, d\theta,$$

on aura $\frac{d\psi^2}{d\theta^2} - \frac{A}{\text{cof}\,\psi^2} = B$, d'où l'on tire . . . .

$$d\theta = \frac{\text{cof}\,\psi\, d\psi}{\sqrt{(A^2 + B\,\text{cof}\,\psi^2)}} = \frac{d\,.\,\text{fin}\,\psi}{\sqrt{(A^2 + B - B\,\text{fin}\,\psi^2)}},$$

& intégrant, on aura

$$\sqrt{\frac{B}{A^2 + B}} \times \text{fin}\,\psi = \text{fin}\,(\theta \sqrt{B} + \alpha),$$

α étant une conftante arbitraire, ainfi que A & B.

On aura enfuite $d\varphi = \frac{A\,d\theta}{\text{cof}\,\psi^2}$; de forte que comme on a déja fin ψ en fonction de θ, on aura auffi, en fubftituant & intégrant, φ en fonction de θ.

Il refte encore à déterminer les valeurs des diftances r, r', r'', &c. Pour embraffer toute la généralité poffible, nous fuppoferons que parmi les corps dont la verge eft chargée, il y en ait un ou plufieurs de fixes, enforte que leurs diftances au centre demeurent conftantes; & nous défignerons par MR^2 la fomme des produits des maffes de ces corps par les carrés de leurs diftances. Ainfi regardant les maffes m, m', m'', &c, comme mobiles, il n'y aura qu'à ajouter à la fomme des termes $mr^2 + m'r'^2 + m''r''^2 + \&c$, la conftante MR^2.

De cette maniere donc la valeur de T deviendra, en faifant pour abréger $\frac{\text{cof}\,\psi^2\, d\varphi^2 + d\psi^2}{dt^2} = u^2$,

$$T=(MR^2+mr^2+m'r'^2+m''r''^2+\&c)u^2$$
$$+m\frac{dr^2}{2dt^2}+m'\frac{dr'^2}{2dt^2}+m''\frac{dr''^2}{2dt^2}+\&c,$$

& la variabilité de r, r', r'', &c, donnera (à cause de $V=0$) ces équations

$$\frac{d^2r}{dt^2}-ru^2=0,\ \frac{d^2r'}{dt^2}-r'u^2=0,\ \frac{d^2r''}{dt^2}-r''u^2=0,\ \&c,$$

lesquelles donnent d'abord en chassant u^2

$$\frac{rd^2r'-r'd^2r}{dt^2}=0,\ \frac{rd^2r''-r''d^2r}{dt^2}=0,\ \&c;$$

& intégrant $\frac{rdr'-r'dr}{dt}=a$, $\frac{rdr''-r''dr}{dt}=b$, &c,

a, b, &c, étant des constantes arbitraires.

Soit $r'=pr$, $r''=p'r$, &c, on aura donc $r^2dp=adt$, $r^2dp'=bdt$, &c; donc $dp'=\frac{bdp}{a}$, $p'=\frac{bp}{a}+\beta$, & de même $p''=\frac{cp}{a}+\gamma$, &c, β, γ, &c, étant d'autres constantes arbitraires.

Maintenant je prends l'intégrale générale $T+V=const$, laquelle à cause de $V=0$, se réduit ici à la forme

$$(MR^2+mr^2+m'r'^2+m''r''^2+\&c)u^2$$
$$+m\frac{dr^2}{2dt^2}+m'\frac{dr'^2}{2dt^2}+m''\frac{dr''^2}{2dt^2}+\&c=C^2;$$

& substituant par r^2u^2, r'^2u^2, r''^2u^2, &c, les valeurs . . . $\frac{rd^2r}{dt^2}$, $\frac{r'd^2r'}{dt^2}$, $\frac{r''d^2r''}{dt^2}$, &c, tirées des équations . . $\frac{d^2r}{dt^2}-ru^2=0$, $\frac{d^2r'}{dt^2}-r'u^2=0$ &c, je la réduis à la forme

$$\frac{d^2 . (MR^2 + mr^2 + m'r'^2 + m''r''^2 + \&c)}{4dt^2} = C^2,$$

laquelle donne, par une double intégration,

$$MR^2 + mr^2 + m'r'^2 + m''r''^2 + \&c = 2C^2t^2 + Dt + E,$$

D & E étant deux nouvelles conſtantes.

Soit pour abréger

$$MR^2 + mr^2 + m'r'^2 + m''r''^2 + \&c = z,$$

on aura $z = 2C^2t^2 + Dt + E$, d'où l'on tire t en fonction de z; nous dénoterons cette fonction par Z, enſorte que $t = Z$, & différentiant $dt = dZ$; mais nous avions ſuppoſé $dt = z\,d\theta$, (en ajoutant MR^2 aux termes $mr^2 + m'r'^2 + \&c$, comme nous l'avons preſcrit ci-deſſus) donc $z\,d\theta = dZ$, $d\theta = \frac{dZ}{z}$, & intégrant $\theta = \int \frac{dZ}{z}$. Ayant ainſi θ en fonction de z, on aura réciproquement z en fonction de θ, & nous déſignerons par Θ cette fonction, enſorte que $z = \Theta$. Par conſéquent on aura d'abord $dt = \Theta\,d\theta$, & intégrant $t = \int \Theta\,d\theta$; de ſorte que l'on aura auſſi par-là t en fonction de θ.

Or ſi dans la valeur de z on ſubſtitue pour r'^2, r''^2, &c, leurs valeurs pr^2, $p'r^2$, &c, & enſuite $\frac{bp}{a} + \beta$, &c, à la place de p', &c, il eſt clair qu'on aura $z = MR^2 + r^2P$, P étant une fonction de p, rationelle, entiere & du ſecond degré. Donc $r^2 = \frac{Z - MR^2}{P}$ & ſubſtituant cette valeur ainſi que celle de dt dans l'équation différentielle $r^2\,dp = a\,dt$, trouvée plus haut, on aura $\frac{z - MR^2}{P}\,dp = a\,\Theta\,d\theta$ ſavoir,

Tt

$\frac{dp}{p} = \frac{a\Theta d\theta}{z - MR^2} = \frac{a\Theta d\theta}{\Theta - MR^2}$, équation ſéparée, dont l'intégration donnera p en fonction de θ. Et cette valeur de p étant enſuite ſubſtituée dans la précédente de r^2, ſavoir, $r^2 = \frac{z - MR^2}{p} = \frac{\Theta - MR^2}{p}$, on aura auſſi r en fonction de θ; & de là à cauſe de $r' = pr$, $r'' = p'r = \ldots \left(\frac{bp}{a} + \beta\right) r$, &c, on aura encore r', r'', &c, en fonctions de θ.

Ainſi toutes les variables φ, ψ, t, r, r', r'', &c, ſeront connues en fonctions de θ, & chaſſant θ, au moyen de la valeur de t en θ, on aura φ, ψ, r, r', r'', &c, en fonctions de t; ce qui donnera la poſition de la verge, & celle de chacun des corps mobiles, à chaque inſtant.

Puiſque le terme conſtant MR^2 exprime la ſomme des maſſes des corps attachés à la verge, multipliées par les carrés de leurs diſtances au centre de rotation, il eſt clair que ſi on veut avoir égard à la maſſe même de la verge, il n'y a qu'à ſuppoſer le nombre de ces corps infini, & alors MR^2 ſera la ſomme des produits de chaque particule de la verge par le carré de ſa diſtance au centre de rotation. Ainſi le problême n'eſt pas plus compliqué dans ce cas que quand on fait abſtraction de la maſſe de la verge.

41. En général quand on veut avoir égard à la maſſe & à la figure des corps mobiles, il n'y a qu'à conſidérer chaque corps comme l'aſſemblage d'une infinité de particules qui conſervent entr'elles la même ſituation ſi le corps eſt ſolide, ou qui peuvent la varier, ſuivant certaines loix, lorſque le corps eſt flexible ou fluide; & nous avons montré à la fin de la Section précédente (art. 12 & ſuiv.) comment

on peut réduire cette considération en calcul, par des différentiations & intégrations relatives à la figure du corps. Nous traiterons dans des Sections particulieres du mouvement des corps solides & fluides, parce que cette matiere donne lieu à des recherches importantes & curieuses; & nous nous contenterons, en finissant celle-ci, de donner un exemple de la méthode dont il s'agit sur le mouvement des cordes vibrantes.

Supposons le cas de l'article 37, dans lequel le fil est pesant & extensible, & désignons par Dm la masse d'un élément quelconque du fil dont la longueur soit Ds; en prenant la caractéristique S pour représenter les intégrations relatives aux différences marquées par la caractéristique D, & retenant d'ailleurs les autres dénominations du même article, il est visible que les valeurs de T & de V se réduiront à la forme

$$T = S\,\frac{dx^2 + dy^2 + dz^2}{2\,dt^2}\,Dm,\quad V = S(-\pi z\,Dm + \int R\,d\,Ds),$$

R étant l'élasticité ou la force de contraction de l'élément Ds, laquelle peut toujours être supposée une fonction de ce même élément.

Ainsi comme il n'y a ici aucune équation de condition à satisfaire, on aura, selon la formule de l'article 15 de la Section citée, cette équation générale pour le mouvement du fil ou de la corde,

$$S\left(\frac{d^2x}{dt^2}\,\delta x + \frac{d^2y}{dt^2}\,\delta y + \frac{d^2z}{dt^2}\,\delta z\right) Dm$$
$$-\pi S\,\delta z\,Dm + S\,R\,\delta\,Ds = 0.$$

Or il est clair que Ds élément de la courbe du fil est

représenté par $\sqrt{(Dx^2 + Dy^2 + Dz^2)}$; donc différentiant selon δ, on aura $\delta Ds = \frac{Dx\delta Dx}{Ds} + \frac{Dy\delta Dy}{Ds} + \frac{Dz\delta Dz}{Ds}$, & par conséquent $SR\delta DS = SR\frac{Dx\delta Dx}{Ds} + SR\frac{Dy\delta Dy}{Ds} + SR\frac{Dz\delta Dz}{Ds}$; où il faudra encore faire disparoître les doubles différences marquées par δD sous le signe S, comme nous l'avons enseigné dans l'article 16 de la même Section.

Ainsi on changera le terme $SR\frac{Dx\delta Dx}{Ds}$ en . . . $R''\frac{Dx''\delta x''}{Ds''} - R'\frac{Dx'\delta x'}{Ds'} - S\delta x D.\frac{RDx}{Ds}$, en marquant par un trait les quantités qui se rapportent au commencement de l'intégrale, c'est-à-dire, à l'extrémité supérieure du fil, & par deux traits celles qui se rapportent au dernier point de l'intégrale, c'est-à-dire, à l'extrémité inférieure du fil.

On opérera de la même maniere sur les termes semblables, & l'on aura cette transformée, dans laquelle il ne se trouve sous le signe S que les simples variations δx, δy, δz.

$$S\left[\left(\frac{d^2x}{dt^2}Dm - D.\frac{RDx}{Ds}\right)\delta x + \left(\frac{d^2y}{dt^2}Dm - D.\frac{RDy}{Ds}\right)\delta y + \left(\frac{d^2z}{dt^2}Dm - \pi Dm - D.\frac{RDz}{Ds}\right)\delta z\right]$$
$$+ R''\left(\frac{Dx''}{Ds''}\delta x'' + \frac{Dy''}{Ds''}\delta y'' + \frac{Dz''}{Ds''}\delta z''\right)$$
$$- R'\left(\frac{Dx'}{Ds'}\delta x' + \frac{Dy'}{Ds'}\delta y' + \frac{Dz'}{Ds'}\delta z'\right) = 0.$$

Comme ces variations sont indépendantes entr'elles, on

aura d'abord ces trois équations indéfinies pour tous les points du fil

$$\frac{d^2 x}{dt^2} Dm - D . \frac{R Dx}{Ds} = 0,$$

$$\frac{d^2 y}{dt^2} Dm - D . \frac{R Dy}{Ds} = 0,$$

$$\frac{d^2 z}{dt^2} Dm - \pi Dm - D . \frac{R Dz}{Ds} = 0.$$

Quant aux termes affectés de $\delta x'$, $\delta y'$, $\delta z'$, $\delta x''$, $\delta y''$, $\delta z''$, on remarquera que si le fil est supposé fixe à ses deux extrémités, ces variations seront nulles d'elles-mêmes, & les termes dont il s'agit disparoîtront; de sorte que dans ce cas la solution du problême dépendra uniquement des trois équations précédentes.

Mais si le fil étant fixe dans son extrémité supérieure, a l'extrémité inférieure libre, alors il n'y aura que les trois variations $\delta x'$, $\delta y'$, $\delta z'$ qui seront nulles, & pour faire disparoître les trois autres, il faudra supposer $R'' = 0$. Ainsi dans ce cas il faudra encore satisfaire à la condition que R soit nul à l'extrémité inférieure du fil.

A l'égard des valeurs de Ds & de Dm, il est clair que Ds, élément de la courbe du fil, est $= \sqrt{(Dx^2 + Dy^2 + Dz^2)}$, & que Dm, masse de cet élément, est $= \epsilon Ds$, ϵ étant l'épaisseur de cet élément.

42. Si on suppose que le fil s'éloigne très-peu de la figure rectiligne, c'est-à-dire de l'axe des z, ensorte que x & y soient toujours très-petites vis-à-vis de z, & par conséquent aussi Dx, Dy vis-à-vis de Dz, on aura aux quantités du second ordre près $Ds = Dz$. Et si on suppose de plus que

le fil ſoit très-peu extenſible, enſorte que les longueurs s ſoient preſque conſtantes relativement au tems, on aura $\frac{d.Ds}{dt}$, & par conſéquent auſſi $\frac{d.Dz}{dt}$ preſque nuls. La derniere équation ſe réduira donc à $\pi Dm + DR = 0$, d'où l'on tire en intégrant, $R = \text{conſt} - \pi S \epsilon Ds$, puiſque $Dm = \epsilon Ds$.

Dans la théorie ordinaire des cordes vibrantes, on fait abſtraction de la peſanteur de leurs particules, & on les ſuppoſe fixes par les deux extrémités. Faiſant donc dans ce cas π nul, on aura R conſtante, & prenant auſſi l'élément Ds ou Dz pour conſtant, on aura ces deux équations aux différences partielles

$$\frac{d^2 x}{dt^2} - \frac{R}{\epsilon} \cdot \frac{D^2 x}{Dz^2} = 0, \quad \frac{d^2 y}{dt^2} - \frac{R}{\epsilon} \cdot \frac{D^2 y}{Dz^2} = 0,$$

dont l'intégrale complette eſt, dans le cas de ϵ conſtante,

$$x, y = f\left(z + t\sqrt{\frac{R}{\epsilon}}\right) - F\left(z - t\sqrt{\frac{R}{\epsilon}}\right),$$

f, & F dénotant deux fonctions arbitraires.

Cette formule contient toute la théorie des vibrations des cordes ſonores, comme on peut le voir dans les Mémoires des Académies de Berlin, de Pétersbourg & de Turin.

Dans le cas d'une chaîne peſante vibrante, l'extrémité inférieure étant libre, il faut que R y ſoit nul; par conſéquent ſi on fait commencer les intégrations repréſentées par la caractériſtique S au bout ſupérieur de la chaîne où $z = 0$, on aura $R = \pi(A - S\epsilon Ds)$, A étant la valeur de l'intégrale $S\epsilon Ds$ pour toute la longueur de la chaîne.

Faiſant donc cette ſubſtitution dans les deux premieres

équations, on aura, à cause de $Dm = \varepsilon Ds$, en prenant Ds pour constante,

$$\frac{d^2 x}{dt^2} - \pi \frac{D.(A - S\varepsilon Ds) Dx}{\varepsilon Ds^2} = 0,$$

$$\frac{d^2 y}{dt^2} - \pi \frac{D.(A - S\varepsilon Ds) Dy}{\varepsilon Ds^2} = 0.$$

Lorsque la chaîne est uniformément épaisse, alors ε est l'unité, $S\varepsilon Ds = s$, $A = l$ longueur de la chaîne, & les équations deviennent

$$\frac{d^2 x}{dt^2} - \pi \frac{D(l-s) Dx}{Ds^2} = 0,$$

$$\frac{d^2 y}{dt^2} - \pi \frac{D(l-s) Dy}{Ds^2} = 0,$$

mais elles ne sont intégrables par aucune méthode connue jusqu'ici.

43. Si on vouloit regarder le fil comme inextensible, il faudroit effacer dans l'expression de V le terme $S\int R d Ds$, & par conséquent dans l'équation générale le terme $SR\delta Ds$; mais il faudroit d'un autre côté tenir compte de l'invariabilité des élémens Ds, laquelle donne l'équation de condition $Ds - const = 0$; d'où résultera le terme $S\lambda \delta Ds$ à ajouter au premier membre de la même équation (art. 13, Sect. précéd.). De sorte que comme ce nouveau terme est entiérement semblable à celui qui doit être effacé, en prenant λ à la place de R, on aura toujours les mêmes formules.

Mais il faut remarquer à l'égard des cordes vibrantes, que dans le cas de l'inextensibilité, on ne peut pas supposer les deux extrémités fixes comme dans celui de l'extensibilité; car pour que la corde soit tendue, il faut que l'une des extrémités soit tirée par une force qui tende à la mouvoir; & la supposition la plus simple est d'imaginer, comme dans l'art. 36, que la corde passe dans un anneau fixe, & soutienne ensuite un poids donné πM. De cette maniere on aura pour l'extrémité inférieure de la corde x'' & y'' nuls, & par conséquent $\delta x'' = 0$, $\delta y'' = 0$; mais z'' sera variable, & exprimera la distance verticale du poids πM, depuis l'origine des coordonnées z. Et il faudra pour avoir égard à l'action de ce poids, ajouter à la valeur de V le terme $-\pi M z''$, parce que l'action du poids tend à augmenter z'', & par conséquent au premier membre de l'équation générale, le terme différentiel $-\pi M \delta z''$. Or puisque $\delta z''$ n'est pas nul ici comme dans le cas de l'article 42, il doit rester dans l'équation générale le terme $\lambda'' \frac{Dz''}{Ds''} \delta z''$, en mettant λ au lieu de R dans la formule de l'art. 41. Ce terme, étant ajouté au précédent, donne. . . $\left(\lambda'' \frac{Dz''}{Ds''} - \pi M\right) \delta z''$, quantité qui doit être nulle indépendamment de $\delta z''$; d'où l'on tire $\lambda'' \frac{Dz''}{Ds''} - \pi M = 0$, ou bien, à cause de $Dz'' = Ds''$ à très-peu près, $\lambda'' = \pi M$. Ainsi comme R, & par conséquent aussi λ est une quantité constante dans le cas des oscillations très-petites, & en faisant abstraction de la pesanteur de la corde, on aura en général $\lambda = \pi M$. D'où l'on voit que la force de tension πM est dans le cas de l'inextensibilité égale à la force de contraction R du fil supposé extensible.

44. Ces différens exemples renferment à peu-près tous les problêmes que les Géomètres ont résolus sur le mouvement d'un corps ou d'un systême de corps; nous les

avons

avons choisis à dessein, pour qu'on puisse mieux juger des avantages de notre méthode, en comparant nos solutions avec celles que l'on trouve dans les ouvrages de MM. Euler, Clairaut, d'Alembert, &c, & dans lesquelles on ne parvient aux équations différentielles que par des raisonnemens, des constructions & des analyses souvent assez longues & compliquées. L'uniformité, & la rapidité de la marche de cette méthode sont ce qui doit la distinguer principalement de toutes les autres, & ce que nous voulions sur-tout faire voir dans ces applications.

SIXIEME SECTION.

Sur la rotation des Corps.

L'IMPORTANCE & la difficulté de cette question m'engagent à y destiner une Section à part, & à la traiter à fond. Je donnerai d'abord les formules les plus générales, & en même-tems les plus simples pour représenter le mouvement de rotation d'un corps ou d'un systême de corps autour d'un point. Je déduirai ensuite de ces formules, par les méthodes de la Section quatrieme, les équations nécessaires pour déterminer le mouvement de rotation d'un corps animé par des forces quelconques. Enfin je donnerai différentes applications de ces équations.

Quoique ce sujet ait déja été traité par plusieurs Géomètres, la théorie que nous allons en donner, n'en sera pas moins utile. D'un côté elle fournira de nouveaux moyens de résoudre le problême célèbre de la rotation des corps de figure quelconque; de l'autre elle servira à rapprocher & réunir sous un même point de vue, les solutions qu'on a déja données de ce problême, & qui sont toutes fondées sur des principes différens, & présentées sous diverses formes. Ces sortes de rapprochemens sont toujours instructifs, & ne peuvent qu'être très-utiles aux progrès de l'analyse; on peut même dire qu'ils y sont nécessaires dans l'état où elle est aujourd'hui; car à mesure que cette science s'étend & s'enrichit de nouvelles méthodes, elle en devient aussi plus compliquée; & on ne sauroit la simplifier qu'en généralisant & réduisant tout-à-la-fois les méthodes qui peuvent être susceptibles de ces avantages.

§. I.

Formules générales, relatives au Mouvement de rotation.

1. Les formules différentielles trouvées dans la premiere Partie (art. 55, Sect. cinquieme) pour exprimer les variations que peuvent recevoir les coordonnées d'un système quelconque de points, dont les distances sont invariables, s'appliquent naturellement à la recherche dont il s'agit ici. Car cette supposition ne fait qu'anéantir les termes qui résulteroient des variations des distances entre les différens points; ensorte que les termes restans expriment ce que dans le mouvement du système, il y a de général & de commun à tous les points, abstraction faite de leurs mouvemens relatifs; or c'est précisément ce mouvement commun & absolu que nous nous proposons ici d'examiner.

2. En changeant dans les formules dont nous venons de parler, la caractériftique δ en d, on aura pour le mouvement abfolu du fyftême, ces trois équations

$$dx = d\lambda + z\,dM - y\,dN$$
$$dy = d\mu + x\,dN - z\,dL$$
$$dz = d\nu + y\,dL - x\,dM,$$

dans lefquelles x, y, z repréfentent à l'ordinaire les coordonnées de chaque point du fyftême par rapport à trois axes fixes & perpendiculaires entr'eux; & où $d\lambda$, $d\mu$, $d\nu$, dL, dM, dN font des quantités indéterminées, les mêmes pour tous les points, & qui ne dépendent que du mouvement du fyftême en général.

3. Soient maintenant x', y', z', les coordonnées pour un point déterminé du fyftême, on aura donc auffi

$$dx' = d\lambda + z'\,dM - y'\,dN$$
$$dy' = d\mu + x'\,dN - z'\,dL$$
$$dz' = d\nu + y'\,dL - x'\,dM;$$

par conféquent fi on retranche ces formules des précédentes, & qu'on faffe pour plus de fimplicité $x - x' = \xi$, $y - y' = \eta$, $z - z' = \zeta$, on aura ces équations différentielles

$$d\xi = \zeta\,dM - \eta\,dN$$
$$d\eta = \xi\,dN - \zeta\,dL$$
$$d\zeta = \eta\,dL - \xi\,dM,$$

dans lefquelles les variables ξ, η, ζ, repréfenteront les coordonnées des différens points du systême, prises depuis un point déterminé du même systême, point que nous nommerons dorénavant le centre du systême.

4. Ces équations étant linéaires & du premier ordre seulement, il s'ensuit de la théorie connue de ces sortes d'équations, que si on désigne par ξ', ξ'', ξ''' trois valeurs particulieres de ξ, & par η', η'', η''', & ζ', ζ'', ζ''' les valeurs correspondantes de η & ζ, on aura les intégrales complettes

$$\xi = a\,\xi' + b\,\xi'' + c\,\xi'''$$

$$\eta = a\,\eta' + b\,\eta'' + c\,\eta'''$$

$$\zeta = a\,\zeta' + b\,\zeta'' + c\,\zeta''',$$

a, b, c, étant trois constantes arbitraires.

Il est clair que ξ', η', ζ', ne sont autre chose que les coordonnées d'un point quelconque donné du systême, & que de même ξ'', η'', ζ'' & ξ''', η''', ζ''', sont les coordonnées de deux autres points du systême aussi donnés à volonté; ces coordonnées ayant leur origine commune dans le centre du systême.

Ainsi, en connoissant les ordonnées pour trois points donnés, on aura, par les formules précédentes, les valeurs des coordonnées pour tout autre point, valeurs qui seront des fonctions linéaires semblables des coordonnées données.

Mais il faut déterminer les constantes a, b, c.

Pour cela je remarque que puisque dans les équations différentielles on a regardé comme invariables les distances entre les différens points du systême, ces distances doivent être des fonctions des constantes introduites par l'intégration; ainsi il faudra prendre quelques-unes de ces distances pour données, afin de pouvoir déterminer les constantes dont il s'agit.

Soit donc

$$\xi^2 + \eta^2 + \zeta^2 = A^2,$$

$$\xi'^2 + \eta'^2 + \zeta'^2 = A'^2,$$

$$\xi''^2 + \eta''^2 + \zeta''^2 = A''^2,$$

$$\xi'''^2 + \eta'''^2 + \zeta'''^2 = A'''^2,$$

$$(\xi - \xi')^2 + (\eta - \eta')^2 + (\zeta - \zeta')^2 = B'^2,$$

$$(\xi - \xi'')^2 + (\eta - \eta'')^2 + (\zeta - \zeta'')^2 = B''^2,$$

$$(\xi - \xi''')^2 + (\eta - \eta''')^2 + (\zeta - \zeta''')^2 = B'''^2,$$

$$(\xi' - \xi'')^2 + (\eta' - \eta'')^2 + (\zeta' - \zeta'')^2 = C'^2,$$

$$(\xi' - \xi''')^2 + (\eta' - \eta''')^2 + (\zeta' - \zeta''')^2 = C''^2,$$

$$(\xi'' - \xi''')^2 + (\eta'' - \eta''')^2 + (\zeta'' - \zeta''')^2 = C'''^2,$$

les distances A, A', A'', A''', B', B'', &c; étant supposées données; & faisant pour abréger

$$F' = \frac{A^2 + A'^2 - B'^2}{2},\ F'' = \frac{A^2 + A''^2 - B''^2}{2},\ F''' = \frac{A^2 + A'''^2 - B'''^2}{2},$$

$$G' = \frac{A'^2 + A''^2 - C'^2}{2},\ G'' = \frac{A'^2 + A'''^2 - C''^2}{2},\ G''' = \frac{A''^2 + A'''^2 - C'''^2}{2},$$

on aura, à la place des six dernieres équations, celles-ci plus simples.

$$\xi\xi' + \eta\eta' + \zeta\zeta' = F',$$

$$\xi\xi'' + \eta\eta'' + \zeta\zeta'' = F'',$$

$$\xi\xi''' + \eta\eta''' + \zeta\zeta''' = F''',$$

$$\xi'\xi'' + \nu'\nu'' + \zeta'\zeta'' = G',$$

$$\xi'\xi''' + \nu'\nu''' + \zeta'\zeta''' = G'',$$

$$\xi''\xi''' + \nu''\nu''' + \zeta''\zeta''' = G'''.$$

Or, si dans les trois premieres de ces équations on substitue les valeurs de ξ, ν, ζ de l'article précédent, on aura, en vertu des autres équations, les trois suivantes,

$$a A'^2 + b G' + c G'' = F',$$

$$a G' + b A''^2 + c G''' = F'',$$

$$a G'' + b G''' + c A'''^2 = F''',$$

d'où l'on tirera aisément les valeurs de a, b, c.

5. Si les trois points du systême que nous avons pris pour donnés (art. 3) sont disposés, ensorte qu'ils forment des triangles rectangles autour du centre, lequel en sera le sommet commun, c'est-à-dire, que ces points soient pris dans trois droites passant par le centre, & formant entr'elles des angles droits, il est visible qu'on aura alors $G' = 0$, $G'' = 0$, $G''' = 0$; & les trois équations ci-dessus donneront sur le champ

$$a = \frac{F'}{A'^2},\ b = \frac{F''}{A''^2},\ c = \frac{F'''}{A'''^2}.$$

6. Au reste, quoique les trois points dont il s'agit soient à volonté, si on regarde comme données les six quantités A', A'', A''', G', G'', G''', il est clair que les coordonnées d'un quelconque de ces points seront déterminées par celles des deux autres; par exemple, les coordonnées ξ''', ν''', ζ''', seront déterminées par les trois équations

$$\xi' \xi''' + \eta' \eta''' + \zeta' \zeta''' = G'',$$

$$\xi'' \xi''' + \eta'' \eta''' + \zeta'' \zeta''' = G''',$$

$$\xi'''^2 + \eta'''^2 + \zeta'''^2 = A''',$$

lesquelles, dans le cas de $G' = 0$, $G'' = 0$, $G''' = 0$, donnent

$$\xi''' = (\eta' \zeta'' - \zeta' \eta'') \frac{A'''}{A' A''},$$

$$\eta''' = (\zeta' \xi'' - \xi' \zeta'') \frac{A'''}{A' A''},$$

$$\zeta''' = (\xi' \eta'' - \eta' \xi'') \frac{A'''}{A' A''}.$$

7. Quoique l'analyse précédente soit très-directe, on peut néanmoins parvenir aux mêmes résultats par une voie plus naturelle, en partant de cette considération géométrique, que la position d'un point quelconque dans l'espace, est entiérement déterminée par ses distances à trois points donnés.

En effet, supposons que les coordonnées de ces points soient x', y', z' pour le premier, x'', y'', z'' pour le second, & x''', y''', z''' pour le troisieme, & que x, y, z soient en général les coordonnées d'un autre point quelconque dont les distances à ces trois points-là soient représentées par l, m, n; il est clair qu'on aura ces trois équations,

$$(x - x')^2 + (y - y')^2 + (z - z')^2 = l^2,$$

$$(x - x'')^2 + (y - y'')^2 + (z - z'')^2 = m^2,$$

$$(x - x''')^2 + (y - y''')^2 + (z - z''')^2 = n^2,$$

à l'aide desquelles on pourra déterminer x, y, z en fonctions de x', y', z', x'', &c.

8. Pour faciliter cette détermination, nous nommerons de plus f, g, h les diſtances entre les trois points donnés, c'eſt-à-dire, les trois côtés du triangle formé par ces points; ce qui donnera ces trois équations,

$$(x''-x')^2+(y''-y')^2+(z''-z')^2=f^2,$$
$$(x'''-x')^2+(y'''-y')^2+(z'''-z')^2=g^2,$$
$$(x'''-x'')^2+(y'''-y'')^2+(z'''-z'')^2=h^2,$$

Nous ferons enſuite pour abréger,

$$x-x'=\xi,\ y-y'=\eta,\ z-z'=\zeta,$$
$$x''-x'=\xi',\ y''-y'=\eta',\ z''-z'=\zeta',$$
$$x'''-x'=\xi'',\ y'''-y'=\eta'',\ z'''-z'=\zeta'';$$

& par ces ſubſtitutions les équations précédentes, ainſi que celles de l'article précédent, deviendront

$$\xi'^2+\eta'^2+\zeta'^2=f^2,$$
$$\xi''^2+\eta''^2+\zeta''^2=g^2,$$
$$(\xi''-\xi')^2+(\eta''-\eta')^2+(\zeta''-\zeta')^2=h^2,$$
$$\xi^2+\eta^2+\zeta^2=l^2,$$
$$(\xi-\xi')^2+(\eta-\eta')^2+(\zeta-\zeta')^2=m^2,$$
$$(\xi-\xi'')^2+(\eta-\eta'')^2+(\zeta-\zeta'')^2=n^2,$$

leſquelles peuvent ſe changer en celles-ci plus ſimples,

$$\xi'^2+\eta'^2+\zeta'^2=f^2,$$
$$\xi''^2+\eta''^2+\zeta''^2=g^2,$$

$$\xi'\xi'' + \eta'\eta'' + \zeta'\zeta'' = \frac{f^2 + g^2 - h^2}{2},$$

$$\xi^2 + \eta^2 + \zeta^2 = l^2,$$

$$\xi'\xi + \eta'\eta + \zeta'\zeta = \frac{f^2 + l^2 - m^2}{2},$$

$$\xi''\xi + \eta''\eta + \zeta''\zeta = \frac{g^2 + l^2 - n^2}{2}.$$

9. La difficulté consiste maintenant à trouver les inconnues ξ, η, ζ dans les trois dernieres équations; or en faisant, pour abréger,

$$\frac{f^2 + l^2 - m^2}{2} = \mu, \quad \frac{g^2 + l^2 - n^2}{2} = \nu,$$

on tirera d'abord des deux dernieres,

$$\xi = \frac{\mu\eta'' - \nu\eta' - (\zeta'\eta'' - \zeta''\eta')\zeta}{\xi'\eta'' - \xi''\eta'},$$

$$\eta = \frac{\mu\xi'' - \nu\xi' - (\zeta'\xi'' - \zeta''\xi')\zeta}{\eta'\xi'' - \eta''\xi'},$$

& ces valeurs étant substituées dans l'équation $\xi^2 + \eta^2 + \zeta^2 = l^2$, on aura, après avoir ordonné les termes,

$$((\eta'\zeta'' - \zeta'\eta'')^2 + (\zeta'\xi'' - \xi'\zeta'')^2 + (\xi'\eta'' + \eta'\xi'')^2)\zeta^2$$
$$+ 2((\eta'\zeta'' - \zeta'\eta'')(\mu\eta'' - \nu\eta') - (\zeta'\xi'' - \xi'\zeta'')(\mu\xi'' - \nu\xi'))\zeta,$$
$$= (\xi'\eta'' - \eta'\xi'')^2 l^2 - (\mu\xi'' - \nu\xi')^2 - (\mu\eta'' - \nu\eta')^2.$$

Représentons par A le coëfficient de ζ^2, par $2B$ celui de ζ, & par C les deux termes $(\mu\xi'' - \nu\xi')^2 + (\mu\eta'' - \nu\eta')^2$, on aura à résoudre l'équation

$$A\zeta^2 + 2B\zeta = (\xi'\eta'' - \eta'\zeta'')^2 l^2 - C,$$

laquelle donne

$$A\zeta + B = \sqrt{((\xi'\eta'' - \eta'\zeta'')^2 l^2 A + B^2 - AC)}.$$

Or on a $B^2 - AC = (\eta'\zeta'' - \zeta'\eta'')^2 (\mu\eta'' - \nu\eta')^2$

$$- 2(\eta'\zeta'' - \zeta'\eta'')(\zeta'\xi'' - \xi'\zeta'')(\mu\eta'' - \nu\eta')(\mu\xi'' - \nu\xi')$$

$$+ (\zeta'\xi'' - \xi'\zeta'')^2 (\mu\xi'' - \nu\xi')^2 - ((\eta'\zeta'' - \zeta'\eta'')^2$$

$$+ (\zeta'\xi'' - \xi'\zeta'')^2 + (\xi'\eta'' - \eta'\xi'')^2)((\mu\xi'' - \nu\xi')^2 + (\mu\eta'' - \nu\eta')^2)$$

$$= 2(\eta'\zeta'' - \zeta'\eta'')(\zeta'\xi'' - \xi'\zeta'')(\mu\eta'' - \nu\eta')(\mu\xi'' - \nu\xi')$$

$$- ((\zeta'\xi'' - \xi'\zeta'')^2 + (\xi'\eta'' - \eta'\xi'')^2)(\mu\eta'' - \nu\eta')^2$$

$$- ((\eta'\zeta'' - \zeta'\eta'')^2 + (\xi'\eta'' - \eta'\xi'')^2)(\mu\xi'' - \nu\xi')^2$$

$$= -((\zeta'\xi'' - \xi'\zeta'')(\mu\eta'' - \nu\eta') + (\eta'\zeta'' - \zeta'\eta'')(\mu\xi'' - \nu\xi'))^2$$

$$- (\xi'\eta'' - \eta'\xi'')^2 ((\mu\eta'' - \nu\eta')^2 + (\mu\xi'' - \nu\xi')^2)$$

$$= -(\xi'\eta'' - \eta'\xi'')^2 ((\mu\zeta'' - \nu\zeta')^2 + (\mu\eta'' - \nu\eta')^2 + (\mu\xi'' - \nu\xi')^2);$$

de ſorte qu'en faiſant encore

$$(\mu\zeta'' - \nu\zeta')^2 + (\mu\eta'' - \nu\eta')^2 + (\mu\xi'' - \nu\xi')^2 = D,$$

on aura

$$A\zeta + B = (\xi'\eta'' - \eta''\xi'')\sqrt{(Al^2 - D)}.$$

Mais les valeurs de A, B, D ſe réduiſent aiſément aux expreſſions ſuivantes,

$$A = (\xi'^2 + \eta'^2 + \zeta'^2)(\xi''^2 + \eta''^2 + \zeta''^2) - (\xi'\xi'' + \eta'\eta'' + \zeta'\zeta'')^2$$

$$= f^2 g^2 - \left(\frac{f^2 + g^2 - h^2}{2}\right)^2,$$

$$B = \mu((\zeta'\zeta'' + \eta'\eta'' + \xi'\xi'')\zeta'' - (\zeta''^2 + \eta''^2 + \xi''^2)\zeta')$$

$$-\nu((\zeta'^2+\eta'^2+\xi'^2)\zeta''-(\zeta'\zeta''+\eta'\eta''+\xi'\xi'')\zeta')$$

$$=\mu\left(\frac{f^2+g^2-h^2}{2}\zeta''-g^2\zeta'\right)-\nu\left(f^2\zeta''-\frac{f^2+g^2-h^2}{2}\zeta'\right),$$

$$D=\mu^2(\xi''^2+\eta''^2+\zeta''^2)+\nu^2(\xi'^2+\eta'^2+\zeta'^2)-2\mu\nu(\xi'\xi''+\eta'\eta''+\zeta'\zeta'')$$

$$=\mu^2 g^2+\nu^2 f^2-\mu\nu(f^2+g^2-h^2);$$

si donc on subſtitue ces valeurs, & qu'on faſſe pour plus de ſimplicité,

$$a=\frac{\mu g^2-\nu\dfrac{f^2+g^2-h^2}{2}}{f^2 g^2-\left(\dfrac{f^2+g^2-h^2}{2}\right)^2},$$

$$b=\frac{\nu f^2-\mu\dfrac{f^2+g^2-h^2}{2}}{f^2 g^2-\left(\dfrac{f^2+g^2-h^2}{2}\right)^2},$$

$$c=\frac{\sqrt{\left(f^2 g^2 l^2-\left(\dfrac{f^2+g^2-h^2}{2}\right)^2 l^2-\mu^2 g^2-\nu^2 f^2+\mu\nu(f^2+g^2-h^2)\right)}}{f^2 g^2-\left(\dfrac{f^2+g^2-h^2}{2}\right)^2},$$

on aura

$$\zeta=a\zeta'+b\zeta''+c(\xi'\eta''-\eta'\xi'').$$

Pour avoir les valeurs de ξ & de η, il ſuffira de remarquer que les équations primitives demeurent les mêmes, en y changeant à la fois les quantités ζ, ζ', ζ'' en η, η', η'', ou en ξ, ξ', ξ''; or les quantités a, b étant des fonctions rationelles de f^2, g^2, h^2, l^2, m^2, n^2 ne peuvent que demeurer les mêmes auſſi; & la quantité c étant exprimée par une fonction radicale des mêmes quantités f, g, &c, pourra changer de ſigne; c'eſt pourquoi on aura en général,

Xx 2

$$\eta = a\eta' + b\eta'' \pm c(\xi'\zeta'' - \zeta'\xi''),$$

$$\xi = a\xi' + b\xi'' \pm c(\zeta'\eta'' - \eta'\zeta'').$$

De plus pour déterminer les signes de c, il suffira de considérer les deux équations $\xi'\xi + \eta'\eta + \zeta'\zeta = \mu$, $\xi''\xi + \eta''\eta + \zeta''\zeta = \nu$; & substituant les valeurs précédentes de ζ, η, ξ, on verra que pour la vérification de ces équations, il sera nécessaire de prendre les signes inférieurs de c dans les expressions de η & de ξ.

Donc enfin on aura

$$\xi = a\xi' + b\xi'' + c(\eta'\zeta'' - \zeta'\eta''),$$

$$\eta = a\eta' + b\eta'' + c(\zeta'\xi'' - \xi'\zeta''),$$

$$\zeta = a\zeta' + b\zeta'' \pm c(\xi'\eta'' - \eta'\xi'').$$

10. Il est clair que dans ces expressions, les quantités a, b, c étant des fonctions des distances f, g, h, l, m, n, ne dépendent que de la position respective des différens points les uns par rapport aux autres; ensorte que si on regarde cette position comme invariable, ce qui a lieu à l'égard de tout corps solide, il faudra que a, b, c demeurent constantes, pendant que le corps se meut; & ces quantités seront seulement variables d'un point du corps à l'autre, au-lieu que les quantités ξ', η', ζ', ξ'', η'', ζ'', qui se rapportent à des points déterminés du corps, seront les mêmes relativement à tous les autres points, & varieront d'un moment à l'autre pendant le mouvement du corps.

Pour se former une idée plus nette de ces différentes quantités par rapport à un corps quelconque, on considérera que si par le point donné du corps qui répond aux coordonnées

x', y', z', & que nous avons nommée ci-deſſus le premier point, mais que nous nommerons dorénavant le centre du corps, ſi par ce point, dis-je, on mene trois axes parallèles aux axes des coordonnées x, y, z, les différences $x - x'$, $y - y'$, $z - z'$, c'eſt-à-dire, les quantités ξ, η, ζ ne ſeront autre choſe que les coordonnées d'un point quelconque du corps par rapport à ces mêmes axes; de même les quantités ξ', η', ζ', & ξ'', η'', ζ'' ſeront les coordonnées des deux autres points donnés du corps rapportés aux mêmes axes.

Or comme la poſition de ces points dans le corps eſt arbitraire, on peut ſuppoſer pour plus de ſimplicité, que leurs diſtances au centre du corps ſoient $= 1$, & que de plus les droites menées par le centre & par les deux points dont il s'agit, forment entr'elles un angle droit; moyennant quoi on aura $f = 1$, $g = 1$, & $h^2 = f^2 + g^2 = 2$; ce qui ſimplifiera beaucoup les valeurs de a, b, c.

Qu'on imagine maintenant que le corps ſoit placé de maniere que les deux droites dont nous venons de parler, coincident avec les axes des coordonnées ξ & η, enſorte que l'on ait dans ce cas $\xi' = 1$, $\eta' = 0$, $\zeta' = 0$, $\xi'' = 0$, $\eta'' = 1$, $\zeta'' = 0$; & les formules de l'article 9 donneront pour lors $\xi = a$, $\eta = b$, $\zeta = c$.

D'où il s'enſuit que a, b, c ne ſont autre choſe que les coordonnées rectangles d'un point quelconque du corps, rapportées à trois axes paſſant par ſon centre, & fixes dans ſon intérieur, dont l'un paſſe par le point qui répond aux coordonnées ξ', η', ζ', l'autre par le point relatif aux ξ'', η'', ζ'', & le troiſieme ſoit perpendiculaire à ces deux-là.

11. Ainſi donc on aura pour chaque point du corps ou

ſyſtême les coordonnées,

$$x = x' + \xi,\ y = y' + \eta,\ z = z' + \zeta,$$

dans leſquelles

$$\xi = a\xi' + b\xi'' + c\xi''',$$
$$\eta = a\eta' + b\eta'' + c\eta''',$$
$$\zeta = a\zeta' + b\zeta'' + c\zeta''',$$

en faiſant pour abréger,

$$\xi''' = \eta'\zeta'' - \zeta'\eta'',\ \eta''' = \zeta'\xi'' - \xi'\zeta'',\ \zeta''' = \xi'\eta'' - \eta'\xi'';$$

mais il faudra que les ſix quantités ξ', η', ζ', ξ'', η'', ζ'' ſatisfaſſent à ces trois équations de condition (art. 8),

$$\xi'^2 + \eta'^2 + \zeta'^2 = 1$$
$$\xi''^2 + \eta''^2 + \zeta''^2 = 1,$$
$$\xi'\xi'' + \eta'\eta'' + \zeta'\zeta'' = 0;$$

enſorte qu'il n'y aura en tout que ſix variables dépendantes du changement de ſituation du corps; ſavoir, les trois x', y', z' qui déterminent la poſition du centre dans l'eſpace, & trois des ſix ξ', η', ζ', ξ'', &c. Ces variables ſeront les mêmes relativement à tous les points; au contraire les trois quantités a, b, c ſeront différentes pour chaque point, & ne dépendront que de la poſition reſpective des points les uns par rapport aux autres.

Il eſt bon de remarquer, au reſte, que les trois quantités ξ''', η''', ζ''' ſont auſſi telles que

$$\xi'''^2 + \eta'''^2 + \zeta'''^2 = 1,$$

$$\xi'\xi''' + \eta'\eta''' + \zeta'\zeta''' = 0,$$

$$\xi''\xi''' + \eta''\eta''' + \zeta''\zeta''' = 0;$$

la premiere de ces équations suit de ce que $(\eta'\zeta'' - \zeta'\eta'')^2 + (\zeta'\xi'' - \xi'\zeta'')^2 + (\xi'\eta'' - \eta'\xi'')^2 = (\xi'^2 + \eta'^2 + \zeta'^2)(\xi''^2 + \eta''^2 + \zeta''^2) - (\xi'\xi'' + \eta'\eta'' + \zeta'\zeta'')^2 = 1$; & les deux autres sont évidentes par elles-mêmes.

Ainsi l'on aura entre les neuf variables, ξ', η', ζ', ξ'', η'', ζ'', ξ''', η''', ζ''', six équations de condition toutes semblables, ce qui fait que ces quantités sont permutables entr'elles.

12. Les formules qui viennent d'être trouvées par des considérations particulieres, peuvent se déduire aussi immédiatement de la simple considération des coordonnées rectangles. En effet, puisque ξ, η, ζ sont les coordonnées d'un point quelconque du corps ou systême par rapport à trois axes qui se coupent perpendiculairement dans le centre, & que a, b, c sont aussi les coordonnées du même point, mais par rapport à trois autres axes qui se coupent pareillement dans ce même centre; il s'ensuit, 1°. que ξ, η, ζ peuvent s'exprimer en fonctions de a, b, c. 2°. que ces fonctions ne sauroient être que linéaires; car si on suppose entre ξ, η, ζ une équation linéaire représentant un plan quelconque, il faudra que la transformée en a, b, c, soit linéaire aussi, puisqu'on sait que l'équation d'un plan est toujours du premier degré, quelles que soient les coordonnées auxquelles on le rapporte. Ainsi les expressions de ξ, η, ζ en a, b, c ne peuvent être que de la forme suivante,

$$\xi = a\xi' + b\xi'' + c\xi''',$$

$$\eta = b\eta' + b\eta'' + c\eta''',$$

$$\zeta = a\zeta' + b\zeta'' + c\zeta''',$$

les quantités ξ', ξ'', ξ''', η', &c, étant les mêmes pour tous les points du corps, & dépendant uniquement de la position des axes des a, b, c par rapport à ceux des ξ, η, ζ.

13. Or comme les coordonnées ξ, η, ζ & a, b, c ont la même origine, & répondent à un même point quelconque, il est clair que la distance de ce point à l'origine connue des coordonnées, sera exprimée également par $\sqrt{(\xi^2 + \eta^2 + \zeta^2)}$ & par $\sqrt{(a^2 + b^2 + c^2)}$; donc il faut que les deux quantités $\xi^2 + \eta^2 + \zeta^2$ & $a^2 + b^2 + c^2$ soient identiques, & que par conséquent la premiere devienne la seconde, en y substituant les valeurs de ξ, η, ζ en a, b, c.

Faisant ces substitutions, & comparant les termes semblables, on aura les six équations de condition,

$$\xi'^2 + \eta'^2 + \zeta'^2 = 1,\ \xi''^2 + \eta''^2 + \zeta''^2 = 1,\ \xi'''^2 + \eta'''^2 + \zeta'''^2 = 1,$$

$$\xi'\xi'' + \eta'\eta'' + \zeta'\zeta'' = 0,\ \xi'\xi''' + \eta'\eta''' + \zeta'\zeta''' = 0,\ \xi''\xi''' + \eta''\eta''' + \zeta''\zeta''' = 0,$$

par lesquelles les neuf variables ξ', η', ζ', ξ'', &c, se réduiront à trois indéterminées; & ces équations s'accordent, comme l'on voit, avec celles de l'article 11.

14. En général si on considere deux points quelconques, dont l'un réponde aux coordonnées ξ, η, ζ & l'autre aux coordonnées $\xi 1$, $\eta 1$, $\zeta 1$, & que a, b, c, $a 1$, $b 1$, $c 1$ soient les autres coordonnées répondantes aux mêmes points, il est clair que la distance entre ces deux points, sera exprimée également

également par $\sqrt{((\xi-\xi 1)^2+(\eta-\eta 1)^2+(\zeta-\zeta 1)^2)}$, & par $\sqrt{((a-a1)^2+(b-b1)^2+(c-c1)^2)}$; de forte qu'il faudra que l'on ait toujours cette équation identique $(\xi-\xi 1)^2+(\eta-\eta 1)^2+(\zeta-\zeta 1)^2=(a-a1)^2+(b-b1)^2+(c-c1)^2$. Mais il est visible que pour avoir $\xi 1, \eta 1, \zeta 1$, il n'y a qu'à changer a, b, c en $a1, b1, c1$ dans les expressions générales de ξ, η, ζ; & qu'ainsi pour avoir les valeurs de $\xi-\xi 1$, $\eta-\eta 1$, $\zeta-\zeta 1$, il n'y aura qu'à mettre dans les mêmes expressions $a-a1$, $b-b1$, $c-c1$ à la place de a, b, c. Substituant ensuite ces valeurs dans l'équation identique précédente, & comparant les termes, on aura les mêmes équations de condition trouvées ci-dessus.

D'où l'on peut conclure que ces équations sont les seules nécessaires pour faire ensorte que la position respective des différens points du systême les uns par rapport aux autres, soit déterminée uniquement par les quantités a, b, c, & ne dépende en aucune maniere des quantités $\xi', \eta', \zeta'', \xi''$, &c.

15. On peut trouver aussi par la même méthode d'autres relations remarquables entre les mêmes quantités $\xi', \eta', \zeta', \xi''$, &c, & qui peuvent être utiles dans plusieurs occasions.

Et d'abord si on ajoute ensemble les trois formules de l'article 12, après les avoir multipliées respectivement par ξ', η', ζ', ou par ξ'', η'', ζ'', ou par $\xi''', \eta''', \zeta'''$, on aura, en vertu des équations de condition de l'article précédent, ces formules inverses,

$$a=\xi\xi'+\eta\eta'+\zeta\zeta',$$

$$b=\xi\xi''+\eta\eta''+\zeta\zeta'',$$

$$c=\xi\xi'''+\eta\eta'''+\zeta\zeta''';$$

donc ſubſtituant ces valeurs de a, b, c dans l'équation identique $a^2 + b^2 + c^2 = \xi^2 + \eta^2 + \zeta^2$, on aura par la comparaiſon des termes, ces nouvelles équations de condition,

$$\xi'^2 + \xi''^2 + \xi'''^2 = 1,\ \eta'^2 + \eta''^2 + + \eta'''^2 = 1,\ \zeta'^2 + \zeta''^2\, \zeta'''^2 = 1,$$

$$\xi'\eta' + \xi''\eta'' + \xi'''\eta''' = 0,\ \xi'\zeta' + \xi''\zeta'' + \xi'''\zeta''' = 0,\ \eta'\zeta' + \eta''\zeta'' + \eta'''\zeta''' = 0,$$

leſquelles ſont néceſſairement une ſuite de celles de l'article précédent, puiſqu'elles réſultent de la même équation identique.

16. Mais ſi on cherche directement les valeurs de a, b, c par la réſolution des équations de l'article 12, on aura, d'après les formules connues,

$$a = \frac{\xi(\eta''\zeta''' - \eta'''\zeta'') + \eta(\zeta''\xi''' - \zeta'''\xi'') + \zeta(\xi''\eta''' - \eta''\xi''')}{k},$$

$$b = \frac{\xi(\zeta'\eta''' - \zeta'''\eta') + \eta(\xi'\zeta''' - \xi'''\zeta') + \zeta(\eta'\xi''' - \eta'''\xi')}{k},$$

$$c = \frac{\xi(\eta\zeta'' - \eta''\zeta') + \eta(\zeta'\xi'' - \zeta''\xi') + \zeta(\xi'\eta'' - \xi''\eta')}{k},$$

en ſuppoſant

$$k = \xi'\eta''\zeta''' - \eta'\xi''\zeta''' + \zeta'\xi''\eta''' - \xi'\zeta''\eta''' + \eta'\zeta''\xi''' - \zeta'\eta''\xi'''.$$

Ces expreſſions doivent donc être identiques avec celles de l'article précédent; ainſi en comparant les coëfficiens des quantités ζ, η, ζ, on aura les équations ſuivantes,

$$\eta''\zeta''' - \eta'''\zeta'' = k\xi',\ \zeta''\xi''' - \zeta'''\xi'' = k\eta',\ \xi''\eta''' - \eta''\xi''' = k\zeta',$$

$$\zeta'\eta''' - \zeta'''\eta' = k\xi'',\ \xi'\zeta''' - \xi'''\zeta' = k\eta'',\ \eta'\xi''' - \eta'''\xi' = k\zeta'',$$

$$\eta'\zeta'' - \eta''\zeta' = k\xi''',\ \zeta'\xi'' - \zeta''\xi' = k\eta''',\ \xi'\eta'' - \xi''\eta' = k\xi''',$$

Or ſi on ajoute enſemble les carrés des trois premières,

on a $(\eta''\zeta'''-\eta'''\zeta'')^2+(\zeta''\xi'''-\zeta'''\xi'')^2+(\xi''\eta'''-\eta''\xi''')^2$ $=k^2(\xi'^2+\eta'^2+\zeta'^2)$; le premier membre peut ſe mettre ſous cette forme $(\xi''^2+\eta''^2+\zeta''^2)(\xi'''^2+\eta'''^2+\zeta'''^2)$ $-(\xi''\xi'''+\eta''\eta'''+\zeta''\zeta''')^2$; donc par les équations de condition de l'article 13, cette équation ſe réduit à $1=k^2$, d'où $k=\pm 1$.

Pour ſavoir lequel des deux ſignes on doit prendre, il n'y a qu'à conſidérer la valeur de k dans un cas particulier; or le cas le plus ſimple eſt celui où les trois axes des coordonnées a, b, c coïncideroient avec les trois axes des coordonnées ξ, η, ζ, auquel cas on auroit $\xi=a$, $\eta=b$, $\xi=c$, & par conſéquent par les formules de l'article 12, $\xi'=1$, $\eta''=1$, $\zeta'''=1$, & toutes les autres quantités ξ'', ξ''', &c, nulles. En faiſant ces ſubſtitutions dans l'expreſſion générale de k, elle devient $=1$. Donc on aura toujours $k=1$.

Au reſte, on voit que les trois dernieres équations ci-deſſus ſont les mêmes que celles que l'on a ſuppoſées dans l'article 11; & les ſix autres s'en déduiſent naturellement par analogie.

17. Ainſi, ſi on vouloit réduire les neuf quantités ξ', ξ'', ξ''', η', &c, à trois indéterminées, il ſuffiroit d'y réduire les ſix ξ', ξ'', η', η'', ζ', ζ'', par le moyen des trois équations de condition $\xi'^2+\eta'^2+\zeta'^2=1$, $\xi''^2+\eta''^2+\zeta''^2=1$, $\xi'\xi''+\eta'\eta''+\zeta'\zeta''=0$, puiſque les trois autres ξ''', η''', ζ''' ſont déja connues en fonctions de celles-là.

En prenant, par exemple, ξ', η', & ξ'' pour indéterminées, la premiere équation donnera d'abord

$$\zeta'=\sqrt{(1-\xi'^2-\eta'^2)};$$

& il n'y aura plus qu'à déterminer η'', ζ'' par les deux équations $\eta''^2 + \zeta''^2 = 1 - \xi''^2$, & $\eta'\eta'' + \zeta'\zeta'' = -\xi'\xi''$. Or on a $(\eta'\eta'' + \zeta'\zeta'')^2 + (\eta'\zeta'' - \zeta'\eta'')^2 = (\eta'^2 + \zeta'^2)(\eta''^2 + \zeta''^2)$ équation identique; donc $(\eta'\zeta'' + \zeta'\eta'')^2 = (\eta'^2 + \zeta'^2)(\eta''^2 + \zeta''^2) - (\eta'\eta'' + \zeta'\zeta'')^2 = (1 - \xi'^2)(1 - \xi''^2) - \xi'^2\xi''^2 = 1 - \xi'^2 - \xi''^2$. Ainsi en combinant les deux équations $\eta'\eta'' + \zeta'\zeta'' = -\xi'\xi''$ & $\eta'\zeta'' - \zeta'\eta'' = \sqrt{(1 - \xi'^2 - \xi''^2)}$, on aura

$$\eta'' = -\frac{\xi'\xi''\eta' + \zeta'\sqrt{(1 - \xi'^2 - \xi''^2)}}{\eta'^2 + \zeta'^2},$$

$$\zeta'' = -\frac{\xi'\xi''\zeta' - \eta'\sqrt{(1 - \xi'^2 - \xi''^2)}}{\eta'^2 + \zeta'^2}.$$

Ensuite les trois dernieres formules de l'article précédent donneront

$$\xi''' = \eta'\zeta'' - \eta''\zeta', \quad \eta''' = \zeta'\xi'' - \zeta''\xi', \quad \zeta''' = \xi'\eta'' - \xi''\eta'.$$

18. Pour réduire toutes ces expressions à une forme rationelle & entiere, il n'y aura qu'à faire $\xi' = \cos\lambda$, $\eta' = \sin\lambda\cos\mu$, $\xi'' = \sin\lambda\cos\nu$, ce qui donnera $\zeta' = \sin\lambda\sin\mu$, $\eta'' = -\cos\lambda\cos\mu\cos\nu - \sin\mu\sin\nu$, $\zeta'' = -\cos\lambda\sin\mu\cos\nu + \cos\mu\sin\nu$, $\xi''' = \sin\lambda\sin\nu$, $\eta''' = \sin\mu\cos\nu - \cos\lambda\cos\mu\sin\nu$, $\zeta''' = -\cos\mu\cos\nu - \cos\lambda\sin\mu\sin\nu$.

Et il n'est pas difficile de concevoir d'après ce qui a été dit dans l'article 10, que λ sera l'angle que l'axe des coordonnées a fait avec celui des ξ, que μ sera celui que le plan, passant par ces deux axes, fait avec le plan des coordonnées ξ & ζ, & qu'enfin ν sera l'angle que le plan des coordonnées a, b fait avec le plan passant par les axes des coordonnées ξ & a. De sorte que si on regarde l'axe des coordonnées a, qui est censé passer toujours par les mêmes points du systême, comme un axe de rotation du systême;

λ ſera l'inclinaiſon de cet axe à l'axe fixe des coordonnées ξ; μ ſera l'angle que le même axe de rotation décrit en tournant autour de cet axe fixe, & λ ſera l'angle que le ſyſtême lui-même décrit en tournant autour de ſon axe de rotation. Mais nous donnerons plus bas une maniere plus ſimple & plus naturelle, d'employer la conſidération de ces angles.

19. Lorſqu'il s'agit d'un corps ſolide, les quantités a, b, c, doivent demeurer conſtantes, tandis que le corps change de ſituation dans l'eſpace; parce que la condition de la ſolidité conſiſte en ce que tous les points du corps gardent invariablement les mêmes diſtances entr'eux. Ainſi dans ce cas les axes des coordonnées a, b, c, doivent être cenſés fixes dans l'intérieur du corps, mais mobiles par rapport aux axes des autres coordonnées ξ, η, ζ, axes qui ſont ſuppoſés fixes dans l'eſpace.

Or quel que puiſſe être le changement de ſituation du corps autour de ſon centre, on peut démontrer qu'il y aura toujours une ligne droite paſſant par ce centre, laquelle conſervera la même ſituation, & pour laquelle les coordonnées ξ, η, ζ ſeront les mêmes.

Car puiſqu'on a en général, pour une ſituation quelconque du corps, les formules $\xi = a\xi' + b\xi'' + c\xi'''$, $\eta = a\eta' + b\eta'' + c\eta'''$, $\zeta = a\zeta' + b\zeta'' + c\zeta'''$; ſi on ſuppoſe que dans une autre ſituation quelconque du corps, les quantités ξ, η, ζ, ξ', η', ζ', &c, deviennent $\xi 1$, $\eta 1$, $\zeta 1$, $\xi' 1$, $\eta' 1$, $\zeta' 1$, &c, on aura auſſi pour cette nouvelle ſituation, $\xi 1 = a\xi' 1 + b\xi'' 1 + c\xi''' 1$, $\eta 1 = a\eta' 1 + b\eta'' 1 + c\eta''' 1$, $\zeta 1 = a\zeta' 1 + b\zeta'' 1 + c\zeta''' 1$; & s'il y a, dans le corps, des points qui ne changent pas de place, il eſt clair qu'on aura pour chacun de ces points les conditions $\xi = \xi_1$, $\eta = \eta_1$, $\zeta = \zeta_1$.

De ſorte que tous les points de cette eſpece ſe trouveront déterminés par ces trois équations $\xi - \xi_1 = 0$, $\eta - \eta_1 = 0$, $\zeta - \zeta_1 = 0$; ſavoir,

$$a(\xi' - \xi'_1) + b(\xi'' - \xi''_1) + c(\xi''' - \xi'''_1) = 0,$$
$$a(\eta' - \eta'_1) + b(\eta'' - \eta''_1) + c(\eta''' - \eta'''_1) = 0,$$
$$a(\zeta' - \zeta'_1) + b(\zeta'' - \zeta''_1) + c(\zeta''' - \zeta'''_1) = 0.$$

Ainſi les valeurs de a, b, c, tirées de ces équations, donneront la poſition de ces mêmes points dans le corps; mais il eſt viſible qu'en éliminant deux quelconques des trois inconnues a, b, c, la troiſieme s'en ira auſſi; il faudra donc que l'équation réſultante ait lieu d'elle-même; & elle a lieu en effet, comme on va le voir.

20. Pour cela j'ajoute enſemble les trois équations précédentes, après les avoir multipliées reſpectivement par $\xi' + \xi'_1$, $\eta' + \eta'_1$, $\zeta' + \zeta'_1$; & ayant égard aux équations de condition de l'article 13, ainſi qu'aux équations ſemblables qui doivent avoir lieu entre ξ'_1, η'_1, &c, on aura

$$\begin{aligned} 0 = {} & b(\xi''\xi'_1 + \eta''\eta'_1 + \zeta''\zeta'_1 - \xi'\xi''_1 - \eta'\eta''_1 - \zeta'\zeta''_1) \\ & + c(\xi'''\xi'_1 + \eta'''\eta'_1 + \zeta'''\zeta'_1 - \xi'\xi'''_1 - \eta'\eta'''_1 - \zeta'\zeta'''_1). \end{aligned}$$

Si on ajoute enſemble les mêmes équations, même après les avoir multipliées reſpectivement par $\xi'' + \xi''_1$, $\eta'' + \eta''_1$, $\zeta'' + \zeta''_1$, on trouvera de la même maniere,

$$\begin{aligned} 0 = {} & a(\xi'\xi''_1 + \eta'\eta''_1 + \zeta'\zeta''_1 - \xi''\xi'_1 - \eta''\eta'_1 - \zeta''\zeta'_1) \\ & + c(\xi'''\xi''_1 + \eta'''\eta''_1 + \zeta'''\zeta''_1 - \xi''\xi'''_1 - \eta''\eta'''_1 - \zeta''\zeta'''_1). \end{aligned}$$

Enfin les mêmes équations étant multipliées respectivement par $\xi''' + \xi'''_1$, $\eta''' + \eta'''$, $\zeta'''_1 + \zeta''_1$, & ensuite ajoutées, donneront

$$o = a(\xi' \xi'''_1 + \eta' \eta'''_1 + \zeta' \zeta'''_1 - \xi''' \xi'_1 - \eta''' \eta'_1 - \zeta''' \zeta'_1)$$

$$+ b(\xi'' \xi'''_1 + \eta'' \eta'''_1 + \zeta'' \zeta'''_1 - \xi''' \xi''_1 - \eta''' \eta''_1 - \zeta''' \zeta''_1).$$

Ces transformées équivalent visiblement aux équations proposées; ainsi, en faisant pour abréger

$$2P = \xi'''\xi''_1 + \eta'''\eta''_1 + \zeta'''\zeta''_1 - \xi''\xi'''_1 - \eta''\eta'''_1 - \zeta''\zeta'''_1,$$

$$2Q = \xi'\xi'''_1 + \eta'\eta'''_1 + \zeta'\zeta'''_1 - \xi'''\xi'_1 - \eta'''\eta'_1 - \zeta'''\zeta'_1,$$

$$2R = \xi''\xi'_1 + \eta''\eta'_1 + \zeta''\zeta'_1 - \xi'\xi''_1 - \eta'\eta''_1 - \zeta'\zeta''_1,$$

on aura à résoudre ces trois équations,

$$bR - cQ = o,$$
$$cP - aR = o,$$
$$aQ - bP = o,$$

dont la troisieme est, comme l'on voit, une suite des deux premieres. Or celles-ci donnent $\frac{b}{c} = \frac{Q}{R}$, $\frac{a}{c} = \frac{P}{R}$. D'où l'on tire $a = hP$, $b = hQ$, $c = hR$, en prenant pour h une quantité arbitraire.

21. Telles sont donc les valeurs des coordonnées a, b, c, pour tous les points du corps qui se retrouveront dans la même position après la rotation du corps autour de son centre supposé immobile; & il est clair que ces coordonnées répondent à une ligne droite passant par ce centre, & faisant respectivement avec leurs axes des angles dont les cosinus sont

$\frac{P}{\sqrt{(P^2+Q^2+R^2)}}$, $\frac{Q}{\sqrt{(P^2+Q^2+R^2)}}$, $\frac{R}{\sqrt{(P^2+Q^2+R^2)}}$.

Ainſi la rotation du corps, quelque compoſée qu'elle ſoit, ſera en dernier réſultat, équivalente à une rotation ſimple qui ſe feroit faite autour de la ligne dont il s'agit, ſuppoſée fixe; & par conſéquent on pourra appeller cettte même ligne, l'axe de *rotation* du corps.

22. On peut donc déterminer la poſition de cet axe, relativement aux axes des coordonnées a, b, c, par le moyen des trois quantités P, Q, R, ainſi qu'on vient de le voir; mais ſi on vouloit rapporter cette poſition aux axes des coordonnées ξ, η, ζ, il n'y auroit qu'à ſubſtituer dans les expreſſions de ces coordonnées (art. 12) à la place de a, b, c, leurs valeurs hP, hQ, hR; ce qui donneroit $\xi = hL$, $\eta = hM$, $\zeta = hN$, en faiſant pour abréger

$$L = \xi' P + \xi'' Q + \xi''' R,$$

$$M = \eta' P + \eta'' Q + \eta''' R,$$

$$N = \zeta' P + \zeta'' Q + \zeta''' R.$$

Ces valeurs de ξ, η, ζ répondent donc à tous les points de l'axe de rotation; par conſéquent cet axe fait avec ceux des coordonnées ξ, η, ζ, des angles dont les coſinus ſont repréſentés reſpectivement par $\frac{L}{\sqrt{(L^2+M^2+N^2)}}$, $\frac{M}{\sqrt{(L^2+M^2+N^2)}}$, $\frac{N}{\sqrt{(L^2+M^2+N^2)}}$. De ſorte que les quantités L, M, N ſont entiérement analogues aux quantités P, Q, R, avec cette différence, que tandis que celles-ci ſe rapportent aux axes mobiles des coordonnées a, b, c, celles-là ſe rapportent aux axes mobiles des coordonnées

données ξ, η, ζ. Et l'on remarquera que $L^2 + M^2 + N^2 = P^2 + Q^2 + R^2$, ce qui suit de ce que l'on a généralement $\xi^2 + \eta^2 + \zeta^2 = a^2 + b^2 + c^2$.

Au reste, si dans les expressions de L, M, N, on substitue les valeurs de P, Q, R (art. 20), & qu'on y emploie les réductions de l'article 16, on aura

$$2L = \eta'\zeta'1 + \eta''\zeta''1 + \eta'''\zeta'''1 - \zeta'\eta'1 - \zeta''\eta''1 - \zeta'''\zeta'''1,$$

$$2M = \zeta'\xi'1 + \zeta''\eta''1 + \zeta'''\eta'''1 - \xi'\zeta'1 - \xi''\zeta''1 - \xi'''\zeta'''1,$$

$$2N = \xi'\eta'1 + \xi''\eta''1 + \xi'''\eta'''1 - \eta'\xi'1 - \eta''\xi''1 - \eta'''\xi''1.$$

23. Si on ne considere que le mouvement du corps dans un instant, l'axe de rotation dont nous venons de parler, sera fixe pendant cet instant, & le corps tournera réellement & spontanément autour de cet axe, qui sera par conséquent *l'axe spontanée de rotation* du corps, comme on l'appelle ordinairement.

Pour déterminer donc cet axe, on supposera que les quantités $\xi'1$, $\eta'1$, $\zeta'1$, $\xi''1$, &c, ne soient qu'infiniment peu différentes de ξ', η', ζ', ξ'', &c, ensorte que l'on ait $\xi'1 = \zeta' + d\xi'$, $\eta'1 = \eta' + d\eta'$, $\zeta'1 = \zeta' + d\zeta'$, $\xi''1 = \xi'' + d\xi''$, &c; ce qui donnera (art. 20)

$$2P = \xi'''d\xi'' + \eta'''d\eta'' + \zeta'''d\zeta'' - \xi''d\xi''' - \eta''d\eta''' - \zeta''d\zeta''',$$

$$2Q = \xi'd\xi''' + \eta'd\eta''' + \zeta'd\zeta''' - \xi'''d\xi' - \eta'''d\eta' - \zeta'''d\zeta',$$

$$2R = \xi''d\xi' + \eta''d\eta' + \zeta''d\zeta' - \xi'd\xi'' - \eta'd\eta'' - \zeta'd\zeta''.$$

Mais les trois dernieres équations de condition de l'article 13 étant différentiées, donnent $\xi'd\xi'' + \eta'd\eta'' + \zeta'd\zeta'' = -\xi''d\xi' - \eta''d\eta' - \zeta''d\zeta'$, $\xi'''d\xi' + \eta'''d\eta' + \zeta'''d\zeta'$

$= - \xi' d\xi''' - \nu' d\nu''' - \zeta' d\zeta'''$, $\xi'' d\xi''' + \nu'' d\nu''' + \zeta'' d\zeta'''$ $= - \xi''' d\nu'' - \nu''' d\nu'' - \zeta''' d\zeta''$; donc substituant ces valeurs & changeant, pour conservér l'homogénéité P, Q, R, en dP, dQ, dR, on aura

$$dP = \xi''' d\xi'' + \nu''' d\nu'' + \zeta''' d\zeta'',$$
$$dQ = \xi' d\xi''' + \nu' d\nu''' + \zeta' d\zeta''',$$
$$dR = \xi'' d\xi' + \nu'' d\nu' + \zeta'' d\zeta'.$$

Ainsi, $\frac{dP}{\sqrt{(dP^2+dQ^2+dR^2)}}$, $\frac{dQ}{\sqrt{(dP^2+dQ^2+dR^2)}}$ . . . $\frac{dR}{\sqrt{(dP^2+dQ^2+dR^2)}}$ seront les cosinus des angles que l'axe *spontanée* de rotation fera avec les axes des coordonnées a, b, c (art. 21).

24. Si on fait les mêmes substitutions dans les expressions de L, M, N de l'article 22, & qu'on ait égard aux trois dernieres équations de condition de l'article 15, différentiées, on aura, en changeant L, M, N en dL, dM, dN, ces formules

$$dL = \nu' d\zeta' + \nu'' d\zeta'' + \nu''' d\zeta''',$$
$$dM = \zeta' d\xi' + \zeta'' d\xi'' + \zeta''' d\xi''',$$
$$dN = \xi' d\nu' + \xi'' d\nu'' + \xi''' d\nu''',$$

par lesquelles on pourra déterminer la position de l'axe *spontanée* de rotation à l'égard des axes des coordonnées ξ, ν, ζ; car le premier de ces axes fera avec les trois autres des angles, dont les cosinus seront exprimés par $\frac{dL}{\sqrt{(dL^2+dM^2+dN^2)}}$, $\frac{dM}{\sqrt{(dL^2+dM^2+dN^2)}}$, $\frac{dN}{\sqrt{(dL^2+dM^2+dN^2)}}$.

Et ſi l'on veut faire dépendre les valeurs de dL, dM, dN de celles de dP, dQ, dR, on aura, comme dans le même article 22, les formules

$$dL = \xi' dP + \xi'' dQ + \xi''' dR,$$

$$dM = \eta' dP + \eta'' dQ + \eta''' dR,$$

$$dN = \zeta' dP + \zeta'' dQ + \zeta''' dR;$$

leſquelles donnent ſur le champ, en vertu des équations de condition de l'article 13,

$$dL^2 + dM^2 + dN^2 = dP^2 + dQ^2 + dR^2.$$

25. Les quantités dL, dM, dN ont encore une autre utilité dans la détermination du mouvement du corps; elles ſervent à exprimer d'une maniere fort ſimple les différentielles des coordonnées ξ, η, ζ. En effet, ſi on différentie les formules de l'article 12, en y regardant toujours a, b, c, comme conſtantes, par la nature des corps ſolides; on a d'abord

$$d\xi = a d\xi' + b d\xi'' + c d\xi''',$$

$$d\eta = a d\eta' + b d\eta'' + c d\eta''',$$

$$d\zeta = a d\zeta' + b d\zeta'' + c d\zeta''';$$

ſi enſuite on ſubſtitue dans ces formules les expreſſions de a, b, c trouvées dans l'article 15, & qu'on ait égard aux équations de condition de ce même article différentiées, on aura ſur ſur le champ (art. 24)

$$d\xi = \zeta dM - \eta dN,$$

$$d\eta = \xi dN - \zeta dL,$$

$$d\zeta = \eta dL - \xi dM,$$

équations entiérement ſemblables à celles de l'article 3, & qui font voir par conſéquent que les quantités dL, dM, dN ſont les mêmes de part & d'autre.

26. Ces formules ſont auſſi de la même forme que celles qui ont été trouvées dans l'article 7 de la troiſieme Section de la premiere Partie, par la conſidération des rotations particulieres autour des trois axes des coordonnées; d'où l'on peut conclure immédiatement, 1°. que les quantités dL, dM, dN repréſentent les angles élémentaires décrits par le corps autour des axes des coordonnées ξ, n, ζ; & comme les quantités dP, dQ, dR ſont relativement aux axes des coordonnées a, b, c, ce que dL, dM, dN ſont à l'égard des axes des ξ, n, ζ, il s'enſuit auſſi que dP, dQ, dR ſont les angles élémentaires décrits autour des axes des a, b, c. 2°. Que ces rotations particulieres ſe compoſent en une ſeule autour d'un axe, faiſant avec ceux des coordonnées ξ, n, ζ, ou a, b, c des angles dont les coſinus ſont $\frac{dL}{\sqrt{(dL^2+dM^2+dN^2)}}$, $\frac{dM}{\sqrt{(dL^2+dM^2+dN^2)}}$, $\frac{dN}{\sqrt{(dL^2+dM^2+dN^2)}}$, ou $\frac{dP}{\sqrt{(dP^2+dQ^2+dR^2)}}$, $\frac{dQ}{\sqrt{(dP^2+dQ^2+dR^2)}}$, $\frac{dR}{\sqrt{(dP^2+dQ^2+dR^2)}}$, ainſi qu'on l'a déja vu ci-deſſus. 3°. Que l'angle élémentaire décrit autour de cet axe, ſera exprimé par $\sqrt{(dL^2+dM^2+dN^2)}$, ou par $\sqrt{(dP^2+dQ^2+dR^2)}$; ces deux quantités étant égales par l'article 24.

27. Nous venons d'exprimer les différentielles $d\xi$, dn, $d\zeta$ d'une maniere fort ſimple par les quantités dL, dM, dN; on peut également les exprimer par les quantités analogues dP, dQ, dR; & pour cela il n'y a qu'à ſubſtituer à la

place de ces quantités-là leurs valeurs données par les dernieres formules de l'article 24.

On aura ainsi ces transformées,

$$d\xi = (\zeta\eta' - \eta\zeta')\,dP + (\zeta\eta'' - \eta\zeta'')\,dQ + (\zeta\eta''' - \eta\zeta''')\,dR,$$

$$d\eta = (\xi\zeta' - \zeta\xi')\,dP + (\xi\zeta'' - \zeta\xi'')\,dQ + (\xi\zeta''' - \xi\zeta''')\,dR,$$

$$d\zeta = (\eta\xi' - \xi\eta')\,dP + (\eta\xi'' - \xi\eta'')\,dQ + (\eta\xi''' - \xi\eta''')\,dR;$$

lesquelles, en remettant pour ξ, η, ζ, leurs valeurs (art. 12), & ayant égard aux réductions de l'article 16, se réduisent à cette forme,

$$d\xi = (b\xi''' - c\xi'')\,dP + (c\xi' - a\xi''')\,dQ + (a\xi'' - b\xi')\,dR,$$

$$d\eta = (b\eta''' - c\eta'')\,dP + (c\eta' - a\eta''')\,dQ + (a\eta'' - b\eta')\,dR,$$

$$d\zeta = (b\zeta''' - c\zeta'')\,dP + (c\zeta' - a\zeta''')\,dQ + (a\zeta'' - b\zeta')\,dR.$$

Et comme ces expressions doivent être identiques avec celles qui résulteroient de la différentiation immédiate des mêmes formules de l'article 12, on aura par la comparaison des termes affectés de a, b, c,

$$d\xi' = \xi''\,dR - \xi'''\,dQ,$$

$$d\xi'' = \xi'''\,dP - \xi'\,dR,$$

$$d\xi''' = \xi'\,dQ - \xi''\,dP,$$

$$d\eta' = \eta''\,dR - \eta'''\,dQ,$$

$$d\eta'' = \eta'''\,dP - \eta'\,dR,$$

$$d\eta''' = \eta'\,dQ - \eta''\,dP,$$

$$d\zeta' = \zeta''\,dR - \zeta'''\,dQ,$$

$$d\zeta'' = \zeta'''\,dP - \zeta'\,dR,$$

$$d\zeta''' = \zeta'\,dQ - \zeta''\,dP.$$

28. Les expressions précédentes de $d\xi$, $d\eta$, $d\zeta$, ont été trouvées, en supposant a, b, c constantes; si on vouloit y regarder aussi ces quantités comme variables, il n'y auroit qu'à ajouter à ces expressions les termes dus aux différences de a, b, c; & on verroit par les formules de l'art. 12, que ces termes seroient $\xi' da + \xi'' db + \xi''' dc$, $\eta' da + \eta'' db + \eta''' dc$, $\zeta' da + \zeta'' db + \zeta''' dc$; on auroit ainsi pour les valeurs complettes de $d\xi$, $d\eta$, $d\zeta$,

$$d\xi = \xi'(c\,dQ - b\,dR + da),$$
$$+ \xi''(a\,dR - c\,dP + db),$$
$$+ \xi'''(b\,dP - a\,dQ + dc),$$
$$d\eta = \eta'(c\,dQ - b\,dR + da),$$
$$+ \eta''(a\,dR - c\,dP + db),$$
$$+ \eta'''(b\,dP - a\,dQ + dc),$$
$$d\zeta = \zeta'(c\,dQ - b\,dR + da),$$
$$+ \zeta''(a\,dR - c\,dP + db),$$
$$+ \zeta'''(b\,dP - a\,dQ + dc).$$

Ces formules sont fort remarquables par leur simplicité & uniformité, & ont cela de particulier que les quantités ξ', η', &c, disparoissent totalement de la quantité $d\xi^2 + d\eta^2 + d\zeta^2$; car en vertu des équations de condition de l'article 13, on aura simplement

$$d\xi^2 + d\eta^2 + d\zeta^2 = (c\,dQ - b\,dR + da)^2$$
$$+ (a\,dR - c\,dP + db)^2 + (b\,dP - a\,dQ + dc)^2,$$

expression qui nous sera fort utile.

29. Nous avons déja montré dans l'article 18, comment on peut exprimer rationellement toutes les quantités ξ', ν', ζ', ξ'', &c, par des sinus & cosinus de trois angles indéterminés; mais il y a un moyen plus direct & plus naturel de parvenir à ces mêmes réductions, & ce moyen consiste à employer les transformations connues des coordonnées rectangles.

En effet, puisque ξ, ν, ζ sont les coordonnées rectangles d'un point quelconque du corps, par rapport à trois axes menés par son centre parallélement aux axes fixes des coordonnées x, y, z, & que a, b, c sont les coordonnées rectangles du même point par rapport à trois autres axes passant par le même centre, mais fixes au dedans du corps, & par conséquent de positions variables à l'égard des axes des ξ, ν, ζ; il s'ensuit que pour avoir les expressions de ξ, ν, ζ en a, b, c, il n'y aura qu'à transformer de la maniere la plus générale, ces dernieres coordonnées, dans les autres.

Pour cela nous nommerons ω l'angle que le plan des a, b, fait avec celui des ξ, ν; & ψ l'angle que l'intersection de ces deux plans fait avec l'axe des ξ; enfin nous désignerons par φ l'angle que l'axe des a fait avec la même ligne d'intersection; ces trois quantités ω, ψ, φ, serviront, comme l'on voit, à déterminer la position des axes des coordonnées a, b, c, relativement aux axes des coordonnées ξ, ν, ζ; & par conséquent on pourra, par leur moyen, exprimer ces dernieres par les autres.

Si, pour fixer les idées, on imagine que le corps proposé soit la terre, que le plan des a, b soit celui de l'équateur, & que l'axe des a passe par un méridien donné; que de plus le plan des ξ, η, ſoit celui de l'écliptique, & que l'axe des ξ ſoit dirigé vers le premier point d'Ariès; il eſt clair que l'angle ω deviendra l'obliquité de l'écliptique, que l'angle ψ ſera la longitude de l'équinoxe d'automne, ou du nœud aſcendant de l'équateur ſur l'écliptique, & que φ ſera la diſtance du méridien donné à cet équinoxe.

En général φ ſera l'angle que le corps décrit en tournant autour de l'axe des coordonnées c, axe qu'on pourra, à cauſe de cela, appeller ſimplement *l'axe du corps*, $90° - \omega$, ſera l'angle d'inclinaiſon de cet axe ſur le plan fixe des coordonnées ξ, η, & $\psi - 90°$ ſera l'angle que la projection de ce même axe fait avec l'axe des coordonnées ξ.

30. Cela poſé, ſuppoſons d'abord que l'on change les deux coordonnées a, b, en deux autres a', b', placées dans le même plan, de telle maniere que l'axe des a' ſoit dans l'interſection des deux plans; & que celui des b' ſoit perpendiculaire à cette interſection; on aura

$$a' = a \cos \varphi - b \sin \varphi, \quad b' = b \cos \varphi + a \sin \varphi.$$

Suppoſons enſuite que les deux coordonnées b', c, ſoient changées en deux autres b'', c', dont l'une b'' ſoit toujours perpendiculaire à l'interſection des plans, mais ſoit placée dans le plan des ξ, η, & dont l'autre c' ſoit perpendiculaire à ce dernier plan; on trouvera pareillement

$$b'' = b' \cos \omega - c \sin \omega, \quad c' = c \cos \omega + b' \sin \omega.$$

Enfin ſuppoſons encore que l'on change les coordonnées a', b'', qui ſont déja dans le plan des ξ, η, en deux autres a'', b''', placées dans ce même plan, mais telles que l'axe des

des a'' coïncide avec l'axe des ξ ; on trouvera de la même maniere

$$a'' = a' \cos\psi - b'' \sin\psi, \quad b''' = b'' \cos\psi + a' \sin\psi.$$

Et il eſt viſible que les trois coordonnées a'', b''', c' feront la même choſe que les coordonnées ξ, η, ζ, puiſqu'elles ſont rapportées aux mêmes axes ; de ſorte qu'en ſubſtituant ſucceſſivement les valeurs de a', b'', b', on aura les expreſſions de ξ, η, ζ, en a, b, c, leſquelles ſe trouveront de la même forme que celles de l'article 12, en ſuppoſant

$$\xi' = \cos\varphi \cos\psi - \sin\varphi \sin\psi \cos\omega,$$

$$\xi'' = -\sin\varphi \cos\psi - \cos\varphi \sin\psi \cos\omega,$$

$$\xi''' = \sin\psi \sin\omega,$$

$$\eta' = \cos\varphi \sin\psi + \sin\varphi \cos\psi \cos\omega,$$

$$\eta'' = -\sin\varphi \sin\psi + \cos\varphi \cos\psi \cos\omega,$$

$$\eta''' = -\cos\psi \sin\omega,$$

$$\zeta' = \sin\varphi \sin\omega,$$

$$\zeta'' = \cos\varphi \sin\omega,$$

$$\zeta''' = \cos\omega.$$

Ces valeurs ſatisfont auſſi aux ſix équations de condition de l'article 13, ainſi qu'à celles de l'article 15, & réſolvent ces équations dans toute leur étendue, puiſqu'elles renferment trois variables indéterminées φ, ψ, ω.

31. Si maintenant on ſubſtitue ces valeurs dans les expreſſions des quantités dP, dQ, dR de l'article 23, on aura,

après les réductions ordinaires des ſinus & coſinus,

$$dP = \sin\varphi \sin\omega\, d\psi + \cos\varphi\, d\omega,$$

$$dQ = \cos\varphi \sin\omega\, d\psi - \sin\varphi\, d\omega,$$

$$dR = d\varphi + \cos\omega\, d\psi.$$

Et ſi on fait les mêmes ſubſtitutions dans les expreſſions des quantités dL, dM, dN de l'article 24, on trouvera

$$dL = \sin\psi \sin\omega\, d\varphi + \cos\psi\, d\omega,$$

$$dM = -\cos\psi \sin\omega\, d\varphi + \sin\psi\, d\omega,$$

$$dN = \cos\omega\, d\varphi + d\psi.$$

Ainſi on pourra par le moyen de ces formules déterminer les élémens de la rotation inſtantanée du corps autour de l'axe ſpontanée, en connoiſſant la rotation du corps autour de ſon axe, & la poſition de cet axe dans l'eſpace.

32. Il faut bien diſtinguer ces deux axes & les mouvemens de rotation qui s'y rapportent.

Nous venons de repréſenter le mouvement du corps autour de ſon centre par les trois angles φ, ω, ψ, dont le premier φ exprime l'angle décrit par le corps, en tournant autour d'une droite ou axe qui paſſe par ce centre, & qui ait une poſition conſtante à l'égard des différens points du corps, mais qui ſoit d'ailleurs mobile avec lui; le ſecond angle ω ſert à déterminer l'inclinaiſon de cet axe ſur le plan des coordonnées ξ, η, dont la direction eſt ſuppoſée donnée & fixe dans l'eſpace, & cette inclinaiſon eſt exprimée par l'angle $90° - \omega$; enfin le troiſieme angle ψ détermine la poſition de la projection du même axe ſur ce plan, cette projection faisant avec l'axe des abscisses ξ, un angle $= \psi - 90°$.

Mais cet axe de rotation étant mobile avec le corps, n'est pas le vrai axe autour duquel le corps tourne réellement à chaque instant; ce dernier est celui que nous avons nommé axe spontanée de rotation, & dont la position dans l'espace dépend des quantités dL, dM, dN (art. 24). Or ayant trouvé ci-dessus les valeurs de ces quantités en φ, ψ, & ω, il est facile de déterminer aussi la position de ce même axe, & l'angle de rotation autour de lui par des angles analogues aux angles φ, ψ, ω, & que nous désignerons par φ', ψ', ω'. En effet, les expressions de dL, dM, dN en φ, ψ, ω étant générales pour telle position de l'axe du corps qu'on voudra, elles auront lieu aussi pour l'axe spontanée de rotation, en y changeant φ, ψ, ω, en φ', ψ' ω'; mais comme la propriété de ce dernier axe est d'être immobile pendant un instant, il faudra que les différentielles $d\psi'$, $d\omega'$, dues au changement de position de cet axe soient nulles. De sorte que l'on aura relativement à cet axe,

$$dL = \sin\psi' \sin\omega' \, d\varphi', \quad dM = -\cos\psi' \sin\omega' \, d\varphi',$$
$$dN = \cos\omega' \, d\varphi'.$$

Comparant donc ces nouvelles expressions de dL, dM, dN avec les premieres, on aura ces trois équations,

$$\sin\psi' \sin\omega' \, d\varphi' = \sin\psi \sin\omega \, d\varphi + \cos\psi \, d\omega,$$
$$\cos\psi' \sin\omega' \, d\varphi' = \cos\psi \sin\omega \, d\varphi - \sin\psi \, d\omega,$$
$$\cos\omega' \, d\varphi' = \cos\omega \, d\varphi + d\psi,$$

lesquelles serviront à déterminer les élémens relatifs à l'axe spontanée de rotation par ceux qui se rapportent à l'axe même du corps, ou réciproquement ceux-ci par ceux-là; ce qui peut être utile en différentes occasions.

§. II.

Équations pour le mouvement de rotation d'un corps ſolide, de figure quelconque, animé par des forces quelconques.

33. Nous venons de voir dans le Paragraphe précédent, que quelque mouvement que puiſſe avoir un corps ſolide, ce mouvement ne peut dépendre que de ſix variables, dont trois ſe rapportent au mouvement d'un point unique du corps, que nous avons appellé le centre du corps, & dont les trois autres ſervent à déterminer le mouvement de rotation du corps autour de ce centre. D'où il ſuit que les équations qu'il s'agit de trouver ne peuvent être qu'au nombre de ſix au plus; & il eſt clair que ces équations peuvent par conſéquent ſe déduire de celles que nous avons déja données dans la Section troiſieme (art. 2, 6, 8), leſquelles ſont générales pour tout ſyſtême de corps. Mais pour cela il faut diſtinguer deux cas, l'un quand le corps eſt tout-à-fait libre, l'autre quand il eſt aſſujetti à ſe mouvoir autour d'un point fixe.

34. Conſidérons d'abord un corps ſolide abſolument libre; prenons le centre du corps dans ſon centre même de gravité; & nommant x', y', z' les trois coordonnées rectangles de ce centre, m la maſſe entiere du corps, dm chacun de ſes élémens, & X, Y, Z les forces accélératrices qui agiſſent ſur chaque point de cet élément ſuivant les directions des mêmes coordonnées, nous aurons en premier lieu ces trois équations (Sect. 3, art. 3).

$$\frac{d^2x'}{dt^2}m + SXdm = 0,$$

$$\frac{d^2y'}{dt^2}m + SYdm = 0,$$

$$\frac{d^2z'}{dt^2}m + SZdm = 0,$$

dans lesquelles la caractéristique S dénote des intégrales totales relatives à toute la masse du corps; & ces équations serviront, comme l'on voit, à déterminer le mouvement du centre de gravité.

En second lieu, si on désigne par ξ, η, ζ les coordonnées rectangles de chaque élément dm, prises depuis le centre de gravité, & parallèles aux mêmes axes des coordonnées x', y', z' de ce centre, on aura ces trois autres équations (Sect. citée, art. 8).

$$S\left(\xi\frac{d^2\eta}{dt^2} - \eta\frac{d^2\xi}{dt^2} + \xi Y - \eta X\right)dm = 0,$$

$$S\left(\xi\frac{d^2\xi}{dt^2} - \zeta\frac{d^2\xi}{dt^2} + \xi Z - \zeta X\right)dm = 0,$$

$$S\left(\eta\frac{d^2\zeta}{dt^2} - \zeta\frac{d^2\eta}{dt^2} + \eta Z - \zeta Y\right)dm = 0.$$

Or nous avons prouvé dans le Paragraphe précédent que les valeurs des quantités ξ, η, ζ, sont toujours de cette forme,

$$\xi = a\xi' + b\xi'' + c\xi''',$$

$$\eta = a\eta' + b\eta'' + c\eta''',$$

$$\zeta = a\zeta' + b\zeta'' + c\zeta''';$$

& nous y avons vu que pour les corps solides, les quantités

a, b, c sont néceſſairement conſtantes par rapport au tems, & variables uniquement par rapport aux différens élémens dm, puiſque ces quantités repréſentent les coordonnées rectangles de chacun de ces élémens, rapportées à trois axes qui ſe croiſent dans le centre du corps, & qui ſont fixes dans ſon intérieur; qu'au contraire, les quantités ξ', ξ'', &c, ſont variables par rapport au tems, & conſtantes pour tous les élémens du corps, ces quantités étant toutes des fonctions de trois angles φ, ψ, ω; qui déterminent les différens mouvemens de rotation que le corps avoit autour de ſon centre. Si donc on fait, dans les équations précédentes, ces différentes ſubſtitutions, en ayant ſoin de faire ſortir hors des ſignes S les variables φ, ψ, ω & leurs différences, on aura trois équations différentielles du ſecond ordre entre ces mêmes variables & le tems t, leſquelles ſerviront à les déterminer toutes trois en fonctions de t.

Ces équations ſeront ſemblables à celles que M. d'Alembert a trouvées le premier pour le mouvement de rotation d'un corps de figure quelconque, & dont il a fait un uſage ſi utile dans ſes recherches ſur la préciſion des équinoxes.

Par cette raiſon, & parce que d'ailleurs la forme de ces équations n'a pas toute la ſimplicité dont elles ſont ſuſceptibles, nous ne nous arrêterons pas ici à les détailler; mais nous allons plutôt réſoudre directement le problême par la méthode générale de la Section quatrieme, laquelle donnera immédiatement les équations les plus ſimples & les plus commodes pour le calcul.

35. Pour employer ici cette méthode de la maniere la plus générale & la plus ſimple, on ſuppoſera, ce qui eſt le cas de la na-

ture, que chaque particule Dm du corps soit attirée par des forces $\overline{P}$, $\overline{Q}$, $\overline{R}$, &c, proportionnelles à des fonctions quelconques des distances $\overline{p}$, $\overline{q}$, $\overline{r}$, &c, de la même particule aux centres de ces forces, & on formera de-là la quantité algébrique,

$$\Pi = \int(\overline{P}\,d\overline{p} + \overline{Q}\,d\overline{q} + \overline{R}\,d\overline{r} + \&c).$$

On considérera ensuite les deux quantités

$$T = S\left(\frac{dx^2 + dy^2 + dz^2}{2dt^2}\right).\,Dm,\quad V = S\,\Pi\,Dm,$$

en rapportant la caractéristique intégrale S uniquement aux élémens Dm du corps, & aux quantités relatives à la position de ces élémens dans le corps.

On réduira ces deux quantités en fonctions de variables quelconques, ξ, ψ, φ, &c, relatives aux divers mouvemens du corps, & on en formera la formule générale suivante (Sect. quatrieme, art. 9),

$$\begin{aligned} 0 = &\left(d.\frac{\delta T}{\delta d\xi} - \frac{\delta T}{\delta \xi} + \frac{\delta V}{\delta \xi}\right)\delta\xi, \\ &+ \left(d.\frac{\delta T}{\delta d\psi} - \frac{\delta T}{\delta \psi} + \frac{\delta V}{\delta \psi}\right)\delta\psi, \\ &+ \left(d.\frac{\delta T}{\delta d\varphi} - \frac{\delta T}{\delta \varphi} + \frac{\delta V}{\delta \varphi}\right)\delta\varphi. \\ &\&c. \end{aligned}$$

Si les variables ξ, ψ, φ, &c, sont par la nature du problême indépendantes entr'elles (& on peut toujours les prendre telles qu'elles le soient) on égalera séparément à zéro les quantités multipliées par chacune des variations indéterminées $\delta\xi$, $\delta\psi$, $\delta\varphi$, &c, & l'on aura ainſi autant d'équations entre les variables ξ, ψ, φ, &c, qu'il y a de ces variables.

Si les variables dont il s'agit ne ſont pas tout-à-fait indépendantes, mais qu'il y ait entr'elles une ou pluſieurs équations de condition, on aura par la différentiation de ces équations, autant d'équations de condition entre les variations $\delta\xi$, $\delta\psi$, $\delta\varphi$, &c, par le moyen deſquelles on pourra réduire ces variations à un plus petit nombre.

Ayant fait cette réduction dans la formule générale, on y égalera pareillement à zéro, chacun des coëfficiens des variations reſtantes; & les équations qui en proviendront, jointes à celles de condition données, ſuffiront pour réſoudre le problême.

Dans celui dont il s'agit ici, il n'y aura qu'à faire uſage des transformations enſeignées dans le Paragraphe précédent. Ainſi on ſubſtituera d'abord $x' + \xi$, $y' + \eta$, $z' + \zeta$, au lieu de x, y, z, enſuite $a\xi' + b\xi'' + c\xi'''$, $a\eta' + b\eta'' + c\eta'''$, $a\zeta' + b\zeta'' + c\zeta'''$, au lieu de ξ, η, ζ (art. 11); enfin mettant pour ξ', η', &c, leurs valeurs en φ, ψ, ω de l'article 30, on aura les quantités T, V exprimées en fonctions des ſix variables indépendantes x', y', z', φ, ψ, ω, à la place deſquelles on pourra encore, ſi on le juge à propos, en introduire d'autres équivalentes; & chacune d'elles fournira pour la détermination du mouvement du corps, une équation de cette forme,

$$d.\frac{\delta T}{\delta d\alpha} - \frac{\delta T}{\delta\alpha} + \frac{\delta V}{\delta\alpha} = 0,$$

α étant une de ces variables.

36. Commençons donc par mettre dans l'expression de T, à la place de x, y, z, ces nouvelles variables $x' + \xi$, $y' + \eta$, $z' + \zeta$; & faisant sortir hors du signe S les x', y', z', qui sont les mêmes pour tous points du corps, puisque ce sont les coordonnées du centre du corps; la fonction T deviendra

$$\frac{dx'^2 + dy'^2 + dz'^2}{2dt^2} m + S\left(\frac{d\xi^2 + d\eta^2 + d\zeta^2}{2dt^2}\right) dm$$

$$+ \frac{dx' S d\xi dm + dy' S d\eta dm + dz' S d\zeta dm}{dt^2}.$$

Cette expression est composée, comme l'on voit, de trois parties, dont la premiere ne contient que les seules variables x', y', z', & exprime la valeur de T dans le cas où le corps seroit regardé comme un point. Si donc ces variables sont indépendantes des autres variables ξ, η, ζ, ce qui a lieu, lorsque le corps est libre de tourner en tous sens autour de son centre, la formule dont il s'agit devra être traitée séparément, & fournira pour le mouvement de ce centre, les mêmes équations que si le corps y étoit concentré; ainsi cette partie du problême rentre dans celui que nous avons résolu dans la Section précédente, & auquel nous renvoyons.

La troisieme partie de l'expression précédente, celle qui contient les différences dx', dy', dz', multipliées par les différences $d\xi$, $d\eta$, $d\zeta$, disparoît d'elle-même dans deux cas; lorsque le centre du corps est fixe, ce qui est évident, parce qu'alors les différences dx', dy', dz' des coordonnées de ce centre sont nulles; & lorsque ce centre est supposé placé dans le centre même de gravité du corps, car alors les intégrales $S d\xi dm$, $S d\eta dm$, $S d\zeta dm$, deviennent nulles d'elles-mêmes. En effet, en y ſubſtituant pour $d\xi$, $d\eta$, $d\zeta$ leurs valeurs $a d\xi' + b d\xi'' + c d\xi'''$, $a d\eta' + b d\eta'' + c d\eta'''$, $a d\zeta' + b d\zeta'' + c d\zeta'''$ (art. préc.), & faiſant ſortir hors du ſigne S les quantités $d\xi'$, $d\xi''$, &c, qui ſont indépendantes de la poſition des particules dm dans le corps, chaque terme de ces intégrales ſe trouvera multiplié par une de ces trois quantités, $S a dm$, $S b dm$, $S c dm$; or ces quantités ne ſont autre choſe que les ſommes des produits de chaque élément dm, multiplié par ſa diſtance à trois plans paſſant par le centre du corps, & perpendiculaires aux axes des coordonnées a, b, c; elles ſont donc nulles, quand ce centre coïncide avec celui de gravité de tout le corps, par les propriétés connues de ce dernier centre. Donc auſſi les trois intégrales $S d\xi dm$, $S d\eta dm$, $S d\zeta dm$ ſeront nulles dans ce cas.

Dans l'un & dans l'autre cas, il ne reſtera donc à conſidérer dans l'expreſſion de T, que la formule . . . . $S\left(\frac{d\xi^2 + d\eta^2 + d\zeta^2}{2 dt^2}\right) dm$, qui eſt uniquement relative au mouvement de rotation que le corps peut avoir autour de ſon centre, & qui ſervira par conſéquent à déterminer les loix de ce mouvement, indépendamment de celui que le centre même peut avoir dans l'eſpace.

Pour rendre la ſolution la plus ſimple qu'il eſt poſſible, il eſt à propos de faire uſage des expreſſions de $d\xi$, $d\eta$, $d\zeta$, de l'article 28, leſquelles donnent en faiſant $da = 0$, $db = 0$, $dc = 0$,

$$d\xi^2 + d\eta^2 + d\zeta^2 = (c dQ - b dR)^2$$

$$+(a\,dR - c\,dP)^2 + (b\,dP - a\,dQ)^2$$
$$= (b^2 + c^2)\,dP^2 + (a^2 + c^2)\,dQ^2 + (a^2 + b^2)\,dR^2$$
$$- 2bc\,dQ\,dR - 2ac\,dP\,dR - 2ab\,dP\,dQ.$$

Or les quantités a, b, c étant ici les ſeules variables, relativement à la poſition des particules Dm dans le corps; il s'enſuit que pour avoir la valeur de $S(d\xi^2 + d\eta^2 + d\zeta^2)Dm$, il n'y aura qu'à multiplier chaque terme de la quantité précédente par Dm, & intégrer enſuite relativement à la caractériſtique S, en faiſant ſortir hors de ce ſigne les quantités dP, dQ, dR qui en ſont indépendantes. Ainſi la quantité $S\left(\frac{d\xi^2 + d\eta^2 + d\zeta^2}{2\,dt^2}\right)Dm$ deviendra

$$\frac{A\,dP^2 + B\,dQ^2 + C\,dR^2}{2\,dt^2} - \frac{F\,dQ\,dR + G\,dP\,dR + H\,dP\,dQ}{dt^2}$$

en faiſant pour abréger,

$$A = S(b^2 + c^2)Dm,\ B = S(a^2 + c^2)Dm,\ C = S(a^2 + b^2)Dm,$$
$$F = S\,bc\,Dm,\ G = S\,ac\,Dm,\ H = S\,ab\,Dm.$$

Ces intégrations ſont relatives à toute la maſſe du corps, en ſorte que A, B, C, F, G, H, doivent être déſormais regardées & traitées comme des conſtantes données par la figure du corps.

37. Si on fait pour plus de ſimplicité $\frac{dP}{dt} = p$, $\frac{dQ}{dt} = q$, $\frac{dR}{dt} = r$ on aura, en ne conſidérant dans la fonction T, que les termes relatifs au mouvement de rotation,

$$T = \frac{1}{2}(Ap^2 + Bq^2 + Cr^2) - Fqr - Gpr - Hpq;$$

ainsi T n'étant fonction que de p, q, r on aura en différentiant selon δ,

$$\delta T = \frac{dT}{dp}\,\delta p + \frac{dT}{dq}\,\delta q + \frac{dT}{dr}\,\delta r.$$

Or par les formules de l'article 31, on a

$$p = \frac{\sin\varphi \sin\omega\, d\psi + \cos\varphi\, d\omega}{dt},$$

$$q = \frac{\cos\varphi \sin\omega\, d\psi - \sin\varphi\, d\omega}{dt},$$

$$r = \frac{d\varphi + \cos\omega\, d\psi}{dt};$$

donc (dt étant toujours constant)

$$\delta T = \left(\frac{dT}{dp} q - \frac{dT}{dq} p\right)\delta\varphi + \frac{dT}{dr} \times \frac{\delta d\varphi}{dt}$$

$$+ \left(\frac{dT}{dp}\sin\varphi\sin\omega + \frac{dT}{dq}\cos\varphi\sin\omega + \frac{dT}{dr}\cos\varphi\right)\frac{\delta d\psi}{dt}$$

$$+ \left(\frac{dT}{dp}\sin\varphi\cos\omega + \frac{dT}{dq}\cos\varphi\cos\omega - \frac{dT}{dr}\sin\omega\right)\frac{d\psi\, d\omega}{dt}$$

$$+ \left(\frac{dT}{dp}\cos\varphi - \frac{dT}{dq}\sin\varphi\right)\frac{\delta d\omega}{dt};$$

d'où l'on aura sur le champ, pour le mouvement de rotation du corps, ces trois équations du second ordre,

$$\frac{d.\frac{dT}{dr}}{dt} - \frac{dT}{dp} q + \frac{dT}{dq} p + \frac{\delta V}{\delta\varphi} = 0,$$

$$\frac{d.\left(\frac{dT}{dp}\sin\varphi\sin\omega + \frac{dT}{dq}\cos\varphi\sin\omega + \frac{dT}{dr}\cos\omega\right)}{dt} + \frac{\delta V}{\delta\psi} = 0,$$

$$\frac{d.\left(\frac{dT}{dp}\cos\varphi - \frac{dT}{dq}\sin\varphi\right)}{dt} -$$

$$\left(\frac{dT}{dp}\sin\varphi\cos\omega + \frac{dT}{dq}\cos\varphi\cos\omega - \frac{dT}{dr}\sin\omega\right)\frac{d\psi}{dt} + \frac{\delta V}{\delta\omega} = 0.$$

A l'égard de la quantité V, comme elle dépend des forces qui sollicitent le corps, elle sera nulle si le corps n'est animé par aucune force; ainsi dans ce cas les trois quantités $\frac{\delta V}{\delta\varphi}$, $\frac{\delta V}{\delta\psi}$, $\frac{\delta V}{\delta\omega}$, seront nulles aussi; & la seconde des trois équations précédentes sera intégrable d'elle-même; mais l'intégration générale de toutes ces équations restera encore fort difficile.

En général, puisque $V = S\,\Pi\,Dm$, & que Π est une fonction algébrique des distances $\overline{p}$, $\overline{q}$, &c (art. 35), dont chacune est exprimée par $\sqrt{((x-f)^2+(y-g)^2+(z-h)^2)}$, en désignant par f, g, h, les coordonnées du centre fixe des forces; il n'y aura qu'à faire dans la fonction Π les mêmes substitutions que ci-dessus, & après avoir intégré relativement à toute la masse du corps, on aura l'expression de V en φ, ψ, ω, d'où l'on tirera par la différentiation ordinaire les valeurs de $\frac{\delta V}{\delta\varphi}$, $\frac{\delta V}{\delta\psi}$, $\frac{\delta V}{\delta\omega}$, qui sont les mêmes que celles de $\frac{dV}{d\varphi}$, $\frac{dV}{d\psi}$, $\frac{dV}{d\omega}$. Comme ceci n'a point de difficulté, nous ne nous y arrêterons point; nous remarquerons seulement que les équations précédentes reviennent à celles que j'ai données autrefois dans mes premieres recherches sur la *libration de la Lune*.

38. Quoique l'emploi des angles φ, ψ, ω, paroisse être ce qu'il y a de plus simple pour trouver par notre méthode les équations de la rotation du corps; on peut néanmoins parvenir encore plus directement au but, & obtenir même

des formules plus élégantes & plus commodes pour le calcul dans plusieurs cas, en considérant immédiatement les variations des quantités ξ', ξ'', ξ''', η', &c, & réduisant ensuite ces différentes variations à trois indéterminées, par des formules analogues à celles de l'article 27.

Ainsi, puisque $p = \frac{dP}{dt} =$ (article 23) . . . . $\frac{\xi''' d\xi'' + \eta''' d\eta'' + \zeta''' d\zeta''}{dt}$, on aura en différenciant par δ, (dt étant constant),

$$\delta p = \frac{\xi''' \delta d\xi'' + \eta''' \delta d\eta'' + \zeta''' \delta d\zeta''}{dt}$$

$$+ \frac{d\xi'' \delta\xi''' + d\eta'' \delta\eta''' + d\zeta'' \delta\zeta'''}{dt};$$

donc le terme $\frac{dT}{dp}\delta p$ de la valeur de δT donnera dans la formule générale de l'article 35, les termes

$$\frac{d.\left(\frac{dT}{dp}\xi'''\right)}{dt}\delta\xi'' + \frac{d.\left(\frac{dT}{dp}\eta'''\right)}{dt}\delta\eta'' + \frac{d.\left(\frac{dT}{dp}\zeta'''\right)}{dt}\delta\zeta''$$

$$- \frac{dT}{dp} \times \frac{d\xi'' \delta\xi''' + d\eta'' \delta\eta''' + d\zeta'' \delta\zeta'''}{dt},$$

savoir,

$$\frac{d.\left(\frac{dT}{dp}\right)}{dt}(\xi''' \delta\xi'' + \eta''' \delta\eta'' + \zeta''' \delta\zeta'')$$

$$+ \frac{dT}{dp} \times \frac{d\xi''' \delta\xi'' + d\eta''' \delta\eta'' + d\zeta''' \delta\zeta'' - d\xi'' \delta\xi''' - d\eta'' \delta\eta''' - d\zeta'' \delta\zeta'''}{dt}.$$

Pareillement le terme $\frac{dT}{dq}\delta q$ donnera dans la même formule les termes

$$\frac{d.\left(\frac{dT}{dq}\right)}{dt}(\xi'\delta\xi'''+\eta'\delta\eta'''+\zeta'\delta\zeta''')$$

$$+\frac{dT}{dq}\times\frac{d\xi'\delta\xi'''+d\eta'\delta\eta'''+d\zeta'\delta\zeta'''-d\xi'''\delta\xi'-d\eta'''\delta\eta'-d\zeta'''\delta\zeta'}{dt};$$

& enfin le terme $\frac{dT}{dr}\delta r$ donnera ceux-ci :

$$\frac{d.\left(\frac{dT}{dr}\right)}{dt}(\xi''\delta\xi'+\eta''\delta\eta'+\zeta''\delta\zeta')$$

$$+\frac{dT}{dr}\times\frac{d\xi''\delta\xi'+d\eta''\delta\eta'+d\zeta''d\zeta'-d\xi'\delta\xi''-d\eta'\delta\eta''-d\zeta'\delta\zeta''}{dr}.$$

Or ayant trouvé en général

$$d\xi'=\xi''dR-\xi'''dQ,\ d\xi''=\xi'''dP-\xi'dR$$
$$d\xi'''=\xi'dQ-\xi''dP,\ d\eta'=\eta''dR-\eta'''dQ,\ \&c.$$

(art. 27), dP, dQ, dR étant des quantités indéterminées, il eſt clair qu'on peut donner auſſi aux variations $\delta\xi'$, $\delta\xi''$, $\delta\xi'''$, $\delta\eta'$, &c, la même forme en changeant d en δ ; ainſi on aura

$$\delta\xi'=\xi''\delta R-\xi'''\delta Q,\ \delta\xi''=\xi'''\delta P-\xi'\delta R$$
$$\delta\xi'''=\xi'\delta Q-\xi''\delta P,\ \delta\eta'=\eta''\delta R-\eta'''\delta Q,\ \&c,$$

les trois quantités δP, δQ, δR étant auſſi indéterminées & indépendantes entr'elles.

Faiſant ces ſubſtitutions, & ayant égard aux équations de condition de l'article 13, on trouvera

$$\xi'''\delta\xi''+\eta'''\delta\eta''+\zeta'''\delta\zeta''=\delta P,$$
$$\xi'\delta\xi'''+\eta'\delta\eta'''+\zeta'\delta\zeta'''=\delta Q,$$
$$\xi''\delta\xi'+\eta''\delta\eta'+\zeta''\delta\zeta'=\delta R,$$

expreſſions analogues à celles de dP, dQ, dR (art. 23); & de plus,

$$d\xi''\delta\xi' + d\eta''\delta\eta' + d\zeta''\delta\zeta' = -dP\delta Q,$$

$$d\xi'''\delta\xi' + d\eta'''\delta\eta' + d\zeta'''\delta\zeta' = -dP\delta R,$$

$$d\xi'\delta\xi'' + d\eta'\delta\eta'' + d\zeta'\delta\zeta'' = -dQ\delta P,$$

$$d\xi'''\delta\xi'' + d\eta'''\delta\eta'' + d\zeta'''\delta\zeta'' = -dQ\delta R,$$

$$d\xi'\delta\xi''' + d\eta'\delta\eta''' + d\zeta'\delta\zeta''' = -dR\delta P,$$

$$d\xi''\delta\xi''' + d\eta''\delta\eta''' + d\zeta''\delta\zeta''' = -dR\delta Q.$$

Donc les quantités trouvées ci-deſſus réſultantes des termes $\frac{dT}{dp}\delta p$, $\frac{dT}{dq}\delta q$, $\frac{dT}{dr}\delta r$ de la valeur de δT, deviendront en mettant p, q, r pour $\frac{dP}{dt}$, $\frac{dQ}{dt}$, $\frac{dR}{dt}$,

$$\frac{d.\left(\frac{dT}{dp}\right)}{dt}\delta P + \frac{dT}{dp}(r\delta Q - q\delta R),$$

$$\frac{d.\left(\frac{dT}{dq}\right)}{dt}\delta Q + \frac{dT}{dq}(p\delta R - r\delta P),$$

$$\frac{d.\left(\frac{dT}{dr}\right)}{dt}\delta R + \frac{dT}{dr}(q\delta P - p\delta Q),$$

dont la ſomme ſera par conſéquent le réſultat des termes dûs à la variation de T, dans l'équation générale dont il s'agit.

Quant aux termes relatifs à la variation de V, puiſque V devient une fonction algébrique de ξ', ξ'', ξ''', η', &c, après la ſubſtitution de $x' + a\xi' + b\xi'' + c\xi'''$, $y' + a\eta' + b\eta'' + c\eta'''$, $z' + a\zeta' + b\zeta'' + c\zeta'''$, au lieu de x, y, z, le le signe intégral S n'ayant rapport qu'aux quantités a, b, c, il n'y aura qu'à différentier par δ, & mettre ensuite pour $\delta\xi', \delta\xi''$, &c, leurs valeurs dans $\delta P, \delta Q, \delta R$; ainsi puisque $\frac{\delta V}{\delta\xi'} = \frac{dV}{d\xi'}$, $\frac{\delta V}{\delta\xi''} = \frac{dV}{d\xi''}$, &c, on aura dans la même équation les termes suivans,

$$\frac{dV}{d\xi'}(\xi''\delta R - \xi'''\delta Q) + \frac{dV}{d\xi''}(\xi'''\delta P - \xi'\delta R) +$$
$$\frac{dV}{d\xi'''}(\xi'\delta Q - \xi''\delta P) + \frac{dV}{d\eta'}(\eta'\delta R - \eta'''\delta Q) + \&c.$$

Donc enfin rassemblant tous les termes multipliés par chacune des trois quantités δP, δQ, δR, on aura une équation générale de cette forme,

$$0 = (P)\delta P + (Q)\delta Q + (R)\delta R,$$

dans laquelle

$$(P) = \frac{d.\frac{dT}{dp}}{dt} + q\frac{dT}{dr} - r\frac{dT}{dq}$$
$$+ \xi'''\frac{dV}{d\xi''} + \eta'''\frac{dV}{d\eta''} + \zeta'''\frac{dV}{d\zeta''} - \xi''\frac{dV}{d\xi'''} - \eta''\frac{dV}{d\eta'''} - \zeta''\frac{dV}{d\zeta'''},$$

$$(Q) = \frac{d.\frac{dT}{dq}}{dt} + r\frac{dT}{dp} - p\frac{dT}{dr}$$
$$+ \xi'\frac{dV}{d\xi'''} + \eta'\frac{dV}{d\eta'''} + \zeta'\frac{dV}{d\zeta'''} - \xi'''\frac{dV}{d\xi'} - \eta'''\frac{dV}{d\eta'} - \zeta'''\frac{dV}{d\zeta'},$$

$$(R) = \frac{d.\frac{dT}{dr}}{dt} + p\frac{dT}{dq} - q\frac{dT}{dr}$$
$$+ \xi''\frac{dV}{d\xi'} + \eta''\frac{dV}{d\eta'} + \zeta''\frac{dV}{d\zeta'} - \xi'\frac{dV}{d\xi''} - \eta'\frac{dV}{d\eta''} - \zeta'\frac{dV}{d\zeta''}.$$

Et comme les trois quantités δP, δQ, δR sont indépendantes entr'elles, & en même tems arbitraires, on aura donc ces trois équations particulieres $(P) = 0$, $(Q) = 0$, $(R) = 0$, lesquelles étant combinées avec les six équations de condition entre les neuf variables ξ', ξ'', &c, (art. 13), serviront à déterminer chacune de ces variables.

On peut mettre, si l'on veut, sous une forme plus simple, les termes de ces équations dépendans de la quantité V. Car puisque $V = S\,\Pi\,Dm$, aura (à cause que le signe S ne regarde point les variables ξ', ξ'', &c), ...
$\xi'' \frac{dV}{d\xi'} = S\xi'' \frac{d\Pi}{d\xi'} Dm$, $\eta'' \frac{dV}{d\eta'} = S\eta'' \frac{d\Pi}{d\eta'} Dm$, &c; & comme Π est une fonction algébrique de $a\xi' + b\xi'' + c\xi'''$, $a\eta' + b\eta'' + c\eta'''$, $a\zeta' + b\zeta'' + c\zeta'''$, il est aisé de voir qu'en faisant varier séparément a, b, c, on aura . . .
$\xi''' \frac{d\Pi}{d\xi''} + \eta''' \frac{d\Pi}{d\eta''} + \zeta''' \frac{d\Pi}{d\zeta''} = \frac{b\,d\Pi}{dc}$, $\xi'' \frac{d\Pi}{d\xi'''} + \eta'' \frac{d\Pi}{d\eta'''} + \zeta'' \frac{d\Pi}{d\zeta'''} = c\frac{d\Pi}{db}$; & ainsi de suite. De sorte qu'on aura de cette maniere,

$$\xi''' \frac{dV}{d\xi''} + \eta''' \frac{dV}{d\eta''} + \zeta''' \frac{dV}{d\zeta''} - \xi'' \frac{dV}{d\xi'''} - \eta'' \frac{dV}{d\eta'''} - \zeta'' \frac{dV}{d\zeta'''}$$
$$= S\left(b\frac{d\Pi}{dc} - c\frac{d\Pi}{db}\right) Dm,$$

$$\xi' \frac{dV}{d\xi'''} + \eta' \frac{dV}{d\eta'''} + \zeta' \frac{dV}{d\zeta'''} - \xi''' \frac{dV}{d\xi'} - \eta''' \frac{dV}{d\eta'} - \zeta''' \frac{dV}{d\zeta'}$$
$$= S\left(c\frac{d\Pi}{da} - a\frac{d\Pi}{dc}\right) Dm,$$

$$\xi'' \frac{dV}{d\xi'} + \eta'' \frac{dV}{d\eta'} + \zeta'' \frac{dV}{d\zeta'} - \xi' \frac{dV}{d\xi''} - \eta' \frac{dV}{d\eta''} - \zeta' \frac{dV}{d\zeta''}$$
$$= S\left(a\frac{d\Pi}{db} - b\frac{d\Pi}{da}\right) Dm.$$

Mais si cette transformation simplifie les formules, elle ne simplifie pas le calcul, parce qu'au lieu de l'intégration unique contenue dans V, on en aura trois à exécuter.

39. Lorsque les distances des centres des forces au centre du corps sont très-grandes vis-à-vis des dimensions de ce corps, on peut alors réduire la quantité Π en une série fort convergente de termes proportionnels aux puissances & aux produits de a, b, c; de sorte que l'intégration $S\Pi Dm$ n'aura aucune difficulté; c'est le cas des Planetes en tant qu'elles s'attirent mutuellement.

Si la force attractive $\overline{P}$ est simplement proportionnelle à la distance $\overline{p}$, ensorte que $\overline{P} = k\overline{p}$, k étant au coëfficient constant, le terme $\int \overline{P}\, d\overline{p}$ de la fonction Π (art. 35) devient $= \frac{k\overline{p}^2}{2}$; & comme p est exprimé en général par $\sqrt{((x-f)^2 + (y-g)^2 + (z-h)^2)}$, en désignant par f, g, h, les coordonnées du centre des forces; le terme dont il s'agit donnera ceux-ci, $\frac{k}{2}((x-f)^2 + (y-g)^2 + (z-h)^2)$; donc substituant par x, y, z leurs valeurs $x' + \xi$, $y' + \eta$, $z' + \zeta$, multipliant par Dm, & intégrant selon S, on aura dans la valeur de $V = S\Pi Dm$ les termes suivans,

$$\frac{k}{2}((x'-f)^2 + (y'-g)^2 + (z'-h)^2) S Dm$$

$$+ k(x'-f) S\xi Dm + k(y'-g) S\eta Dm + k(z'-h) S\zeta Dm$$

$$+ \frac{k}{2} S(\xi^2 + \eta^2 + \zeta^2) Dm.$$

Or $\xi = a\xi' + b\xi'' + c\xi'''$, $\eta = a\eta' + b\eta'' + c\eta'''$, $\zeta = a\zeta' + b\zeta'' + c\zeta'''$; donc,

$$S\xi Dm = \xi' SaDm + \xi'' SbDm + \xi''' ScDm,$$

& ainſi des autres ; & $S(\xi^2 + n^2 + \zeta^2)Dm = S(a^2 + b^2 + c^2)Dm$, (art. 13) = à une conſtante que nous déſignerons par E.

Mais ſi on prend pour le centre arbitraire du corps, ſon centre même de gravité, on a alors

$$SaDm = 0, \quad SbDm = 0, \quad ScDm = 0,$$

comme nous l'avons déja vu ci-deſſus (art. 36). Ainſi dans ce cas la quantité V ne contiendra relativement à la force dont il s'agit, qque les termes

$$\frac{k}{2}\left((x'-f)^2 + (y'-g)^2 + (z'-h)^2\right) + \frac{k}{2}E;$$

de ſorte que toutes les différences partielles $\frac{dV}{d\xi'}$, $\frac{dV}{d\xi''}$, &c, ſeront nulles.

D'où il s'enſuit que l'effet de cette force ſera nul par rapport au mouvement de rotation autour du centre de gravité.

Et comme l'expreſſion précédente V, au terme conſtant $\frac{kE}{2}$ près, eſt la même que ſi tout le corps étoit concentré dans ſon centre, auquel cas $x = x'$, $y = y'$, $z = z'$, on aura pour le mouvement progreſſif de ce centre, les mêmes équations que ſi le corps étoit réduit à un point ; car les différences partielles de V, relativement aux variables x', y', z' ſeront les mêmes que dans cette hypothèſe.

Si on veut conſidérer le corps comme peſant, en prenant la force accélératrice de la gravité pour l'unité, & l'axe des coordonnées z dirigé verticalement de haut en bas, on aura $\bar{P} = 1$, & $\bar{p} = h - z$; donc $\int P\, dP = h - z = h - z'$

$-a\zeta'-b\zeta''-c\zeta'''$; de ſorte que la quantité V contiendra, à raiſon de la peſanteur du corps, les termes

$$(h-\zeta')SDm-\zeta'SaDm-\zeta''SbDm-\zeta'''ScDm.$$

Ainſi ſi le centre du corps eſt pris dans ſon centre de gravité, les termes qui contiennent les variables ζ', ζ'', &c, diſparoîtront, & par conſéquent l'effet de la gravité ſur la rotation ſera nul, comme dans le cas précédent. La valeur de V en tant qu'elle eſt due à la gravité, ſe réduira alors à $(h-\zeta')SDm$, c'eſt-à-dire, à ce qu'elle ſeroit ſi le corps étoit réduit à un point, en conſervant ſa maſſe SDm; donc auſſi le mouvement de tranſlation du corps ſera le même que dans ce cas.

§. III.

Détermination du mouvement d'un corps grave de figure quelconque.

40. Ce problême, quelque difficile qu'il ſoit, eſt néanmoins un des plus ſimples que préſente la Méchanique, quand on conſidere les choſes dans l'état naturel & ſans abſtraction; car tous les corps étant eſſentiellement péſans & étendus, on ne peut les dépouiller de l'une ou de l'autre de ces propriétés ſans les dénaturer, & les queſtions dans leſquelles on ne tiendroit pas compte de toutes les deux à la fois, ne ſeroient par conſéquent que de pure curioſité.

Nous commencerons par examiner le mouvement des corps libres, comme le font les projectiles; nous examinerons enſuite celui des corps retenus par un point fixe, comme le font les pendules.

Dans le premier cas on prendra le centre du corps dans ſon centre de gravité, & comme alors l'effet de la gravité eſt nul ſur la rotation, ainſi qu'on vient de le voir, on déterminera les loix de cette rotation par les trois équations ſuivantes (art. 38),

$$\left.\begin{array}{l}\dfrac{d.\frac{dT}{dp}}{dt}+q\dfrac{dT}{dr}-r\dfrac{dT}{dq}=0\\[2ex]\dfrac{d.\frac{dT}{dq}}{dt}+r\dfrac{dT}{dp}-p\dfrac{dT}{dr}=0\\[2ex]\dfrac{d.\frac{dT}{dr}}{dt}+p\dfrac{dT}{dq}-q\dfrac{dT}{dp}=0\end{array}\right\}\ \ldots\ (A),$$

en ſuppoſant (art. 37).

$$p=\frac{dP}{dt},\ q=\frac{dQ}{dt},\ r=\frac{dR}{dt},\ \&$$

$$T=\tfrac{1}{2}(Ap^2+Bq^2+Cr^2)-Fqr-Gpr-Hpq.$$

A l'égard du centre même du corps, il ſuivra les loix connues du mouvement des projectiles conſidérés comme des points; ainſi la détermination de ſon mouvement n'a aucune difficulté, & nous ne nous y arrêterons point.

Dans le ſecond cas on prendra le point fixe de ſuſpenſion pour le centre du corps, & ſuppoſant les ordonnées z verticales, & dirigées de bas en haut, on aura (art. 39)

$$V=(h-z')SDm-z'SaDm-z''SbDm-z'''ScDm;$$

d'où l'on tire $\frac{dV}{dz'}=-SaDm$, $\frac{dV}{dz''}=-SbDm$,

$\frac{dV}{d\zeta'''} = -ScDm$, & toutes les autres différences partielles de V seront nulles. De sorte que les équations pour le mouvement de rotation seront (art. 38),

$$\left.\begin{array}{l}\frac{d.\frac{dT}{dp}}{dt} + q\frac{dT}{dr} - r\frac{dT}{dq} - \zeta'''SbDm + \zeta''ScDm = 0\\ \frac{d.\frac{dT}{dq}}{dt} + r\frac{dT}{dp} - p\frac{dT}{dr} - \zeta'ScDm + \zeta'''SaDm = 0\\ \frac{d.\frac{dT}{dr}}{dt} + p\frac{dT}{dq} - q\frac{dT}{dr} - \zeta''SaDm + \zeta'SbDm = 0\end{array}\right\}\ldots(B),$$

les quantités $SaDm$, $SbDm$, $ScDm$, devant être regardées comme des constantes données par la figure du corps, & par le lieu du point de suspension.

41. La solution du premier cas, où le corps est supposé entiérement libre, & où l'on ne considere que la rotation autour du centre de gravité, dépend uniquement de l'intégration des trois équations (A).

Or il est d'abord facile de trouver deux intégrales de ces équations;

car 1°, si on les multiplie respectivement par $\frac{dT}{dp}$, $\frac{dT}{dq}$, $\frac{dT}{dr}$, & qu'ensuite on les ajoute ensemble, on a évidemment une équation intégrable, & dont l'intégrale sera

$$\left(\frac{dT}{dp}\right)^2 + \left(\frac{dT}{dq}\right)^2 + \left(\frac{dT}{dr}\right)^2 = f^2,$$

f^2 étant une constante arbitraire.

2°. Si on multiplie les mêmes équations par p, q, r, & qu'on les ajoute ensemble, on aura celle-ci,

$$p\,d.\frac{dT}{dp} + q\,d.\frac{dT}{dp} + r\,d.\frac{dT}{dp} = 0,$$

laquelle (à cause que T est une fonction de p, q, r uniquement, & que par conséquent $dT = \frac{dT}{dp}\,dp + \frac{dT}{dq}\,dq + \frac{dT}{dr}\,dr$ est aussi intégrable, son intégrale étant.

$$p\frac{dT}{dp} + q\frac{dT}{dq} + r\frac{dT}{dr} - T = h^n,$$

h^2 étant une nouvelle constante arbitraire.

En mettant dans ces équations, au lieu de T, $\frac{dT}{dp}$, $\frac{dT}{dq}$, $\frac{dT}{dr}$ leurs valeurs, on aura deux équations du second degré entre p, q, r, par lesquelles on pourra déterminer les valeurs de deux de ces variables en fonctions de la troisieme; & ces valeurs étant ensuite substituées dans une quelconque des trois équations (A), on aura une équation du premier ordre entre t & la variable dont il s'agit; ainsi on pourra connoître par ce moyen les valeurs de p, q, r en t. C'est ce que nous allons développer.

Je remarque d'abord qu'on peut réduire la seconde des deux intégrales trouvées, à une forme plus simple, en faisant attention que puisque T est une fonction homogène de deux dimensions de p, q, r, on a par la propriété connue de ces sortes de fonctions,

$$p\frac{dT}{dp} + \frac{dT}{dq} + r\frac{dT}{dr} = 2T,$$

ce qui réduit l'équation intégrale dont il s'agit à $T = h^2$; laquelle

laquelle exprime la conservation des forces vives du mouvement de rotation.

Je remarque ensuite que comme la quantité . . .

$$\left(r\frac{dT}{dq}-q\frac{dT}{dr}\right)^2+\left(p\frac{dT}{dr}-r\frac{dT}{dp}\right)^2+\left(q\frac{dT}{dp}-p\frac{dT}{dq}\right)^2$$

est équivalente à celle-ci, $(p^2+q^2+r^2)\times$ . . . . . .

$$\left(\left(\frac{dT}{dp}\right)^2+\left(\frac{dT}{dq}\right)^2+\left(\frac{dT}{dr}\right)^2\right)-\left(p\frac{dT}{dp}+q\frac{dT}{dq}+r\frac{dT}{dr}\right)^2,$$

laquelle devient $f^2(p^2+q^2+r^2)-4h^4$, en vertu des deux intégrales précédentes, on aura une équation différentielle plus simple, en ajoutant ensemble les carrés des valeurs de $d.\frac{dT}{dp}$, $d.\frac{dT}{dq}$, $d.\frac{dT}{dr}$ dans les trois équations différentielles (A); équation qu'on pourra ainsi employer à la place d'une quelconque de celles-ci.

De cette maniere la détermination des quantités p, q, r, en t dépendra simplement de ces trois équations.

$$T=h^2,$$

$$\left(\frac{dT}{dp}\right)^2+\left(\frac{dT}{dq}\right)^2+\left(\frac{dT}{dr}\right)^2=f^2,$$

$$\left(d.\frac{dT}{dp}\right)^2+\left(d.\frac{dT}{dq}\right)^2+\left(d.\frac{dT}{dr}\right)^2$$
$$=(f^2(p^2+q^2+r^2)-4h^4)dt^2;$$

dans lesquelles

$$T=\frac{1}{2}(Ap^2+Bq^2+Cr^2)-Fqr=Gpr-Hpq.$$

42. Cette détermination est assez facile, lorsque les trois constantes F, G, H sont nulles. Car on a alors simplement

$T = \frac{1}{2}(Ap^2 + Bq^2 + Cr^2)$; donc $\frac{dT}{dp} = Ap$, $\frac{dT}{dq} = Bq$, $\frac{dT}{dr} = Cr$; de ſorte que les trois équations à réſoudre ſeront de la forme ſuivante,

$$Ap^2 + Bq^2 + Cr^2 = 2h^2,$$
$$A^2p^2 + B^2q^2 + C^2r^2 = f^2,$$
$$\frac{A^2dp^2 + B^2dq^2 + C^2dr^2}{dt^2} = f^2(p^2 + q^2 + r^2) - 4h^4.$$

Si donc on fait $p^2 + q^2 + r^2 = u$, & qu'on tire les valeurs de p, q, r, de ces trois équations,

$$p^2 + q^2 + r^2 = u,$$
$$Ap^2 + Bq^2 + Cr^2 = 2h^2,$$
$$A^2p^2 + B^2q^2 + C^2r^2 = f^2,$$

on aura

$$p^2 = \frac{BCu - 2h^2(B + C) + f^2}{(A - B)(A - C)},$$
$$q^2 = \frac{ACu - 2h^2(A + C) + f^2}{(B - A)(B - C)},$$
$$r^2 = \frac{ABu - 2h^2(A + B) + f^2}{(C - A)(C - B)};$$

ces valeurs étant ſubſtituées dans l'équation différentielle ci-deſſus, le premier membre de cette équation deviendra, après les réductions,

$$\frac{A^2B^2C^2(4h^4 - f^2u^2)du^2}{4(BCu - 2h^2(B + C) + f^2)(ACu - 2h^2(A + C) + f^2)(ABu - 2h^2(A + B) + f^2)dt^2};$$

& le ſecond membre deviendra $f^2u - 4h^4$, de ſorte qu'en

divisant toute l'équation par $f^2 u - 4h^4$, & tirant la racine carrée, on aura enfin

$$dt = \frac{ABC du}{2\sqrt{-(BCu - 2h^2(B+C)+f^2)(ACu - 2h^2(A+C)+f^2)(ABu - 2h^2(A+B)+f^2)}},$$

d'où l'on tirera par l'intégration t en u, & réciproquement.

43. Supposons maintenant que les constantes F, G, H ne soient pas nulles, & voyons comment on peut ramener ce cas au précédent, au moyen de quelques substitutions.

Pour cela je substitue à la place des variables p, q, r, des fonctions d'autres variables x, y, z, qu'il ne faudra pas confondre avec celles que nous avons employées jusqu'ici pour représenter les coordonnées des différens points du corps; & je suppose d'abord ces fonctions telles, que l'on ait $p^2 + q^2 + r^2 = x^2 + y^2 + z^2$. Il est évident que pour satisfaire à cette condition, elles ne peuvent être que linéaires, & par conséquent de cette forme,

$p = p'x + p''y + p'''z$, $q = q'x + q''y + q'''z$, $r = r'x + r''y + r'''z$.

Les quantités p', p'', p''', q', &c. seront des constantes arbitraires, entre lesquelles, en vertu de l'équation $p^2 + q^2$ $r^2 = x^2 + y^2 + z^2$, il faudra qu'il y ait les six équations de condition que voici.

$$p'^2 + q'^2 + r'^2 = 1, \; p''^2 + q''^2 + r''^2 = 1, \; p'''^2 + q'''^2 + r'''^2 = 1,$$

$$p'p'' + q'q'' + r'r'' = 0, \; p'p''' + q'q''' + r'r''' = 0, \; p''p''' + q''q''' + r''r''' = 0;$$

de sorte que comme les quantités dont il s'agit sont au nombre de neuf, après avoir satisfait à ces six équations, il en restera encore trois d'arbitraires.

Je substituerai maintenant ces expressions de p, q, r dans la valeur de T, & je ferai ensorte, au moyen des trois arbitraires dont je viens de parler, que les trois termes qui contiendroient les produits xy, xz, yz disparoissent de la valeur de T, ensorte que cette quantité se réduise à cette forme, $\frac{\alpha x^2 + \beta y^2 + \gamma z^2}{2}$.

Mais pour rendre le calcul plus simple, je substituerai immédiatement dans cette formule les valeurs de x, y, z en p, q, r, & comparant ensuite le résultat avec l'expression de T, je déterminerai non-seulement les arbitraires dont il s'agit, mais aussi les inconnues α, β, γ. Or les valeurs ci-dessus de p, q, r étant multipliées respectivement par p', q', r', par p'', q'', r'', & par p''', q''', r''', ensuite ajoutées ensemble, donnent sur le champ, en vertu des équations de condition entre les coëfficiens p', p'', &c,

$$x = p'p + q'q + r'r, \quad y = p''p + q''q + r''r, \quad z = p'''p + q'''q + r'''r;$$

la substitution de ces valeurs dans la quantité . . . . $\frac{\alpha x^2 + \beta y^2 + \gamma z^2}{2}$, & la comparaison avec la valeur de T de l'article 41, donnera ainsi les six équations suivantes,

$$\alpha p'^2 + \beta p''^2 + \gamma p'''^2 = A,$$

$$\alpha q'^2 + \beta q''^2 + \gamma q'''^2 = B,$$

$$\alpha r'^2 + \beta r''^2 + \gamma r'''^2 = C,$$

$$\alpha p'q' + \beta p''q'' + \gamma p'''q''' = -2F,$$

$$\alpha p'r' + \beta p''r'' + \gamma p'''r''' = -2G,$$

$$\alpha q'r' + \beta q''r'' + \gamma q'''r''' = -2H,$$

qui serviront à la détermination des six inconnues dont il s'agit.

Et cette détermination n'a même aucune difficulté ; car si on ajoute ensemble la premiere équation multipliée par p', la quatrieme multipliée par q', & la cinquieme multipliée par r', on a, en vertu des équations de condition déja citées,

$$\alpha p' = A p' - 2 F q' - 2 G r';$$

en ajoutant la seconde, la quatrieme, & la sixieme, multipliées respectivement par q', p', r', on aura pareillement

$$\alpha q' = B q' - 2 F p' - 2 H r';$$

ajoutant enfin la troisieme, la cinquieme, & la sixieme, multipliées respectivement, r', p', q', on aura

$$\alpha r' = C r' - 2 G p' - 2 H q';$$

& ces trois équations étant combinées avec l'équation de condition,

$$p'^2 + q'^2 + r'^2 = 1,$$

serviront à déterminer les quatre inconnues α, p', q', r'.

Les deux premieres équations donnent

$$q' = \frac{FG + H(A-\alpha)}{2FH + G(B-\alpha)} p', \quad r' = \frac{(A-\alpha)(B-\alpha) - 4F^2}{4FH + 2G(B-\alpha)} p';$$

substituant ces valeurs dans la troisieme, on aura, après avoir divisé par p', cette équation en α,

$$(\alpha - A)(\alpha - B)(\alpha - C) - 4H^2(\alpha - A) - 4G^2(\alpha - B)$$
$$- 4F^2(\alpha - C) + 16FGH = 0,$$

laquelle étant du troisieme degré, aura nécessairement une racine réelle.

Les mêmes valeurs étant ſubſtituées dans la quatrieme équation, on en tirera celles de p', q', r' en α, leſquelles, en faiſant pour abréger,

$$(\alpha)=\sqrt{\left(\overline{(A-\alpha)(B-\alpha)-4F^2}^2+\overline{4FG+2H(A-\alpha)}^2+\overline{4FH+2G(B-\alpha)}^2\right)},$$

ſeront exprimées ainſi,

$$p'=\frac{4FH+2G(B-\alpha)}{(\alpha)},\ q'=\frac{4FG+2H(A-\alpha)}{(\alpha)},\ r'=\frac{(A-\alpha)(B-\alpha)-4F^2}{(\alpha)}.$$

Si on fait de nouveau les mêmes combinaiſons des équations ci-deſſus, mais en prenant pour multiplicateurs les quantités p'', q'', r'', à la place de p', q', r', on en tirera ces équations-ci,

$$\beta p''=Ap''-2Fq''-2Gr'',$$

$$\beta q''=Bq''-2Fp''-2Hr'',$$

$$\beta r''=Cr''-2Gp''-2Hq'',$$

qui étant jointes à l'équation de condition $p''^2+q''^2+r''^2=1$, ſerviront à déterminer les quatre inconnues β, p'', q'', r''; & comme ces équations ne diffèrent des précédentes qu'en ce que ces inconnues y ſont à la place des premieres inconnues α, p', q', r', on en conclura ſur le champ que l'équation en β, ainſi que les expreſſions de p'', q'', r'' en β ſeront les mêmes que celles que nous venons de trouver en α.

Enfin ſi on réitere les mêmes opérations, mais en prenant p''', q''', r''' pour multiplicateurs, on trouvera de même les trois équations,

$$\gamma p'''=Ap'''-2Fq'''-2Gr''',$$

$$\gamma q''' = B q''' - 2 F p''' - 2 H r''',$$

$$\gamma r''' = C r''' - 2 G p''' - 2 H q''',$$

auxquelles en joindra l'équation $p'''^2 + q'''^2 + r'''^2 = 1$; & comme ces équations sont en tout semblables aux précédentes, on en tirera des conclusions analogues.

On concluera donc en général que l'équation en α trouvée ci-dessus, aura pour racines les valeurs des trois quantités α, β, γ, & que ces trois racines étant substituées successivement dans les expressions de p', q', r' en α, on aura tout de suite les valeurs de p', q', r', de p'', q'', r'', & de p''', q''', r'''; de sorte que tout sera connu moyennant la résolution de l'équation dont il s'agit.

Au reste, comme cette équation est du troisieme degré, elle aura toujours une racine réelle, qui étant prise pour α, rendra aussi réelles les trois quantités p', q', r'. A l'égard des deux autres racines β & γ, si elles étoient imaginaires, elles seroient, comme l'on sait, de la forme $b + c\sqrt{-1}$ & $b - c\sqrt{-1}$; de sorte que les quantités p'', q'', r'' qui sont des fonctions rationelles de β, seroient aussi de ces formes, $m + n\sqrt{-1}$, $m' + n'\sqrt{-1}$, $m'' + n''\sqrt{-1}$; & les quantités p''', q''', r''', qui sont de semblables fonctions de γ seroient des formes réciproques $m - n\sqrt{-1}$, $m' - n'\sqrt{-1}$, $m'' - n''\sqrt{-1}$; donc l'équation de condition $p''p''' + q''q''' + r''r''' = 0$, deviendroit $m^2 + n^2 + m'^2 + n'^2 + m''^2 + n''^2 = 0$, & par conséquent impossible tant que m, n, m', n', m'', n'' seroient réelles; d'où il s'ensuit que β & γ ne peuvent être imaginaires.

Pour se convaincre directement de cette vérité, d'après l'équation même dont il s'agit, je mets cette équation sous la forme

$$\alpha - C = \frac{4H^2(\alpha - A) + 4G^2(\alpha - B) - 16FGH}{(\alpha - A)(\alpha - B) - 4F^2};$$

j'y ſubſtitue ſucceſſivement, au lieu de α, les deux autres racines β & γ, & je retranche les deux équations réſultantes l'une de l'autre; j'aurai, après les réductions & la diviſion par $\beta - \gamma$, cette transformée

$$((\beta - A)(\beta - B) - 4F^2)(\gamma - A)(\gamma - B) - 4F^2) + 4(G^2 + H^2)\beta\gamma - 4(4FGH + H^2A + G^2B)(\beta + \gamma)$$
$$+ 16F^2(G^2 + H^2) + 16(A + B)FGH + 4(AH^2 + BG^2) = 0,$$

laquelle eſt réductible à cette forme,

$$((\beta - A)(\beta - B) - 4F^2)((\gamma - A)(\gamma - B) - 4F^2)$$
$$+ 4(H(\beta - A) - 2FG)(H(\gamma - A) - 2FG)$$
$$+ 4(G(\beta - A) - 2FH)(G(\gamma - A) - 2FH) = 0,$$

qu'on voit être la même choſe que l'équation $p''p''' + q''q''' + r''r''' = 0$, & qui fournit par conſéquent des concluſions ſemblables.

Donc les trois racines α, β, γ ſeront néceſſairement toutes réelles, & les neuf coëfficiens p', q', r', p'', &c, qui ſont des fonctions rationelles de ces racines, ſeront réels auſſi.

44. Nous venons de déterminer les valeurs de ces coëfficiens, enſorte que l'on ait $p^2 + q^2 + r^2 = x^2 + y^2 + z^2$, & $T = \frac{\alpha x^2 + \beta y^2 + \gamma z^2}{2}$; or en faiſant varier ſucceſſivement p, q, r, on aura, à cauſe que x, y, z ſont fonctions de ces variables,

$$\frac{dT}{dp} = \alpha x \frac{dx}{dp} + \beta y \frac{dy}{dp} + \gamma z \frac{dz}{dp},$$

$$\frac{dT}{dq} = \alpha x \frac{dx}{dq} + \beta y \frac{dy}{dq} + \gamma z \frac{dz}{dq},$$

$$\frac{dT}{dr} = \alpha x \frac{dx}{dr} + \beta y \frac{dy}{dr} + \gamma z \frac{dz}{dr},$$

mais $x = p'p + q'q + r'r$, $y = p''p + q''q + r''r$, $z = p'''p + q'''q + r'''r$, comme on l'a déja vu plus haut; donc $\frac{dx}{dp} = p'$, $\frac{dx}{dq} = q'$, $\frac{dx}{dr} = r'$, $\frac{dy}{dp} = p''$, $\frac{dy}{dq} = q''$, &c; ſubſtituant ces valeurs, on aura donc

$$\frac{dT}{dp} = p'\alpha x + p''\beta y + p'''\gamma z,$$

$$\frac{dT}{dq} = q'\alpha x + q''\beta y + q'''\gamma z,$$

$$\frac{dT}{dr} = r'\alpha x + r''\beta y + r'''\gamma z.$$

De ſorte qu'en vertu des équations de condition entre les coëfficiens p', q', r', p'', &c, on aura

$$\left(\frac{dT}{dp}\right)^2 + \left(\frac{dT}{dq}\right)^2 + \left(\frac{dT}{dr}\right)^2 = \alpha^2 x^2 + \beta^2 y^2 + \gamma^2 z^2, \text{ \&}$$

$$\left(d.\frac{dT}{dp}\right)^2 + \left(d.\frac{dT}{dq}\right)^2 + \left(d.\frac{dT}{dr}\right)^2 = \alpha^2 dx^2 + \beta^2 dy^2 + \gamma^2 dz^2,$$

Par conſéquent les trois équations finales de l'article 41 ſe réduiront à celles-ci

$$\alpha x^2 + \beta y^2 + \gamma z^2 = 2h^2,$$

$$\alpha^2 x^2 + \beta^2 y^2 + \gamma^2 z^2 = f^2,$$

$$\frac{\alpha^2 dx^2 + \beta^2 dy^2 + \gamma^2 dz^2}{dt^2} = f^2 (x^2 + y^2 + z^2) - 4h^4,$$

lesquelles sont, comme l'on voit, tout-à-fait semblables à celles de l'article 42, les quantités x, y, z, α, β, γ répondant aux quantités p, q, r, A, B, C.

D'où il suit que si on fait, comme dans l'article cité,

$$u = p^2 + q^2 + r^2 = x^2 + y^2 + z^2,$$

on aura entre les variables x, y, z, u, t, les mêmes formules que l'on avoit trouvées entre p, q, r, u, t, en changeant seulement A, B, C, en α, β, γ.

Ayant ainsi les valeurs de x, y, z en u ou t, on aura les valeurs complettes de p, q, r par les formules de l'article 43.

45. Les quantités p, q, r ne suffisent pas pour déterminer toutes les circonstances du mouvement de rotation du corps, elles ne servent qu'à faire connoître sa rotation instantanée. En effet, puisque $p = \frac{dP}{dt}$, $q = \frac{dQ}{dt}$, $r = \frac{dR}{dt}$, il s'ensuit de ce qu'on a vu dans l'article 26 que l'axe spontanée de rotation, autour duquel le corps tourne à chaque instant, fera avec les axes des coordonnées a, b, c, des angles dont les cosinus seront respectivement $\frac{p}{\sqrt{(p^2+q^2+r^2)}}$, $\frac{q}{\sqrt{(p^2+q^2+r^2)}}$, $\frac{r}{\sqrt{(p^2+q^2+r^2)}}$, & que la vîtesse angulaire autour de cet axe sera représentée par $\sqrt{(p^2+q^2+r^2)}$.

Pour la connoissance complette de la rotation du corps, il faut encore déterminer les valeurs des neuf quantités ξ', η', ζ', ξ'', &c, d'où dépendent celles des coordonnées ξ, η, ζ, lesquelles donnent la position absolue de chaque point du corps dans l'espace relativement au centre de gravité regardé comme immobile (art. 34); c'est ce qui demande encore trois intégrations nouvelles.

Pour cet effet je reprends les formules différentielles de l'article 27, & mettant $p\,dt$, $q\,dt$, $r\,dt$, au lieu de dP, dQ, dR, j'ai ces équations,

$$\left.\begin{array}{l} d\xi' + (q\xi''' - r\xi'')\,dt = 0 \\ d\xi'' + (r\xi' - p\xi''')\,dt = 0 \\ d\xi''' + (p\xi'' - q\xi')\,dt = 0 \end{array}\right\} \ldots (C)$$

& autant d'équations semblables en ν', ν'', ν''', & en ζ', ζ'', ζ''', en changeant seulement ξ en ν & en ζ.

Ces équations étant comparées avec les équations différentielles (A) de l'article 40, entre les quantités $\frac{dT}{dp}$, $\frac{dT}{dq}$, $\frac{dT}{dr}$, il est visible qu'elles sont entiérement semblables, de sorte que ces quantités répondent aux quantités ξ', ξ'', ξ''', comme aussi aux quantités ν', ν'', ν''', & aux quantités ζ', ζ'', ζ'''.

D'où je conclus que ces dernieres variables peuvent être regardées comme des valeurs particulieres des variables $\frac{dT}{dp}$, $\frac{dT}{dq}$, $\frac{dT}{dr}$; & qu'ainsi, puisque les équations entre ces variables sont simplement linéaires, on aura, en prenant trois constantes quelconques l, m, n, ces trois équations intégrales complettes,

$$\left.\begin{array}{l} \frac{dT}{dp} = l\xi' + m\nu' + n\zeta', \\ \frac{dT}{dq} = l\xi'' + m\nu'' + n\zeta'', \\ \frac{dT}{dr} = l\xi''' + m\nu''' + n\zeta''', \end{array}\right\} \ldots (D)$$

or en combinant ces trois équations avec les six équations de condition entre les mêmes variables ξ', η', &c, il semble qu'on pourroit déterminer ces variables, qui sont en tout au nombre de neuf; mais en considérant de plus près les équations précédentes, il est facile de se convaincre qu'elles ne peuvent réellement tenir lieu que de deux équations; car en ajoutant ensemble leurs carrés, il arrive que toutes les inconnues ξ', η', ξ'', &c, disparoissent à la fois en vertu des mêmes équations de condition (art. 15); de sorte que l'on aura simplement l'équation

$$\left(\frac{dT}{dp}\right)^2 + \left(\frac{dT}{dq}\right)^2 + \left(\frac{dT}{dr}\right)^2 = l^2 + m^2 + n^2,$$

laquelle revient, comme l'on voit, à la premiere des deux intégrales trouvées plus haut (art. 41); & la comparaison de ces équations donnent $f^2 = l^2 + m^2 + n^2$, ensorte que parmi les quatre constantes f, l, m, n, il n'y en a que trois d'arbitraires.

D'où l'on doit conclure que la solution complette demande encore une nouvelle intégration, à laquelle il faudra employer une quelconque des équations différentielles ci-dessus, ou une combinaison quelconque de ces mêmes équations.

46. Mais on peut rendre le calcul beaucoup plus général & plus simple, en cherchant directement les valeurs des coordonnées mêmes ξ, η, ζ, qui déterminent immédiatement la position absolue d'un point quelconque du corps, pour lequel les coordonnées relatives aux axes du corps, sont a, b, c.

Pour cela, j'ajoute ensemble les trois équations intégrales

(*D*) trouvées ci-dessus, après avoir multiplié la premiere par a, la seconde par b, la troisieme par c; ce qui donne (art. 12), cette équation,

$$l\xi + m\eta + n\zeta = a\frac{dT}{dp} + b\frac{dT}{dq} + c\frac{dT}{dr}.$$

Or on a déja par la nature des quantités ξ, η, ζ, (art. 13).

$$\xi^2 + \eta^2 + \zeta^2 = a^2 + b^2 + c^2.$$

Enfin on a aussi (art. 28) en mettant pdt, qdt, rdt au lieu de dP, dQ, dR, & faisant a, b, c constans,

$$\frac{d\xi^2 + d\eta^2 + d\zeta^2}{dt^2} = (cq - br)^2 + (ar - cp)^2 + (bp - aq)^2.$$

Ainsi voilà trois équations d'où l'on pourra tirer les valeurs de ξ, η, ζ, moyennant une seule intégration.

Ensuite si on vouloit connoître séparément les valeurs de ξ', η', ζ', ξ'', &c, il n'y auroit qu'à supposer dans les expressions générales de ξ, η, ζ, les constantes $a = 1$, $b = 0$, $c = 0$, ou $a = 0$, $b = 1$, $c = 0$, ou $a = 0$, $b = 0$, $c = 1$.

Supposons pour abréger

$$L = a\frac{dT}{dp} + b\frac{dT}{dq} + c\frac{dT}{dr},$$

$$M = a^2 + b^2 + c^2,$$

$$N = (cq - br)^2 + (ar - cp)^2 + (bp - aq)^2;$$

on aura donc à résoudre ces trois équations,

$$l\xi + m\eta + n\zeta = L,$$

$$\xi^2 + \eta^2 + \zeta^2 = M,$$

$$\frac{d\xi^2 + d\eta^2 + d\zeta^2}{dt^2} = N,$$

dans lesquelles M est une constante donnée, L, N, sont supposées connues en fonctions de t, & l, m, n sont des constantes arbitraires.

J'observe d'abord que si l, & m étoient nulles à la fois, la premiere équation donneroit $\zeta = \frac{L}{n}$; & cette valeur étant substituée dans les deux autres, on auroit

$$\xi^2 + \eta^2 = M - \frac{L}{n^2}, \quad \frac{d\xi^2 + d\eta^2}{dt^2} = N - \frac{dL^2}{n^2\, dt^2};$$

équations très-faciles à intégrer, en faisant $\xi = \rho \cos \theta$, $\eta = \rho \sin \theta$, ce qui les change en ces deux-ci,

$$\rho^2 = M - \frac{L}{n^2}, \quad \frac{\rho\, d\theta^2 + d\rho^2}{dt^2} = N - \frac{dL^2}{n^2\, dt^2},$$

dont la premiere donnera la valeur de ρ, & dont la seconde donnera l'angle θ par l'intégration de cette formule

$$d\theta = \frac{dt}{\rho} \sqrt{N - \frac{dL^2}{n^2\, dt^2} - \frac{d\rho^2}{dt^2}}.$$

Supposons maintenant que l, & m ne soient pas nulles, & voyons comment on peut réduire ce cas au précédent. Il est clair que si on fait $l\xi + m\eta = x\sqrt{l^2 + m^2}$, $m\xi - l\eta = y\sqrt{l^2 + m^2}$, on aura également . . . , $\xi^2 + \eta^2 = x^2 + y^2$, & $d\xi^2 + d\eta^2 = dx^2 + dy^2$; ainsi les équations proposées se réduiront d'abord à cette forme,

$$x\sqrt{l^2 + m^2} + n\zeta = L,$$

$$x^2 + y^2 + \zeta^2 = M,$$

$$\frac{dx^2 + dy^2 + d\zeta^2}{dt^2} = N.$$

Si on fait ensuite

$$x\sqrt{l^2+m^2}+n\zeta, = z\sqrt{l^2+m^2+n^2},$$

$$nx-\zeta\sqrt{l^2+m^2} = u\sqrt{l^2+m^2+n^2},$$

on aura encore $x^2+\zeta^2=z^2+u^2$, & $dx^2+d\zeta^2=dz^2+du^2$; donc on aura ces transformées,

$$z\sqrt{l^2+m^2+n^2}=L,$$

$$u^2+y^2+z^2=M,$$

$$\frac{du^2+dy^2+dz^2}{dt^2}=N,$$

qui sont, comme l'on voit, entiérement semblables à celles que nous venons de résoudre ci-dessus; ensorte qu'on aura pour u, y, z, les mêmes expressions que nous avons trouvées pour ξ, n, ζ, en y changeant seulement n en . . $\sqrt{l^2+m^2+n^2}$.

Ces valeurs étant connues, on aura les valeurs générales de ξ, n, ζ, par les formules

$$\xi=\frac{lx+my}{\sqrt{l^2+m^2}},\ n=\frac{mx-ly}{\sqrt{l^2+m^2}},\ \zeta=\frac{nu+z\sqrt{l^2+m^2}}{\sqrt{l^2+m^2+n^2}}.$$

47. Telle est, si je ne me trompe, la solution la plus générale, & en même tems la plus simple qu'on puisse donner du fameux problême du mouvement de rotation des corps libres; elle est analogue à celle que j'ai donnée dans les Mémoires de l'Académie de Berlin pour 1773, mais elle est en même-tems plus directe & plus simple à quelques

égards. Dans celle-là je suis parti de trois équations intégrales qui répondent aux équations (D) de l'article 45 ci-dessus, équations qui m'avoient été fournies directement par le principe connu des aires & des momens, & auxquelles j'avois joint l'équation des forces vives $T = h^2$ (art. 41). Ici j'ai déduit toute la solution des trois équations différentielles primitives, & je crois avoir mis dans cette solution, toute la clarté & (si j'ose le dire) toute l'élégance dont elle est susceptible; par cette raison je me flatte qu'on ne me désapprouvera pas d'avoir traité de nouveau ce problême, quoiqu'il ne soit gueres que de pure curiosité, sur-tout, si comme je n'en doute pas, il peut être de quelque utilité à l'avancement de l'analyse.

Ce qu'il y a, ce me semble, de plus remarquable dans la solution précédente, c'est l'emploi qu'on y fait des quantités ξ', η', ζ', ξ'', &c, sans connoître leurs valeurs, mais seulement les équations de condition auxquelles elles sont soumises, quantités qui disparoissent à la fin tout-à-fait du calcul; je ne doute pas que ce genre d'analyse ne puisse aussi être utile dans d'autres occasions.

Au reste, si cette solution est un peu longue, on ne doit l'imputer qu'à la grande généralité qu'on y a voulu conserver; & l'on a pu remarquer deux moyens de la simplifier, l'un en supposant les constantes F, G, H nulles (art. 42), & l'autre en faisant nulles les constantes l & m (art. 46).

La premiere de ces deux suppositions avoit toujours été regardée comme indispensable pour parvenir à une solution complette du problême, jusqu'à ce que je donnai dans mon Mémoire de 1773 la maniere de s'en passer; cette supposition

tion consiste, en effet, à prendre pour les axes des coordonnées a, b, c, des droites, telles que les sommes $S\,ab\,Dm$, $S\,ac\,Dm$, $S\,bc\,Dm$ soient nulles (art. 36); & M. Euler a démontré le premier que cela est toujours possible, quelle que soit la figure du corps, & que les axes ainsi déterminés, sont des axes de rotation naturels, c'est-à-dire, tels que le corps peut tourner librement autour de chacun d'eux. Mais quoiqu'on puisse toujours trouver des axes qui aient la propriété dont il s'agit, & que d'ailleurs la position des axes du corps soit arbitraire, il n'est pas indifférent d'avoir une solution tout-à-fait directe & indépendante de ces considérations particulieres.

La seconde des deux suppositions dont il s'agit, dépend de la position des axes des coordonnées ξ, η, ζ, dans l'espace, position qui étant pareillement arbitraire, peut toujours être supposée telle que les constantes l & m deviennent nulles, comme on peut s'en convaincre directement d'après les expressions générales de ξ, η, ζ que nous avons trouvées.

48. En supposant F, G, H nulles, on a, comme on l'a vu dans l'article 42,

$$\frac{dT}{dp} = Ap, \quad \frac{dT}{dq} = Bq, \quad \frac{dT}{dr} = Cr,$$

& ces valeurs étant substituées dans les trois équations différentielles (A), il vient celles-ci,

$$dp + \frac{C-B}{A}\,qr\,dt = 0, \quad dq + \frac{A-C}{B}\,pr\,dt = 0, \quad dr + \frac{B-A}{C}\,pq\,dt = 0;$$

lesquelles s'accordent avec celles que M. Euler a employées dans la solution qu'il a donnée le premier de ce problême (voyez les Mémoires de l'Académie de Berlin pour 1758); pour s'en convaincre, il suffira d'observer que les constantes A, B, C (art. 36), ne sont autre chose que ce que M. Euler nomme les *momens d'inertie* du corps autour des axes des coordonnées a, b, c, & que les variables p, q, r dépendent du mouvement instantané & spontanée de rotation, de maniere que si on nomme α, β, γ, les angles que l'axe autour duquel le corps tourne spontanément à chaque instant, fait avec les axes des a, b, c; & ρ la vitesse angulaire de rotation autour de cet axe, on a (art. 45);

$$p = \rho \cos \alpha,\ q = \rho \cos \beta,\ r = \rho \cos \gamma.$$

A l'égard des autres équations de M. Euler, lesquelles servent à déterminer la position des axes du corps dans l'espace, elles se rapportent à nos équations (C) de l'article 45. En effet, comme les neuf quantités ξ', η', ζ', ξ'', &c, ne sont autre chose que les coordonnées rectangles des trois points du corps pris dans ses trois axes à la distance 1 du centre (ce qui suit évidemment de ce que ces quantités résultent des trois ξ, η, ζ, en y faisant successivement $a = 1$, $b = 0$, $c = 0$, ensuite $a = 0$, $b = 1$, $c = 0$, & enfin $a = 0$, $b = 0$, $c = 1$), il est clair que si on désigne, avec M. Euler, par l, m, n les complémens des angles d'inclinaison de ces axes sur le plan fixe des ξ & η, & par λ, μ, ν, les angles que les projections des mêmes axes font avec l'axe fixe des ξ, on aura ces expressions,

$$\zeta' = \cos l,\ \eta' = \sin l \sin \lambda,\ \xi' = \sin l \cos \lambda,$$

$$\zeta'' = \cos m,\ \eta'' = \sin m \sin \mu,\ \xi'' = \sin m \cos \mu,$$

$$\zeta''' = \cos n,\ \eta''' = \sin n \sin \nu,\ \xi''' = \sin n \cos \nu;$$

& par le moyen de ces ſubſtitutions, on trouvera aiſément les équations auxquelles M. Euler eſt parvenu par des conſidérations géométriques & trigonométriques.

49. Au reſte, en adoptant à la fois les deux ſuppoſitions de F, G, H nulles, & de l, m, nulles auſſi, on aura la ſolution la plus ſimple par les trois équations (D) de l'article 45, en y ſubſtituant les valeurs de ζ', ζ'', ζ''' & de p, q, r en φ, ψ, ω (art, 30, 37). Car on aura de cette maniere ces trois équations du premier ordre,

$$A \frac{\sin\varphi \sin\omega\, d\psi + \cos\varphi\, d\omega}{dt} = n \sin\varphi \sin\omega,$$

$$B \frac{\cos\varphi \sin\omega\, d\psi - \sin\varphi\, d\omega}{dt} = n \cos\varphi \sin\omega,$$

$$C \frac{d\varphi + \cos\omega\, d\psi}{dt} = n \cos\omega;$$

leſquelles ſe réduiſent évidemment à celles-ci,

$$n\,dt - A\,d\psi = \frac{A\,d\omega}{\tan\varphi \sin\omega},$$

$$n\,dt - B\,d\psi = -\frac{B \tan\varphi\, d\omega}{\sin\omega},$$

$$n\,dt - C\,d\psi = \frac{C\,d\varphi}{\cos\omega}.$$

Or ſi on élimine dt & $d\psi$, en ajoutant enſemble ces trois équations, après les avoir multipliées reſpectivement par $C - B$, $A - C$, $B - A$, on aura l'équation

$$A(C-B)\frac{d\omega}{\tan\varphi \sin\omega} - B(A-C)\frac{\tan\varphi\, d\omega}{\sin\omega} + C(B-A)\frac{d\varphi}{\cos\omega} = 0,$$

laquelle ſe réduit à cette forme,

$$\frac{\text{cof}\, d\omega}{\text{fin}\,\omega} = \frac{C(B-A)\,d\varphi}{B(A-C)\,\text{tang}\,\varphi - \frac{A(C-B)}{\text{tang}\,\varphi}},$$

où les variables font féparées.

Le fecond membre de cette équation,

fe change en $\frac{C(B-A)\,\text{fin}\,\varphi\,\text{cof}\,\varphi\,d\varphi}{B(A-C)\,\text{fin}\,\varphi^2 - A(C-B)\,\text{cof}\,\varphi^2}$,

ou encore en $\frac{C(B-A)\,\text{fin}\,2\varphi\,d\varphi}{2AB - C(A+B) + C(A-A)\,\text{cof}\,2\varphi}$;

donc, en intégrant logarithmiquement, & paffant enfuite des logarithmes aux nombres, on aura

$$2AB - C(A+B) + C(B-A)\,\text{cof}\,2\varphi = \frac{K}{\text{fin}\,\omega^2},$$

K étant une conftante arbitraire; . . . .

or $\text{tang}\,\varphi = \sqrt{\left(\frac{1-\text{cof}\,2\varphi}{1+\text{cof}\,2\varphi}\right)}$; donc fubftituant la valeur précédente, on aura

$$\text{tang}\,\varphi = \sqrt{\left(\frac{2A(B-C)\,\text{fin}\,\omega^2 - K}{2B(C-A)\,\text{fin}\,\omega^2 + K}\right)};$$

& mettant cette valeur de tang φ dans les deux premieres équations differentielles, on aura

$$n\,dt - A\,d\psi = \frac{A\,d\omega}{\text{fin}\,\omega}\sqrt{\left(\frac{2B(C-A)\,\text{fin}\,\omega^2 + K}{2A(B-C)\,\text{fin}\,\omega^2 - K}\right)},$$

$$n\,dt - B\,d\psi = -\frac{B\,d\omega}{\text{fin}\,\omega}\sqrt{\left(\frac{2A(B-C)\,\text{fin}\,\omega^2 - K}{2B(C-A)\,\text{fin}\,\omega^2 + K}\right)},$$

équations, où les indéterminées font féparées, & qui étant intégrées, donneront t & ψ en fonctions de ω.

Cette folution revient à celle que M. d'Alembert a donnée dans le tome quatrieme de fes Opufcules.

50. Venons au second cas où l'on suppose le corps grave suspendu par un point fixe, autour duquel il peut tourner librement en tout sens. En prenant ce point pour le centre du corps, c'est-à-dire, pour l'origine commune des coordonnées ξ, η, ζ & a, b, c, & supposant les ordonnées ζ verticales, & dirigées de haut en bas, on aura pour le mouvement de rotation du corps, les équations (*B*) de l'article 40. Ces équations sont plus compliquées que celles du cas précédent, à raison des termes multipliés par les quantités $S a dm$, $S b D m$, $S c D m$, lesquelles ne sont plus nulles, lorsque le centre du corps dont la position est ici donnée, tombe hors de son centre de gravité; on peut néanmoins encore faire évanouir deux de ces quantités, en faisant passer par le centre de gravité l'un des axes des coordonnées a, b, c, dont la position dans le corps est arbitraire; ce qui simplifiera un peu les équations dont il s'agit.

Supposons donc que l'axe des coordonnées c passe par le centre de gravité du corps; on aura alors par les propriétés de ce centre, $S a D m = 0$, $S b D m = 0$, & si on nomme k la distance entre le centre du corps, qui est le point de suspension, & son centre de gravité, il est visible qu'on aura aussi $S\ k - c) D m = 0$; donc $S c D m = S k D m = k D m = k m$, en nommant m la masse du corps.

Faisant ces substitutions, & mettant K pour km, on aura les trois équations suivantes,

$$\left.\begin{array}{l}\dfrac{d.\frac{dT}{dp}}{dt}+q\,\dfrac{dT}{dr}-r\,\dfrac{dT}{dq}+K\zeta''=0\\[2ex]\dfrac{d.\frac{dT}{dq}}{dt}+r\,\dfrac{dT}{dp}-p\,\dfrac{dT}{dr}-K\zeta'=0\\[2ex]\dfrac{d.\frac{dT}{dr}}{dt}+p\,\dfrac{dT}{dq}-q\,\dfrac{dT}{dp}=0,\end{array}\right\}(E)\ldots\ldots$$

dans lesquelles

$$T=\frac{1}{2}(Ap^2+Bq^2+Cr^2)-Fqr-Gpr-Hpq.$$

51. On peut d'abord trouver deux intégrales de ces équations en les ajoutant ensemble, après les avoir multipliées respectivement par p, q, r, ou par ζ', ζ'', ζ'''; car à cause de $d\zeta'=(\zeta''r-\zeta'''q)dt$, $d\zeta''=(\zeta'''p-\zeta'r)dt$, $d\zeta'''=(\zeta'q-\zeta''p)dt$, (art. 27), on aura ainsi les deux équations

$$p\,d.\frac{dT}{dp}+q\,d.\frac{dT}{dq}+r\,d.\frac{dT}{dr}-K\,d\zeta'''=0,$$

$$\zeta'd.\frac{dT}{dp}+\zeta''d.\frac{dT}{dq}+\zeta'''d.\frac{dT}{dr}+\frac{dT}{dp}d\zeta'+\frac{dT}{dq}d\zeta''+\frac{dT}{dr}d\zeta'''=0,$$

dont les intégrales sont

$$p\,\frac{dT}{dp}+q\,\frac{dT}{dq}+r\,\frac{dT}{dr}-T-K\zeta'''=f,$$

$$\zeta'\,\frac{dT}{dp}+\zeta''\,\frac{dT}{dq}+\zeta'''\,\frac{dT}{dr}=h.$$

f & h étant deux constantes arbitraires.

Il paroît difficile de trouver d'autres intégrales, & par conséquent de résoudre le problême en général. Mais on y peut parvenir, en supposant que la figure du corps soit assujettie à des conditions particulieres.

Ainsi en supposant $F=0$, $G=0$, $H=0$, & de plus $A=B$, on aura $\frac{dT}{dp}=Ap$, $\frac{dT}{dq}=Aq$, & la troisieme des équations (E) deviendra $d.\frac{dT}{dr}=0$, dont l'intégrale est $\frac{dT}{dr}=const.$

Ce cas est celui où l'axe des ordonnées c, c'est-à-dire, la droite qui passe par le point de suspension, & par le centre de gravité, est un axe naturel de rotation, & où les *momens d'inertie* autour des deux autres axes sont égaux (art. 48); ce qui a lieu en général dans tous les solides de révolution, lorsque le point fixe est pris dans l'axe de révolution. La solution de ce cas est facile, d'après les trois intégrales qu'on vient de trouver.

En effet, puisque $T=\frac{A(p^2+q^2)}{2}+\frac{Cr^2}{2}$, il est visible que ces trois intégrales se réduiront à cette forme

$$A(p^2+q^2)+Cr^2-2K\zeta'''=2f,$$

$$A(\zeta'p+\zeta''q)+C\zeta'''r=h,$$

$$r=n,$$

f, h, n étant des constantes arbitraires.

Donc si on substitue pour ζ', ζ'', ζ''', & pour p, q, r leurs valeurs en fonctions de φ, ψ, ω, (art. 30, 37), on aura ces trois équations,

$$A\frac{\sin\omega^2 d\psi^2+d\omega^2}{dt^2}+Cn^2-2K\cos\omega=2f,$$

$$A\frac{\sin\omega^2 d\psi}{dt}+Cn\cos\omega=h,$$

$$\frac{d\varphi+\cos\omega\, d\psi}{dt}=n,$$

lesquelles ont, comme l'on voit, l'avantage que les angles finis ψ & φ ne s'y trouvent pas.

La seconde donne d'abord

$$\frac{d\psi}{dt}=\frac{h-Cn\cos\omega}{A\sin\omega^2},$$

& cette valeur étant substituée dans la premiere, on aura

$$dt=\frac{A\sin\omega\, d\omega}{\sqrt{(A\sin\omega^2(2f-Cn^2+2K\cos\omega)-(h-Cn\cos\omega)^2)}};$$

ensuite la seconde & la troisieme donneront

$$d\psi=\frac{(h-Cn\cos\omega)\,d\omega}{\sin\omega\sqrt{(A\sin\omega^2(2f-Cn^2+2K\cos\omega)-(h-Cn\cos\omega)^2)}},$$

$$d\varphi=\frac{(An-h\cos\omega+(C-An\cos\omega^2)\,d\omega}{\sin\omega\sqrt{(A\sin\omega^2(2f-Cn^2+2K\cos\omega)-(h-(n\cos\omega)^2)}};$$

équations où les indéterminées sont séparées, mais dont l'intégration dépend en général de la rectification des sections coniques.

52. Reprenons les équations (E), & substituons-y les valeurs de $\frac{dT}{dp}$, $\frac{dT}{dq}$, $\frac{dT}{dr}$ en p, q, r, elles deviendront

$$\frac{Adp-Gdr-Hdq}{dt}+(C-B)qr+F(r^2-q^2)-Gpq+Hpr+K\zeta'=0,$$

$$\frac{Bdq-Fdr-Hdp}{dt}+(A-C)pr+G(p^2-r^2)-Hqr+Fpq-K\zeta'=0,$$

$$\frac{Cdr-Fdq-Gdp}{dt}+(B-A)pq+H(q^2-p^2)-Fpr+Gqr=0.$$

Dans

Dans l'état de repos du corps les trois quantités p, q, r, ſont nulles, puiſque $\sqrt{(p^2 + q^2 + r^2)}$ eſt la vîteſſe inſtantanée de rotation (art. 45); donc on aura alors $\zeta' = 0$, & $\zeta'' = 0$; enſorte qu'à cauſe de $\zeta'^2 + \zeta''^2 + \zeta'''^2 = 1$, & par conſéquent de $\zeta''' = 1$, l'axe des coordonnées ζ coïncidera avec celui des ordonnées c; c'eſt-à-dire, que ce dernier axe qui paſſe par le centre de gravité du corps, & que nous nommerons dorénavant *l'axe du corps*, ſera vertical; ce qui eſt l'état d'équilibre du corps; & cela ſe voit encore mieux par les formules de l'article 30, leſquelles donnent ſin φ ſin $\omega = 0$, coſ φ ſin $\omega = 0$, & par conſéquent $\omega = 0$, ω étant l'angle des deux axes des coordonnées c & ζ.

Si donc en ſuppoſant le corps en mouvement, on ſuppoſe en même-tems que ſon axe s'éloigne très-peu de la verticale, enſorte que l'angle de déviation ω demeure toujours très-petit, alors les quantités ζ' & ζ'' ſeront très-petites, & l'on aura le cas où le corps ne fait que de très-petites oſcillations autour de la verticale, en ayant en même-tems un mouvement quelconque de rotation autour de ſon axe.

Ce cas qui n'a pas encore été réſolu peut l'être facilement & complettement par nos formules. Car en regardant ζ' & ζ'' comme très-petites du premier ordre, & négligeant les quantités très-petites du ſecond ordre & des ordres ſuivans, on trouve, par les équations de condition de l'article 15, $\zeta''' = 1$, $\xi''' = -\xi'\zeta' - \xi''\zeta''$, $\eta''' = -\eta'\zeta' - \eta''\zeta''$, & $\xi'^2 + \xi''^2 = 1$, $\eta'^2 + \eta''^2 = 1$, $\xi'\eta' + \xi''\eta'' = 0$; donc $\xi' = \sin\pi$, $\xi'' = \cos\pi$, $\eta' = \sin\theta$, $\eta'' = \cos\theta$, & $\cos(\pi - \theta) = 0$; d'où $\pi = 90° + \theta$, & par conſéquent $\xi' = \cos\theta$, $\xi'' = -\sin\theta$. Subſtituant ces valeurs dans les expreſſions de dP, dQ, dR de l'article 23, on aura dP, $= \xi' d\theta + d\zeta''$, $dQ = \zeta'' d\theta - d\zeta'$,

$dR = d\theta$, en négligeant toujours les quantités du ſecond ordre.

Ainſi donc on aura

$$p = \frac{dP}{dt} = \frac{\zeta' d\theta + d\zeta''}{dt},$$

$$q = \frac{dQ}{dt} = \frac{\zeta'' d\theta - d\zeta'}{dt},$$

$$r = \frac{dR}{dt} = \frac{d\theta}{dt},$$

valeurs qui étant ſubſtituées dans les équations différentielles ci-deſſus, donneront, en négligeant les puiſſances & les produits de ζ' & ζ'' des équations linéaires pour la détermination de ces variables.

Mais avant de faire ces ſubſtitutions, on remarquera qu'en ſuppoſant ζ' & ζ'' nuls, les équations dont il s'agit, donnent

$$-G\frac{d^2\theta}{dt^2} + F\frac{d\theta^2}{dt^2} = 0, \quad -F\frac{d^2\theta}{dt^2} - G\frac{d\theta^2}{dt^2} = 0,$$

$$C\frac{d^2\theta}{dt^2} = 0.$$

Donc puiſque C ne ſauroit devenir nul, à moins que le corps ne ſe réduiſe à une ligne phyſique, C étant . . . $= S(a^2 + b^2)Dm$, il s'enſuit qu'on ne peut ſatisfaire à ces équations qu'en faiſant $\frac{d^2\theta}{dt^2} = 0$, & enſuite ou $\frac{d\theta}{dt} = 0$, ou $F = 0$ & $G = 0$.

De là il eſt facile de conclure que lorſque ζ' & ζ'' ne ſont pas nuls, mais ſeulement très-petits, il faudra que les valeurs de $\frac{d\theta}{dt}$, ou de F & G ſoient auſſi très-petites; ce qui fait deux cas qui demandent à être examinés séparément.

53. Supposons premiérement que $\frac{d\theta}{dt}$ soit une quantité très-petite du même ordre que ζ' & ζ'', on aura, aux quantités du second ordre près, $p = \frac{d\zeta''}{bt}$, $q = -\frac{d\zeta'}{dt}$.

Par ces substitutions, en négligeant toujours les quantités du second ordre, & changeant pour plus de simplicité les lettres ζ', ζ'' en s, u, les équations différentielles de l'article précédent, deviendront

$$\frac{Ad^2u - Gd^2\theta + Hd^2s}{dt^2} + Ku = 0,$$

$$\frac{-Bd^2s - Fd^2\theta - Hd^2u}{dt^2} - Ks = 0,$$

$$\frac{Cd^2\theta - Fd^2s - Gd^2u}{dt^2} = 0.$$

La derniere donne $\frac{d^2\theta}{dt^2} = \frac{Fd^2s + Gd^2u}{Cdt^2}$; & cette valeur étant substituée dans les deux premieres, on aura ces deux-ci,

$$\frac{(AC - G^2)d^2u + (CH - GF)d^2s}{dt^2} + CKu = 0,$$

$$\frac{(BC + F^2)d^2s + (CH + GF)d^2u}{dt^2} + CKs = 0,$$

dont l'intégration est facile par les méthodes connues.

Qu'on suppose pour cela

$$s = \alpha \sin(\rho t + \beta), \quad u = \gamma \sin(\rho t + \beta),$$

α, β, γ, ρ étant des constantes indéterminées; on aura, après ces substitutions, ces deux équations de condition,

$$(AC - G^2)\rho^2 + (CH - GF)\alpha\rho^2 - CK\gamma = 0,$$

$$(BC + F^2)\alpha\rho^2 + (CH + GF)\gamma\rho^2 - AR\alpha = 0,$$

lesquelles donnent

$$\frac{\gamma}{\alpha} = \frac{(CH - GF)\rho^2}{CK - (AC - G^2)\rho^2} = \frac{CK - (BC + F^2)\rho^2}{(CH + GF)\rho^2};$$

d'où résulte cette équation en ρ.

$$\frac{C^2K^2}{\rho^4} - ((A + B)C + F^2 - G^2)\frac{CK}{\rho^2} +$$

$$(AB - H^2)C^2 + (AF^2 - BG^2)C = 0,$$

laquelle aura, comme l'on voit, quatre racines égales deux à deux, & de signe contraire.

Si donc on désigne en général par ρ & ρ' les racines inégales de cette équation, abstraction faite de leur signe, & qu'on prenne quatre constantes arbitraires α, α', β, β', on aura en général

$$s = \alpha \sin(\rho t + \beta) + \alpha' \sin(\rho' t + \beta'),$$

& par conséquent

$$u = \frac{(CH - GF)\rho^2 \alpha \sin(\rho t + \beta)}{CK - AC - G^2)\rho^2}$$

$$+ \frac{(CH - GF)\rho'^2 \alpha' \sin(\rho' t + \beta')}{CK - (AC - G^2)\rho'^2}.$$

Enfin on aura en intégrant la valeur de $\frac{d^2\theta}{dt^2}$,

$$\theta = f + ht + \frac{Fs + Gu}{C}.$$

De ſorte que l'on connoîtra ainſi toutes les variables en fonctions de t; & le problême ſera réſolu.

Au reſte, comme cette ſolution eſt fondée ſur l'hypothèſe que s, u, & $\frac{d\theta}{dt}$ ſoient de très-petites quantités, il faudra, pour qu'elle ſoit légitime, 1° que les conſtantes α, α', & h ſoient auſſi très-petites; 2°. que les racines ρ, ρ' ſoient réelles & inégales, afin que l'angle t ſoit toujours ſous le ſigne des ſinus. Or cette ſeconde condition exige ces deux-ci,

$$(A+B)\,C+F^2-G^2<0,$$

$$4((AB-H^2)\,C^2+(AF^2-BG^2)\,C)<((A+B)\,C+F^2-G^2)^2;$$

leſquelles dépendent uniquement de la figure du corps, & de la ſituation du point de ſuſpenſion.

54. Suppoſons en ſecond lieu que les conſtantes F & G ſoient auſſi très-petites du même ordre que ζ' & ζ''; alors négligeant les quantités du ſecond ordre, & mettant s, u à la place de ζ', ζ'', les équations différentielles de l'article 52 deviendront

$$\frac{A(d.s\,d\theta+d^2u)}{dt^2}-\frac{G\,d^2\theta}{dt^2}-\frac{H(d.u\,d\theta-d^2s)}{dt^2}$$

$$+\frac{(C-B)(u\,d\theta-ds)\,d\theta}{dt^2}+\frac{F\,d\theta^2}{dt^2}$$

$$+\frac{H(s\,d\theta+du)\,d\theta}{dt^2}+Ku=0,$$

$$\frac{B(d.u\,d\theta-d^2s)}{dt^2}-\frac{F\,d^2\theta}{dt^2}-\frac{H(d.s\,d\theta+d^2u)}{dt^2}$$

$$+\frac{(A-C)(s\,d\theta+du)\,d\theta}{dt^2}-\frac{G\,d\theta^2}{dt^2}$$

$$-\frac{H(u\,d\theta-ds)\,d\theta}{dt^2}-Ks=0,$$

$$\frac{C\,d^2\theta}{dt^2}=0.$$

La derniere donne $\frac{d^2\theta}{dt^2}=0$, & intégrant $\frac{d\theta}{dt}=n$, n étant une conſtante arbitraire de grandeur quelconque.

Subſtituant cette valeur de $\frac{d\theta}{dt}$ dans les deux équations, on aura celles-ci,

$$A\frac{d^2u}{dt^2}+H\frac{d^2s}{dt^2}+(A+B-C)n\frac{ds}{dt}+(C-B)n^2u$$

$$+Fn^2+Hn^2s+Ku=0,$$

$$B\frac{d^2s}{dt^2}+H\frac{d^2u}{dt^2}-(A+B-C)n\frac{du}{dt}+(C-A)n^2s$$

$$+Gn^2+Hn^2u+Ks=0,$$

dont l'intégration n'a aucune difficulté.

Qu'on les diviſe par n^2, & qu'on y remette, pour plus de ſimplicité, $d\theta$ à la place de $n\,dt$, en ſe ſouvenant que $d\theta$, eſt déſormais conſtant, on aura, en ordonnant les termes, & faiſant $L=\frac{K\lambda}{n^2}=\frac{Km}{n^2}$ (art. 50),

$$(C-A+L)s+B\frac{d^2s}{d\theta^2}+(C-A-B)\frac{du}{d\theta}+H\left(u+\frac{d^2u}{d\theta^2}\right)+G=0,$$

$$(C-B+L)u+A\frac{d^2u}{d\theta^2}-\qquad B)\frac{ds}{d\theta}+H\left(s+\frac{d^2s}{d\theta^2}\right)+F=0.$$

Pour intégrer ces équations, je commence par faire diſparoître les termes tout conſtans, en ſuppoſant $s=x+f$, $u=y+h$, & déterminant les conſtantes f, h, enſorte que les termes F & G diſparoiſſent; ce qui donnera ces deux équations de condition,

$$(C-A+L)f+f+Hh+G=0, (C-B+L)h+Hf+F=0;$$

d'où l'on tirera

$$f=\frac{FH-G(C-B+L)}{(C-B+L)(C-A+L)-H^2},$$

$$h=\frac{GH-F(C-A+L)}{(C-B+L)(C-A+L)-H^2};$$

& l'on aura en x, y, θ, les mêmes équations qu'en s, u, θ, avec cette ſeule différence que les termes conſtans G, F n'y ſeront plus.

Je ſuppoſe maintenant $x=\alpha e^{i\theta}$ $y=\beta e^{i\theta}$, α, β, & i étant des conſtantes indéterminées, & e le nombre dont le logarithme hyperbolique eſt 1; comme tous les termes des équations à intégrer contiennent x & y à la premiere dimenſion, il s'enſuit qu'ils ſeront après les ſubſtitutions, tous diviſibles par $e^{i\theta}$, & il reſtera ces deux équations de condition,

$$(C-A+L+Bi^2)\alpha+((C-A-B)i+H(1+i^2))\beta=0,$$

$$(C-B+L+Ai^2)\beta-((C-A-B)i+H(1+i^2))\alpha=0,$$

leſquelles donnent

$$\alpha=-\frac{C-A+L+Bi^2}{(C-A-B)i+H(1+i^2}=\frac{(C-A-B)i-H(1+i^2)}{C-B+L+Ai^2},$$

de ſorte qu'on aura, en multipliant en croix, cette équation en i,

$$(C-B+L+Ai^2)(C-A+L+Bi^2)+(C-A-B)^2 i^2-H^2(1+i^2)^2=0,$$

laquelle, en faiſant $1+i^2=\rho$, ſe réduit à cette forme,

$$(AB-H^2)\rho^2+((A+B)(L-C)+C^2)\rho+L^2-2L(A+B-C)=0.$$

Ayant déterminé ρ par cette équation, on aura

$$x=\alpha e^{\theta\sqrt{(\rho-1)}},\ y=\alpha\frac{(A+B-C)\sqrt{(\rho-1)}+H\rho}{A+B-C-L-C\rho}e^{\theta\sqrt{(\rho-1)}},$$

& la conſtante α demeurera indéterminée. Or comme l'équation en ρ a deux racines, & que le radical $\sqrt{(\rho-1)}$ peut être pris également en plus & en moins, on aura ainſi quatre valeurs différentes de x, y, leſquelles étant réunies, ſatisferont également aux équations propoſées, puiſque les variables x, y, n'y ſont que ſous la forme linéaire. Prenant donc quatre conſtantes différentes pour α, on aura de cette maniere les valeurs complettes de x & y, puiſque ces valeurs ne dépendant que de deux équations différentielles du ſecond ordre, ne ſauroient renfermer au-delà de quatre conſtantes arbitraires.

55. Pour que les expreſſions de x & y ne contiennent point d'arcs de cercle, il faut que $\sqrt{(\rho-1)}$ ſoit imaginaire, & qu'ainſi ρ ſoit une quantité réelle & moindre que l'unité.

Dénotons par ρ & σ les deux racines de l'équation en ρ, ſuppoſées réelles & moindres que l'unité; & donnons aux quatre conſtantes arbitraires cette forme imaginaire,

$$\frac{\alpha e^{\beta\sqrt{-1}}}{2\sqrt{-1}},\ -\frac{\alpha e^{-\beta\sqrt{-1}}}{2\sqrt{-1}},\ \frac{\gamma e^{\varepsilon\sqrt{1}}}{2\sqrt{-1}},\ -\frac{\gamma e^{-\varepsilon\sqrt{-1}}}{2\sqrt{-1}};$$

on

on aura en faisant ces substitutions, & passant des exponentielles aux sinus & cosinus, ces expressions complettes & réelles de x & y.

$$x = \alpha \sin(\theta\sqrt{(1-\rho)} + \beta)$$
$$+ \gamma \sin(\theta\sqrt{(1-\sigma)} + \epsilon),$$

$$y = \frac{\alpha(A+B-C)\sqrt{(1-\rho)}}{B-C+A(1-\rho)-L}\cos(\theta\sqrt{(1-\rho)}+\beta)$$
$$+ \frac{\alpha H\rho}{B-C+A(1-\rho)-L}\sin(\theta\sqrt{(1-\rho)}+\beta)$$
$$+ \frac{\gamma(A+B-C)\sqrt{(1-\sigma)}}{B-C+A(1-\sigma)-L}\cos(\theta\sqrt{(1-\sigma)}+\epsilon)$$
$$+ \frac{\gamma H\sigma}{B-C-A(1-\sigma)-L}\sin(\theta\sqrt{(1-\sigma)}+\epsilon),$$

où α, γ, β, ϵ sont des constantes arbitraires, dépendantes de l'état initial du corps.

Ayant ainsi x & y, on aura

$$s = x + \frac{FH+G(B-C-L)}{(A-C-L)(B-C-L)-H^2},$$
$$u = y + \frac{GH+F(A-C-L)}{(A-C-L)(B-C-L)-H^2},$$

Donc prenant pour θ un angle quelconque proportionnel au tems, on aura (art. 52) ces valeurs des neuf variables ξ', η', ζ', ξ'', &c,

$\xi' = \cos\theta$, $\eta' = \sin\theta$, $\zeta' = s$,

$\xi'' = -\sin\theta$, $\eta'' = \cos\theta$, $\zeta'' = u$,

$\xi''' = -s\cos\theta + u\sin\theta$, $\eta''' = -s\sin\theta - u\cos\theta$, $\zeta''' = 1$;

ensorte qu'on connoîtra les coordonnées ξ, η, ζ de chaque point du corps pour un inſtant quelconque (article 12).

Si on compare les expreſſions précédentes de ξ', η', &c, avec celles de l'article 30, on en déduira facilement les valeurs des angles de rotation φ, ψ, ω; & l'on trouvera $\varphi + \psi = \theta$, ſin φ ſin $\omega = s$, coſ φ coſ $\omega = u$; d'où l'on tire;

$$\text{tang.}\, \omega = \sqrt{(s^2 + u^2)},\ \text{tang}\, \varphi = \frac{s}{u},\ \psi = \theta - \varphi.$$

Et il eſt facile de voir d'après les définitions de l'article 29, que ω ſera l'inclinaiſon ſuppoſée très-petite de l'axe du corps avec la verticale, que ψ ſera l'angle que cet axe décrit en tournant autour de la verticale, & que φ ſera l'angle que le corps même décrit en tournant autour du même axe, ces deux derniers angles pouvant être de grandeur quelconque.

56. Mais il faut, pour l'exactitude de cette ſolution, que les variables s & u demeurent toujours très-petites. Ainſi, non-ſeulement les conſtantes α & γ qui dépendent de l'état initial du corps devront être très-petites; mais il faudra que les valeurs des conſtantes F & G, données par la figure du corps, ſoient auſſi très-petites; & que de plus les racines ρ & σ ſoient réelles & poſitives, afin que l'angle θ ſoit toujours renfermé dans des ſinus ou coſinus.

Si on ſuppoſe $F = 0$, $G = 0$, ſavoir, $SbcDm = 0$, $SacDm = 0$, on aura les conditions néceſſaires pour que les momens des forces centrifuges autour de l'axe du corps, qui eſt en même-tems celui des coordonnées c, ſe détruiſent, enſorte que le corps puiſſe tourner uniformément & librement autour de cet axe. Or on ſait qu'il y a dans chaque corps trois axes perpendiculaires entr'eux, & paſſant par le centre de gravité, lesquels ont cette propriété, & qu'on nomme communément, d'après M. Euler, les axes principaux du corps. Donc puisque nous avons supposé que l'axe du corps passe en même-tems par le centre de gravité & par le point de suspension, il s'ensuit que les quantités F & G seront nulles, lorsque le corps sera suspendu par un point quelconque pris dans un de ses axes principaux.

Donc pour que ces quantités, sans être absolument nulles, soient du moins très-petites, il faudra que le point de suspension du corps soit très-près d'un de ses axes principaux; c'est la premiere condition nécessaire pour que l'axe du corps ne fasse que de très-petites oscillations autour de la verticale, le corps lui-même ayant d'ailleurs un mouvement quelconque de rotation autour de cet axe.

L'autre condition nécessaire pour que ces oscillations soient toujours très-petites, dépend de l'équation en ρ, & se réduit à celle-ci,

$$4((A+B)(L-C)+C^2) > (AB-H^2)(L^2-2L(A+B-C)),$$

$$\frac{2(AB-H^2)+(A+B)(L-C)+A^2}{AB-H^2} > 0,$$

$$\frac{(A-C-L)(B-C-L)-H^2}{AB-H^2} > 0.$$

lesquelles dépendent à la fois de la situation du point de suspension & de la figure du corps.

57. La solution que nous venons de donner, embrasse la théorie des petites oscillations des pendules dans toute la généralité dont elle est susceptible. On sait que Huyghens a donné le premier la théorie des oscillations

circulaires ; feu M. Clairaut y a ajouté ensuite celle des oscillations coniques, qui ont lieu lorsque le pendule étant tiré de sa ligne de repos, reçoit une impulsion dont la direction ne passe pas par cette ligne. Mais si le pendule reçoit en même-tems un mouvement de rotation autour de son axe, la force centrifuge produite par ce mouvement pourra déranger beaucoup les oscillations, soit circulaires, soit coniques ; & la détermination de ces nouvelles oscillations est un problême qui n'avoit pas encore été résolu complettement, & pour des pendules de figure quelconque. C'est la raison qui m'a déterminé à m'en occuper ici.

SEPTIEME SECTION.

Sur les Principes de l'Hydrodynamique.

LA détermination du mouvement des fluides est l'objet de l'Hydrodynamique ; celui de l'Hydraulique ordinaire se réduit à l'art de conduire les eaux, & de les faire servir au mouvement des machines. Cet art a dû être cultivé de tout tems, pour le besoin qu'on en a toujours eu ; & les anciens y ont peut-être autant excellé que nous, à en juger par ce qu'ils nous ont laissé dans ce genre.

Mais l'Hydrodynamique est une science née dans ce siecle. Newton a tenté le premier de calculer par les principes de la Méchanique, le mouvement des fluides ; & M. d'Alembert est le premier qui ait réduit les vraies loix de leur mouvement à des équations analitiques. Archimede &

Galilée (car l'intervalle qui a séparé ces deux grands génies, disparoît dans l'histoire de la Méchanique) ne s'étoient occupés que de l'équilibre des fluides.

Torricelli commença à examiner le mouvement de l'eau qui sort d'un vase par une ouverture fort petite, & à y chercher une loi. Il trouva qu'en donnant au jet une direction verticale, il atteint toujours à très-peu-près le niveau de l'eau dans le vase; & comme il est à présumer qu'il l'atteindroit exactement sans la résistance de l'air & les frottemens, Torricelli en conclut que la vîtesse de l'eau qui s'écoule est la même que celle qu'elle auroit acquise en tombant librement de la hauteur du niveau, & que cette vîtesse est par conséquent proportionnelle à la racine quarrée de la même hauteur.

Ne pouvant cependant parvenir à une démonstration rigoureuse de cette proposition, il se contenta de la donner comme un principe d'expérience, à la fin de son Traité *de Motu naturaliter accelerato*, imprimé en 1643. Newton entreprit de la démontrer dans le second livre des Principes mathématiques qui parurent en 1687; mais il faut avouer que c'est l'endroit le moins satisfaisant de ce grand Ouvrage.

Si on considere une colonne d'eau qui tombe librement dans le vuide, il est aisé de se convaincre qu'elle doit prendre la figure d'un conoïde formé par la révolution d'une hyperbole du quatrieme ordre autour de l'axe vertical; car la vîtesse de chaque tranche horizontale est d'un côté comme la racine quarrée de la hauteur d'où elle est descendue, & de l'autre elle doit être par la continuité de l'eau, en raison inverse de la largeur de cette tranche, & par conséquent en raison inverse du quarré de son rayon; d'où il résulte que la portion de l'axe ou l'abscisse qui représente la hauteur, eſt en raiſon inverſe de la quatrieme puiſſance de l'ordonnée de l'hyperbole génératrice. Si donc on ſe repréſente un vaſe qui ait la figure de ce conoïde, & qui ſoit entretenu toujours plein d'eau, & qu'on ſuppoſe le mouvement de l'eau parvenu à un état permanent ; il eſt clair que chaque particule d'eau y deſcendra comme ſi elle étoit libre, & qu'elle aura par conſéquent au ſortir de l'orifice, la vîteſſe due à la hauteur du vaſe de laquelle elle eſt tombée.

Or Newton imagine que l'eau qui remplit un vaſe cylindrique vertical, percé à ſon fond d'une ouverture par laquelle elle s'échappe, ſe partage naturellement en deux parties, dont l'une eſt ſeule en mouvement, & a la figure du conoïde dont nous venons de parler, c'eſt ce qu'il nomme la cataracte ; l'autre eſt en repos, comme ſi elle étoit glacée. De cette maniere il eſt clair que l'eau doit s'échapper avec une vîteſſe égale à celle qu'elle auroit acquiſe en tombant de la hauteur du vaſe, comme Torricelli l'avoit trouvée par l'expérience. Cependant Newton ayant meſuré la quantité d'eau ſortie dans un tems donné, & l'ayant comparée à la grandeur de l'orifice, en avoit conclu, dans la premiere édition de ſes Principes, que la vîteſſe au ſortir du vaſe n'étoit due qu'à la moitié de la hauteur de l'eau dans le vaſe. Cette erreur venoit de ce qu'il n'avoit pas d'abord fait attention à la contraction de la veine ; il y eut égard dans la ſeconde édition qui parut en 1714, & il reconnut que la ſection la plus petite de la veine étoit à l'ouverture du vaſe à peu près comme 1 à $\sqrt{2}$; de ſorte qu'en prenant cette ſection pour le vrai orifice, la vîteſſe doit être augmentée dans la même raiſon de 1 à $\sqrt{2}$, & répondre par conſéquent à la hauteur entiere de l'eau. De cette maniere ſa théorie ſe trouva rapprochée de l'expérience, mais elle n'en devint pas pour cela plus exacte; car la formation de la cataracte ou vaſe fictif dans lequel l'eau eſt ſuppoſée ſe mouvoir, tandis que l'eau latérale demeure en repos, eſt évidemment contraire aux loix connues de l'équilibre des fluides; puiſque l'eau qui tomberoit dans cette cataracte, avec toute la force de ſa peſanteur, n'exerçant aucune preſſion latérale, ne ſauroit réſiſter à celle du fluide ſtagnant qui l'environne.

Vingt ans auparavant Varignon avoit donné à l'Académie des Sciences de Paris, une explication plus naturelle & plus plauſible du phénomene dont il s'agit. Ayant remarqué que quand l'eau s'écoule d'un vaſe cylindrique par une petite ouverture faite au fond, elle n'a dans le vaſe qu'un mouvement très-petit & ſenſiblement uniforme pour toutes les particules, il en conclut qu'il ne s'y faiſoit aucune accélération, & que la partie du fluide qui s'échappe à chaque inſtant, recevoit tout ſon mouvement de la preſſion produite par le poids de la colonne de fluide dont elle eſt la baſe. Ainſi ce poids qui eſt comme la largeur de l'orifice multipliée par la hauteur de l'eau dans le vaſe, doit être proportionnel à la quantité de mouvement engendrée dans la particule qui ſort à chaque inſtant par le même orifice. Or cette quantité de mouvement eſt, comme l'on ſait, proportionnelle à la vîteſſe & à la maſſe, & la maſſe eſt ici comme le produit de la largeur de l'orifice par le petit eſpace que la particule parcourt dans l'inſtant donné, eſpace qui eſt évidemment proportionnel à la vîteſſe même de cette particule; par conſéquent la quantité du mouvement dont il s'agit, eſt en raiſon de la largeur de l'orifice multipliée par le quarré de la vîteſſe. Donc enfin la hauteur de l'eau dans le vaſe eſt proportionelle au quarré de la vîteſſe avec laquelle elle s'échappe, ce qui eſt le théorême de Torricelli.

Ce raiſonnement a néanmoins encore quelque choſe de vague; car on y ſuppoſe tacitement que la petite maſſe qui s'échappe à chaque inſtant du vaſe, acquiert bruſquement toute ſa vîteſſe par la preſſion de la colonne qui répond à l'orifice. Or on ſait qu'une preſſion ne peut pas produire tout-à-coup une vîteſſe finie. Mais en ſuppoſant, ce qui eſt naturel, que le poids de la colonne agiſſe ſur la particule pendant tout le tems qu'elle met à ſortir du vaſe, il eſt clair que cette particule recevra un mouvement accéléré, dont la quantité, au bout d'un tems quelconque, ſera proportionnelle à la preſſion multipliée par le tems. Donc le produit du poids de la colonne par le tems de la ſortie de la particule, ſera égal au produit de la maſſe de cette particule, par la vîteſſe qu'elle aura acquiſe; & comme la maſſe eſt le produit de la largeur de l'orifice par le petit eſpace que la particule décrit en ſortant du vaſe, eſpace qui, par la nature des mouvemens uniformément accélérés, eſt comme le produitt de la vîteſſe par le tems; il s'enſuit que la hauteur de la colonne, ſera de nouveau comme le quarré de la vîteſſe acquiſe. Cette concluſion eſt donc rigoureuſe, pourvu qu'on accorde que chaque particule en ſortant du vaſe, eſt preſſée par le poids entier de toute la colonne du fluide qui a cette particule pour baſe; c'eſt ce qui auroit lieu en effet, ſi le fluide contenu dans le vaſe y étoit ſtagnant, car alors ſa preſſion ſur la partie du fond où eſt l'ouverture, ſeroit égale au poids de la colonne dont elle eſt la baſe; mais cette preſſion doit être différente, lorſque le fluide eſt en mouvement. Cependant il eſt clair que plus il approchera de l'état de de repos, plus auſſi ſa preſſion ſur le fond approchera du poids total de la colonne verticale; d'ailleurs l'expérience fait voir que le mouvement du fluide dans le vaſe, eſt d'autant moindre que l'ouverture eſt plus petite. Ainſi la théorie précédente approchera d'autant plus de la vérité, que les dimenſions du vaſe ſeront plus grandes relativement à l'ouverture par laquelle le fluide s'écoule; & c'eſt ce que l'expérience confirme.

Par une raiſon contraire, la même théorie devient inſuffiſante pour déterminer le mouvement des fluides qui coulent dans des tuyaux dont la largeur eſt aſſez petite, & varie peu. Il faut alors conſidérer à la fois tous les mouvemens des particules du fluide, & examiner comment ils doivent être changés & altérés par la figure du canal. Or l'expérience apprend que quand le tuyau a une direction peu différente de la verticale, les différentes tranches horiſontales du fluide conſervent à très-peu-près leur parallélisme, enſorte qu'une tranche prend toujours la place de celle qui la précede; d'où il ſuit, à cauſe de l'incompreſſibilité du fluide, que la vîteſſe de chaque tranche horiſontale, eſtimée ſuivant le ſens vertical, doit être en raiſon inverſe de la largeur de cette tranche, largeur qui eſt donnée par la figure du vaſe.

Il ſuffit donc de déterminer le mouvement d'une ſeule tranche, & le problême eſt en quelque maniere analogue à celui du mouvement d'un pendule compoſé. Ainſi, comme ſelon la théorie de Jacques Bernoulli, les mouvemens acquis & perdus à chaque inſtant par les différens poids qui forment le pendule, ſe font mutuellement équilibre dans le levier, il doit auſſi y avoir équilibre dans le tuyau entre les differentes tranches du fluide animées chacune de la vîtesse acquise ou perdue à chaque instant ; & de-là par l'application des principes déja connus de l'équilibre des fluides, on auroit pu d'abord déterminer le mouvement d'un fluide dans un tuyau, comme on avoit déterminé celui d'un pendule composé. Mais ce n'est jamais par les routes les plus simples & les plus directes, que l'esprit humain parvient aux vérités, de quelque genre qu'elles soient ; & la matiere que nous traitons en fournit un exemple frappant.

Nous avons exposé dans la premiere Section les différens pas qu'on avoit faits pour arriver à la solution du problême du centre d'oscillation ; & nous y avons vu que la véritable théorie de ce problême n'avoit été découverte par Jacques Bernoulli, que long-tems après que Huyghens l'eut résolu par le principe indirect de la conservation des forces vives. Il en a été de même du problême du mouvement des fluides dans des vases ; & il est surprenant qu'on n'ait pas su d'abord profiter pour celui-ci des lumieres que l'on avoit déja acquises par l'autre.

Le même Principe de la conservation des forces vives, fournit encore la premiere solution de ce dernier problême, & servit de base à l'Hydrodynamique de Daniel Bernoulli, imprimée en 1738, Ouvrage qui brille d'ailleurs par une Analyse aussi élégante dans sa marche, que simple dans ses résultats. Mais l'inexactitude de ce principe qui n'avoit pas encore été démontré d'une maniere générale, devoit en jetter aussi sur les propositions qui en résultent, & faisoit désirer une théorie plus sûre, & appuyée uniquement sur les loix fondamentales de la Méchanique. Maclaurin & Jean Bernoulli entreprirent de remplir cet objet, l'un dans son

Traité des Fluxions, & l'autre dans sa nouvelle Hydraulique, imprimée à la fin de ses Œuvres. Leurs méthodes, quoique très-différentes, conduisent aux mêmes résultats que le principe de la conservation des forces vives; mais il faut avouer que celle de Maclaurin n'est pas assez rigoureuse, & paroît arrangée d'avance, conformément aux résultats qu'il vouloit obtenir; & quant à la méthode de Jean Bernoulli, sans adopter en entier les difficultés que M. d'Alembert lui a opposées, on doit convenir qu'elle laisse encore à désirer du côté de la clarté & de la précision.

On a vu, dans la premiere Section, comment M. d'Alembert, en généralisant la théorie de Jacques Bernoulli sur les pendules, étoit parvenu à un Principe de Dynamique simple & général, qui réduit les loix du mouvement des corps à celles de leur équilibre. L'application de ce Principe au mouvement des fluides se présentoit d'elle-même, & l'Auteur en donna d'abord un essai à la fin de sa Dynamique, imprimée en 1743; il l'a développée ensuite avec tout le détail convenable dans son Traité des Fluides qui parut l'année suivante, & qui renferme des solutions aussi directes qu'élégantes des principales questions qu'on peut proposer sur les fluides qui se meuvent dans des vases.

Mais ces solutions, comme celles de Daniel Bernoulli, étoient appuyées sur deux suppositions qui ne sont pas vraies en général. 1°. Que les différentes tranches du fluide conservent exactement leur parallélisme, ensorte qu'une tranche prend toujours la place de celle qui la précède. 2°. Que la vîtesse de chaque tranche ne varie point en direction, c'est-à-dire, que tous les points d'une même tranche sont supposés avoir une vîtesse égale & parallele. Lorsque le fluide coule dans des vases ou tuyaux fort étroits, les suppositions dont il s'agit sont très-plausibles, & paroissent confirmées par l'expérience; mais hors de ce cas elles s'éloignent de la vérité, & il n'y a plus alors d'autre moyen pour déterminer le mouvement du fluide, que d'examiner celui que chaque particule doit avoir.

M. Clairaut avoit donné dans sa Théorie de la figure de la Terre, imprimée en 1743, les loix générales de l'équilibre des fluides, dont toutes les particules sont animées par des forces quelconques; il ne s'agissoit donc que de passer de ces loix à celles de leur mouvement, par le moyen du principe auquel M. d'Alembert avoit réduit, à cette même époque, toute la Dynamique. Ce dernier fit quelques années après ce pas important, à l'occasion du prix que l'Académie de Berlin proposa en 1750, sur la Théorie de la résistance des fluides; & il donna le premier, en 1752, dans son Essai d'une nouvelle théorie sur la résistance des fluides, les équations rigoureuses & générales du mouvement des fluides, soit incompressibles, soit compressibles & élastiques; équations qui appartiennent à la classe de celles qu'on nomme à différences partielles, parce qu'elles sont entre les différentes parties des différences relatives à plusieurs variables. Par cette découverte, toute la Méchanique des fluides fut réduite à un seul point d'analyse; & si les équations qui la renferment étoient intégrables, on pourroit dans tous les cas déterminer complettement les circonstances du mouvement & de l'action d'un fluide mu par des forces quelconques; malheureusement elles sont si rebelles, qu'on n'a pu jusqu'à présent en venir à bout que dans des cas très-limités.

C'est donc dans ces équations & dans leur intégration que

consiste toute la théorie de l'Hydrodynamique. M. d'Alembert employa d'abord pour les trouver, une méthode un peu compliquée; il en donna ensuite une plus simple; mais cette méthode étant fondée sur les loix de l'équilibre particulieres aux fluides, fait de l'Hydrodynamique une science séparée de la Dynamique des corps solides. La réunion que nous avons faite dans la premiere Partie de cet Ouvrage, de toutes les loix de l'équilibre des corps, tant solides que fluides dans une même formule, & l'application que nous venons de faire de cette formule aux loix du mouvement, nous conduisent naturellement à réunir de même la Dynamique & l'Hydrodynamique comme des branches d'un principe unique, & comme des résultats d'une seule formule générale.

C'est l'objet qui reste à remplir pour completter notre travail sur la Méchanique, & acquitter l'engagement pris dans le titre de cet Ouvrage.

HUITIEME SECTION.

Du Mouvement des Fluides incompressibles.

1. ON pourroit déduire immédiatement les loix du mouvement de ces fluides, de celles de leur équilibre, que nous avons trouvées dans la Section septieme de la premiere Partie; car par le Principe général exposé dans la seconde Section, il ne faut qu'ajouter aux forces accélératrices actuelles, les nouvelles forces accélératrices $\frac{d^2x}{dt^2}$, $\frac{d^2y}{dt^2}$, $\frac{d^2z}{dt^2}$,

dirigées ſuivant les coordonnées rectangles x, y, z.

Ainſi, comme dans les formules de l'article 13 & ſuiv. de la Section ſeptieme citée, on a ſuppoſé toutes les forces accélératrices du fluide déja réduites à trois, X, Y, Z, dans la direction des coordonnées x, y, z; il n'y aura pour appliquer ces formules au mouvement des mêmes fluides, qu'à y ſubſtituer $X + \frac{d^2 x}{dt^2}$, $Y + \frac{d^2 y}{dt^2}$, $Z + \frac{d^2 z}{dt^2}$ au lieu de X, Y, Z. Mais nous croyons qu'il eſt plus conforme à l'objet de cet ouvrage d'appliquer directement aux fluides les équations générales données dans la Section quatrieme pour le mouvement d'un ſyſtême quelconque de corps.

§. I.

Équations générales pour le mouvement des Fluides incompreſſibles.

2. On peut conſidérer un fluide incompreſſible comme compoſé d'une infinité de particules qui ſe meuvent librement entr'elles ſans changer de volume; ainſi la queſtion rentre dans le cas de l'article 12 de la Section citée ci-deſſus.

Soit donc Dm la maſſe d'une particule ou élément quelconque du fluide; X, Y, Z les forces accélératrices qui agiſſent ſur cet élément, réduites pour plus de ſimplicité, aux directions des coordonnées rectangles x, y, z, & tendantes à diminuer ces coordonnées; $L = 0$ l'équation de condition réſultante de l'incompreſſibilité, ou de l'invariabilité du volume de Dm; λ une quantité indéterminée; &

S une caractéristique intégrale correspondante à la caractéristique différentielle D, & relative à toute la masse du fluide ; on aura pour le mouvement du fluide cette équation générale (Sect. IV, art. 15).

$$S\left(\left(\frac{d^2x}{dt^2}+X\right)\delta x+\left(\frac{d^2y}{dt^2}+Y\right)\delta y\right.$$
$$\left.+\left(\frac{d^2z}{dt^2}+Z\right)\delta z\right)Dm+S\lambda\delta L=0.$$

Il faut maintenant substituer dans cette équation les valeurs de Dm, & de δL, & après avoir fait disparoître les différences des variations, s'il y en a, égaler séparément à zéro les coëfficiens des variations indéterminées δx, δy, δz.

Retenons la caractéristique D pour représenter les différences relatives à la situation instantanée des particules contiguës, tandis que la caractéristique d se rapportera uniquement au changement de position de la même particule dans l'espace ; il est clair qu'on peut représenter le volume de la particule Dm par le parallélipipede $Dx\,Dy\,Dz$; ainsi en nommant Δ la densité de cette particule, on aura . . . $Dm=\Delta Dx\,Dy\,Dz$.

De plus, il est visible que la condition de l'incompressibilité sera contenue dans l'équation $Dx\,Dy\,Dz=const$; de sorte qu'on aura $L=Dx\,Dy\,Dz-const$; & par conséquent $\delta L=\delta.(Dx\,Dy\,Dz)$; pour déterminer cette différentielle, il faut employer les mêmes considérations que dans l'article 14 de la Section septieme de la premiere Partie ; ainsi en changeant seulement d en D dans les formules de cet endroit, on aura

$$\delta(DxDyDz) = DxDyDz\left(\frac{D\delta x}{Dx} + \frac{D\delta y}{Dy} + \frac{D\delta z}{Dz}\right).$$

Cette quantité étant multipliée par λ, & intégrée relativement à toute la maſſe du fluide, on aura la valeur de $S\lambda\delta L$, dans laquelle il faudra faire diſparoître les doubles ſignes $D\delta$ par les mêmes procédés déja employés dans l'article 13 de la Section citée. On aura ainſi :

$$S\lambda\delta L = S(\lambda''\delta x'' - \lambda'\delta x')DyDz +$$
$$S(\lambda''\delta y'' - \lambda'\delta y')DxDz + S(\lambda''\delta z'' - \lambda'\delta z')DxDy$$
$$-S\left(\frac{D\lambda}{Dx}\delta x + \frac{D\lambda}{Dy}\delta y + \frac{D\lambda}{Dz}\delta z\right)DxDyDz.$$

Faiſant donc ces ſubſtitutions dans le premier membre de l'équation générale, elle contiendra premiérement cette formule intégrale totale,

$$S\left(\left(\Delta\frac{d^2x}{dt^2} + \Delta X - \frac{D\lambda}{Dx}\right)\delta x +\right.$$
$$\left(\Delta\frac{d^2y}{dt^2} + \Delta Y - \frac{D\lambda}{Dy}\right)\delta y +$$
$$\left.\left(\Delta\frac{d^2z}{dt^2} + \Delta Z - \frac{D\lambda}{Dz}\right)\delta z\right)DxDyDz;$$

dans laquelle il faudra faire ſéparément égaux à zéro les coëfficiens des variations δx, δy, δz; ce qui donnera ces trois équations indéfinies pour tous les points de la maſſe fluide.

$$\left.\begin{aligned}\Delta\left(\frac{d^2x}{dt^2}+X\right)-\frac{D\lambda}{Dx}&=0\\ \Delta\left(\frac{d^2y}{dt^2}+Y\right)-\frac{D\lambda}{Dy}&=0\\ \Delta\left(\frac{d^2z}{dt^2}+Z\right)-\frac{D\lambda}{Dz}&=0.\end{aligned}\right\}\ldots\ldots(A).$$

Il reſtera enſuite à faire diſparoître les intégrales partielles,

$$S(\lambda''\delta x''-\lambda'\delta x')DyDz+$$
$$S(\lambda''\delta y''-\lambda'\delta y')DxDz+$$
$$S(\lambda''\delta z''-\lambda'\delta z')DxDy,$$

leſquelles ne ſe rapportent qu'à la ſurface extérieure du fluide; & l'on en conclura, comme dans l'article 16 de la Section ſeptieme citée, que la valeur de λ devra être nulle pour tous les points de la ſurface où le fluide eſt libre; on prouvera de plus, comme dans les articles 20, 21 de la même Section, que relativement aux endroits où le fluide ſera contenu par des parois fixes, les termes des intégrales précédentes ſe détruiront mutuellement, enſorte qu'il n'en réſultera aucune équation; & en général on démontrera par un raiſonneme t ſemblable à celui des articles 24, 25, que la quantité λ rapportée à la ſurface du fluide y exprimera la preſſion que le fluide y exerce, & qui, lorſqu'elle n'eſt pas nulle, doit être contrebalancée par la réſiſtance ou l'action des parois.

3. Les équations qu'on vient de trouver renferment donc les loix générales du mouvement des fluides incompreſſibles;

mais il y faut joindre encore l'équation même qui résulte de la condition de l'incompressibilité du volume $DxDyDz$ pendant que le fluide se meut; cette équation sera donc représentée par $d.(DxDyDz)=0$; de sorte qu'en changeant δ en d dans l'expression de $\delta.(DxDyDz)$ trouvée ci-dessus, & égalant à zéro, on aura

$$\frac{Ddx}{Dx}+\frac{Ddy}{Dy}+\frac{Ddz}{Dz}=0 \quad . \quad . \quad . \quad (B).$$

Cette équation combinée avec les trois équations (A) de l'article précédent, servira donc à déterminer les quatre inconnues x, y, z, & λ.

4. Pour avoir une idée nette de la nature de ces équations, il faut considérer que les variables x, y, z qui déterminent la position d'une particule dans un instant quelconque, doivent appartenir à la fois à toutes les particules dont la masse fluide est composée; elles doivent donc être des fonctions du tems t, & des valeurs que ces mêmes variables ont eues au commencement du mouvement ou dans un autre instant donné. Nommant donc a, b, c les valeurs de x, y, z, lorsque $t=0$; il faudra que les valeurs complettes de x, y, z, soient des fonctions de a, b, c, t. De cette maniere les différences marquées par la caractéristique D, se rapporteront uniquement à la variabilité de a, b, c; & les différences marquées par l'autre caractéristique d se rapporteront simplement à la variabilité de t. Mais comme dans les équations trouvées il y a des différences relatives aux variables mêmes x, y, z, il faudra, pour l'uniformité, réduire celles-ci aux différences relatives à a, b, c, ce qui est toujours possible; car on n'a

qu'à concevoir qu'on ait substitué dans les fonctions avant la différentiation les valeurs mêmes de x, y, z en a, b, c.

5. En regardant donc les variables x, y, z, comme des fonctions de a, b, c, t, & représentant les différentielles selon la notation ordinaire des différences partielles, on aura

$$Dx = \frac{dx}{da}\,da + \frac{dx}{db}\,db + \frac{dx}{dc}\,dc,$$

$$Dy = \frac{dy}{da}\,da + \frac{dy}{db}\,db + \frac{dy}{dc}\,dc,$$

$$Dz = \frac{dz}{da}\,da + \frac{dz}{db}\,db + \frac{dz}{dc}\,dc;$$

& regardant en même-tems la fonction λ comme une fonction de x, y, z, & comme une fonction de a, b, c, on aura

$$D\lambda = \frac{D\lambda}{Dx}\,Dx + \frac{D\lambda}{Dy}\,Dy + \frac{D\lambda}{Dz}\,Dz$$

$$= \frac{d\lambda}{da}\,da + \frac{d\lambda}{db}\,db + \frac{d\lambda}{dc}\,dc;$$

ces deux expressions de $D\lambda$ devant être identiques, si on substitue dans la premiere les valeurs de Dx, Dy, Dz, en da, db, dc, il faudra que les coëfficiens de da, db, dc, soient les mêmes de part & d'autre; ce qui fournira trois équations qui serviront à déterminer les valeurs de $\frac{D\lambda}{Dx}$, $\frac{D\lambda}{Dy}$, $\frac{D\lambda}{Dz}$, en $\frac{d\lambda}{da}$, $\frac{d\lambda}{db}$, $\frac{d\lambda}{dc}$; ce sera la même chose si on substitue dans la seconde expression de $D\lambda$ les valeurs de da, db, dc, en Dx, Dy, Dz tirées des expressions de ces dernieres quantités; alors la comparaison des termes affectés de Dx, Dy, Dz donnera immédiatement les valeurs de $\frac{D\lambda}{Dx}$, &c.

Or par les regles ordinaires de l'élimination on a

$$da = \frac{\alpha Dx + \alpha' Dy + \alpha'' Dz}{\theta},$$

$$db = \frac{\beta Dx + \beta' Dy + \beta'' Dz}{\theta},$$

$$dc = \frac{\gamma Dx + \gamma' Dy + \gamma'' Dz}{\theta},$$

en supposant

$$\alpha = \frac{dy}{db} \times \frac{dz}{dc} - \frac{dy}{dc} \times \frac{dz}{db}, \alpha' = \frac{dx}{dc} \times \frac{dz}{db} - \frac{dx}{db} \times \frac{dz}{dc},$$

$$\alpha'' = \frac{dx}{db} \times \frac{dy}{dc} - \frac{dx}{dc} \times \frac{dy}{db}, \beta = \frac{dy}{dc} \times \frac{dz}{da} - \frac{dy}{da} \times \frac{dz}{dc},$$

$$\beta' = \frac{dx}{da} \times \frac{dz}{dc} - \frac{dx}{dc} \times \frac{dz}{da}, \beta'' = \frac{dx}{dc} \times \frac{dy}{da} - \frac{dx}{da} \times \frac{dy}{dc},$$

$$\gamma' = \frac{dy}{da} \times \frac{dz}{db} - \frac{dy}{db} \times \frac{dz}{da}, \gamma' = \frac{dx}{db} \times \frac{dz}{da} - \frac{dx}{da} \times \frac{dz}{db},$$

$$\gamma'' = \frac{dx}{da} \times \frac{dy}{db} - \frac{dx}{db} \times \frac{dy}{da},$$

$$\theta = \frac{dx}{\ } \times \frac{dy}{db} \times \frac{dz}{dc} - \frac{dx}{db} \times \frac{dy}{da} \times \frac{dz}{dc} + \frac{dx}{db} \times \frac{dy}{dc} \times \frac{dz}{da}$$

$$- \frac{dx}{dc} \times \frac{dy}{db} \times \frac{dz}{da} + \frac{dx}{dc} \times \frac{dy}{da} \times \frac{dz}{db} - \frac{dx}{da} \times \frac{dy}{dc} \times \frac{dz}{db}.$$

Faisant donc ces substitutions dans l'expression $\frac{d\lambda}{da} da + \frac{d\lambda}{db} db + \frac{d\lambda}{dc} dc$, & comparant ensuite avec l'expression identique $\frac{D\lambda}{Dx} Dx + \frac{D\lambda}{Dy} Dy + \frac{D\lambda}{Dz} Dz$, on aura

$$\frac{D\lambda}{Dx} = \frac{\alpha}{\theta} \times \frac{d\lambda}{da} + \frac{\beta}{\theta} \times \frac{d\lambda}{db} + \frac{\gamma}{\theta} \times \frac{d\lambda}{dc},$$

$$\frac{D\lambda}{Dy} = \frac{\alpha'}{\theta} \times \frac{d\lambda}{da} + \frac{\beta'}{\theta} \times \frac{d\lambda}{db} + \frac{\gamma'}{\theta} \times \frac{d\lambda}{dc},$$

$$\frac{D\lambda}{Dz} = \frac{\alpha''}{\theta} \times \frac{d\lambda}{da} + \frac{\beta''}{\theta} \times \frac{d\lambda}{db} + \frac{\gamma''}{\theta} \times \frac{d\lambda}{dc}.$$

Ainſi ſubſtituant ces valeurs dans les trois équations (*A*) de l'article 2, elles deviendront de cette forme, après avoir multiplié par θ,

$$\left.\begin{aligned} &\theta\Delta\left(\frac{d^2x}{dt^2} + X\right) - \alpha\frac{d\lambda}{da} - \beta\frac{d\lambda}{db} - \gamma\frac{d\lambda}{dc} = 0 \\ &\theta\Delta\left(\frac{d^2y}{dt^2} + Y\right) - \alpha'\frac{d\lambda}{da} - \beta'\frac{d\lambda}{db} - \gamma'\frac{d\lambda}{dc} = 0 \\ &\theta\Delta\left(\frac{d^2z}{dt^2} + Z\right) - \alpha''\frac{d\lambda}{da} - \beta''\frac{d\lambda}{db} - \gamma''\frac{d\lambda}{dc} = 0 \end{aligned}\right\} \ldots (C).$$

où il n'y a, comme l'on voit, que des différences partielles relatives à a, b, c, t.

Dans ces équations la quantité Δ qui exprime la denſité, eſt une fonction donnée de a, b, c ſans t puiſqu'elle doit demeurer invariable pour chaque particule; & ſi le fluide eſt homogène, Δ ſera alors une conſtante indépendante de a, b, c, t. Quant aux quantités X, Y, Z qui repréſentent les forces accélératrices, elles ſeront le plus ſouvent données en fonctions de x, y, z, t.

6. On peut, au reſte, réduire les équations précédentes à une forme plus ſimple, en ajoutant enſemble, après les avoir multipliées reſpectivement & ſucceſſivement par $\frac{dx}{da}$,

$\frac{dy}{da}$, $\frac{dz}{da}$, par $\frac{dx}{db}$, $\frac{dy}{db}$, $\frac{dz}{db}$, & par $\frac{dx}{dc}$, $\frac{dy}{dc}$, $\frac{dz}{dc}$; car d'après les expressions de θ, α, β, γ, α', β', &c, données ci-dessus, il est aisé de voir qu'on aura $\theta = \alpha \frac{dx}{da} + \alpha' \frac{dy}{da} + \alpha'' \frac{dz}{da} = \beta \frac{dx}{db} + {}' \frac{dy}{db} + \beta'' \frac{dz}{db} = \gamma \frac{dx}{dc} + \gamma' \frac{dy}{dc} + \gamma'' \frac{dz}{dc}$, ensuite $\beta \frac{dx}{da} + \beta' \frac{dy}{da} + \beta'' \frac{dz}{da} = 0$, $\gamma \frac{dx}{da} + \gamma' \frac{dy}{da} + \gamma'' \frac{dz}{da} = 0$, $\alpha \frac{dx}{db} + \alpha' \frac{dy}{db} + \alpha'' \frac{dz}{db} = 0$, & ainsi de suite. De sorte que par ces opérations & ces réductions, on aura les transformées

$$\left.\begin{aligned}
&\Delta\left(\left(\frac{d^2x}{dt^2}+X\right)\frac{dx}{da}+\left(\frac{d^2y}{dt^2}+Y\right)\frac{dy}{da}+\left(\frac{d^2z}{dt^2}+Z\right)\frac{dz}{da}\right)-\frac{d\lambda}{da}=0\\
&\Delta\left(\left(\frac{d^2x}{dt^2}+X\right)\frac{dx}{db}+\left(\frac{d^2y}{dt^2}+Y\right)\frac{dy}{db}+\left(\frac{d^2z}{dt^2}+Z\right)\frac{dz}{db}\right)-\frac{d\lambda}{db}=0\\
&\Delta\left(\left(\frac{d^2x}{dt^2}+X\right)\frac{dx}{dc}+\left(\frac{d^2y}{dt^2}+Y\right)\frac{dy}{dc}+\left(\frac{d^2z}{dt^2}+Z\right)\frac{dz}{dc}\right)-\frac{d\lambda}{dc}=0
\end{aligned}\right\}(D).$$

7. On transformera, d'une maniere semblable, l'équation (B) de l'article 3; & pour cela, comme, d'après la remarque de l'article 4, les différentielles dx, dy, dz ne sont relatives qu'à la variable t, on les réduira d'abord aux différences partielles $\frac{dx}{dt}dt$, $\frac{dy}{dt}dt$, $\frac{dz}{dt}dt$; ensorte que l'équation dont il s'agit étant divisée par dt, sera de la forme

$$\frac{D.\frac{dx}{dt}}{Dx} + \frac{D.\frac{dy}{dt}}{Dy} + \frac{D.\frac{dz}{dt}}{Dz} = 0.$$

Or, par les formules trouvées ci-dessus pour les valeurs de $\frac{D\lambda}{Dx}$, $\frac{D\lambda}{Dy}$, &c, on aura pareillement, en substituant $\frac{dx}{dt}$, $\frac{dy}{dt}$, &c, à la place de λ,

$$\frac{D.\frac{dx}{dt}}{Dx} = \frac{\alpha}{\theta} \times \frac{d.\frac{dx}{dt}}{da} + \frac{\beta}{\theta} \times \frac{d.\frac{dx}{dt}}{db} + \frac{\gamma}{\theta} \times \frac{d.\frac{dx}{dt}}{dc},$$

& comme dans le second membre de cette équation, la quantité x est regardée comme une fonction de a, b, c, t, on aura $\frac{d.\frac{dx}{dt}}{da} = \frac{d^2x}{da\,dt}$, & ainsi des autres différences partielles de x; de sorte qu'on aura simplement

$$\frac{D.\frac{dx}{dt}}{Dx} = \frac{\alpha}{\theta} \times \frac{d^2x}{da\,dt} + \frac{\beta}{\theta} \times \frac{d^2x}{db\,dt} + \frac{\gamma}{\theta} \times \frac{d^2x}{dc\,dt}.$$

On trouvera des expressions semblables pour les valeurs de $\frac{d.\frac{dy}{dt}}{dy}$ & $\frac{d.\frac{dz}{dt}}{dz}$, & il n'y aura pour cela qu'à changer dans la formule précédente x en y & z.

Faisant donc ces substitutions dans l'équation ci-dessus, elle deviendra après y avoir effacé le dénominateur commun θ,

$$\alpha \frac{d^2x}{da\,dt} + \beta \frac{d^2x}{db\,dt} + \gamma \frac{d^2x}{dc\,dt} +$$

$$\alpha' \frac{d^2y}{da\,dt} + \beta' \frac{d^2y}{db\,dt} + \gamma' \frac{d^2y}{dc\,dt} +$$

$$\alpha'' \frac{d^2z}{da\,dt} + \beta'' \frac{d^2z}{db\,dt} + \gamma'' \frac{d^2z}{dc\,dt} = 0.$$

Le premier membre de cette équation n'eſt autre choſe que la valeur de $\frac{d\theta}{dt}$, comme on peut s'en aſſurer par la différentiation actuelle de l'expreſſion de θ (art. 5).

Ainſi l'équation devient $\frac{d\theta}{dt} = 0$, dont l'intégrale eſt $\theta =$ fonct. (a, b, c).

Suppoſons dans cette équation, $t = 0$, & ſoit K ce que devient alors la quantité θ, on aura $K =$ font. (a, b, c); par conſéquent l'équation ſera $\theta = K$.

Or nous avons ſuppoſé que lorſque $t = 0$, on a $x = a$, $y = b$, $z = c$; donc on aura auſſi alors $\frac{dx}{da} = 1$, $\frac{dx}{db} = 0$, $\frac{dx}{dc} = 0$, $\frac{dy}{da} = 0$, $\frac{dy}{db} = 1$, $\frac{dy}{dc} = 0$, $\frac{dz}{da} = 0$, $\frac{dz}{db} = 0$, $\frac{dz}{dc} = 1$. Ces valeurs étant ſubſtituées dans l'expreſſion de θ (art. 5), on a $\theta = 1$, donc $K = 1$.

Donc remettant pour θ ſa valeur, dans l'équation dont il s'agit, elle ſera de la forme

$$\frac{dx}{da} \times \frac{dy}{db} \times \frac{dz}{dc} - \frac{dx}{db} \times \frac{dy}{da} \times \frac{dz}{dc} + \frac{dx}{db} \times \frac{dy}{dc} \times \frac{dz}{da} -$$

$$\frac{dx}{dc} \times \frac{dy}{db} \times \frac{dz}{da} + \frac{dx}{dc} \times \frac{dy}{da} \times \frac{dz}{db} - \frac{dx}{da} \times \frac{dy}{dc} \times \frac{dz}{db} = 1 \ldots (E).$$

Cette équation combinée avec les trois équations (C) ou (D) des articles 5, 6, ſervira donc à déterminer les valeurs de λ, x, y, z, en fonctions de a, b, c, t.

8. Comme les équations dont il s'agit ſont à différences partielles, l'intégration y introduira néceſſairement différentes fonctions arbitraires; & la détermination de ces fonc-

tions

tions devra ſe déduire en partie de l'état initial du fluide, lequel doit être ſuppoſé donné, & en partie de la conſidération de la ſurface extérieure du fluide, qui eſt auſſi donnée ſi le fluide eſt renfermé dans un vaſe, & qui doit être repréſentée par l'équation $\lambda = 0$, lorſque le fluide eſt libre (art. 2).

En effet, dans le premier cas ſi on repréſente par $A = 0$ l'équation des parois du vaſe, A étant une fonction donnée des coordonnées x, y, z de ces parois, en y mettant pour ces variables leurs valeurs en a, b, c, t, on aura une équation entre les coordonnées initiales a, b, c, & le tems t, laquelle repréſentera par conſéquent la ſurface que formoient dans l'état initial les mêmes particules qui après le tems t forment la ſurface repréſentée par l'équation donnée $A = 0$. Si donc on veut que les mêmes particules qui ſont une fois à la ſurface y demeurent toujours; condition qui paroît néceſſaire pour que le fluide ne ſe diviſe pas, & qui eſt reçue généralement dans la théorie des fluides, il faudra que l'équation dont il s'agit ne contienne point le tems t; par conſéquent la fonction A de x, y, z devra être telle que t y diſparoiſſe après la ſubſtitution des valeurs de x, y, z en a, b, c, t.

Par la même raiſon l'équation $\lambda = 0$ de la ſurface libre ne devra point contenir t; ainſi la valeur de λ devra être une ſimple fonction de a, b, c ſans t.

Au reſte, il y a des cas dans le mouvement d'un fluide qui s'écoule d'un vaſe, où la condition dont il s'agit ne doit pas avoir lieu; alors les déterminations qui réſultent de cette condition ne ſont plus néceſſaires.

9. Telles sont les équations par lesquelles on peut déterminer directement le mouvement d'un fluide quelconque incompressible. Mais ces équations sont sous une forme un peu compliquée, & il est possible de les réduire à une plus simple, en prenant pour inconnues, à la place des coordonnées x, y, z, les vîtesses $\frac{dx}{dt}$, $\frac{dy}{dt}$, $\frac{dz}{dt}$ dans la direction des coordonnées, & en regardant ces vîtesses comme des fonctions de x, y, z, t.

En effet, d'un côté il est clair que puisque x, y, z sont fonctions de a, b, c, t, les quantités $\frac{dx}{dt}$, $\frac{dy}{dt}$, $\frac{dz}{dt}$, seront aussi fonctions des mêmes variables a, b, c, t; donc si on conçoit qu'on substitue dans ces fonctions les valeurs de a, b, c en x, y, z tirées de celles de x, y, z en a, b, c; on aura $\frac{dx}{dt}$, $\frac{dy}{dt}$, $\frac{dz}{dt}$ exprimées en fonctions de x, y, z & t.

D'un autre côté, il est clair que pour la connoissance actuelle du mouvement du fluide, il suffit de connoître à chaque instant le mouvement d'une particule quelconque qui occupe un lieu donné dans l'espace, sans qu'il soit nécessaire de savoir les états précédens de cette particule; par conséquent il suffit d'avoir les valeurs des vîtesses $\frac{dx}{dt}$, $\frac{dy}{dt}$, $\frac{dz}{dt}$, en fonctions de x, y, z, t.

D'ailleurs ces valeurs étant connues, si on les nomme p, q, r, on aura les équations $dx = pdt$, $dy = qdt$, $dz = rdt$, entre x, y, z, t; lesquelles étant ensuite intégrées, de maniere que x, y, z deviennent a, b, c, lorsque $t = 0$, donneront les valeurs mêmes de x, y, z, en a, b, c, t.

Au reste, si on chasse dt de ces équations différentielles, on aura ces deux-ci $p\,dy = q\,dx$, $p\,dz = r\,dx$, lesquelles expriment la nature des différentes courbes dans lesquelles tout le fluide se meut à chaque instant, courbes qui changent de place & de forme d'un instant à l'autre.

10. Reprenons donc les équations fondamentales (A) & (B) des articles 2 & 3, & introduisons-y les variables $p = \frac{dx}{dt}$, $q = \frac{dy}{dt}$, $r = \frac{dz}{dt}$, regardées comme des fonctions de x, y, z, t.

Il est clair que les quantités $\frac{d^2x}{dt^2}$, $\frac{d^2y}{dt^2}$, $\frac{d^2z}{dt^2}$ peuvent être mises sous la forme $\frac{d.\frac{dx}{dt}}{dt}$, $\frac{d.\frac{dy}{dt}}{dt}$, $\frac{d.\frac{dz}{dt}}{dt}$, où les quantités $\frac{dx}{dt}$, $\frac{dy}{dt}$, $\frac{dz}{dt}$ sont censées des fonctions de a, b, c, t.

En les regardant donc comme telles, on aura pour la différence complette de $\frac{dx}{dt}$, $\frac{d.\frac{dx}{dt}}{dt}dt + \frac{d.\frac{dx}{dt}}{da}da + \frac{d.\frac{dx}{dt}}{db}db + \frac{d.\frac{dx}{dt}}{dc}dc$, & ainsi des autres; mais en les regardant comme fonctions de x, y, z, t, & les désignant par p, q, r, leurs différences complettes seront $\frac{dp}{dt}dt + \frac{dp}{dx}dx + \frac{dp}{dy}dy + \frac{dp}{dz}dz$, & ainsi des autres différences; donc si dans ces dernieres expressions on met pour dx, dy, dz leurs valeurs en a, b, c, t, il faudra qu'elles deviennent identiques avec les premieres ; mais x étant regardé comme fonction de a, b, c, t, on a $dx = \frac{dx}{dt}\,dt + \frac{dx}{da}\,da + \frac{dx}{db}\,db + \frac{dx}{dc}\,dc$, où $\frac{dx}{dt}$ est évidemment $= p$, en supposant qu'on mette dans p, les valeurs de x, y, z, en a, b, c, t.

Ainsi on aura $dx = p\,dt + \frac{dx}{da}\,da +$ &c ; & de même $dy = q\,dt + \frac{dy}{da}\,da +$ &c, $dz = r\,dt + \frac{dz}{da}\,da +$ &c.

Substituant ces valeurs dans l'expression de la différence complette de $\frac{dx}{dt}$, les termes affectés de dt seront $\left(\frac{dp}{dt} + \frac{dp}{dx}\,p + \frac{dp}{dy}\,q + \frac{dp}{dz}\,r\right) dt$ lesquels devant être identiques avec le terme correspondant $\frac{d.\frac{dx}{dt}}{dt}\,dt$, ou bien $\frac{d^2x}{dt^2}\,dt$, on aura

$$\frac{d^2x}{dt^2} = \frac{dp}{dt} + p\,\frac{dp}{dx} + q\,\frac{dp}{dy} + r\,\frac{dp}{dz};$$

& l'on trouvera de la même maniere

$$\frac{d^2y}{dt^2} = \frac{dq}{dt} + p\,\frac{dq}{dx} + q\,\frac{dq}{dy} + r\,\frac{dq}{dz},$$

$$\frac{d^2z}{dt^2} = \frac{dr}{dt} + p\,\frac{dr}{dx} + q\,\frac{dr}{dy} + r\,\frac{dr}{dz}.$$

On fera donc ces substitutions dans les équations (A) ; & comme dans ces mêmes équations les termes $\frac{d\lambda}{Dx}$, $\frac{D\lambda}{Dy}$, $\frac{D\lambda}{Dz}$ représentent des différences partielles de λ, relativement à x, y, z, en ſuppoſant t conſtant, on y pourra changer la caractériſtique D en d.

On aura ainſi les transformées

$$\left.\begin{aligned} \Delta\left(\frac{dp}{dt}+p\frac{dp}{dx}+q\frac{dp}{dy}+r\frac{dp}{dz}+X\right)-\frac{d\lambda}{dx}&=0\\ \Delta\left(\frac{dq}{dt}+p\frac{dq}{dx}+q\frac{dq}{dy}+r\frac{dq}{dz}+Y\right)-\frac{d\lambda}{dx}&=0\\ \Delta\left(\frac{dr}{dt}+p\frac{dr}{dx}+q\frac{dr}{dy}+r\frac{dr}{dz}+Z\right)-\frac{d\lambda}{dz}&=0 \end{aligned}\right\}\quad\ldots\,(F).$$

A l'égard de l'équation (B) de l'article 3, il n'y aura qu'à y mettre à la place de dx, dy, dz, leurs valeurs pdt, qdt, rdt, & changeant la caractériſtique D en d, on aura ſur le champ, à cauſe de dt conſtant,

$$\frac{dp}{dx}+\frac{dq}{dy}+\frac{dr}{dz}=0\quad\ldots\ldots\,(G).$$

On voit que ces équations ſont beaucoup plus ſimples que les équations (C) ou (D) & (E) auxquelles elles répondent; ainſi il convient de les employer de préférence dans la théorie des fluides.

11. Dans les fluides homogènes & de denſité uniforme, la quantité Δ qui exprime la denſité, eſt tout-à-fait conſtante; c'eſt le cas le plus ordinaire, & le ſeul que nous examinerons dans la ſuite.

Mais dans les fluides hétérogenes, cette quantité doit être une fonction conſtante relativement au tems t pour la même particule, mais variable d'une particule à l'autre, ſelon une loi donnée. Ainſi en conſidérant le fluide dans l'état initial, où les coordonnées x, y, z ſont a, b, c, la quantité Δ sera une fonction donnée & connue de a, b, c, sans t; par conséquent le terme affecté de dt dans la différentielle complette de Δ regardée comme fonction de a, b, c, t devra être nul; mais par un raisonnement semblable à celui que nous avons dans l'article précédent pour trouver la valeur de $\frac{d^2 x}{d t^2}$, on trouvera qu'en regardant Δ comme une fonction de x, y, z, t, le terme dont il s'agit sera exprimé par

$$\left(\frac{d\Delta}{dt} + p\,\frac{d\Delta}{dx} + q\,\frac{d\Delta}{dy} + r\,\frac{d\Delta}{dz}\right) dt.$$

Ainsi on aura l'équation

$$\frac{d\Delta}{dt} + p\,\frac{d\Delta}{dx} + q\,\frac{d\Delta}{dy} + r\,\frac{d\Delta}{dz} = 0 \;\ldots\; (H).$$

qui servira à déterminer l'inconnue Δ, dans les équations (F), parce que dans ces équations on doit traiter Δ comme une fonction de x, y, z, t.

A cet égard elles sont moins avantageuses que les équations (C) ou (D) dans lesquelles on peut regarder Δ comme une fonction connue de a, b, c.

12. Ce que nous venons de dire relativement à la fonction Δ, il faudra l'appliquer aussi à la fonction A, en tant que $A = 0$, est l'équation des parois du vase. Car la condition que les mêmes particules restent toujours à la surface demande, comme on l'a vu dans l'article 8, que A devienne une fonction de a, b, c sans t; de sorte qu'en regardant cette quantité comme une fonction de x, y, z, t, on aura aussi l'équation

$$\frac{dA}{dt} + p\frac{dA}{dx} + q\frac{dA}{dy} + r\frac{dA}{dz} = 0 \ldots (I).$$

Pour les parties de la ſurface où le fluide ſera libre, on aura l'équation $\lambda = 0$ (art. 2); il faudra, par conſéquent, pour ſatisfaire à la même condition, que l'on ait auſſi

$$\frac{d\lambda}{dt} + p\frac{d\lambda}{dx} + q\frac{d\lambda}{dy} + r\frac{d\lambda}{dz} = 0 \ldots (K).$$

13. Voilà les formules les plus générales & les plus ſimples pour la détermination rigoureuſe du mouvement des fluides. La difficulté ne conſiſte plus que dans leur intégration; mais elle eſt ſi grande que juſqu'à préſent on a été obligé de ſe contenter, même dans les problêmes les plus ſimples, de méthodes particulieres & fondées ſur des hypothèſes plus ou moins limitées. Pour diminuer autant qu'il eſt poſſible cette difficulté, nous allons examiner comment & dans quels cas ces formules peuvent encore être ſimplifiées; nous en ferons enſuite l'application à quelques queſtions ſur le mouvement des fluides dans des vaſes ou des canaux.

14. Rien n'eſt d'abord plus facile que de ſatisfaire à l'équation (G) de l'article 10; car en faiſant $p = \frac{d\alpha}{dz}$, $q = \frac{d\beta}{dz}$, elle devient $\frac{d^2\alpha}{dxdz} + \frac{d^2\beta}{dydz} + \frac{dr}{dz} = 0$, laquelle eſt intégrable relativement à z, & donne . . $r = -\frac{d\alpha}{dx} - \frac{d\beta}{dy}$; il n'eſt point néceſſaire d'ajouter ici une fonction arbitraire, à cauſe des quantités indéterminées α & β.

Ainſi l'équation dont il s'agit ſera ſatisfaite par ces valeurs

$$p = \frac{d\alpha}{dz},\ q = \frac{d\beta}{dz},\ r = -\frac{d\alpha}{dx} - \frac{d\beta}{dy},$$

lesquelles étant ensuite substituées dans les trois équations (F) du même article, il n'y aura plus que trois inconnues α, β, & λ; & même il sera très-facile d'éliminer λ par des différentiations partielles. De sorte que de cette maniere, si la densité Δ est constante, le problême se trouvera réduit à deux équations uniques entre les inconnues α & β; & si la densité Δ est variable, il y faudra joindre l'équation (H) de l'article 11. Mais l'intégration de ces équations surpasse les forces de l'analyse connue.

15. Voyons donc si les équations (F) considérées en elles-mêmes, ne sont pas susceptibles de quelque simplification.

En ne considérant dans la fonction λ que la variabilité de x, y, z, on a $d\lambda = \frac{d\lambda}{dx}\, dx + \frac{d\lambda}{dy}\, dy + \frac{d\lambda}{dz}\, dz$.

Donc substituant pour $\frac{d\lambda}{dx}$, $\frac{d\lambda}{dy}$, $\frac{d\lambda}{dz}$, leurs valeurs tirées de ces équations, on aura

$$\begin{aligned} d\lambda = & \left(\frac{dp}{dt} + p\frac{dp}{dx} + q\frac{dp}{dy} + r\frac{dp}{dz} + X\right)\Delta\, dx \\ & + \left(\frac{dq}{dt} + p\frac{dq}{dx} + q\frac{dq}{dy} + r\frac{dq}{dz} + Y\right)\Delta\, dy \\ & + \left(\frac{dr}{dt} + p\frac{dr}{dx} + q\frac{dr}{dy} + r\frac{dr}{dz} + Z\right)\Delta\, dz. \end{aligned}$$

Le premier membre de cette équation étant une différentielle complette, il faudra que le second en soit une aussi relativement

relativement à x, y, z; & la valeur de λ qu'on en tirera, satisfera à la fois aux trois équations (F).

Supposons maintenant que le fluide soit homogène, ensorte que la densité Δ soit constante; & faisons-la, pour plus de simplicité, égale à l'unité.

Supposons de plus que les forces accélératrices X, Y, Z, soient telles que la quantité $X dx + Y dy + Z dz$ soit une différentielle complette. Cette condition est celle qui est nécessaire pour que le fluide puisse être en équilibre par ces mêmes forces, comme on l'a vu dans l'article 17 de la Section septieme de la premiere Partie. Elle a d'ailleurs toujours lieu, lorsque ces forces viennent d'une ou de plusieurs attractions proportionnelles à des fonctions quelconques des distances aux centres, ce qui est le cas de la nature, puisqu'en nommant les attractions P, Q, R, &c, & les distances p, q, r, &c, on a en général $X dx + Y dy + Z dz = P dp + Q dq + R dr +$ &c, (Part. I, Sect. V, art. 5).

Faisant donc $\Delta = 1$, & $X dx + Y dy + Z dz = P dp + Q dq + R dr +$ &c $= dV$, l'équation précédente deviendra

$$d\lambda - dV = \left(\frac{dp}{dt} + p\frac{dp}{dx} + q\frac{dp}{dy} + r\frac{dp}{dz}\right) dx$$
$$+ \left(\frac{dq}{dt} + p\frac{dq}{dx} + q\frac{dq}{dy} + r\frac{dq}{dz}\right) dy$$
$$+ \left(\frac{dr}{dt} + p\frac{dr}{dx} + q\frac{dr}{dy} + r\frac{dr}{dz}\right) dz \ldots (L);$$

& il faudra que le second membre de cette équation soit une différentielle complette, puisque le premier en est une.

Cette équation équivaudra ainsi aux équations (F) de l'article 10.

Or en considérant la différentielle de $\frac{p^2+q^2+r^2}{2}$ prise relativement à x, y, z, il n'est pas difficile de voir qu'on peut donner au second membre de l'équation dont il s'agit, cette forme,

$$\frac{d.(p^2+q^2+r^2)}{2}+\frac{dp}{dt}dx+\frac{dq}{dt}dy+\frac{dr}{dt}dz$$

$$+\left(\frac{dp}{dy}-\frac{dq}{dx}\right)(qdx-pdy)+\left(\frac{dp}{dz}-\frac{dr}{dx}\right)(rdx-pdz)$$

$$+\left(\frac{dq}{dz}-\frac{dr}{dy}\right)(rdy-qdz);$$

& on voit d'abord que cette quantité sera une différentielle complette toutes les fois que $pdx+qdy+rdz$ le sera elle-même; car alors sa différentielle par rapport à t, savoir, $\frac{dp}{dt}dx+\frac{dq}{dt}dy+\frac{dr}{dt}dz$ le sera aussi, & de plus les conditions connues de l'intégrabilité, donneront . . .

$$\frac{dp}{dy}-\frac{dq}{dx}=0,\ \frac{dp}{dz}-\frac{dr}{dx}=0,\ \frac{dq}{dz}-\frac{dr}{dy}=0.$$

D'où il s'ensuit qu'on pourra satisfaire à l'équation (L) par la simple supposition que $pdx+qdy+rdz$ soit une différentielle complette; & le calcul du mouvement du fluide sera par-là beaucoup simplifié. Mais comme ce n'est qu'une supposition particuliere, il importe d'examiner avant tout, dans quels cas elle peut & doit avoir lieu.

17. Soit pour abréger

$$\alpha=\frac{dp}{dy}-\frac{dq}{dx},\ \beta=\frac{dp}{dz}-\frac{dr}{dx},\ \gamma=\frac{dq}{dz}-\frac{dr}{dy};$$

il ne s'agira que de rendre une différentielle exacte la quantité

$$\frac{dp}{dt}\,dx + \frac{dq}{dt}\,dy + \frac{dr}{dt}\,dz + \alpha(q\,dx - p\,dy)$$
$$+ \beta(r\,dx - p\,dz) + \gamma(r\,dy - q\,dz).$$

Supposons d'abord que la variable t ait une valeur fort petite, on pourra alors donner à p, q, r, les formes suivantes en série,

$$p = p' + p''\,t + p'''\,t^2 + p^{IV}\,t^3 + \&c,$$
$$q = q' + q''\,t + q'''\,t^2 + q^{IV}\,t^3 + \&c,$$
$$r = r' + r''\,t + r'''\,t^2 + r^{IV}\,t^3 + \&c,$$

dans lesquelles les quantités p', p'', p''', &c; q', q'', q''', &c, r', r'', r''', &c, seront des fonctions de x, y, z sans t.

Ces valeurs étant substituées dans les trois quantités α, β, γ, elles deviendront

$$\alpha = \alpha' + \alpha''\,t + \alpha'''\,t^2 + \alpha^{IV}\,t^3 + \&c,$$
$$\beta = \beta' + \beta''\,t + \beta'''\,t^2 + \beta^{IV}\,t^3 + \&c,$$
$$\gamma = \gamma' + \gamma''\,t + \gamma'''\,t^2 + \gamma^{IV}\,t^3 + \&c,$$

en supposant

$$\alpha' = \frac{dp'}{dy} - \frac{dq'}{dx},\ \alpha'' = \frac{dp''}{dy} - \frac{dq''}{dx},\ \&c,$$
$$\beta' = \frac{dp'}{dz} - \frac{dr'}{dx},\ \beta'' = \frac{dp''}{dz} - \frac{dr''}{dx},\ \&c,$$
$$\gamma' = \frac{dq'}{dz} - \frac{dr'}{dy},\ \gamma'' = \frac{dq''}{dz} - \frac{dr''}{dy},\ \&c,$$

Ainsi la quantité $\frac{dp}{dt}\,dx + \frac{dq}{dt}\,dy + \frac{dr}{dt}\,dz$ $+ \alpha(q\,dx - p\,dy) + \beta(r\,dx - p\,dz) + \gamma(r\,dy - q\,dz)$ deviendra après ces différentes substitutions, & en ordonnant les termes par rapport aux puissances de t,

$$p''\,dx + q''\,dy + r''\,dz +$$
$$\alpha'(q'\,dx - p'\,dy) + \beta'(r'\,dx - p'\,dz) + \gamma'(r'\,dy - q'\,dz)$$
$$+ t\,(2\,(p'''\,dx + q'''\,dy + r'''\,dz) +$$
$$\alpha'(q''\,dx - p''\,dy) + \beta'(r''\,dx - p''\,dz) + \gamma'(r''\,dy - q''\,dz) +$$
$$\alpha''(q'\,dx - p'\,dy) + \beta''(r'\,dx - p'\,dz) + \gamma''(r'\,dy - q'\,dz))$$
$$+ t^2\,(3\,(p^{IV}\,dx + q^{IV}\,dy + r^{IV}\,dz) +$$
$$\alpha'(q'''\,dx - p'''\,dy) + \beta'(r'''\,dx - p'''\,dz) + \gamma'(r'''\,dy - q'''\,dz) +$$
$$\alpha''(q''\,dx - p''\,dy) + \beta''(r''\,dx - p''\,dz) + \gamma''(r''\,dy - q''\,dz) +$$
$$\alpha'''(q'\,dx - p'\,dy) + \beta'''(r'\,dx - p'\,dz) + \gamma'''(r'\,dy - q'\,dz))$$
$$+ \&c\,;$$

& comme cette quantité doit être une différentielle exacte indépendamment de la valeur de t, il faudra que les quantités qui multiplient chaque puissance de t, soient chacune en particulier une différentielle exacte.

Cela posé, supposons que $p'\,dx + q'\,dy + r'\,dz$ soit une différentielle exacte, on aura, par les théorêmes connus,

$$\frac{dp'}{dy} = \frac{dq'}{dx},\quad \frac{dp'}{dz} = \frac{dr'}{dx},\quad \frac{dq'}{dz} = \frac{dr'}{dy};$$

donc $\alpha' = 0$, $\beta' = 0$, $\gamma' = 0$; donc la premiere quantité qui doit être une différentielle exacte, se réduira à $p'' dx + q'' dy + r'' dz$; & l'on aura par conséquent ces équations de condition $\alpha'' = 0$, $\beta'' = 0$, $\gamma'' = 0$.

Alors la seconde quantité qui doit être une différentielle exacte, deviendra $2(p''' dx + q''' dy + r''' dz)$; & il résultera de-là les nouvelles équations $\alpha''' = 0$, $\beta''' = 0$, $\gamma''' = 0$. De sorte que la troisieme quantité qui doit être une différentielle exacte, sera $3(p^{IV} dx + q^{IV} dy + r^{IV} dz)$; d'où l'on tirera pareillement les équations $\alpha^{IV} = 0$, $\beta^{IV} = 0$, $\gamma^{IV} = 0$; & ainsi de suite. Donc si $p' dx + q' dy + r' dz$ est une différentielle exacte, il faudra que $p'' dx + q'' dy + r'' dz$, $p''' dx + q''' dy + r''' dz$, $p^{IV} dx + q^{IV} dy + r^{IV} dz$, &c, soient aussi chacune en particulier des différentielles exactes. Par conséquent la quantité entiere $pdx + qdy + rdz$ sera dans ce cas une différentielle exacte, le tems t étant supposé fort petit.

17. Il s'ensuit de-là que si la quantité $pdx + qdy + rdz$ est une différentielle exacte lorsque $t = 0$, elle devra l'être aussi lorsque t aura une valeur quelconque très-petite; d'où l'on peut conclure en général que cette quantité devra être toujours une différentielle exacte, quelle que soit la valeur de t. Car puisqu'elle doit l'être depuis $t = 0$ jusqu'à $t = \theta$, (θ étant une quantité quelconque donnée très-petite) si on y substitue par-tout $\theta + t'$ à la place de t, on prouvera de même qu'elle devra être une différentielle exacte, depuis $t' = 0$, jusqu'à $t' = \theta$; par conséquent elle le sera depuis $t = 0$, jusqu'à $t = 2\theta$; & ainsi de suite.

Donc en général, comme l'origine des t est arbitraire, & qu'on peut prendre également t positif ou négatif, il s'ensuit que si la quantité $pdx + qdy + rdz$ est une différentielle exacte dans un instant quelconque, elle devra l'être pour tous les autres instans. Par conséquent, s'il y a un seul instant dans lequel elle ne soit pas une différentielle exacte, elle ne pourra jamais l'être pendant tout le mouvement; car si elle l'étoit dans un autre instant quelconque, elle devroit l'être aussi dans le premier.

18. Lorsque le mouvement commence du repos, on a alors $p = 0$, $q = 0$, $r = 0$, lorsque $t = 0$; donc $pdx + qdy + rdz$ sera intégrable pour ce moment, &, par conséquent devra l'être toujours pendant toute la durée du mouvement.

Mais s'il y a des vîtesses imprimées au fluide, au commencement, tout dépend de la nature de ces vîtesses, selon qu'elles seront telles que $pdx + qdy + rdz$ soit une quantité intégrable ou non; dans le premier cas la quantité $pdx + qdy + rdz$ sera toujours intégrable; dans le second elle ne le sera jamais.

Lorsque les vîtesses initiales sont produites par une impulsion quelconque sur la surface du fluide, comme par l'action d'un piston, on peut démontrer que $pdx + qdy + rdz$ doit être intégrable dans le premier instant. Car il faut que les vîtesses p, q, r, que chaque point du fluide reçoit en vertu de l'impulsion donnée à la surface, soient telles que si on détruisoit ces vîtesses, en imprimant en même-tems à chaque point du fluide des vîtesses égales & en sens contraire, toute la masse du fluide demeurât en repos ou en équilibre. Donc il faudra qu'il y ait équilibre dans cette masse, en vertu de l'impulsion appliquée à la surface, & des vîtesses ou forces $-p$, $-q$, $-r$, appliquées à chacun des points de son intérieur; par conséquent, d'après la loi générale de l'équilibre des fluides (Partie premiere, Section septieme, article 17), les quantités p, q, r, devront être telles, que $pdx + qdy + rdz$ soit une différentielle exacte. Ainsi dans ce cas la même quantité devra toujours être une différentielle exacte dans chaque instant du mouvement.

19. On pourroit peut-être douter s'il y a des mouvemens possibles dans un fluide, pour lesquels $pdx + qdy + rdz$ ne soit pas une différentielle exacte.

Pour lever ce doute par un exemple très-simple, il n'y a qu'à considérer le cas où l'on auroit $p = gy$, $q = -gx$, $r = 0$, g étant une constante quelconque. On voit d'abord que dans ce cas $pdx + qdy + rdz$ ne sera pas une différentielle complette, puisqu'elle devient $g(ydx - xdy)$ qui n'est pas intégrable; cependant l'équation (L) de l'article 15 sera intégrable d'elle-même; car on aura $\frac{dp}{dy} = g$, $\frac{dq}{dx} = -g$, & toutes les autres différences partielles de p & q seront nulles; de sorte que l'équation dont il s'agit deviendra

$$d\lambda - dV = -g^2(xdx + ydy),$$

dont l'intégrale donne

$\lambda = V - \frac{g^2}{2}(x^2 + y^2) +$ fonct. t, valeur qui satisfera donc aux trois équations (F) de l'article 10.

A l'égard de l'équation (G) du même article, elle aura

lieu aussi, puisque les valeurs supposées donnent $\frac{dp}{dx} = 0$, $\frac{dq}{dy} = 0$, $\frac{dr}{dz} = 0$.

Au reste, il est visible que ces valeurs de p, q, r représentent le mouvement d'un fluide qui tourne autour de l'axe fixe des coordonnées z, avec une vîtesse angulaire constante & égale à g; & l'on sait qu'un pareil mouvement peut toujours avoir lieu dans un fluide.

On peut conclure de-là que dans le calcul des oscillations de la mer, en vertu de l'attraction du Soleil & de la Lune, on ne peut pas supposer que la quantité $p\,dx + q\,dy + r\,dz$ soit intégrable, puisqu'elle ne l'est pas, lorsque le fluide est en repos par rapport à la Terre, & qu'il n'a que le mouvement de rotation qui lui est commun avec elle.

20. Après avoir déterminé les cas dans lesquels on est assuré que la quantité $p\,dx + q\,dy + r\,dz$ doit être une différentielle complette, voyons comment, d'après cette condition, on peut résoudre les équations du mouvement des fluides.

Soit donc $p\,dx + q\,dy + r\,dz = d\varphi$, φ étant une fonction quelconque de x, y, z, & de la variable t, laquelle est regardée comme constante dans la différentielle $d\varphi$ on aura donc $p = \frac{d\varphi}{dx}$, $q = \frac{d\varphi}{dy}$, $r = \frac{d\varphi}{dz}$; & substituant ces valeurs dans l'équation (L) de l'article 15, elle deviendra

$$d\lambda - dV$$

$$= \left(\frac{d^2\varphi}{dt\,dx} + \frac{d\varphi}{dx} \cdot \frac{d^2\varphi}{dx^2} + \frac{d\varphi}{dy} \cdot \frac{d^2\varphi}{dx\,dy} + \frac{d\varphi}{dz} \cdot \frac{d^2\varphi}{dx\,dz}\right) dx,$$

$$+ \left(\frac{d^2\varphi}{dt\,dy} + \frac{d\varphi}{dx} \cdot \frac{d^2\varphi}{dx\,dy} + \frac{d\varphi}{dy} \cdot \frac{d^2\varphi}{dy^2} + \frac{d\varphi}{dz} \cdot \frac{d^2\varphi}{dy\,dz}\right) dy,$$

+

$$+\left(\frac{d^2\varphi}{dt\,dz}+\frac{d\varphi}{dx}\cdot\frac{d^2\varphi}{dx\,dz}+\frac{d\varphi}{dy}\cdot\frac{d^2\varphi}{dy\,dz}+\frac{d\varphi}{dz}\cdot\frac{d^2\varphi}{dz^2}\right)dz;$$

dont l'intégrale relativement à x, y, z est évidemment

$$\lambda-V=\frac{d\varphi}{dt}+\frac{1}{2}\left(\frac{d\varphi}{dx}\right)^2+\frac{1}{2}\left(\frac{d\varphi}{dy}\right)^2+\frac{1}{2}\left(\frac{d\varphi}{dz}\right)^2.$$

On pourroit y ajouter une fonction arbitraire de t, puisque cette variable est regardée dans l'intégration comme constante; mais j'observe que cette fonction peut être censée renfermée dans la valeur de φ; car en augmentant φ d'une fonction quelconque T de t, les valeurs de p, q, r demeurent les mêmes qu'auparavant, & le second membre de l'équation précédente se trouvera augmenté de la fonction $\frac{dT}{dt}$, qui est arbitraire. On peut donc sans déroger à la généralité de cette équation, se dispenser d'y ajouter aucune fonction arbitraire de t.

On aura donc par cette équation,

$$\lambda=V+\frac{d\varphi}{dt}+\frac{1}{2}\left(\frac{d\varphi}{dx}\right)^2+\frac{1}{2}\left(\frac{d\varphi}{dy}\right)^2+\frac{1}{2}\left(\frac{d\varphi}{dz}\right)^2;$$

valeur qui satisfera à la fois aux trois équations (F) de l'article 10; & la détermination de φ dépendra de l'équation (G) du même article, laquelle, en substituant pour p, q, r, leurs valeurs $\frac{d\varphi}{dx}$, $\frac{d\varphi}{dy}$, $\frac{d\varphi}{dz}$ devient

$$\frac{d^2\varphi}{dx^2}+\frac{d^2\varphi}{dy^2}+\frac{d^2\varphi}{dz^2}=0.$$

Ainsi toute la difficulté ne consistera plus que dans l'intégration de cette derniere équation.

21. Il y a encore un cas très-étendu, dans lequel la

quantité $p\,dx + q\,dy + r\,dz$ doit être une différentielle exacte; c'est celui où l'on suppose que les vîtesses p, q, r, soient très-petites, & qu'on néglige les quantités très-petites du second ordre & des ordres suivans. Car il est visible que dans cette hypothèse, la même équation (L) se réduira à

$$d\lambda - dV = \frac{dp}{dt}\,dx + \frac{dq}{dt}\,dy + \frac{dr}{dt}\,dz,$$

où l'on voit que $\frac{dp}{dt}\,dx + \frac{dq}{dt}\,dy + \frac{dr}{dt}\,dz$, devant être intégrable relativement à x, y, z, la quantité $p\,dx + q\,dy + r\,dz$ devra l'être aussi. On aura ainsi les mêmes formules que dans l'article précédent, en supposant φ une fonction très-petite, & négligeant les secondes dimensions de φ & de ses différentielles.

On pourra de plus, dans ce cas, déterminer les valeurs mêmes de x, y, z pour un tems quelconque. Car il n'y aura pour cela qu'à intégrer les équations $dx = p\,dt$, $dy = q\,dt$, $dz = r\,dt$ (art. 9), dans lesquelles, puisque p, q, r sont très-petites, & que par conséquent dx, dy, dz sont aussi très-petites du même ordre vis-à-vis de dt, on pourra regarder x, y, z comme constantes par rapport à t. De sorte qu'en traitant t seule comme variable dans les fonctions p, q, r, & ajoutant les constantes a, b, c, on aura sur le champ $x = a + \int p\,dt$, $y = b + \int q\,dt$, $z = c + \int r\,dt$. Donc faisant pour abréger $\Phi = \int \varphi\,dt$, & changeant dans Φ les variables x, y, z en a, b, c, on aura simplement

$$x = a + \frac{d\Phi}{da},\; y = b + \frac{d\Phi}{db},\; z = c + \frac{d\Phi}{dc},$$

où la fonction Φ devra être prise de maniere qu'elle soit nulle lorsque $t = 0$, afin que a, b, c soient les valeurs initiales de x, y, z.

Ce cas a lieu, sur-tout dans la théorie des ondes, comme on le verra plus bas.

22. Au reste, si la masse du fluide étoit telle que l'une de ses dimensions fût considérablement plus petite que chacune des deux autres, ensorte qu'on pût regarder, par exemple, les coordonnées z comme très-petites vis-à-vis de x & y, cette circonstance serviroit aussi à faciliter la résolution des équations générales.

Car il est clair qn'on pourroit donner alors aux inconnues p, q, r, Δ la forme suivante,

$$p = p' + p'' z + p''' z^2 + \&c,$$

$$q = q' + q'' z + q''' z^2 + \&c,$$

$$r = r' + r'' z + r''' z^2 + \&c,$$

$$\Delta = \Delta' + \Delta'' z + \Delta''' z^2 + \&c,$$

dans lesquelles p', p'', &c; q', q'', &c; r', r'', &c; Δ', Δ'', &c, seroient des fonctions de x, y, t sans z; de sorte qu'en faisant ces substitutions, on auroit des équations en séries, lesquelles ne contiendroient que des différences partielles relatives à x, y, t.

Pour donner là-dessus un essai de calcul, supposons de nouveau qu'il ne s'agisse que d'un fluide homogène, où $\Delta = 1$; & commençons par substituer les valeurs précédentes dans l'équation (G) de l'article 10; ordonnant les termes par rapport à z, on aura

$$0 = \frac{dp'}{dx} + \frac{dq'}{dy} + r''$$
$$+ z\left(\frac{dp''}{dx} + \frac{dq''}{dy} + 2r'''\right)$$
$$+ z^2\left(\frac{dp'''}{dx} + \frac{dq'''}{dy} + 3r^{IV}\right)$$
$$+ \&c.$$

De ſorte que, comme p', p'', &c; q', q'', &c, ne doivent point contenir z, on aura ces équations particulieres,

$$\frac{dp'}{dx} + \frac{dq'}{dy} + r'' = 0,$$
$$\frac{dp''}{dx} + \frac{dq''}{dy} + 2r''' = 0,$$
$$\frac{dp'''}{dx} + \frac{dq'''}{dy} + 3r^{IV} = 0,$$
&c,

par leſquelles on déterminera d'abord les quantités r'', r''', r^{IV}, &c, & les autres quantités r', p', p'', &c, q', q'', &c, demeureront encore indéterminées.

On fera les mêmes ſubſtitutions dans l'équation (L) de l'article 15, laquelle équivaut aux trois équations (F) de l'article 10, & il eſt aiſé de voir qu'elle ſe réduira à la forme ſuivante,

$$d\lambda - dV = \alpha\, dx + \beta\, dy + \gamma\, dz + z(\alpha' dx + \beta' dy + \gamma' dz)$$
$$+ z^2 (\alpha'' dx + \beta'' dy + \gamma'' dz) + \&c.$$

en faiſant pour abréger

$$\alpha = \frac{dp'}{dt} + p' \frac{dp'}{dx} + q' \frac{dp'}{dy} + r' p'',$$

$$\beta = \frac{dq'}{dt} + p'\frac{dq'}{dx} + q'\frac{dq'}{dy} + r'q'',$$

$$\gamma = \frac{dr'}{dt} + p'\frac{dr'}{dx} + q'\frac{dr'}{dy} + r'r'',$$

$$\alpha' = \frac{dp''}{dt} + p'\frac{dp''}{dx} + p''\frac{dp'}{dx} + q'\frac{dp''}{dy} + q''\frac{dp'}{dy} + 2r'p''' + r''p'',$$

$$\beta' = \frac{dq''}{dt} + p'\frac{dq''}{dx} + p''\frac{dq'}{dx} + q'\frac{dq''}{dy} + q''\frac{dq'}{dy} + 2r'q''' + r''q'',$$

$$\gamma' = \frac{dr''}{dt} + p'\frac{dp''}{dx} + p''\frac{dr'}{dx} + q'\frac{dr'}{dy} + q''\frac{dr'}{dy} + 2r'r''' + r''r'',$$

& ainsi de suite.

Donc pour que le second membre de cette équation soit intégrable, il faudra que les quantités

$$\alpha dx + \beta dy,$$

$$\gamma dz + z(\alpha' dx + \beta' dy)$$

$$\gamma' z dz + z^2(\alpha'' dx + \beta'' dy)$$

&c,

soient chacune intégrable en particulier.

Si donc on dénote par ω une fonction de x, y, t sans z, on aura ces conditions

$$\alpha = \frac{d\omega}{dx},\ \beta = \frac{d\omega}{dy},\ \alpha' = \frac{d\gamma}{dx},\ \beta' = \frac{d\gamma}{dy},$$

$$\alpha'' = \frac{d\gamma'}{2dx},\ \beta'' = \frac{d\gamma'}{2dy},\ \&c.$$

Alors l'équation intégrée donnera

$$\lambda = V + \omega + \gamma z + \frac{1}{2}\gamma' z^2 + \&c;$$

& il ne s'agira que de satisfaire aux conditions précédentes, par le moyen des fonctions indéterminées ω, r', p', p'' &c, q', q'', &c.

Le calcul deviendroit plus facile encore, si les deux variables y & z étoient très-petites en même-tems, vis-à-vis de x; car on pourroit supposer alors,

$$p = p' + p''y + p'''z + p^{IV}y^2 + p^{V}yz + \&c,$$

$$q = q' + q''y + q'''z + q^{IV}y^2 + q^{V}yz + \&c,$$

$$r = r' + r''y + r'''z + r^{IV}y^2 + r^{V}yz + \&c,$$

les quantités p', p'', &c, q', q'', &c, r', r'', étant de simples fonctions de x.

Faisant ces substitutions dans l'équation (G), & égalant séparément à zéro les termes affectés de y, z & de leurs produits, on auroit

$$\frac{dp'}{dx} + q'' + r''' = 0,$$

$$\frac{dp''}{dx} + 2q^{IV} + r^{V} = 0,$$

&c.

Ensuite l'équation (L) deviendroit de la forme

$$d\lambda - dV = \alpha dx + \beta dy + \gamma dz + y(\alpha' dx + \beta' dy + \gamma' dz) + z(\alpha'' dx + \beta'' dy + \gamma'' dz) + \&c.$$

en supposant

$$\alpha = \frac{dp'}{dt} + p' \frac{dp'}{dx} + q'p'' + r'p''',$$

$$\beta = \frac{dq'}{dt} + p' \frac{dq'}{dx} + q'q'' + r'q''',$$

$$\gamma = \frac{dr'}{dt} + p' \frac{dr'}{dx} + q'r'' + r'r'''$$

$$\alpha' = \frac{dp''}{dt} + p' \frac{dp''}{dx} + p'' \frac{dp'}{dx} + 2q'p^{IV} + q''p'' + r'p^{V} + r''p''',$$

&c,

& l'on auroit pour l'intégrabilité de cette équation, les conditions $\alpha' = \frac{d\beta}{dx}$, $\alpha'' = \frac{d\gamma}{dx}$, &c, moyennant quoi elle donneroit

$$\lambda = V + \int \alpha\, dx + \beta y + \gamma z + \text{\&c.}$$

Enfin on pourra auſſi quelquefois ſimplifier le calcul par le moyen des ſubſtitutions, en introduiſant à la place des coordonnées x, y, z d'autres variables ξ, ν, ζ, leſquelles ſoient des fonctions données de celles-là; & ſi par la nature de la queſtion, la variable ζ, par exemple, ou les deux variables ν & ζ ſont très-petites vis-à-vis de ξ, on pourra employer des réductions analogues à celles que nous venons d'expoſer.

§. II.

Du mouvement des fluides peſans & homogènes dans des vaſes ou canaux de figure quelconque.

23. Pour montrer l'uſage des principes & des formules que nous venons de donner, nous allons les appliquer aux

fluides qui se meuvent dans des vases ou des canaux de figure donnée.

Nous supposerons que le fluide soit homogène & pesant, & qu'il parte du repos, ou qu'il soit mis en mouvement par l'impulsion d'un piston appliqué à sa surface; ainsi les vîtesses p, q, r, de chaque particule, devront être telles que la quantité $p\,dx + q\,dy + r\,dz$ soit intégrable (art. 18); par conséquent on pourra employer les formules de l'article 20.

Soit donc φ une fonction de x, y, z & t, déterminée par l'équation

$$\frac{d^2\varphi}{dx^2} + \frac{d^2\varphi}{dy^2} + \frac{d^2\varphi}{dz^2} = 0,$$

on aura d'abord pour les vîtesses de chaque particule, suivant les directions des coordonnées x, y, z, ces expressions,

$$p = \frac{d\varphi}{dx},\ q = \frac{d\varphi}{dy},\ r = \frac{d\varphi}{dz}.$$

Ensuite on aura

$$\lambda = V + \frac{d\varphi}{dt} + \frac{1}{2}\left(\frac{d\varphi}{dx}\right)^2 + \frac{1}{2}\left(\frac{d\varphi}{dy}\right)^2 + \frac{1}{2}\left(\frac{d\varphi}{dz}\right)^2,$$

quantité qui devra être nulle à la surface extérieure libre du fluide (art. 2).

Quant à la valeur de V, qui dépend des forces accélératrices du fluide (art. 15), si on exprime par g la force accélératrice de la gravité, & qu'on nomme ξ, η, ζ les angles que les axes des coordonnées x, y, z font avec la verticale menée du point d'intersection de ces axes, & dirigée de haut en bas, on aura $X = - g \cos \xi$, $Y = - g \cos \eta$,

Z

$Z = -g \cos\zeta$; je donne le signe — aux valeurs des forces X, Y, Z, parce que ces forces sont supposées tendre à diminuer les coordonnées x, y, z. Donc puisque $dV = Xdx + Ydy + Zdz$, on aura en intégrant,

$$V = -gx \cos\xi - gy \cos\eta - gz \cos\zeta.$$

24. Soit maintenant $z = \alpha$, ou $z - \alpha = 0$, l'équation d'une des parois du canal, α étant une fonction donnée de x, y, sans z ni t. Pour que les mêmes particules du fluide soient toujours contiguës à cette paroi, il faudra remplir l'équation (I) de l'article 12, en y supposant $A = z - \alpha$. On aura donc

$$\frac{d\varphi}{dz} - \frac{d\varphi}{dx} \times \frac{d\alpha}{dx} - \frac{d\varphi}{dy} \times \frac{d\alpha}{dy} = 0,$$

équation à laquelle devra satisfaire la valeur $z = \alpha$. Chaque paroi fournira aussi une équation semblable.

De même puisque $\lambda = 0$ est l'équation de la surface extérieure du fluide, pour que les mêmes particules soient constamment dans cette surface, on aura l'équation

$$\frac{d\lambda}{dt} + \frac{d\varphi}{dx} \times \frac{d\lambda}{dx} + \frac{d\varphi}{dy} \times \frac{d\lambda}{dy} + \frac{d\varphi}{dz} \times \frac{d\lambda}{dz} = 0,$$

laquelle devra avoir lieu, & donner par conséquent une même valeur de z que l'équation $\lambda = 0$. Mais cette équation ne sera plus nécessaire dès que la condition dont il s'agit cessera d'avoir lieu.

25. Cela posé, il faut commencer par déterminer la fonction φ. Or l'équation d'où elle dépend n'étant intégrable en général par aucune méthode connue, nous supposerons que l'une des dimensions de la masse fluide soit fort petite

vis-à-vis des deux autres, enforte que les coordonnées z, par exemple, foient très-petites relativement à x & y. Par le moyen de cette fuppofition, on pourra repréfenter la valeur de φ par une férie de cette forme,

$$\varphi = \varphi' + z\varphi'' + z^2\varphi''' + z''' \varphi^{IV} + \&c,$$

où φ', φ'', φ''', &c, feront des fonctions de x, y, t fans z.

Faifant donc cette fubftitution dans l'équation précédente, elle deviendra

$$\frac{d^2\varphi'}{dx^2} + \frac{d^2\varphi'}{dy^2} + 2\varphi''' +$$

$$z\left(\frac{d^2\varphi''}{dx^2} + \frac{d^2\varphi''}{dy^2} + 2.3\,\varphi^{IV}\right) +$$

$$z^2\left(\frac{d^2\varphi'''}{dx^2} + \frac{d^2\varphi'''}{dy^2} + 3.4\,\varphi^{V}\right) + \&c = 0.$$

De forte qu'en égalant féparément à zero les termes affectés des différentes puiffances de z, on aura

$$\varphi''' = -\frac{d^2\varphi'}{2dx^2} - \frac{d^2\varphi'}{2dy^2},$$

$$\varphi^{IV} = -\frac{d^2\varphi''}{2.3\,dx^2} - \frac{d^2\varphi''}{2.3\,dy^2},$$

$$\varphi^{V} = -\frac{d^2\varphi'''}{3.4\,dx^2} - \frac{d^2\varphi'''}{3.4\,dy^2},$$

$$= \frac{d^4\varphi'}{2.3.4\,dx^4} + \frac{d^4\varphi'}{3.4\,dx^2\,dy^2} + \frac{d^4\varphi'}{2.3.4\,dy^4},$$

&c.

Ainfi l'expreffion de φ deviendra

$$\varphi = \varphi' + z\varphi'' - \frac{z^2}{2}\left(\frac{d^2\varphi'}{dx^2} + \frac{d^2\varphi'}{dy^2}\right) - \frac{z^3}{2.3}\left(\frac{d^2\varphi''}{dx^2} + \frac{d^2\varphi''}{dy^2}\right)$$

$$+\frac{z^4}{2.3.4}\left(\frac{d^4\varphi''}{dx^4}+\frac{2d^4\varphi'}{dx^2dy^2}+\frac{d^4\varphi'}{dy^4}\right)+\&c,$$

dans laquelle les fonctions φ' & φ'' ſont indéterminées, ce qui fait voir que cette expreſſion eſt l'intégrale complette de l'équation propoſée.

Ayant trouvé l'expreſſion de φ, on aura par la différentiation, celles de p, q, r, comme il ſuit.

$$p=\frac{d\varphi}{dx}=\frac{d\varphi'}{dx}+z\frac{d\varphi''}{dx}-\frac{z^2}{2}\left(\frac{d^3\varphi'}{dx^3}+\frac{d^3\varphi'}{dxdy^2}\right)$$

$$-\frac{z^3}{2.3}\left(\frac{d^3\varphi''}{dx^3}+\frac{d^3\varphi''}{dxdy^2}\right)+\&c.$$

$$q=\frac{d\varphi}{dy}=\frac{d\varphi'}{dy}+z\frac{d\varphi''}{dy}-\frac{z^2}{2}\left(\frac{d^3\varphi'}{dx^2dy}+\frac{d^3\varphi'}{dy^3}\right)$$

$$-\frac{z^3}{2.3}\left(\frac{d^3\varphi''}{dx^2dy}+\frac{d^3\varphi''}{dy^3}\right)+\&c,$$

$$r=\frac{d\varphi}{dz}=\varphi''-z\left(\frac{d^2\varphi'}{dx^2}+\frac{d^2\varphi'}{dy^2}\right)-\frac{z^2}{2}\left(\frac{d^2\varphi''}{dx^2}+\frac{d^2\varphi''}{dy^2}\right)$$

$$+\frac{z^3}{2.3}\left(\frac{d^4\varphi'}{dx^4}+\frac{2d^4\varphi'}{dx^2dy^2}+\frac{d^4\varphi'}{dy^4}\right)+\&c.$$

Et ſubſtituant ces valeurs dans l'expreſſion de λ de l'article 23, elle deviendra de cette forme,

$$\lambda=\lambda'+z\lambda''+z^2\lambda'''+z^3\lambda^{IV}+\&c,$$

dans laquelle,

$$\lambda'=-g(x\cos\xi+y\cos\eta)+\frac{d\varphi'}{dt}$$

$$+\frac{1}{2}\left(\frac{d\varphi'}{dx}\right)^2+\frac{1}{2}\left(\frac{d\varphi'}{dy}\right)^2+\frac{1}{2}\varphi''^2,$$

$$\lambda''=-g\cos\zeta+\frac{d\varphi''}{dt}+\frac{d\varphi'}{dx}\times\frac{d\varphi''}{dx}$$

$$+\frac{d\varphi'}{dy}\times\frac{d\varphi''}{dy}-\varphi''\left(\frac{d^2\varphi'}{dx^2}+\frac{d^2\varphi'}{dy^2}\right),$$

$$\lambda''' = -\frac{1}{2}\left(\frac{d^3\varphi'}{dt\,dx^2}+\frac{d^3\varphi'}{dt\,dy^2}\right)$$

$$+\frac{1}{2}\left(\frac{d\varphi''}{dx}\right)^2-\frac{1}{2}\cdot\frac{d\varphi'}{dx}\times\left(\frac{d^3\varphi'}{dx^3}+\frac{d^3\varphi'}{dx\,dy^2}\right)$$

$$+\frac{1}{2}\left(\frac{d\varphi''}{dy}\right)^2-\frac{1}{2}\cdot\frac{d\varphi'}{dy}\times\left(\frac{d^3\varphi'}{dx^2dy}+\frac{d^3\varphi'}{dy^3}\right)$$

$$+\frac{1}{2}\left(\frac{d^2\varphi'}{dx^2}+\frac{d^2\varphi'}{dy^2}\right)^2-\frac{1}{2}\varphi''\left(\frac{d^2\varphi''}{dx^2}+\frac{d^2\varphi''}{dy^2}\right)$$

$+$ &c.

& ainsi de suite.

26. Maintenant si $z=\alpha$ est l'équation des parois, α étant une fonction fort petite de x & y sans z, l'équation de condition pour que les mêmes particules soient toujours contiguës à ces parois (art. 24), deviendra par les substitutions précédentes,

$$\varphi''-\frac{d\varphi'}{dx}\times\frac{d\alpha}{dx}=\frac{d\varphi'}{dy}\times\frac{d\alpha}{dy}$$

$$-z\left(\frac{d^2\varphi'}{dx^2}+\frac{d^2\varphi'}{dy^2}+\frac{d^2\varphi''}{dx}\times\frac{d\alpha}{dx}+\frac{d^2\varphi''}{dy}\times\frac{d\alpha}{dy}\right)$$

$$-\frac{1}{2}z^2\left(\frac{d^2\varphi''}{dx^2}+\frac{d^2\varphi''}{dy^2}-\left(\frac{d^3\varphi'}{dx^3}+\frac{d^3\varphi'}{dx\,dy^2}\right)\frac{d\alpha}{dx}\right.$$

$$\left.-\left(\frac{d^3\varphi'}{dx^2dy}+\frac{d^3\varphi'}{dy^3}\right)\frac{d\alpha}{dy}\right)+\&c.=0.$$

laquelle devant avoir lieu, lorsqu'on fait $z=\alpha$, se réduira à cette forme plus simple,

$$\varphi'' - \frac{d.\alpha\frac{d\varphi'}{dx}}{dx} - \frac{d.\alpha\frac{d\varphi'}{dy}}{dy}$$

$$- \frac{d.\alpha^2\frac{d\varphi''}{2dx}}{2dx} - \frac{d.\alpha^2\frac{d\varphi''}{2dy}}{2dy}$$

$$+ \frac{d.\alpha^3\left(\frac{d^3\varphi'}{dx^3} + \frac{d^3\varphi'}{dxdy^2}\right)}{2.3dx} + \frac{d.\alpha^3\left(\frac{d^3\varphi'}{dx^2dy} + \frac{d^3\varphi'}{dy^3}\right)}{2.3dy}$$

$$+ \&c, = 0,$$

& il faudra que cette équation soit vraie dans toute l'étendue des parois données.

27. Enfin l'équation de la surface intérieure du fluide étant $\lambda = 0$, sera de la forme

$$\lambda' + z\lambda'' + z^2\lambda''' + z^3\lambda^{IV} + \&c. = 0;$$

& l'équation de condition pour que les mêmes particules demeurent à la surface (art. 24), sera

$$\frac{d\lambda'}{dt} + \frac{d\varphi'}{dx}\times\frac{d\lambda'}{dx} + \frac{d\varphi'}{dy}\times\frac{d\lambda'}{dy} + \varphi''\lambda''$$

$$+ z\left(\frac{d\lambda''}{dt} + \frac{d\varphi''}{dx}\times\frac{d\lambda'}{dx} + \frac{d\varphi'}{dx}\times\frac{d\lambda''}{dx} + \frac{d\varphi''}{dy}\times\frac{d\lambda'}{dy}\right.$$

$$\left. + \frac{d\varphi'}{dy}\times\frac{d\lambda''}{dy} + 2\varphi''\lambda'' - \left(\frac{d^2\varphi'}{dx^2} + \frac{d^2\varphi'}{dy^2}\right)\lambda''\right)$$

$$+ z^2\left(\frac{d\lambda'''}{dt} + \frac{d\varphi''}{dx}\times\frac{d\lambda''}{dx} + \frac{d\varphi'}{dx}\times\frac{d\lambda'''}{dx} + \frac{d\varphi''}{dy}\times\frac{d\lambda''}{dy}\right.$$

$$+ \frac{d\varphi'}{dy}\times\frac{d\lambda'''}{dy} - \frac{1}{2}\left(\frac{d^3\varphi'}{dx^3} + \frac{d^3\varphi'}{dxdy^2}\right)\times\frac{d\lambda'}{dx}$$

$$- \frac{1}{2}\left(\frac{d^3\varphi'}{dx^2dy} + \frac{d^3\varphi'}{dy^3}\right)\times\frac{d\lambda'}{dy} - 2\left(\frac{d^2\varphi'}{dx^2} + \frac{d^2\varphi'}{dy^2}\right)\lambda'''$$

$$+ 3\varphi''\lambda^{IV} - \frac{1}{2}\left(\frac{d^2\varphi''}{dx^2} + \frac{d^2\varphi''}{dy^2}\right)\lambda''\Big)$$

$$+ \&c. = 0.$$

Chaſſant z de ces deux équations, on en aura une qui devra ſubſiſter d'elle-même, pour tous les points de la ſurface extérieure.

APPLICATION *de ces formules au mouvement d'un fluide qui coule dans un vaſe étroit & preſque vertical.*

28. Imaginons maintenant que le fluide coule dans un vaſe étroit, & à-peu-près vertical, & ſuppoſons pour plus de ſimplicité, que les abſciſſes x ſoient verticales & diviſées de haut en bas, on aura (art. 23), $\xi = 0$, $\eta = 90^\circ$, $\zeta = 90^\circ$ donc $\cos \xi = 1$, $\cos \eta = 0$, $\cos \zeta = 0$.

Suppoſons de plus pour ſimplifier la queſtion autant qu'il eſt poſſible que le vaſe ſoit plan, enſorte que des deux ordonnées y & z, les premieres y ſoient nulles, & les ſecondes z ſoient fort petites.

Enfin, ſoient $z = \alpha$ & $z = \beta$, les équations des deux parois du vaſe, α & β étant des fonctions de x connues, & fort petites. On aura relativement à ces parois, les deux équations (art. 26),

$$\varphi'' - \frac{d.\alpha\frac{d\varphi'}{dx}}{dx} - \frac{d.\alpha^2\frac{d\varphi''}{dx}}{2dx} + \&c. = 0$$

$$\varphi'' - \frac{d.\beta\frac{d\varphi'}{dx}}{dx} - \frac{d.\beta^2\frac{d\varphi''}{dx}}{2dx} + \&c. = 0,$$

leſquelles ſerviront à déterminer les fonctions φ' & φ''.

Nous regarderons les quantités z, α, β, comme très-petites du premier ordre, & nous négligerons du moins dans la premiere approximation, les quantités du second ordre, & des ordres suivans. Ainsi les deux équations précédentes se réduiront à celles-ci,

$$\varphi'' - \frac{d.\alpha\frac{d\varphi'}{dx}}{dx} = 0, \varphi'' - \frac{d.\beta\frac{d\varphi'}{dx}}{dx} = 0$$

lesquelles étant retranchées l'une de l'autre, donnent. . . $\frac{d.(\alpha-\beta)\frac{d\varphi}{dx}}{dx} = 0$, équation dont l'intégrale est $\frac{(\alpha-\beta)\frac{d\varphi'}{dx}}{dx} = \theta$, θ étant une fonction arbitraire de t, laquelle doit être très-petite du premier ordre.

Or il est visible que $\alpha-\beta$ est la largeur horisontale du vase que nous représenterons par γ. Ainsi on aura $\frac{d\varphi'}{dx} = \frac{\theta}{\gamma}$, & intégrant de nouveau, par rappott à x, $\varphi' = \theta\frac{dx}{\gamma} + \vartheta$, en désignant par ϑ une nouvelle fonction arbitraire de t.

Si on ajoute ensemble les mêmes équations, & qu'on fasse $\frac{\alpha+\beta}{2} = \mu$, on en tirera $\varphi'' = \frac{d.\mu\frac{d\varphi'}{dx}}{dx}$, ou en substituant la valeur de $\frac{d\varphi'}{dx}$, $\varphi'' = \theta\frac{d.\frac{\mu}{\gamma}}{dx}$. D'où l'on voit que puisque γ, μ, θ sont des quantités très-petites du premier ordre, φ'' sera aussi très-petite du même ordre.

Donc en négligeant toujours les quantités du second ordre, on aura par les formules de l'article 25, la vîtesse verticale $p = \frac{d\varphi'}{dx} = \frac{\theta}{\gamma}$, la vîtesse horisontale $\gamma = \varphi'' - z\frac{d^2\varphi'}{dx^2}$

$$= \theta \left(\frac{d . \frac{\mu}{\gamma}}{dx} - z \frac{d . \frac{1}{\gamma}}{dx} \right) = \frac{\theta}{\gamma} \left(\frac{d\mu}{dx} + (z - \mu) \frac{d\gamma}{\gamma dx} \right).$$

Ensuite, à cause de cos $\xi = 0$, la quantité λ'' sera aussi très-petite du premier ordre. Par conséquent, la valeur de λ se réduira à

$$\lambda' = -gx + \frac{d\theta}{dt} \int \frac{dx}{\gamma} + \frac{d\vartheta}{dt} + \frac{\theta^2}{2\gamma^2},$$

Cette valeur égalée à zéro, donnera la figure de la surface du fluide; & comme elle ne renferme point l'ordonnée z, mais seulement l'abscisse x, & le tems t, il s'ensuit que la surface du fluide devra être à chaque instant plane & horizontale.

Enfin l'équation de condition pour que les mêmes particules soient toujours à la surface, se réduira par la même raison à celle-ci $\frac{d\lambda'}{dt} + \frac{d\varphi'}{dx} \times \frac{d\lambda'}{dx}$ (art. 27), savoir $\frac{d\lambda}{dt}$ $+ \frac{\theta}{\gamma} \times \frac{d\lambda}{dx} = 0$,

laquelle ne contient pas non plus z, mais seulement x & t.

29. Pour distinguer les quantités qui se rapportent à la surface supérieure du fluide de celles qui se rapportent à la surface inférieure, nous marquerons les premieres par un trait, & les secondes par deux traits. Ainsi, x', γ', &c, seront l'abscisse, la largeur du vase, &c, pour la surface supérieure; x'', γ'', &c, seront de même l'abscisse, la largeur du vase, &c, à la surface inférieure.

Donc aussi λ', λ'' dénoteront dans la suite les valeurs de λ, pour les deux surfaces; de sorte que l'on aura pour la surface supérieure, l'équation

λ'

$$\lambda' = -g x' + \frac{d\theta}{dt}\int\frac{dx'}{y'} + \frac{d\vartheta}{dt} + \frac{\theta^2}{2y'^2} = 0,$$

& pour la surface inférieure, l'équation semblable,

$$\lambda'' = -g x'' + \frac{d\theta}{dt}\int\frac{dx''}{y''} + \frac{d\vartheta}{dt} + \frac{\theta^2}{2y''^2} = 0.$$

Enfin, $\frac{d\lambda'}{dt} + \frac{\theta}{y'} \times \frac{d\lambda'}{dx'} = 0$ sera l'équation de condition, pour que les mêmes particules qui sont une fois à la surface supérieure y restent toujours ; & $\frac{d\lambda''}{dt} + \frac{\theta}{y''} \times \frac{d\lambda''}{dx''} = 0$, sera l'équation de condition, pour que la surface inférieure contienne toujours les mêmes particules du fluide.

Cela posé, il faut distinguer quatre cas dans la maniere dont un fluide peut couler dans un vase; & chacun de ces cas demande une solution particuliere.

30. Le premier cas est celui où une quantité donnée de fluide, coule dans un vase indéfini. Dans ce cas, il est visible que l'une & l'autre surface doit toujours contenir les mêmes particules, & qu'ainsi on aura pour ces deux surfaces, les équations $\lambda' = 0$, $\lambda'' = 0$, & de plus

$$\frac{d\lambda'}{dt} + \frac{\theta}{y'} \cdot \frac{d\lambda'}{dx'} = 0$$

$$\frac{d\lambda''}{dt} + \frac{\theta}{y''} \cdot \frac{d\lambda''}{dx''} = 0,$$

quatre équations qui serviront à déterminer les variables x', x'', θ, ϑ en t.

L'équation $\lambda' = 0$ étant différentiée, donne $\frac{d\lambda'}{dx'} dx' + \frac{d\lambda'}{dt} dt = 0$; donc $\frac{d\lambda'}{dt} = -\frac{d\lambda'}{dx'} \times \frac{dx'}{dt}$; substituant cette valeur dans l'équation $\frac{d\lambda'}{dt} + \frac{\theta}{\gamma'} \times \frac{d\lambda'}{dx'} = 0$, & divisant par $\frac{d\lambda'}{dx'}$ on aura $\frac{dx'}{dt} = \frac{\theta}{\gamma'}$.

On trouvera de même en combinant l'équation $\lambda'' = 0$, avec l'équation $\frac{d\lambda''}{dt} = -\frac{d\lambda''}{dx''} \times \frac{dx''}{dt}$, celle-ci $\frac{dx''}{dt} = \frac{\theta}{\gamma''}$.

Donc on aura $\theta\, dt = \gamma'\, dx' = \gamma''\, dx''$, équations séparées; par conséquent on aura en intégrant

$$\int \gamma''\, dx'' - \int \gamma'\, dx' = m,$$

m étant une constante, laquelle exprime évidemment la quantité donnée du fluide qui coule dans le vase. Cette équation donnera ainsi la valeur de x'' en x'.

Maintenant si on substitue dans l'équation $\lambda' = 0$, pour dt sa valeur $\frac{\gamma'\, dx'}{\theta}$, elle devient $-gx' + \frac{\theta\, d\theta}{\gamma'\, dx'} \int \frac{dx'}{\gamma'} + \frac{\theta\, d\vartheta}{\gamma'\, dx'} + \frac{\theta^2}{2\gamma'^2} = 0$, laquelle étant multipliée par $-\gamma'\, dx'$ donne celle-ci $g\gamma' x'\, dx' - \theta\, d\theta \int \frac{dx'}{\gamma'} - \theta\, d\vartheta - \frac{\theta^2\, dx'}{2\gamma'} = 0$, qu'on voit être intégrable, & dont l'intégrale sera,

$$g \int \gamma' x'\, dx' - \frac{\theta^2}{2} \int \frac{dx'}{\gamma'} - \int \theta\, d\vartheta = const.$$

On trouvera de la même maniere, en substituant $\frac{\gamma''\, dx''}{\theta}$ à la place de dt dans l'équation $\lambda'' = 0$, & multipliant par $-\gamma''\, dx''$, une nouvelle équation intégrable, & dont l'intégrale sera

$$g \int \gamma'' x''\, dx'' - \frac{\theta^2}{2} \int \frac{dx''}{\gamma''} - \int \theta\, d\vartheta = const.$$

Retranchant ces deux équations l'une de l'autre, pour

en éliminer le terme $\int \theta\, d\vartheta$, on aura celle-ci,

$$g\left(\int \gamma'' x'' dx' - \int \gamma' x' dx'\right) - \frac{\theta^2}{2}\left(\int \frac{dx''}{\gamma''} - \int \frac{dx'}{\gamma'}\right) = L,$$

dans laquelle les quantités $\int \gamma'' x'' dx'' - \int \gamma' x' dx$ & $\int \frac{dx''}{\gamma''} - \int \frac{dx'}{\gamma'}$ expriment les intégrales de $\gamma x dx$, & de $\frac{dx}{\gamma}$ prises depuis $x = x'$ jusqu'à $x = x''$; & où L est une constante.

Cette équation donnera donc θ en x', puisque x'' est déja connue en x', par l'équation trouvée plus haut. Ayant ainsi θ en x', on trouvera aussi t en x', par l'équation $dt = \frac{\gamma' dx'}{\theta}$, dont l'intégrale est $t = \int \frac{\gamma' dx'}{\theta} + H$, H étant une constante arbitraire.

A l'égard des deux constantes L & H, on les déterminera par l'état initial du fluide. Car lorsque $t = 0$, la valeur de x' sera donnée par la position initiale du fluide dans le vase; & si on suppose que les vîtesses initiales du fluide soient nulles, il faudra que l'on ait $\theta = 0$, lorsque $t = 0$, pour que les expressions de p, q, r (art. 28), deviennent nulles. Mais si le fluide avoit été mis d'abord en mouvement par des impulsions quelconques, alors les valeurs de λ' & λ'' seroient données, lorsque $t = 0$, puisque la quantité λ rapportée à la surface du fluide exprime la pression que le fluide y exerce, & qui doit être contre-balancée par la pression extérieure (art. 2). Or on a (art. 29),

$$\lambda'' - \lambda' = -g(x'' - x') + \frac{d\theta}{dt}\left(\int \frac{dx''}{\gamma''} - \int \frac{dx'}{\gamma'}\right) - \frac{\theta^2}{2}\left(\frac{1}{\gamma''^2} - \frac{1}{\gamma'^2}\right);$$

donc en faisant $t = 0$, on aura une équation, qui servira à déterminer la valeur initiale de θ.

Ainsi le problême est résolu, & le mouvement du fluide est entiérement déterminé.

31. Le second cas a lieu lorsque le vase est d'une longueur déterminée, & que le fluide s'écoule par le fond du vase. Dans ce cas on aura, comme dans le cas précédent, pour la surface supérieure, les deux équations $\lambda' = 0$ & $\frac{d\lambda'}{dt} + \frac{\theta}{\gamma'} \times \frac{d\lambda'}{dx'} = 0$; mais pour la surface inférieure, on aura simplement l'équation $\lambda'' = 0$, puisqu'à cause de l'écoulement du fluide, il doit y avoir à chaque instant de nouvelles particules à cette surface. Mais d'un autre côté l'abscisse x'' pour cette même surface, sera donnée & constante; de sorte qu'il n'y aura que trois inconnues à déterminer, savoir x', θ, & ϑ.

Les deux premieres équations donnent d'abord, comme dans le cas précédent, celle-ci $dt = \frac{\gamma' dx'}{\theta}$ & $g\gamma' x' dx' - \theta d\theta \int \frac{dx'}{\gamma'} - \theta d\vartheta - \frac{\theta^2 dx'}{2\gamma'} = 0$; ensuite l'équation $\lambda'' = 0$ donnera $-gx'' + \frac{d\theta}{dt}\int\frac{dx''}{\gamma''} + \frac{d\vartheta}{dt} + \frac{\theta^2}{2\gamma''^2} = 0$; où l'on remarquera que x'', γ'' & $\int\frac{dx''}{\gamma''}$, sont des constantes que nous dénoterons pour plus de simplicité par f, h, n. Ainsi en substituant à dt sa valeur $\frac{\gamma' dx'}{\theta}$, multipliant ensuite par $-\gamma' dx'$, on aura l'équation $gf\gamma' dx' - n\theta d\theta - \theta d\vartheta - \frac{\theta^2 dx'}{2h} = 0$.

Donc retranchant de celle-ci, l'équation précédente, pour en éliminer les termes $\theta d\vartheta$, on aura

$$g(f-x')\gamma' dx' - \left(n - \int \frac{dx'}{\gamma'}\right)\theta d\theta - \left(\frac{1}{2h} - \frac{1}{2\gamma'}\right)\theta^2 dx' = 0,$$

équation qui ne contient que les deux variables x' & θ, & par laquelle on pourra donc déterminer une de ces variables en fonction de l'autre.

Ensuite on aura t exprimé par la même variable, en intégrant l'équation $dt = \frac{\gamma' dx'}{\theta}$. Et l'on déterminera les constantes par l'état initial du fluide, comme dans le problême précédent.

32. Le troisieme cas a lieu, lorsqu'un fluide coule dans un vase indéfini, mais qui est entretenu toujours plein à la même hauteur, par de nouveau fluide qu'on y verse continuellement. Ce cas est l'inverse du précédent; car on aura ici pour la surface inférieure, les deux équations $\lambda'' = 0$, & $\frac{d\lambda''}{dt} + \frac{\theta}{\gamma''} \times \frac{d\lambda''}{dx''} = 0$; & pour la surface supérieure, on aura simplement l'équation $\lambda' = 0$, à cause du changement continuel des particules de cette surface. Ainsi il n'y aura qu'à changer dans les équations de l'article précédent, les quantités x', γ' en x'', γ'', & prendre pour f, h, n les valeurs données de x', γ', $\int \frac{dx'}{\gamma'}$.

Au reste, nous supposons que l'addition du nouveau fluide se fait de maniere que chaque couche prend d'abord la vîtesse de celle qui la suit immédiatement, & qu'ainsi l'augmentation ou la diminution de vîtesse de cette couche, pendant le premier instant, est la même que si le vase n'étoit pas entretenu plein à la même hauteur durant cet instant.

33. Enfin le dernier cas eſt celui où le fluide ſort d'un vaſe de longueur déterminée, & qui eſt entretenu toujours plein à la même hauteur. Ici les particules des ſurfaces ſupérieure & inférieure ſe renouvellent entierement ; par conſéquent on aura ſimplement pour ces deux ſurfaces, les équations $\lambda' = 0$, $\lambda'' = 0$; mais en même-tems les deux abſciſſes x' & x'' ſeront données & conſtantes, enſorte qu'il n'y aura que les deux inconnues θ & ϑ à déterminer en t.

Soit donc $x' = f$, $\gamma' = h$, $\int \frac{dx'}{\gamma'} = n$, $x'' = F$, $\gamma'' = H$, $\int \frac{dx''}{\gamma''} = N$, les deux équations $\lambda' = 0$, $\lambda'' = 0$ deviendront,

$$-gf + \frac{d\theta}{dt} n + \frac{d\vartheta}{dt} + \frac{\theta^2}{2h^2} = 0,$$

$$-gF + \frac{d\theta}{dt} N + \frac{d\vartheta}{dt} + \frac{\theta^2}{2H^2} = 0,$$

d'où chaſſant $\frac{d\vartheta}{dt}$, on aura,

$$g(F-f) - (N-n)\frac{d\theta}{dt} - \left(\frac{1}{2H^2} - \frac{1}{2h^2}\right)\theta^2 = 0,$$

d'où l'on tire,

$$dt = \frac{(N-n)\,d\theta}{g(F-f) - \left(\frac{1}{2H^2} - \frac{1}{2h^2}\right)\theta^2},$$

équation ſéparée, & qui eſt intégrable par des arcs de cercle ou des logarithmes.

34. Les ſolutions précédentes ſont conformes à celles que les premiers Auteurs auxquels on doit des théories du mouvement des fluides, ont trouvées d'après la ſuppoſition que les différentes tranches du fluide conſervent exactement

leur parallélisme en descendant dans le vase. (*Voyez* l'Hydrodinamique de Daniel Bernoulli, l'Hydraulique de Jean Bernoulli, & le Traité des Fluides de M. d'Alembert). Notre analyse fait voir que cette supposition n'est exacte que lorsque la largeur du vase est infiniment petite; mais qu'elle peut, dans tous les cas, être employée pour une premiere approximation, & que les solutions qui en résultent sont exactes aux quantités du second ordre près, en regardant les largeurs du vase, comme des quantités du premier ordre.

Mais le grand avantage de cette analyse, est qu'on peut par son moyen approcher de plus en plus du vrai mouvement des fluides, dans des vases de figure quelconque; car ayant trouvé, ainsi que nous venons de le faire, les premieres valeurs des inconnues, en négligeant les secondes dimensions des largeurs du vase, il sera facile de pousser l'approximation plus loin, en ayant égard successivement aux termes négligés. Ce détail n'a de difficulté que la longueur du calcul, & nous n'y entrerons point quant à présent.

APPLICATION *des mêmes formules au mouvement d'un fluide contenu dans un canal peu profond, & presque horisontal, & en particulier au mouvement des ondes.*

35. Puisqu'on suppose la hauteur du fluide fort petite, il faudra prendre les ordonnées z verticales & dirigées de haut en bas, les abscisses x, & les autres ordonnées y deviendront horisontales, & l'on aura (art. 23), $\cos\xi = 0$, $\cos\pi = 0$, $\cos\zeta = 1$. En prenant les axes des x & y dans le plan horizontal, formé par la surface supérieure du fluide, dans l'état d'équilibre, soit $z = \alpha$, l'équation du fond du canal, α étant une fonction donnée de x & y.

Nous regarderons les quantités z & α comme très-petites du premier ordre, & nous négligerons les quantités du second ordre, & des ordres suivans, c'est-à-dire, celles qui contiendront les carrés & les produits de z & α.

L'équation de condition relative au fond du canal, donnera (art. 26),

$$\varphi'' = \frac{d.\varphi\frac{d\varphi'}{dx}}{dx} + \frac{d.\varphi\frac{d\varphi'}{dy}}{dy},$$

d'où l'on voit que φ'' est une quantité du premier ordre.

Ensuite la valeur de la quantité λ se réduira à $\lambda' + \lambda'' z$ (art. 25); & il faudra négliger dans l'expression de λ' les quantités du second ordre, & dans celle de λ'', les quantités du premier. Ainsi, à cause de cos $\xi = 0$, cos $\eta = 0$, cos $\zeta = 1$, on aura par les formules du même article.

$$\lambda' = \frac{d\varphi'}{dt} + \frac{1}{2}\left(\frac{d\varphi'}{dx}\right)^2 + \frac{1}{2}\left(\frac{d\varphi'}{dy}\right)^2, \lambda'' = -g.$$

On aura donc (art. 27), pour la surface supérieure du fluide, l'équation $\lambda' - gz = 0$, & ensuite l'équation de condition,

$$\frac{d\lambda'}{dt} + \frac{d\varphi'}{dx} \times \frac{d\lambda'}{dx} + \frac{d\varphi'}{dy} \times \frac{d\lambda'}{dy} - g\varphi''$$

$$+ gz\left(\frac{d^2\varphi'}{dx^2} + \frac{d^2\varphi'}{dy^2}\right) = 0.$$

L'équation $\lambda' - gz = 0$, donne sur le champ $z = \frac{\lambda'}{g}$ pour la figure de la surface supérieure du fluide à chaque instant, & comme l'équation de condition doit avoir lieu aussi relativement à la même surface, il faudra qu'elle soit vraie, en en y ſubſtituant à z cette même valeur $\frac{\lambda'}{g}$. Cette équation deviendra donc par là de cette forme :

$$\frac{d\lambda'}{dt}+\frac{d.\lambda'\frac{d\varphi'}{dx}}{dx}+\frac{d.\lambda'\frac{d\varphi'}{dy}}{dy}-g\varphi''=0,$$

& ſubſtituant encore pour φ'' ſa valeur trouvée ci-deſſus, elle ſe réduira à celle-ci,

$$\frac{d\lambda'}{dt}+\frac{d.(\lambda'-g\alpha)\frac{d\varphi'}{dx}}{dx}+\frac{d.(\lambda'-g\alpha)\frac{d\varphi'}{dy}}{dy}=0,$$

dans laquelle il n'y aura plus qu'à mettre à la place de λ', ſa valeur, $\frac{d\varphi'}{dt}+\frac{1}{2}\left(\frac{d\varphi'}{dx}\right)^2+\frac{1}{2}\left(\frac{d\varphi'}{dy}\right)^2$; & l'on aura une équation aux différences partielles du ſecond ordre, qui ſervira à déterminer φ' en fonction de x, y, t.

Après quoi on connoîtra la figure de la ſurface ſupérieure du fluide, par l'équation,

$$z=\frac{d\varphi'}{g\,dt}+\frac{1}{g}\left(\frac{d\varphi'}{dx}\right)^2+\frac{1}{g}\left(\frac{d\varphi'}{dy}\right)^2;$$

& ſi on vouloit connoître auſſi les vîteſſes horiſontales p, q de chaque particule du fluide, on les auroit par les formules $p=\frac{d\varphi'}{dx}$, $q=\frac{d\varphi'}{dy}$ (art. 25).

36. Le calcul intégral des équations aux différences partielles, eſt encore bien éloigné de la perfection néceſſaire pour l'intégration d'équations auſſi compliquées que celle dont il s'agit; & il ne reſte d'autre reſſource, que de ſimplifier cette équation, par quelque limitation.

Nous ſuppoſerons pour cela, que le fluide dans ſon

mouvement, ne s'éleve ni ne s'abaiſſe au-deſſus ou au-deſſous du niveau, qu'infiniment peu, enſorte que les ordonnées z, de la ſurface ſupérieure, ſoient toujours très-petites, & qu'outre cela, les vîteſſes horiſontales p & q, ſoient auſſi infiniment petites. Il faudra donc que les quantités $\frac{d\varphi'}{dt}$, $\frac{d\varphi'}{dx}$, $\frac{d\varphi'}{dy}$ ſoient infiniment petites, & qu'ainſi la quantité φ' ſoit elle-même infiniment petite.

Ainſi négligeant dans l'équation propoſée, les quantités infiniment petites du ſecond ordre, & des ordres ultérieurs, elle ſe réduira à cette forme linéaire.

$$\frac{d^2\varphi'}{dt^2} - g\frac{d.\alpha\frac{d\varphi'}{dx}}{dx} - g\frac{d.\alpha\frac{d\varphi'}{dy}}{dy} = 0,$$

& l'on aura,

$$z = \frac{d\varphi'}{g\,dt}, p = \frac{d\varphi'}{dx}, q = \frac{d\varphi'}{dy}.$$

Cette équation contient donc la théorie générale des petites agitations d'un fluide peu profond, & par conſéquent la vraie théorie des ondes formées par les élévations, & les abaiſſemens ſucceſſifs, & infiniment petits d'une eau ſtagnante & contenue dans un canal ou baſſin peu profond. La théorie des ondes que Newton a donnée dans la propoſition quarante-ſixieme du ſecond Livre, étant fondée ſur la ſuppoſition précaire & peu naturelle, que les oſcillations verticales des ondes, ſoient analogues à celles de l'eau dans un tuyau recourbé, doit être regardée comme abſolument inſuffiſante pour expliquer ce problême.

37. Si on ſuppoſe que le canal ou baſſin ait un fond hori-

ſontal, alors la quantité α ſera conſtante & égale à la profondeur de l'eau; & l'équation pour le mouvement des ondes deviendra,

$$\frac{d^2 \varphi'}{dt^2} = g\alpha \left(\frac{d^2 \varphi'}{dx^2} + \frac{d^2 \varphi'}{dy^2} \right).$$

Cette équation eſt entierement ſemblable à celles qui détermine les petites agitations de l'air, dans la formation du ſon, en n'ayant égard qu'au mouvement des particules parallélement à l'horiſon, comme on le verra dans l'article 9 de la ſection ſuivante. Les élévations z, au-deſſus du niveau de l'eau, répondent aux condenſations de l'air, & la profondeur α de l'eau dans le canal, répond à la hauteur de l'atmoſphere ſuppoſée homogène; ce qui établit une parfaite analogie entre les ondes formées à la ſurface d'une eau tranquille par les élévations, & les abaiſſemens ſucceſſifs de l'eau, & les ondes formées dans l'air, par les condenſations & raréfactions ſucceſſives de l'air, analogie que pluſieurs Auteurs avoient déja ſuppoſée, mais que perſonne juſqu'ici n'avoit encore rigoureuſement démontrée.

Ainſi comme la vîteſſe de la propagation du ſon ſe trouve égale à celle qu'un corps grave acquerroit en tombant de la moitié de la hauteur de l'atmoſphere ſuppoſée homogène, la vîteſſe de la propagation des ondes, ſera la même que celle qu'un corps grave acquerroit en deſcendant d'une hauteur égale à la moitié de la profondeur de l'eau dans le canal. Par conſéquent, ſi cette profondeur eſt d'un pied, la vîteſſe des ondes ſera de 5, 495 pieds par ſeconde; & ſi la profondeur de l'eau eſt plus ou moins grande, la vîteſſe des ondes variera en raiſon ſoudoublée des profondeurs, pourvu qu'elles ne ſoient pas trop conſidérables.

Au reste, quelle que puisse être la profondeur de l'eau, & la figure de son fond, on pourra toujours employer la théorie précédente, si on suppose que dans la formation des ondes l'eau n'est ébranlée & remuée, qu'à une profondeur très-petite, supposition qui est très-plausible en elle-même, à cause de la ténacité & de l'adhérence mutuelle des particules de l'eau, & que je trouve d'ailleurs confirmée par l'expérience, même à l'égard des grandes ondes de la mer. De cette maniere donc la vîtesse des ondes déterminera elle-même, la profondeur α à laquelle l'eau est agitée dans leur formation ; car si cette vîtesse est de n pieds par seconde, on aura $\alpha = \frac{n^2}{30,196}$ pieds

On trouve, dans le tome X des anciens Mémoires de l'Académie des Sciences de Paris, des expériences sur la vîtesse des ondes, faites par M. de la Hire, & qui ont donné un pied & demi par seconde pour cette vîtesse, ou plus exactement 1, 412 pieds par seconde. Faisant donc $n =$ 1, 412, on aura la profondeur α de $\frac{66}{1000}$ pied, savoir de $\frac{8}{10}$ de pouce ou 10 lignes à peu-près.

NEUVIEME SECTION.

Du mouvement des Fluides compressibles & élastiques.

1. Pour appliquer à cette sorte de fluides, l'équation générale de l'article 2 de la Section précédente, on observera que le terme $S\lambda\delta L$ doit y être effacé, puisque la condition de l'incompressibilité à laquelle ce terme est dû, n'existe

plus dans l'hypothèse présente ; mais d'un autre côté, il y faudra tenir compte de l'action de l'élasticité qui s'oppose à la compression, & qui tend à dilater le fluide.

Soit donc ϵ l'élasticité d'une particule quelconque Dm du fluide ; comme son effet consiste à augmenter le volume $Dx Dy Dz$ de cette particule, & par conséquent, à diminuer la quantité $-Dx Dy Dz$; il en résultera pour cette particule le moment $-\epsilon\delta.(Dx Dy Dz)$ à ajouter au premier membre de la même équation. Desorte qu'on aura pour toutes les particules, le terme intégral $-S\epsilon\delta.(Dx Dy Dz)$ à substituer à la place du terme $S\lambda\delta L$. Or, δL étant $=\delta.(Dx Dy Dz)$, il est clair que l'équation générale demeurera de la même forme en y changeant simplement λ en $-\epsilon$. On parviendra donc aussi par les mêmes procédés, à trois équations finales, semblables aux équations (A), savoir,

$$\left.\begin{aligned}
\Delta\left(\frac{d^2x}{dt^2}+X\right)+\frac{D\epsilon}{Dx}=0\\
\Delta\left(\frac{d^2y}{dt^2}+Y\right)+\frac{D\epsilon}{Dy}=0\\
\Delta\left(\frac{d^2z}{dt^2}+Z\right)+\frac{D\epsilon}{Dz}=0
\end{aligned}\right\}\ldots\ldots(a).$$

Et il faudra de même que la valeur de ϵ soit nulle à la surface du fluide, si le fluide y est libre ; mais s'il est contenu par des parois, la valeur de ϵ sera égale à la résistance que les parois exercent pour contenir le fluide, ce qui est évident, puisque ϵ exprime la force d'élasticité de ses particules.

2. Dans les fluides compressibles, la densité Δ est toujours donnée par une fonction connue de ϵ, x, y, z, t, dé-

pendante de la loi de l'élasticité du fluide, & de celle de la chaleur qui est supposée regner à chaque instant, dans tous les points de l'espace. Il y a donc quatre inconnues, Δ, x, y, z à déterminer en t, & par conséquent, il faut encore une quatrieme équation pour la solution complette du problême. Pour les fluides incompressibles, la condition de l'invariabilité du volume a donné l'équation (B) de l'article 3, & celle de l'invariabilité de la densité d'un instant à l'autre a donné l'équation (H) de l'article 11. Dans les fluides compressibles aucune de ces deux conditions n'a lieu en particulier, parce que le volume & la densité varient à la fois; mais la masse qui est le produit de ces deux élémens doit demeurer invariable. Ainsi on aura $d.\ Dm = 0$, ou bien $d.(\Delta Dx Dy Dz) = 0$. Donc, en différentiant logarithmiquement $\frac{d\Delta}{\Delta} + \frac{d.(Dx Dy Dz)}{Dx Dy Dz} = 0$, & substituant la valeur de $d.(Dx Dy Dz)$, (cette valeur est la même que celle de $\delta.(Dx Dy Dz)$ de l'article 2 de la Section précédente, en y changeant d en δ), on aura l'équation,

$$\frac{d\Delta}{\Delta} + \frac{Ddx}{Dx} + \frac{Ddy}{Dy} + \frac{Ddz}{Dz} = 0 \quad . \quad . \quad . \quad (b).$$

laquelle répond à l'équation (B) de l'article 3 de la Section citée, celle-là étant relative à l'invariabilité du volume, & celle-ci à l'invariabilité de la masse.

3. Si on regarde les coordonnées x, y, z, comme des fonctions des coordonnées primitives a, b, c, & du tems t écoulé depuis le commencement du mouvement, les équations (a) deviendront, par des procédés semblables à ceux de l'article 5 de la Section précédente, de cette forme,

$$\left.\begin{array}{l}\theta\Delta\left(\frac{d^2x}{dt^2}+X\right)+\alpha\frac{d\epsilon}{da}+\beta\frac{d\epsilon}{db}+\gamma\frac{d\epsilon}{dc}=0\\ \theta\Delta\left(\frac{d^2y}{dt^2}+Y\right)+\alpha'\frac{d\epsilon}{da}+\beta'\frac{d\epsilon}{db}+\gamma'\frac{d\epsilon}{dc}=0\\ \theta\Delta\left(\frac{d^2z}{dt^2}+Z\right)+\alpha''\frac{d\epsilon}{da}+\beta''\frac{d\epsilon}{db}+\gamma''\frac{d\epsilon}{dc}=0\end{array}\right\}\ldots(c).$$

ou de celle-ci plus ſimple,

$$\left.\begin{array}{l}\Delta\left(\left(\frac{d^2x}{dt^2}+X\right)\frac{dx}{da}+\left(\frac{d^2y}{dt^2}+Y\right)\frac{dy}{da}+\left(\frac{d^2z}{dt^2}+Z\right)\frac{dz}{da}\right)+\frac{d\epsilon}{da}=0\\ \Delta\left(\left(\frac{d^2x}{dt^2}+X\right)\frac{dx}{db}+\left(\frac{d^2y}{dt^2}+Y\right)\frac{dy}{db}+\left(\frac{d^2z}{dt^2}+Z\right)\frac{dz}{db}\right)+\frac{d\epsilon}{db}=0\\ \Delta\left(\left(\frac{d^2x}{dt^2}+X\right)\frac{dx}{dc}+\left(\frac{d^2y}{dt^2}+Y\right)\frac{dy}{dc}+\left(\frac{d^2z}{dt^2}+Z\right)\frac{dz}{dc}\right)+\frac{d\epsilon}{dc}=0\end{array}\right\}.(d)$$

ces transformées étant analogues aux transformées *(C)* & *(D)* de l'endroit cité.

A l'égard de l'équation *( )*, en y appliquant les transformations de l'article 3 de la Section précédente, elle ſe réduira à cette forme $\frac{d\Delta}{\Delta}+\frac{d\theta}{\theta}=0$, les différentielles $d\Delta$ & $d\theta$ étant relatives uniquement à la variable t. De ſorte qu'en intégrant, on aura $\Delta\theta=$ fonct (a, b, c). Or lorſque $t=0$, nous avons vu dans l'article cité, que θ devient $=1$; donc ſi on ſuppoſe que H ſoit alors la valeur de Δ, on aura $H=$ fonct: (a, b, c); & l'équation deviendra $\Delta\theta=H$, ou bien $\theta=\frac{H}{\Delta}$; c'eſt-à-dire, en ſubſtituant pour θ ſa valeur,

$$\frac{dx}{da}\times\frac{dy}{db}\times\frac{dz}{dc}-\frac{dx}{db}\times\frac{dy}{da}\times\frac{dz}{dc}+\frac{dx}{db}\times\frac{dy}{dc}\times\frac{dz}{da}-$$
$$\frac{dx}{dc}\times\frac{dy}{db}\times\frac{dz}{da}+\frac{dx}{dc}\times\frac{dy}{da}\times\frac{dz}{db}-\frac{dx}{da}\times\frac{dy}{dc}\times\frac{dz}{db}=\frac{H}{\Delta}\ldots(e).$$

transformée analogue à la transformée (E) de l'article cité.

Enfin il faudra appliquer aussi à ces équations, ce qu'on a dit dans l'article 8 de la même Section, relativement à la surface du fluide.

4. Mais si l'on veut, ce qui est beaucoup plus simple, avoir des équations entre les vîtesses p, q, r des particules suivant les directions des coordonnées x, y, z, en regardant ces vîtesses ainsi que les quantités Δ & ϵ comme des fonctions de x, y, z, t, on emploiera les transformations de l'article 10 de la Section précédente, & les équations (a) donneront sur le champ ces transformées analogues aux transformées (F) de ce dernier article,

$$\left.\begin{aligned} \Delta\left(\frac{dp}{dt}+p\frac{dp}{dx}+q\frac{dp}{dy}+r\frac{dp}{dz}+X\right)+\frac{d\epsilon}{dx}&=0\\ \Delta\left(\frac{dq}{dt}+p\frac{dq}{dx}+q\frac{dq}{dy}+r\frac{dq}{dz}+Y\right)+\frac{d\epsilon}{dy}&=0\\ \Delta\left(\frac{dr}{dt}+p\frac{dr}{dx}+q\frac{dr}{dy}+r\frac{dr}{dz}+Z\right)+\frac{d\epsilon}{dz}&=0 \end{aligned}\right\}\ldots(f)$$

Dans l'équation (b) outre la substitution de $p\,dt$, $q\,dt$, $r\,dt$, au lieu de dx, dy, dz, & le changement de D en d, il faudra encore mettre pour $d\Delta$ sa valeur complette,

$$\left(\frac{d\Delta}{dt}+\frac{d\Delta}{dx}p+\frac{d\Delta}{dy}q+\frac{d\Delta}{dz}r\right)dt,$$

& l'on aura, en divisant par dt, cette transformée;

$$\frac{d\Delta}{\Delta dt}+\frac{d\Delta}{\Delta dx}p+\frac{d\Delta}{\Delta dy}q+\frac{d\Delta}{\Delta dz}r+\frac{dp}{dx}+\frac{dq}{dy}+\frac{dr}{dz}=0,$$

laquelle étant multipliée par Δ, se réduit à cette forme plus simple,

$\frac{d\Delta}{dt}$

$$\frac{d\Delta}{dt}+\frac{d.(\Delta p)}{dx}+\frac{d.(\Delta q)}{dy}+\frac{d.(\Delta r)}{dz}=0\ .\ .\ (g)$$

A l'égard de la condition relative au mouvement des particules à la surface, elle sera représentée également par l'équation (I) de l'article 12 de la section précédente, savoir,

$$\frac{dA}{dt}+p\frac{dA}{dx}+q\frac{dA}{dy}+r\frac{dA}{dz}=0\ .\ .\ .\ (i).$$

en supposant que $A=0$, soit l'équation de la surface.

5. Il est aisé de satisfaire à l'équation (g), en supposant $\Delta p=\frac{d\alpha}{dt}$, $\Delta q=\frac{d\beta}{dt}$, $\Delta r=\frac{d\gamma}{dt}$; α, β, γ étant des fonctions inconnues de x, y, z, t. Par ces substitutions, l'équation dont il s'agit deviendra

$$\frac{d\Delta}{dt}+\frac{d^2\alpha}{dt\,dx}+\frac{d^2\beta}{dt\,dy}+\frac{d^2\gamma}{dt\,dz}=0,$$

laquelle est intégrable, relativement à t, & dont l'intégrale donnera,

$$\Delta=F-\frac{d\alpha}{dx}-\frac{d\beta}{dy}-\frac{d\gamma}{dz},$$

F étant une fonction arbitraire de x, y, z sans t, dépendante de la loi de la densité initiale du fluide.

On aura ainsi,

$$p=\frac{\frac{d\alpha}{dt}}{F-\frac{d\alpha}{dx}-\frac{d\beta}{dy}-\frac{d\gamma}{dz}},$$

$$q=\frac{\frac{d\beta}{dt}}{F-\frac{d\alpha}{dx}-\frac{d\beta}{dy}-\frac{d\gamma}{dz}},$$

$$r=\frac{\frac{d\gamma}{dt}}{F-\frac{d\alpha}{dx}-\frac{d\beta}{dy}-\frac{d\gamma}{dz}};$$

Donc substituant ces valeurs dans les équations (f), & mettant de plus pour ϵ sa valeur en fonction de Δ, x, y, z, t (art. 2), on aura trois équations aux différences partielles entres les inconnues α, β, γ & les quatre variables x, y, z, t; & la solution du problême ne dépendra plus que de l'intégration de ces équations; mais cette intégration surpasse les forces de l'analyse connue.

6. En faisant abstraction de la chaleur, & des autres circonstances qui peuvent faire varier l'élasticité indépendamment de la densité, la valeur de l'élasticité ϵ sera donnée par une fonction de la densité Δ, desorte que $\frac{d\epsilon}{\Delta}$ sera une différentielle à une seule variable, & par conséquent intégrable, dont nous supposerons l'intégrale exprimée par E.

Soit de plus la quantité $X\,dx + Y\,dy + Z\,dz$ une différentielle complette, dont l'intégrale soit V, comme dans l'article 15 de la Section précédente.

Les équations (f) de l'article 4, étant multipliées respectivement par dx, dy, dz, & ensuite ajoutées ensemble, donneront après la division par Δ une équation de la forme

$$\begin{aligned}-dE-dV=&\left(\frac{dp}{dt}+p\frac{dp}{dx}+q\frac{dp}{dy}+r\frac{dp}{dz}\right)dx\\ &+\left(\frac{dq}{dt}+p\frac{dq}{dx}+q\frac{dq}{dy}+r\frac{dq}{dz}\right)dy\\ &+\left(\frac{dr}{dt}+p\frac{dr}{dx}+q\frac{dr}{dy}+r\frac{dr}{dz}\right)dz\,.\quad(l);\end{aligned}$$

dont le premier membre étant intégrable, il faudra que le second le soit aussi. Ainsi on aura de nouveau le cas de l'équation (L) de l'article 15 de la Section précédente, & on parviendra par conséquent à des résultats semblables.

7. Donc en général, si la quantité $p\,dx + q\,dy + r\,dz$ se trouve dans un instant quelconque une différentielle complette, ce qui a toujours lieu au commencement du mouvement, lorsque le fluide part du repos, ou qu'il est mis en mouvement par une impulsion appliquée à la surface; alors la même quantité devra être toujours une différentielle complette (art. 17, 18, Sect. préc.).

Dans cette hypothèse on fera comme dans l'article 20 de la section précédente $p\,dx + q\,dy + r\,dz = d\varphi$, ce qui donne

$$p = \frac{d\varphi}{dx},\ q = \frac{d\varphi}{dy},\ r = \frac{d\varphi}{dz}.$$

& l'équation (l) étant intégrée après ces substitutions donnera,

$$E = -V - \frac{d\varphi}{dt} - \frac{1}{2}\left(\frac{d\varphi}{dx}\right)^2 - \frac{1}{2}\left(\frac{d\varphi}{dy}\right)^2 - \frac{1}{2}\left(\frac{d\varphi}{dz}\right)^2 \quad (m)$$

valeur qui satisfera en même-tems aux trois équations (f) de l'article 4.

Or E étant $= \int \frac{d\epsilon}{\Delta}$ sera une fonction de Δ, puisque ϵ est une fonction connue de Δ; donc Δ sera une fonction de E. Substituant donc la valeur de Δ tirée de l'équation précédente, ainsi que celles de p, q, r dans l'équation (g) de l'article 4, on aura une équation en différences partielles de φ, laquelle ne contenant que cette inconnue suffira pour la déterminer. Desorte que toute la difficulté sera réduite à cette unique intégration.

8. Dans les fluides élastiques connus, l'élasticité est toujours proportionnelle à la densité; de sorte qu'on a pour

ces fluides $\epsilon = i\Delta$, i étant un coëfficient constant qu'on déterminera en connoissant la valeur de l'élasticité pour une densité donnée.

Ainsi pour l'air l'élasticité est égale au poids de la colonne de mercure dans le baromètre; donc si on nomme H la hauteur du baromètre pour une certaine densité de l'air qu'on prendra pour l'unité, n la densité du mercure, c'est-à-dire, le rapport numérique de la densité du mercure à celle de l'air, rapport qui est le même que celui des gravités spécifiques, & g la force accélératrice de la gravité; on aura lorsque $\Delta = 1$, $\epsilon = gnH$; par conséquent $i = gnH$; où l'on remarquera que nH est la hauteur de l'atmosphere supposée homogene. Desorte qu'en désignant cette hauteur par h, on aura plus simplement $i = gh$, & delà $\epsilon = gh\Delta$.

Donc puisque $E = \int \frac{d\epsilon}{\Delta}$, on aura $E = ghl.\Delta$. Or l'équation (g) de l'article 4 peut se mettre sous la forme

$$\frac{d.l\Delta}{dt} + \frac{d.l\Delta}{dx}p + \frac{dl\Delta}{dy}q + \frac{dl\Delta}{dz}r + \frac{dp}{dx} + \frac{dq}{dy} + \frac{dr}{dz} = 0.$$

Donc substituant $\frac{E}{gh}$, $\frac{d\varphi}{dx}$, $\frac{d\varphi}{dy}$, $\frac{d\varphi}{dz}$ à la place de $l\Delta, p, q, r$, & multipliant par gh, elle deviendra

$$gh\left(\frac{d^2\varphi}{dx^2} + \frac{d^2\varphi}{dy^2} + \frac{d^2\varphi}{dz^2}\right) + \frac{dE}{dt} + \frac{dE}{dx} \times \frac{d\varphi}{dx}$$

$$+ \frac{dE}{dy} \times \frac{d\varphi}{dy} + \frac{dE}{dz} \times \frac{d\varphi}{dz} = 0.$$

Il n'y aura donc plus qu'à substituer pour E sa valeur trouvée ci-dessus; & cette substitution donnera l'équation finale en φ.

$$gh\left(\frac{d^2\varphi}{dx^2}+\frac{d^2\varphi}{dy^2}+\frac{d^2\varphi}{dz^2}\right)-\frac{d^2\varphi}{dt^2}$$

$$-\frac{dV}{dx}\times\frac{d\varphi}{dx}-\frac{dV}{dy}\times\frac{d\varphi}{dy}-\frac{dV}{dz}\times\frac{d\varphi}{dz}$$

$$-2\frac{d\varphi}{dx}\times\frac{d^2\varphi}{dx\,dt}-2\frac{d\varphi}{dy}\times\frac{d^2\varphi}{dy\,dt}-2\frac{d\varphi}{dz}\times\frac{d^2\varphi}{dz\,dt}$$

$$-\left(\frac{d\varphi}{dx}\right)^2\frac{d^2\varphi}{dx^2}-\left(\frac{d\varphi}{dy}\right)^2\frac{d^2\varphi}{dy^2}-\left(\frac{d\varphi}{dz}\right)^2\frac{d^2\varphi}{dz^2}$$

$$-2\frac{d\varphi}{dx}\times\frac{d\varphi}{dy}\times\frac{d^2\varphi}{dx\,dy}-2\frac{d\varphi}{dx}\times\frac{d\varphi}{dz}\times\frac{d^2\varphi}{dx\,dz}$$

$$-2\frac{d\varphi}{dy}\times\frac{d\varphi}{dz}\times\frac{d^2\varphi}{dy\,dz}=0\;\ldots\;(n)$$

laquelle contient seule la théorie du mouvement des fluides élastiques dans l'hypothèse dont il s'agit.

9. Lorsque le mouvement du fluide est très-petit, & qu'on n'a égard qu'aux quantités très-petites du premier ordre, nous avons vu dans l'article 21 de la Section précédente que la quantité $p\,dx+q\,dy+r\,dz$ est aussi nécessairement une différentielle complette. Dans ce cas donc, les formules précédentes auront toujours lieu, de quelque maniere que le mouvement du fluide ait été engendré, pourvu qu'il soit toujours très-petit, & que par conséquent la fonction φ soit elle-même très-petite.

Dans la théorie du son on suppose que le mouvement des particules de l'air est très-petit; ainsi, regardant dans l'équation (n) la quantité φ comme très-petite, & négligeant les termes où elle monte au-delà de la premiere dimension, on aura pour cette théorie, l'équation générale.

$$gh\left(\frac{d^2\varphi}{dx^2}+\frac{d^2\varphi}{dy^2}+\frac{d^2\varphi}{dz^2}\right)-\frac{d^2\varphi}{dt^2}$$
$$-\frac{dV}{dx}\times\frac{d\varphi}{dx}-\frac{dV}{dy}\times\frac{d\varphi}{dy}-\frac{dV}{dz}\times\frac{d\varphi}{dz}=0.$$

Or en négligeant de même les secondes dimensions de φ dans la valeur de E de l'article 7, on aura simplement, $E=-V-\frac{d\varphi}{dt}=ghl.\Delta$ (art. 8).

On peut supposer que la fonction φ soit nulle dans l'état de repos ou d'équilibre. On aura donc aussi dans cet état $\frac{d\varphi}{dt}=0$, & par conséquent $ghl.\Delta=-V$; & $\Delta=e^{\frac{-V}{gh}}$.

Lorsque l'air est en vibration, soit sa densité naturelle augmentée en raison de $1+s$ à 1, s étant une quantité fort petite, on aura donc en général $\Delta=e^{\frac{-V}{gh}}(1+s)$, & de là, en négligeant les carrés de s, on aura $l\Delta=-\frac{V}{gh}-s$; donc $s=-\frac{d\varphi}{ghdt}$.

A l'égard de la valeur de V qui dépend des forces accélératrices, en supposant le fluide pesant, & prenant pour plus de simplicité les ordonnées z verticales, & dirigées de haut en bas, on aura par la formule de l'article 23 (Sect. préc.) $V=-gz$, g étant la force accélératrice de la gravité. Donc l'équation de la théorie du son sera

$$gh\left(\frac{d^2\varphi}{dx^2}+\frac{d^2\varphi}{dy^2}+\frac{d^2\varphi}{dz^2}\right)+g\frac{d\varphi}{dz}=\frac{d^2\varphi}{dt^2}.$$

Ayant déterminé φ par cette équation, on aura les vîtesses p, q, r de l'air, ainsi que sa condensation s par les formules $p=\frac{d\varphi}{dx}$, $q=\frac{d\varphi}{dy}$, $r=\frac{d\varphi}{dz}$, $s=-\frac{d\varphi}{ghdt}$.

10. Si on ne veut avoir égard qu'au mouvement horisontal de l'air, on supposera que la fonction φ ne contienne

point z, mais ſeulement x, y, t. Alors l'équation en φ deviendra :

$$gh\left(\frac{d^2\varphi}{dx^2}+\frac{d^2\varphi}{dy^2}\right)=\frac{d^2\varphi}{dt^2}.$$

Mais avec cette ſimplification même, elle eſt encore trop compliquée pour pouvoir s'intégrer rigoureuſement.

Au reſte, cette équation eſt entierement ſemblable à celle du mouvement des ondes dans un canal horiſontal & pu profond. *Voyez* la Section précédente, article 37.

Juſqu'apréſent on n'a pu réſoudre complettement que le cas où l'on ne conſidère dans la maſſe de l'air qu'une ſeule dimenſion, c'eſt-à-dire, celui d'une ligne ſonore, dont les particules ne font que des excurſions longitudinales.

Dans ce cas, en prenant cette même ligne pour l'axe x, la fonction φ ne contiendra point y, & l'équation ci-deſſus ſe réduira à

$$gh\frac{d^2\varphi}{dx^2}=\frac{d^2\varphi}{dt^2},$$

laquelle eſt ſemblable à celle des cordes vibrantes, & a pour intégrale complette

$$\varphi=F(x+t\sqrt{gh})+f(x-t\sqrt{gh}),$$

en dénotant par les caractériſtiques ou ſignes F & f, deux fonctions arbitraires.

Cette formule renferme deux théories importantes, celle du ſon des flûtes ou tuyaux d'orgue, & celle de la propagation du ſon dans l'air libre. Il ne s'agit que de déterminer convenablement les deux fonctions arbitraires; & voici les principes qui doivent guider dans cette détermination.

11. Pour les flûtes, on ne considere que la ligne sonore, qui y est contenue ; on suppose que l'état initial de cette ligne soit donné, cet état dépendant des ébranlemens imprimés aux particules, & on demande la loi des oscillations.

Faisons commencer les abscisses x à l'une des extrémités de cette ligne, & soit sa longueur, c'est-à-dire, celle de la flûte, égale à α. Les condensations s & les vîtesses longitudinales p, seront donc données, lorsque $t = o$, depuis $x = o$, jusqu'à $x = \alpha$; nous les nommerons S & P.

Maintenant puisque $s = \frac{d\varphi}{ghdt}$, & $p = \frac{d\varphi}{dx}$, si on différencie l'expression générale de φ de l'article précédent, & qu'on désigne par F' & f' les différentielles des fonctions marquées par F & f, ensorte que $F'x = \frac{dFx}{dx}$, $f'x = \frac{dfx}{dx}$, on aura,

$$p = F'(x + t\sqrt{gh}) + f'(x - t\sqrt{gh}),$$
$$s\sqrt{gh} = F'(x + t\sqrt{gh}) - f'(x - t\sqrt{gh}).$$

Faisant $t = o$, & changeant p en P, & s en S, on aura

$$P = F'x + f'x, \; S\sqrt{gh} = F'x - f'x.$$

Ainsi comme, P & S sont données pour toutes les abscisses x, depuis $x = o$, jusqu'à $x = \alpha$, on aura aussi dans cette étendue, les valeurs de $F'x$ & de $f'x$; par conséquent, on aura les valeurs de p & s pour une abscisse & un tems quelconque, tant que $x \pm t\sqrt{gh}$ seront renfermées dans les limites o & α.

Mais le tems t croissant toujours les quantités $x + t\sqrt{gh}$, & $x - t\sqrt{gh}$, sortiront bientôt de ces limites; & la détermination

des

des fonctions $F'(x+t\sqrt{gh})$, $f'(x-t\sqrt{gh})$, dépendra alors des conditions qui doivent avoir lieu aux extrémités de la ligne sonore, selon que la flûte sera ouverte ou fermée.

12. Supposons d'abord la flûte ouverte par ses deux bouts, ensorte que la ligne sonore y communique immédiatement avec l'air extérieur; il est clair que son élasticité dans ces deux points, ne pouvant être contrebalancée que par la pression constante de l'atmosphere, la condensation s y devra être toujours nulle. Il faudra donc que l'on ait dans ce cas $s=0$, lorsque $x=0$, & lorsque $x=a$, quelle que soit la valeur de t; ce qui donne les deux conditions à remplir,

$$F'(t\sqrt{gh})-f'(-t\sqrt{gh})=0$$

$$F'(a+t\sqrt{gh})-f'(a-t\sqrt{gh})=0;$$

lesquelles devront subsister toujours, t ayant une valeur positive quelconque.

Donc en général, en prenant pour z une quantité quelconque positive, on aura,

$$F'(a+z)=f'(a-z) \;\&$$

$$f'(-z)=F'z.$$

Donc 1° tant que z est $<a$, on connoîtra les valeurs de $F'(a+z)$, & de $f'(-z)$, puisqu'elles se réduisent à celles de $f'(a-z)$, & de $F'z$ qui sont données.

Mettons dans ces formules $a+z$, au lieu de z, elles donneront,

$$F'(2a+z)=f'(-z)=F'z$$

$$f'(-a-z)=F'(a+z)=f'(a-z).$$

Donc 2°, tant que z sera $<a$, on connoîtra aussi les va-

valeurs de $F'(2a+z)$, & de $f'(-a-z)$, puiſqu'elles ſe réduiſent à celles de $F'z$, & de $f'(a-z)$ qui ſont données.

Mettons de nouveau dans les dernieres formules $a+z$ pour z, & les combinant avec les premieres, puiſque z peut être quelconque, on aura,

$$F'(3a+z)=F'(a+z)=f'(a-z),$$

$$f'(-2a-z)=f'(-z)=F'z.$$

Donc 3° tant que z ſera $<a$, on connoîtra encore les valeurs de $F'(3a+z)$, & de $f'(-2a-z)$, puiſqu'elles ſe réduiſent aux valeurs données de $F'z$, & de $f'(a-z)$.

On trouvera de même, en mettant de rechef $a+z$ pour z

$$F'(4a+z)=f'(-z)=F'z.$$

$$f'(-3a-z)=F'(a+z)=f'(a-z).$$

D'où l'on connoîtra 3° les valeurs de $F'(4a+z)$ & de $f'(-3a-z)$, tant que z ſera $<a$.

Et ainſi de ſuite.

On aura donc de cette maniere, les valeurs des fonctions $F'(x+t\sqrt{gh})$, & de $f'(x-t\sqrt{gh})$, quelque ſoit le tems t écoulé depuis le commencement du mouvement de la ligne ſonore ; ainſi on connoîtra pour chaque inſtant l'état de cette ligne, c'eſt-à-dire, les vîteſſes p, & les condenſations s de chacune de ſes particules.

Et il eſt viſible par les formules précédentes que les valeurs de ces fonctions demeureront les mêmes en augmentant la quantité $t\sqrt{gh}$, de $2a$, ou de $4a$, $6a$, &c. Deſorte que la ligne ſonore reviendra exactement au même état, après chaque intervalle de tems déterminé par l'équation $t\sqrt{gh} = 2a$; ce qui donne $\frac{2a}{\sqrt{gh}}$ pour cet intervalle.

Ainsi la durée des oscillations de la ligne sonore est indépendante des ébranlemens primitifs, & dépend seulement de la longueur a de cette ligne & de la hauteur h de l'atmosphere.

En supposant la force accélératrice de la gravité g égale à l'unité, il faut prendre pour l'unité des espaces, le double de celui qu'un corps pesant parcourt librement dans le tems qu'on prend pour l'unité (Section II, art. 2). Donc si on prend, ce qui est permis, h pour l'unité des espaces, l'unité des tems sera celui qu'un corps pesant met à descendre de la hauteur $\frac{h}{2}$; & le tems d'une oscillation de la ligne sonore, sera exprimé par $2a$. Ou, ce qui revient au même, le tems d'une oscillation sera à celui de la chute d'un corps par la hauteur $\frac{h}{2}$ comme $2a$ à h.

13. Si la flûte étoit fermée par ses deux bouts, alors les condensations s pourroient y être quelconques, puisque l'élasticité des particules y seroit soutenue par la résistance des cloisons; mais par la même raison, les vîtesses p y devroient être nulles; ce qui donneroit de nouveau les conditions.

$$F'(t\sqrt{gh}) + f'(-t\sqrt{gh}) = 0,$$

$$F'(a + t\sqrt{gh}) + f'(a - t\sqrt{gh}) = 0.$$

Ces formules reviennent à celles que nous avons examinées ci-dessus, en y supposant seulement la fonction marquée par f' négative. Ainſi, il en réſultera des concluſions ſemblables, & on aura encore la même expreſſion pour la durée des oſcillations de la fibre ſonore.

Il n'en ſeroit pas de même, ſi la flûte étoit ouverte par un bout, & fermée par l'autre.

Il faudroit alors que s fût toujours nulle dans le bout ouvert, & que p le fût dans le bout fermé.

Ainſi en ſuppoſant la flûte ouverte ou $x=0$, & fermée ou $x=a$, on auroit les conditions

$$F'(t\sqrt{gh})-f'(-t\sqrt{gh})=0,$$

$$F'(a+t\sqrt{gh})+f'(a-t\sqrt{gh})=0.$$

D'où par une analyſe ſemblable à celle de l'article 11, on tirera les formules ſuivantes,

$$F'(a+z)=-f'(a-z), f'(-z)=F'z,$$

$$F'(2a+z)=-F'z, f'(-a-z)=-f'(a-z),$$

$$F'(3a+z)=f'(a-z), f'(-2a-z)=-F'z,$$

$$F'(4a+z)=F'z, f'(-3a-z)=f'(a-z).$$

& ainſi de ſuite.

Or tant que z eſt $< a$, les fonctions $F'z$ & $f'(a-z)$, ſont données par l'état primitif de la fibre ſonore; donc on connoîtra auſſi par leur moyen les valeurs des autres fonctions

$$F'(a+z), F'(2a+z) \text{ \&c}, f'(-z), f'(-a-z) \text{ \&c};$$

& par conſéquent, on aura l'état de la fibre, après un tems quelconque t.

Mais on voit par les formules précédentes, que cet état ne reviendra le même, qu'après un intervalle de tems déterminé par l'équation $t\sqrt{gh} = 4a$; d'où il s'ensuit que la durée des vibrations sera une fois plus longue que dans les flûtes ouvertes ou fermées par les deux bouts; & c'est ce que l'expérience confirme, à l'égard des jeux d'orgue qu'on nomme *bourdons*, & qui étant bouchés par leur extrémité supérieure, opposée à la bouche, donnent un ton d'une octave plus bas que s'ils étoient ouverts.

Voyez au reste sur la théorie des flûtes, les deux premiers volumes de Turin, les Mémoires de Paris pour 1762, & les *Novi Commentarii* de Pétersbourg, Tome XVI.

14. Considérons maintenant une ligne sonore d'une longueur indéfinie, qui ne soit ébranlée au commencement, que dans une très-petite étendue, on aura le cas des agitations de l'air produites par les corps sonores.

Supposons donc que les agitations initiales ne s'étendent que depuis $x = 0$, jusqu'à $x = a$, a étant une quantité très-petite. Les vîtesses p, & les condensations initiales P, S, seront donc données pour toutes les abscisses x, tant positives que négatives; mais elles n'auront de valeurs réelles que depuis $x = 0$, jusqu'à $x = a$; hors de ces limites, elles seront tout-à-fait nulles. Il en sera donc aussi de même des fonctions $F'x$, & $f'x$, puisqu'en faisant $t = 0$, on a $P = F'x + f'x$, $S\sqrt{gh} = F'x - f'x$, & par conséquent $F'x = \frac{P + S\sqrt{gh}}{2}$, $f'x = \frac{P - S\sqrt{gh}}{2}$.

D'où il s'ensuit, qu'en prenant pour z une quantité positive, moindre que a, les fonctions $F'(x + t\sqrt{gh})$ & $f'(x -$

$t\sqrt{gh})$, n'auront de valeurs réelles que tant qu'on aura $x \pm t\sqrt{gh} = z$. Par conſéquent, après un tems quelconque t, les vîteſſes p, & les condenſations s ſeront nulles pour tous les points de la ligne ſonore, excepté pour ceux qui répondront aux abſciſſes $x = z \mp t\sqrt{gh}$.

On explique par là, comment le ſon ſe propage, & comment il ſe forme ſucceſſivement de part & d'autre du corps ſonore, & dans des tems égaux, des fibres ſonores, égales en longueur, à la fibre initiale a.

La vîteſſe de la propagation de ces fibres ſera exprimée par le coëfficient $\sqrt{gh}$; elle ſera par conſéquent conſtante & indépendante du mouvement primitif; ce que l'expérience confirme, puiſque tous les ſons forts ou foibles paroiſſent ſe propager avec une vîteſſe ſenſiblement égale.

Quant à la valeur abſolue de cette vîteſſe, en faiſant comme dans l'article 12, $g = 1$ & $h = 1$, elle deviendra auſſi $= 1$. Or l'unité des vîteſſes eſt ici celle qu'un corps peſant doit acquérir en tombant de la moitié de l'eſpace h, qui eſt pris pour l'unité (Section II. art. 2). Donc la vîteſſe du ſon ſera due à la hauteur $\frac{h}{2}$.

15. En ſuppoſant avec la plupart des Phyſiciens, l'air 850 fois plus léger que l'eau, & l'eau 14 fois plus légere que le mercure, on a 1 à 11900 pour le rapport du poids ſpécifique de l'air à celui du mercure. Or prenant la hauteur moyenne du baromètre de 28 pouces de France, il vient 333200 pouces, ou $27766\frac{2}{3}$ pieds pour la hauteur h d'une colonne d'air uniformément denſe & faiſant équilibre à la colonne de mercure dans le baromètre. Donc la vîteſſe du

ſon ſera due à une hauteur de 13883 $\frac{1}{3}$ pieds, & ſera par conſéquent de 915 par ſeconde.

L'expérience donne environ 1088; ce qui fait une différence de près d'un ſixieme; mais cette différence ne peut être attribuée qu'à l'incertitude des réſultats fournis par l'expérience. Sur quoi voyez ſur-tout un Mémoire de feu M. Lambert, parmi ceux de l'Académie de Berlin, pour 1768.

16. Si la ligne ſonore étoit terminée d'un côté par un obſtacle immobile; alors la particule d'air contiguë à cet obſtacle, n'auroit aucun mouvement; par conſéquent, ſi a eſt la valeur de l'abſciſſe x qui y répond, il faudra que la vîteſſe p ſoit nulle, lorſque $x = a$, quelque ſoit t; ce qui donnera la condition

$$F'(a + t\sqrt{gh}) + f'(a - t\sqrt{gh}) = 0$$

Or on a vu que la fonction $f'(a - t\sqrt{gh})$ a une valeur réelle tant que $a - t\sqrt{gh} = z$ (art. 14); donc puiſque $F'(a + t\sqrt{gh}) = -f'(a - t\sqrt{gh})$, la fonction $F'(a + t\sqrt{gh})$, aura auſſi des valeurs réelles, lorſque $a - t\sqrt{gh} = z$, c'eſt-à-dire, lorſque $t\sqrt{gh} = a - z$. Par conſéquent la fonction $F'(x + t\sqrt{gh})$ ſera non-ſeulement réelle, lorſque $x + t\sqrt{gh} = z$, mais encore, lorſque $x + t\sqrt{gh} = 2a - z$; d'où il ſuit que dans ce cas les vîteſſes p, & les condenſations s ſeront auſſi réelles pour les abſciſſes $x = 2a - z - t\sqrt{gh}$.

Ainſi la fibre ſonore après avoir parcouru l'eſpace a ſera comme réfléchie par l'obſtacle qu'elle rencontre, & rebrouſſera avec la même vîteſſe; ce qui donne une explication bien naturelle des échos ordinaires.

On expliquera de la même maniere les échos composés, en supposant que la ligne sonore soit terminée des deux côtés par des obstacles immobiles, qui réfléchiront successivement les fibres sonores, & leur feront faire des espèces d'oscillations continuelles. Sur quoi on peut voir les Ouvrages cités plus haut (art. 13), ainsi que les Mémoires de l'Académie de Berlin pour 1759 & 1765.

Fin de la Seconde Partie.

A PARIS,
DE L'IMPRIMERIE DE PHILIPPE-DENYS PIERRES,
Premier Imprimeur Ordinaire du Roi, &c.

Défauts constatés sur le document original

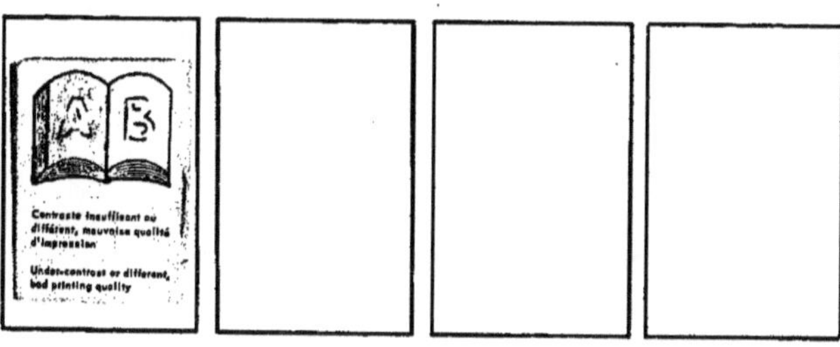

www.ingramcontent.com/pod-product-compliance
Lightning Source LLC
LaVergne TN
LVHW010122230826
846091LV00001BA/115

* 9 7 8 2 0 1 9 1 3 0 4 3 5 *